数据结构与算法学习指导

主　编　陈洪丽
副主编　李建强　张　丽　宿浩茹

哈尔滨工程大学出版社
Harbin Engineering University Press

内容简介

"数据结构与算法"作为计算机及其应用相关专业的重要专业基础课程,是计算机软件开发及应用人员必备的技术技能基础,本书是"数据结构与算法"课程学习的辅助性教材,目的就是帮助读者更好地理解和掌握程序设计的思想和方法,提高应用数据结构的相关知识解决实际问题的能力。

本书主要包括3篇内容:第1篇是习题指导与解析,第2篇是实践指导,第3篇是扩展学习。

本书为读者学习数据结构及其相关知识、提高程序设计的能力提供了充足的内容,可作为普通高等院校"数据结构与算法"课程的辅导书和实验教材,也可作为考研复习的参考书。

图书在版编目(CIP)数据

数据结构与算法学习指导/陈洪丽主编. —哈尔滨:
哈尔滨工程大学出版社,2024.6
ISBN 978-7-5661-4347-1

Ⅰ. ①数… Ⅱ. ①陈… Ⅲ. ①数据结构②算法分析
Ⅳ. ①TP311.12

中国国家版本馆 CIP 数据核字(2024)第 088034 号

数据结构与算法学习指导
SHUJU JIEGOU YU SUANFA XUEXI ZHIDAO

选题策划 石 岭
责任编辑 张 昕
封面设计 李海波

出版发行 哈尔滨工程大学出版社
社 址 哈尔滨市南岗区南通大街 145 号
邮政编码 150001
发行电话 0451-82519328
传 真 0451-82519699
经 销 新华书店
印 刷 哈尔滨午阳印刷有限公司
开 本 787 mm×1 092 mm 1/16
印 张 23.25
字 数 594 千字
版 次 2024 年 6 月第 1 版
印 次 2024 年 6 月第 1 次印刷
书 号 ISBN 978-7-5661-4347-1
定 价 69.00 元
http://www.hrbeupress.com
E-mail:heupress@ hrbeu.edu.cn

前　言

　　"数据结构与算法"是计算机及其应用相关专业的重要专业基础课程,是计算机软件开发及应用员必备技术技能基础,它不仅是计算机学科各专业本科生必修的学位课程,还是计算机应用相关专业研究生考试的必考科目,而且已成为其他理工科专业的热门选修或专业通识课程。

　　但"数据结构与算法"课程内容抽象、知识量大,贯穿于全书的各种数据结构及算法实现令不少初学者望而生畏,很多读者在学习该课程时存在很大困难。编者长期从事该课程的教学工作,深切感到初学者的迷茫。本书从基础知识的概括总结、重难点解析到习题指导,再到实践指导,最后扩展到求职面试应用试题,各环节逐步深入,由基础到实践应用,由点到面地引导读者达到学习目的。

　　本书内容实例丰富、结构清晰、通俗易懂,对重难点知识点给出了详细的解析,方便读者学习和查阅,具有很强的实用性和参考性,真正起到衔接课堂教学、实验教学与课下辅导的作用。本书也可以独立使用,帮助各类学生尤其是考研学生进行专业学习与考前复习。

　　本书主要包括3篇内容:第1篇是习题指导与解析,共7章,按照"本章导学、重难点解析、习题指导"的思路,由浅入深地对线性结构、栈和队列结构、树结构、图结构、查找技术、排序技术等相关内容进行讲解和阐述。本章导学是对知识要点进行归纳与总结;重难点解析是对知识点中容易被忽略的细节进行强调;习题指导精选了一些习题,从解题思路到求解过程都给予详细阐述。第2篇是实践指导,包括课内实验指导和课程设计,实验指导对理论上机应用全过程进行引导,课程设计提供若干课程设计题目,提供数据结构思维的实践思路和要点指导。第3篇是扩展学习,针对当前各大IT企业笔试中的特点与侧重点,挑选了几家知名IT企业的笔试真题,并对这些题目进行了分析与讲解(可扫描书中二维码获取),针对试题中涉及的部分重点、难点问题进行了适当的扩展与延伸,使读者能够获取求职的知识。

　　本书使用C/C++语言来描述算法和数据结构,各实验范例中的程序都在Dev-C++或Microsoft Visual Studio 2021中调试通过,以方便读者在计算机上进行实践,并进一步理解算法的实质和基本思想。

　　本书得到了北京工业大学教育教学研究课题"数据结构与算法课程建设的研究与实践"(ER2024KCB08)的资助,在此表示感谢。

　　本书由陈洪丽担任主编并负责全书统稿,由李建强、张丽、宿浩茹担任副主编。其中,第1篇中陈洪丽编写了第1、4、5章,李建强编写了第2、3章,张丽编写了第6章,宿浩茹编写了第7章。第2篇主要由陈洪丽和宿浩茹共同编写。第3篇由李建强和张丽共同编写。

　　本书的算法代码由黄靖懿等学生调试通过,在此表示感谢。

　　由于编者水平有限,书中难免存在疏漏和不足之处,敬请广大读者及同行批评指正。

编　者

2024 年 1 月

目 录

第 1 篇 习题指导与解析

第2篇　实践指导

第3篇　扩展学习

第1篇　习题指导与解析

习题指导与解析部分针对每章知识点分3个层次展开。

(1)本章导学,给出每章需要掌握的知识点及应掌握的程度,对知识点进行归纳与总结;

(2)重难点解析,对知识点中容易被学习者忽略的细节进行强调与解析;

(3)习题指导,精选了一些习题,从解题思路到求解过程给予详细解答,对知识点从正面或反面进行练习,通过多种习题形式,包括选择题、计算题、算法设计与分析题等对知识点的综合应用进行训练。

第1章 绪 论

1.1 本章导学

本章概述	用计算机求解任何问题都离不开程序设计,程序设计的关键是数据表示和数据处理。数据能被计算机处理,首先必须能够存储在计算机的内存中,这项任务称为数据表示,其核心是数据结构;一个实际问题的求解必须满足各项处理要求,这项任务称为数据处理,其核心是算法。"数据结构"课程讨论数据表示和数据处理的基本思想与方法。本章阐述数据结构和算法在程序设计中的作用,介绍数据结构和算法的基本概念,说明用大O记号进行算法分析的基本方法
教学重点	数据结构的基本概念;数据的逻辑结构、存储结构以及二者之间的关系;算法及算法的特性;大O记号
教学难点	抽象数据类型;算法的时间复杂度分析

	知识点	教学要求			
		了解	理解	掌握	熟练掌握
教学内容 和教学目标	程序设计的一般过程	√			
	数据结构在程序设计中的作用		√		
	算法在程序设计中的作用		√		
	数据结构的基本概念				√
	抽象数据类型		√		
	算法及算法的特性				√
	算法的描述方法			√	
	算法的时间复杂度			√	
	算法的空间复杂度		√		

1.2 重难点解析

1. 系统开发时设计数据要考虑3种视图,即数据内容、数据结构和数据流。它们的含义是什么？关系如何？

【解析】 开发系统时,首先通过调查了解系统需要哪些输入和输出数据,中间会产生哪些数据,此即数据内容;然后分析数据间的关系,形成数据模型,此即数据结构;接着考虑数据在系统中如何传送和变换,此即数据流。它们从不同侧面描述系统要处理的数据。

2. 数据的逻辑结构是否可以独立于存储结构来考虑?反之,数据的存储结构是否可以独立于逻辑结构来考虑?

【解析】 数据的逻辑结构可以独立于存储结构来考虑,这实际反映了数据设计的两个阶段。逻辑结构设计在分析时进行,存储结构设计在设计时进行。反之,数据的存储结构不能独立于逻辑结构来考虑,它是逻辑结构在存储中的映像。

3. 集合结构中的元素之间没有特定的联系。那么这是否意味着需要借助其他存储结构来表示?

【解析】 集合结构往往借助其他存储结构来表示,例如位数组、有序链表、树或森林的父指针数组等。

4. 关键码(key)有时被称为关键字或键,可以用数据元素中的一个或几个数据项来定义。那么它是指关键码项还是指关键码值?它是否可用于标识一个数据元素?

【解析】 关键码的含义要看上下文。在讨论关键码的定义或实现时是指关键码项,在讨论关键码的应用或使用时是指关键码值。如果规定一个数据对象中所有数据元素的关键码值互不相等,则关键码可唯一地标识一个数据元素,否则不能唯一地标识一个数据元素。在查找的场合中,称前者为主关键码,称后者为次关键码或辅关键码。

5. 为何在"数据结构"课程中既要讨论各种在解决问题时可能遇到的典型的逻辑结构,又要讨论这些逻辑结构的存储映像(存储结构),此外还要讨论这种数据结构的相关操作(基本运算)及其实现?

【解析】 数据结构实际区分两种视图:逻辑结构与用户可见操作(公有操作)共同组成应用视图,它是根据应用的需要定义的;存储结构与相关操作(包括用户不可见的私有操作)共同组成实现视图,它是根据使用环境和性能要求建立的。所以在讨论数据结构时逻辑结构、存储结构、相关操作及其实现都要考虑。

6. 算法应有输入,0个输入是否有输入?算法特性中0个输入是什么意思?

【解析】 算法特性中提到算法应有0个或多个输入,这里的0个输入是指算法的输入不是通过键盘或其他输入设备输入的,而是通过算法内的定值语句或赋值语句给出所需变量的初值,它也可被视为一种特殊的输入。

7. 牛顿算法不收敛,它是否违反有穷性的要求?

【解析】 算法的有穷性要求算法经过有穷步骤即可得到结果。牛顿算法不收敛,这与输入数据的初始值不合理有关,与算法的有穷性无关。同样,如果一个线性方程组用赛德尔迭代法求解,如果迭代不止,这也与输入数据的初始值和迭代精度要求不合理有关。

8. 如果一个算法多层嵌套地调用了其他算法,那么它是否违反可行性的要求?

【解析】 算法多层嵌套调用其他算法是常见的,在C++中称为"消息链"。算法特性中的可行性要求算法每一语句都足够基本,并未强调每一语句必须与机器指令有对应关系,而是指可以用基本操作或调用已经实现的基本算法来解决问题。

9. 如果一个算法内部有一个随系统状态转移到不同指令地址的开关,那么它是否违反确定性的要求?

【解析】 算法的确定性要求算法中每一条路径执行的结果是确定的。如果算法中包括随系统状态转移到不同指令地址的开关,只要算法明确规定针对每一状态的相应处理手段,就不会影响算法的确定性。但若系统存在不可知的状态,则有可能会导致算法得到不可预知的结果。

10.穷举法与迭代法有何关系？

【解析】 在穷举过程中,如果需要在表、树或图中枚举可能的情况,则可以使用迭代法逐一选取每个元素,以寻找合理的解答。但迭代法不是穷举法,迭代法在数值计算中主要用于逐步逼近计算近似解,在数据处理中主要用于逐步缩小搜索范围以求得预期结果,在系统开发中主要用于逐步改进以得到满足用户需求的最终产品。

11.穷举法与递推法有何关系？

【解析】 在穷举过程中,如果需要按照某种公式逐步列举所有可能的解时,可以利用递推法来实现。但递推法的用处是从已知初始条件出发逐次推演出最终的结果,是表述"如果是那样的情况,那么根据公式,下一步应是这样的"的思路。这显然不是穷举法的思路。

12.递推法与递归法有何关系？

【解析】 一个递推算法可转换为一个递归算法。但递归算法不止用于递推的实现。

13.为何for循环的执行次数为n+1？

【解析】 设 n 是问题规模,for 循环的语句格式为 for(i=1;i<=n;i++)do S。其中,语句第一次执行 i=1 和 i<=n? 以后执行了 n 次 i++和 i<=n。如果不计 i<=n?,则该语句执行了 n+1 次。不过,在它的控制下,循环体 S 执行了 n 次。

14.为何 while 循环和 do-while 循环的分析不同于 for 循环？

【解析】 一般地,for 循环属于事前已知循环次数的循环类型。若循环初值为 a,终值为 b,循环增量为 c,则 for 循环的循环次数 =(b-a)/c。而 while 循环和 do-while 循环的增量修改嵌入在循环体内,增量的变化不一定有规律,不能预知循环次数。

15.已知程序有 4 个并列的程序段,它们的时间复杂度分别为 $T_1(n)=O(1)$,$T_2(n)=O(n)$,$T_3(n)=O(n^2)$,$T_4(n)=O(2^n)$,整个程序的时间复杂度应是多少？

【解析】 整个程序的时间复杂度为 $T(n)=T_1(n)+T_2(n)+T_3(n)+T_4(n)=O(\max(1,n,n^2,2^n))=O(2^n)$。

16.已知一个程序的时间复杂度为 $T_1(n)=O(n)$,其中调用了两个子函数,一个子函数的时间复杂度为 $T_2(\log_2 n)$,另一个子函数的时间复杂度为 $T_3(n^2)$,整个程序的时间复杂度应是多少？

【解析】 整个程序的时间复杂度为 $T(n)=T_1(n)*(T_2(n)+T_3(n))=O(n(\max(\log_2 n,n^2)))=O(n*n^2)=O(n^3)$。

1.3 习 题 指 导

一、单项选择题

1.可以用( )定义一个完整的数据结构。

A.数据元素 　　　B.数据对象 　　　C.数据关系 　　　D.抽象数据类型

2.以下数据结构中,( )是非线性数据结构。

A.树 　　　B.字符串 　　　C.队列 　　　D.栈

3. 以下属于逻辑结构的是( )。

A. 顺序表　　　　　　B. 哈希表　　　　　　C. 有序表　　　　　　D. 单链表

4. 以下与数据的存储结构无关的术语是( )。

A. 循环队列　　　　　B. 链表　　　　　　　C. 哈希表　　　　　　D. 栈

5. 以下关于数据结构的说法中,正确的是( )。

A. 数据的逻辑结构独立于其存储结构

B. 数据的存储结构独立于其逻辑结构

C. 数据的逻辑结构唯一决定其存储结构

D. 数据结构仅由其逻辑结构和存储结构决定

6. 在存储数据时,通常不仅要存储各数据元素的值,还要存储( )。

A. 数据的操作方法　　　　　　　　B. 数据元素的类型

C. 数据元素之间的关系　　　　　　D. 数据的存取方法

7. 链式存储设计时,节点内的存储单元地址( )。

A. 一定连续　　　　　　　　　　　B. 一定不连续

C. 不一定连续　　　　　　　　　　D. 部分连续,部分不连续

8. 一个算法应该是( )。

A. 程序　　　　　　　　　　　　　B. 问题求解步骤的描述

C. 要满足五个基本特性　　　　　　D. A 和 C

9. 某算法的时间复杂度为 $O(n^2)$,表明该算法的( )。

A. 问题规模是 n^2　　　　　　　　B. 执行时间等于 n^2

C. 执行时间与 n^2 成正比　　　　　D. 问题规模与 n^2 成正比

10. 以下算法的时间复杂度为( )。

```
void fun(int n){
    int i=1;
    while(i<=n)
        i=i*2;
}
```

A. $O(n)$　　　　　B. $O(n^2)$　　　　　C. $O(nlog_2n)$　　　　　D. $O(log_2n)$

11. 有以下算法,其时间复杂度为( )。

```
void fun(int n){
int i=0;
while(i*i*i<=n)
i++;
}
```

A. $O(n)$　　　　　B. $O(nlog n)$　　　　　C. $O(\sqrt[3]{n})$　　　　　D. $O(\sqrt{n})$

12. 程序段如下:

```
for(i=n-1;i>1;i--)
    for(j=1;j<i;j++)
        if(A[j]>A[j+1])
            A[j]与A[j+1]对换;
```

其中,n 为正整数,则最后一行语句的频度在最坏情况下是( )。

A. O(n) B. O(nlog n) C. O(n^3) D. O(n^2)

13. 以下算法中加下划线的语句的执行次数为(　　)。

```
int m=0,i,j;
for(i=1;i<=n;i++)
    for(j=1;j<=2*i;j++)
        m++;
```

A. n(n+1) B. n C. n+1 D. n^2

14. 以下说法中,错误的是(　　)。

Ⅰ. 算法原地工作的含义是指不需要任何额外的辅助空间

Ⅱ. 在相同规模 n 下,复杂度为 O(n) 的算法在时间上总是优于复杂度为 O(2^n) 的算法

Ⅲ. 所谓时间复杂度,是指最坏情况下估算算法执行时间的一个上界

Ⅳ. 同一个算法,实现语言的级别越高,执行效率越低

A. Ⅰ B. Ⅰ、Ⅱ C. Ⅰ、Ⅳ D. Ⅲ

15. 【2011 统考真题】设 n 是描述问题规模的非负整数,下面的程序片段的时间复杂度是(　　)。

```
x=2;
while(x<n/2)
x=2*x;
```

A. O($\log_2 n$) B. O(n) C. O($n\log_2 n$) D. O(n^2)

16. 【2012 统考真题】求整数 n(n≥0)的阶乘的算法如下,其时间复杂度是(　　)。

```
int fact(int n){
    if(n<=1) return 1;
    return n*fact(n-1);
}
```

A. O($\log_2 n$) B. O(n) C. O($n\log_2 n$) D. O(n^2)

17. 【2013 统考真题】已知两个长度分别为 m 和 n 的升序链表,若将它们合并为长度为 m+n 的一个降序链表,则最坏情况下的时间复杂度是(　　)。

A. O(n) B. O(mn) C. O(min(m,n)) D. O(max(m,n))

18. 【2014 统考真题】下列程序段的时间复杂度是(　　)。

```
count=0;
for(k=1;k<=n;k*=2)
for(j=1;j<=n;j++)
count++;
```

A. O($\log_2 n$) B. O(n) C. O($n\log_2 n$) D. O(n^2)

19. 【2017 统考真题】下列函数的时间复杂度是(　　)。

```
int func(int n){
int i=0, sum=0;
while(sum<n) sum += ++i;
return i;
}
```

A. O(log n) B. O($\sqrt{n}$) C. O(n) D. O(nlog n)

20. 【2019 统考真题】设 n 是描述问题规模的非负整数,下列程序段的时间复杂度

是(　　　)。

```
x = 0;
while (n>=(x+1)*(x+1))
x = x+1;
```

　A. O(log n)　　　　　B. O($\sqrt{n}$)　　　　　C. O(n)　　　　　D. O(n^2)

二、综合应用题

1. 对于两种不同的数据结构,逻辑结构和物理结构一定不同吗?

2. 试举一例,说明对相同的逻辑结构,同一种运算在不同的存储方式下实现时,其运算效率不同。

3. 一个算法所需时间由下述递归方程表示,试求出该算法的时间复杂度的级别(或阶)。

式中,n 是问题的规模,为简单起见,设 n 是 2 的整数次幂。

$$T(n)=\begin{cases} 1, & n=1 \\ 2T(n/2)+n, & n>1 \end{cases}$$

4. 分析以下各程序段,求出算法的时间复杂度。

```
1)i=1;k=0;
  while(i<n-1){
    k=k+10*i;
    i++;
  }
```

```
2)y=0;
  while((y+1)*(y+1)<=n)
    y=y+1;
```

```
3)for(i=1;i<=n;i++)
    for(j=1;j<=i;j++)
      for(k=1;k<=j;k++)
        x++;
```

```
4)for(i=0;i<n;i++)
    for(j=0;j<m;j++)
      a[i][j]=0;
```

三、答案与解析

【单项选择题】

1. D　抽象数据类型(ADT)描述了数据的逻辑结构和抽象运算,通常用(数据对象,数据关系,基本操作集)这样的三元组来表示,从而构成一个完整的数据结构定义。

2. A　树和图是典型的非线性数据结构,其他选项都属于线性数据结构。

3. C　顺序表、哈希表和单链表是三种不同的数据结构,既描述逻辑结构,又描述存储结构和数据运算。有序表是指关键字有序的线性表,仅描述元素之间的逻辑关系,它既可以链式存储,又可以顺序存储,故属于逻辑结构。

4. D　数据的存储结构有顺序存储、链式存储、索引存储和散列存储。循环队列(易错点)是用顺序表表示的队列,是一种数据结构。栈是一种抽象数据类型,可采用顺序存储或链式存储,只表示逻辑结构。

5. A　数据的逻辑结构是从面向实际问题的角度出发的,只采用抽象表达方式,独立于存储结构,数据的存储方式有多种不同的选择;数据的存储结构是逻辑结构在计算机上的映射,它不能独立于逻辑结构而存在。数据结构包括三个要素,缺一不可。

6. C　在存储数据时,不仅要存储数据元素的值,还要存储数据元素之间的关系。

7. A 链式存储设计时,各个不同结点的存储空间可以不连续,但结点内的存储单元地址必须连续。

8. B 本题是中山大学某年的考研真题,题目本身没有问题,考查的是算法的定义。程序不一定满足有穷性,如死循环、操作系统等,而算法必须有穷。算法代表对问题求解步骤的描述,而程序则是算法在计算机上的特定实现。不少读者认为 C 也对,它只是算法的必要条件,不能成为算法的定义。

9. C 时间复杂度为 $O(n^2)$,说明算法的时间复杂度 $T(n)$ 满足 $T(n) \leq cn^2$(c 为比例常数),即 $T(n) = O(n^2)$,时间复杂度 $T(n)$ 是问题规模 n 的函数,其问题规模仍然是 n,而不是 n^2。

10. D 找出基本运算 $i = i * 2$,设执行次数为 t,则 $2^t \leq n$,即 $t \leq \log_2 n$,因此时间复杂度 $T(n) = O(\log_2 n)$。

更直观的方法:计算基本运算 $i = i * 2$ 的执行次数(每执行一次 i 乘 2),其中判断条件可理解为 $2^t = n$,即 $t = \log_2 n$,则 $T(n) = O(\log_2 n)$。

11. C 基本运算为 $i++$,设执行次数为 t,有 $t * t * t \leq n$,即 $t^3 \leq n$。故有 $t \leq \sqrt[3]{n}$,则 $T(n) = O(\sqrt[3]{n})$。

12. D 这是冒泡排序的算法代码,考查最坏情况下的元素交换次数。当所有相邻元素都为逆序时,则最后一行的语句每次都会执行。此时,

$$T(n) = \sum_{i=2}^{n-1} \sum_{j=1}^{i-1} 1 = \sum_{i=2}^{n-1} i - 1 = \frac{(n-2)(n-1)}{2} = O(n^2)$$

所以在最坏情况下的该语句频度是 $O(n^2)$。

13. A $m++$ 语句的执行次数为

$$\sum_{i=1}^{n} \sum_{j=1}^{2i} 1 = \sum_{i=1}^{n} 2i = 2 \sum_{i=1}^{n} i = n(n+1)$$

14. A Ⅰ,算法原地工作是指算法所需的辅助空间是常量。Ⅱ,本项考查对算法效率的理解,时间复杂度是指渐近时间复杂度,不要想当然地去给 n 赋予一个特殊值,时间复杂度为 $O(n)$ 的算法必然优于时间复杂度为 $O(2^n)$ 的算法。Ⅲ,时间复杂度总是指考虑最坏情况下的时间复杂度,以保证算法的运行时间不会比它更长。Ⅳ,为严蔚敏的《数学结构(C语言版)》中的原话,对于这种在语言层次上的效率问题,建议不要以特例程序来解释其优劣,此处认为该结论是正确的。

15. A 基本运算(执行频率最高的语句)为 $x = 2 * x$,每执行一次 2 乘 x,设执行次数为 t,则有 $2^{t+1} < n/2$,所以 $t < \log_2(n/2) - 1 = \log_2 n - 2$,得 $T(n) = O(\log_2 n)$。

16. B 本题是求阶乘 $n!$ 的递归代码,即 $n * (n-1) * \cdots * 1$。每次递归调用时 fact() 的参数减 1,递归出口为 fact(1),一共执行 n 次递归调用 fact(),故 $T(n) = O(n)$。

17. D 两个升序链表合并,两两比较表中元素,每比较一次,确定一个元素的链接位置(取较小元素,头插法)。当一个链表比较结束后,将另一个链表的剩余元素插入即可。最坏的情况是两个链表中的元素依次进行比较,因为 $2\max(m,n) \geq m+n$,所以时间复杂度为 $O(\max(m,n))$。

18. C 内层循环条件 $j \leq n$ 与外层循环的变量无关,各自独立,每执行一次 j 自增 1,每次内层循环都执行 n 次。外层循环条件 $k \leq n$,增量定义为 $k * = 2$,可知循环次数 t 满足 $k = 2^t \leq n$,即 $t \leq \log_2 n$。即内层循环的时间复杂度为 $O(n)$,外层循环的时间复杂度为

$O(\log_2 n)$。对于嵌套循环,根据乘法规则可知,该段程序的时间复杂度 $T(n) = T_1(n) * T_2(n) = O(n) * O(\log_2 n) = O(n\log_2 n)$。

19. B　基本运算 sum+=++i,它等价于++i;sum=sum+i,每执行一次 i 自增 1。i=1 时,sum=0+1;i=2 时,sum=0+1+2;i=3 时,sum=0+1+2+3,以此类推,得出 sum=0+1+2+3+…+i=(1+i)*i/2,可知循环次数 t 满足(1+t)*t/2<n,因此时间复杂度为 $O(\sqrt{n})$。

20. B　假设第 k 次循环终止,则第 k 次执行时,$(x+1)^2>n$,x 的初始值为 0,第 k 次判断时,x=k-1,即 $k^2>n$,$k>\sqrt{n}$,因此该程序段的时间复杂度为 $O(\sqrt{n})$。因此选 B。

【综合应用题】

1.【解答】　应该注意到,数据的运算也是数据结构的一个重要方面。

对于两种不同的数据结构,它们的逻辑结构和物理结构完全有可能相同。比如二叉树和二叉排序树,二叉排序树可以采用二叉树的逻辑表示和存储方式,前者通常用于表示层次关系,而后者通常用于排序和查找。虽然它们的运算都有建立树、插入结点、删除结点和查找结点等功能,但对于二叉树和二叉排序树,这些运算的定义是不同的,以查找结点为例,二叉树的时间复杂度为 $O(n)$,而二叉排序树的时间复杂度为 $O(\log_2 n)$。

2.【解答】　线性表既可以用顺序存储方式实现,又可以用链式存储方式实现。在顺序存储方式下,在线性表中插入和删除元素,平均要移动近一半的元素,时间复杂度为 $O(n)$;而在链式存储方式下,插入和删除的时间复杂度都是 $O(1)$。

3.【解答】　时间复杂度为 $O(n\log_2 n)$。

设 $n=2^k(k\geq 0)$,根据题目所给定义有 $T(2^k)=2T(2^{k-1})+2^k=2^2T(2^{k-2})+2*2^k$,由此可得一般递推公式 $T(2^k)=2^iT(2^{k-1})+i*2^k$,进而得 $T(2^k)=2^kT(2^0)+k*2^k=(k+1)2^k$,即 $T(n)=2^{\log_2 n}+\log_2 n*n=n(\log_2 n+1)$,也就是 $O(n\log_2 n)$。

4.【解答】　1)基本语句 k=k+10*i 共执行了 n-2 次,所以 $T(n)=O(n)$。

2)设循环体共执行 t 次,每循环一次,循环变量 y 加 1,最终 t=y。故 $t^2\leq n$,得 $T(n)=O(n^{1/2})$。

3)基本语句 x++的执行次数为 $T(n)=O\left(\sum_{i=1}^{n}\sum_{j=1}^{i}\sum_{k=1}^{j}1\right)=O\left(\frac{1}{6}n^3\right)=O(n^3)$。

4)内循环执行 m 次,外循环执行 n 次,根据乘法原理,共执行了 m*n 次,故 $T(m,n)=O(m*n)$。

第2章 线 性 表

2.1 本 章 导 学

本章概述	线性表是线性结构的典型代表。线性表是一种最基本、最简单的数据结构,数据元素之间仅具有单一的前驱和后继关系。线性表不仅有着广泛的应用,也是其他数据结构的基础。同时,单链表也是贯穿"数据结构"课程的基本技术。本章虽然讨论的是线性表,但涉及的许多问题都具有一定的普遍性,因此,本章是本课程的重点与核心,也是其他后续章节的重要基础。 本章介绍线性表的逻辑结构,并定义线性表抽象数据类型,给出线性表的两种基本存储结构——顺序存储和链接存储,讨论线性表基本操作的实现并分析时间性能
教学重点	顺序存储结构和链接存储结构的基本思想;顺序表和单链表的基本算法;顺序表和单链表基本操作的时间性能;顺序表和链表之间的比较
教学难点	线性表的抽象数据类型定义;基于单链表的算法设计,尤其是要求算法满足一定的时间性能和空间性能;双链表的算法设计

	知识点	教学要求			
		了解	理解	掌握	熟练掌握
教学内容和教学目标	线性表的定义				√
	线性表的抽象数据类型定义		√		
	顺序表的存储思想				√
	单链表的存储思想				√
	顺序表的基本算法及时间性能				√
	单链表的基本算法及时间性能				√
	双链表的基本算法及时间性能			√	
	循环链表的基本算法及时间性能			√	
	顺序表和链表之间的比较			√	

2.2 重难点解析

1. 如果一个元素集合中每个元素都有且仅有一个直接前驱,有且仅有一个直接后继,那么它是线性表吗?进一步联想一下,循环链表是线性表吗?

【解析】 不是线性表。没头没尾的循环链表是存储结构而不是逻辑结构,线性表是逻辑结构。

2. 如果一个元素集合中有一个元素仅有一个直接后继而没有直接前驱,另一个元素仅有一个直接前驱而没有直接后继,其他每个元素都仅有一个直接前驱和一个直接后继,但其中各个元素可能数据类型不同,那么该元素集合是线性表吗?

【解析】 该元素集合是线性表,对各个元素采用等价变量 union 定义,以保持相同的存储空间大小即可。

3. 如果由具有 n(n≥0) 个表元素的序列构成一个表,且表元素既有不可再分的数据元素,又有可以再分的子表,那么它是线性表吗?如果不是,那么它又是什么表?什么条件下才成为线性表?

【解析】 此表为广义表。仅当表中的所有元素都是不可再分的原子时才成为线性表。

4. 如果一个一维整数数组有 n 个数组元素,那么它是线性表吗?二维数组可看作数据元素为一维数组的一维数组,那么二维数组是线性表吗?为什么?

【解析】 数组比较特别,它既可视为逻辑结构,也可视为存储结构。一维数组可视为线性表。但二维数组不是线性表,在逻辑上它最多可有两个直接前驱、两个直接后继。

5. 我们可以为线性表定义查找、插入、删除等操作吗?它们如何实现?

【解析】 可以定义这些操作,它们的实现要依据相应的存储结构。

6. 线性表的顺序存储结构是一维数组吗?

【解析】 线性表的顺序存储表示借用了一维数组,但二者不能等同。

1)一维数组与顺序表都可按结点下标直接(或称随机)存取结点的值,但一维数组中各非空结点可以不相继存放,而顺序表是相继存放的。

2)一维数组只能按下标存取数组元素值,而顺序表可以有线性表的所有操作。

3)顺序表的长度是可变的,一维数组的长度一经存储分配是不变的。

7. 顺序表可以扩充吗?如果想要扩充,应采用何种结构?

【解析】 顺序表采用静态结构定义时将无法扩充,但若采用动态结构定义,可借助重新分配更大空间来实现扩充。

8. 线性表的每一个表元素是否必须类型相同?为什么?

【解析】 线性表每一个表元素的数据空间一般要求相同,但如果对每一个元素的数据类型要求不同时,可以用联合类型(union)变量来定义可能的数据元素的类型。例如:

```
typedef union {                          //联合
    int integerInfo;                     //整型
    char charInfo;                       //字符型
    float floatInfo;                     //浮点型
}info;
```

利用联合类型,可以在同一空间(空间大小相同)Info 中存放不同数据类型的元素。但要求用什么数据类型的变量存的,就必须以同样的数据类型来取它。

9. 对于动态存储分配的顺序表 A,可否用 SeqList A 定义后直接使用?

【解析】 不能直接使用,必须首先使用初始化操作,为顺序表 A 分配存储空间,并将它置空后才能使用。

10. 想要以 O(1) 的时间代价存取第 i 个表元素,线性表应采用顺序表还是单链表?

【解析】 采用顺序表,因为它可按元素下标直接存取表中某一元素。

11. 在何种场合选用顺序表结构? 何种场合选用链表结构?

【解析】 当事先不能确定表的大小时可采用链表结构,便于扩充;当需要频繁查找或存取表中元素而增删操作较少时可采用顺序表结构,可提高查找或存取速度;当需要频繁增删表中元素时应采用链表结构。

12. 为了统一空链表和非空链表的操作,简化链表的插入和删除操作,不必特殊考虑在首元结点处的处理,需要给链表增加什么?

【解析】 给链表增加头结点。

13. 链表的结构定义是一个递归的定义,其递归性体现在什么地方? 如何利用链表的递归性解决问题?

【解析】 链表是由链表结点通过链接指针顺序链接而成的。从结构定义来看,链表指针通过链表结点定义,链表结点又是由链表指针定义的,这种循环的递归定义决定了链表是一种递归结构。从链表使用来看,一个链表指针指向一个链表结点,通过它可以访问该链表;进一步地,链表结点的 next 域的指针又指向一个链表(可以是空链表),所以可以通过结点中的 next 指针递归访问后续链表,直到遇到空链表为止。

通过这种递归访问,可以把处理 n 个结点的链表的问题转化为处理 n−1 个结点的链表的问题,逐步缩小访问范围,逼近问题的解。

14. 链表结点只能通过链表的表头指针才能访问,如果一个结点失去了指向它的指针,将产生什么后果? 如何在做插入或删除时避免这种后果?

【解析】 如果失去了链表的表头指针,将会失去链表所有的结点。这些结点的空间没有办法回收,成为无用单元。为避免这种后果,在做链表插入时必须先确认插入结点前后的两个结点,修改指针把插入结点链入;在做删除时必须先确认被删除结点的前后两个结点,用一个指针保存被删除结点的地址,再把它后一个结点与它前一个结点链接好,最后释放被删除结点。

15. 若 p 是链表指针,在链表中顺序查找不能使用 p++,为什么?

【解析】 在顺序表中用向量作为它的存储表示,可以用 p++ 走到物理上的下一个元素位置,因为顺序表中元素的逻辑顺序与物理顺序一致,所以可以用 p++ 走到逻辑上的下一个元素。但是,单链表中元素的逻辑顺序与物理顺序不一致,用 p++ 不一定能走到逻辑上的下一个 p 元素,且结点 *p 的逻辑上的下一个结点地址存在 p->next 中,要让 p 指向逻辑上的下一个结点,只能用 p=p->next 来实现。

16. 判断一个带头结点的单向循环链表 L 是否为空,应采用何种语句? 判断一个不带头结点的循环链表是否为空,应采用何种语句?

【解析】 对于带头结点的单向循环链表,用判断语句 L->next == L 判断它是否为空。对于不带头结点的单向循环链表,用判断语句 L == NULL 来判断它是否为空。

17. 想以 O(1) 的时间代价把两个链表连接起来,可采用何种链表结构?

【解析】 采用单向循环链表结构。设两个链表的表头指针为 L1 和 L2,采用以下语句即可把两个链表连接起来:

```
LinkNode *p=L2->next;  L2->next=L1->next;  L1->next=p;
```
合并后的链表表头指针为 L1。

18. 想以 O(1) 的时间代价访问第 i 个表元素的直接前趋/直接后继,应采用何种链表结构？

【解析】 采用双向链表结构。

19. 想以 O(1) 的时间代价删除链表中指针 p 指示的结点，可采用何种链表结构？

【解析】 采用以下两种链表结构都可以。

1) 如果采用单向循环链表结构，可用下列语句实现：

q=p->next; p->data=q->data; p->next=q->next; delete q;

时间代价为 O(1)。

(2) 如果采用带头结点的或者循环的双向链表，可用下列语句实现：

p->prior->next=p->next; p->next->prior=p->prior; delete p;

时间代价为 O(1)。

20. 线性表的特性是除第一个元素之外其他每个元素都有且只有一个直接前趋，除最后一个元素之外其他每个元素都有且只有一个直接后继，而单向循环链表的每个结点都有直接后继，双向循环链表的每个结点都有直接前趋和直接后继，它们还是线性表吗？

【解析】 单向循环链表和双向循环链表是存储结构，线性表是逻辑结构。线性和非线性是从逻辑结构来划分的。因此，单向循环链表和双向循环链表与线性表属于不同层次，是线性表的特殊存储方式。

21. 在数据移动代价比较高的场合，使用静态链表是否更节省时间？

【解析】 相比顺序表，使用静态链表更节省时间。

22. 整数集合、字符集合和字符串集合都有顺序吗？它们如何相互比较？

【解析】 整数集合、字符集合和字符串集合都有一个自然的线性顺序。对于整数，可以按照其值进行比较；对于字符集合或字符串集合，可以按照字符的 ASCII 码进行比较。

23. 指针集合有顺序吗？

【解析】 指针集合有顺序，一般指针集合存放在一个线性序列中，依据这些指针在序列中的位置，它们有一个线性顺序。对于按照非线性（如树或图）方式组织的指针集合，可以根据某种遍历方法把它们转化为一种线性顺序。

24. 用有序链表实现集合的适用范围是什么？

【解析】 集合元素个数可以增加的集合，理论上讲，集合元素可以无穷多。

25. 为什么一元多项式常采用链表方式存储？

【解析】 因为一元多项式的非 0 系数项经过一些运算会发生变化，例如，在执行多项式加法运算后某些 0 系数项的系数不再是 0，或某些非 0 系数项的系数变成 0，这就需要在结果多项式中增添新的项或删去某些项，利用链表操作，可以简单地修改结点的指针以完成这种插入和删除运算，不像在顺序方式中那样可能要移动大量数据项，运行效率较高。

26. 下列关于线性表的叙述中，正确的是（　　　）。

A. 每个元素最多有一个直接前驱和一个直接后继

B. 每个元素最少有一个直接前驱和一个直接后继

C. 每个元素有且仅有一个直接前驱，有且仅有一个直接后继

D. 线性表中每个元素都是不可再分解的数据元素，且数据类型相同。

【解析】 选 A。根据线性表的特性，第一个元素没有直接前驱，除第一个元素之外，其他每个元素都有且仅有一个直接前驱；最后一个元素没有直接后继，除最后一个元素外，其他每个元素都有且仅有一个直接后继。所以选项 B 和 C 错。根据线性表的定义，线性表中

每个元素都应为数据元素,虽然它们都是不可再分解的表元素,但没有限制其数据类型必须相同,可用 union 在相同的存储空间内定义不相同的数据类型,所以选项 D 不完全对。

27.线性表中的每一个表元素都是数据对象,它们是不可再分的(   )。

A.数据项   B.数据记录   C.数据元素   D.数据字段

【解析】 选 C。线性表是 n(n≥0)个数据元素的有限序列。数据记录、数据字段是数据库文件组织中的术语。数据项相当于数据元素中的属性。

28.顺序表是线性表的(   )存储表示。

A.有序   B.连续   C.数组   D.顺序存取

【解析】 选 C。顺序表是线性表的数组存储表示,也称为线性表的顺序存储结构。注意,顺序存取是一种读写方式,不是存储方式,有别于顺序存储。

29.以下关于顺序表的说法中,正确的是(   )。

A.顺序表可以利用一维数组表示,因此顺序表与一维数组在结构上是一致的,它们可以通用

B.在顺序表中,逻辑上相邻的元素在物理位置上不一定相邻

C.顺序表和一维数组一样,都可以按下标随机(或直接)访问,顺序表还可以从某一指定元素开始,向前或向后逐个元素顺序访问

D.在顺序表中每一表元素的数据类型还可以是顺序表。

【解析】 选 C。因为一维数组只有两个操作:按下标存和取,所以在一维数组中元素可以不连续存放;而顺序表的元素必须相继存放,还可以有查找、插入和删除等操作。因此,顺序表与一维数组不通用。此外,在顺序表中元素在逻辑顺序与存储位置顺序是一致的,逻辑上相邻的元素在物理位置上也一定相邻。因为顺序表是线性表的顺序存储方式,每一表元素是不可再分的数据元素。所以选项 A、B、D 错。只有选项 C 对。因为顺序表既可以按下标直接访问,也可以从某一指定元素向前或向后顺序访问。

30.顺序表的优点是(   )。

A.插入操作的时间效率高   B.适用于各种逻辑结构的存储表示

C.存储密度(存储利用率)高   D.删除操作的时间效率高

【解析】 选 C。顺序表的存储利用率高,没有任何辅助指针来指明元素间的逻辑顺序。它可以是某些逻辑结构的存储表示的一部分,但不适用于所有的逻辑结构。例如,它对于多维数组和广义表,或者一般二叉树就不适用。

31.设线性表有 n 个元素且采用顺序存储表示,算法的时间复杂度为 $O(1)$ 的操作是(   )。

A.访问第 i 个元素($1≤i≤n$)和求第 i 个元素的直接前趋($2≤i≤n$)

B.在第 i 个元素($1≤i≤n$)后面插入一个新元素

C.删除数组第 i 个元素($1≤i≤n$)

D.顺序查找与给定值 x 相等的元素

【解析】 选 A。顺序表可以按元素下标直接存和直接取,其时间复杂度为 $O(1)$。在第 i 个元素后面插入新元素和删除第 i 个元素的时间复杂度都是 $O(n)$,顺序查找的时间复杂度也是 $O(n)$。

32.若长度为 n 的非空线性表采用顺序存储结构,在表的第 i 个位置插入一个数据元素,则 i 的合法值应该是(   )。

A.1≤i≤n   B.1≤i≤n+1   C.0≤i≤n-1   D.0≤i≤n

【解析】 选 B。表元素序号从 1 开始,而在第 n+1 个位置插入相当于在表尾追加。

33.若设一个顺序表的长度为 n,那么在表中顺序查找一个值为 x 的元素时,在等概率情况下,查找成功的数据平均比较次数为(   )。

A.n   B.n/2   C.(n+1)/2   D.(n-1)/2

【解析】 选 C。在长度为 n 的顺序表中,若各元素查找概率相等,则查找成功的平均查找长度为

$$ASL_{suc} = \frac{1}{n} \sum_{i=1}^{n} i = \frac{1}{n}(1 + 2 + \cdots + n) = \frac{1}{n} \frac{(1+n)n}{2} = \frac{n+1}{2}$$

34. 在表中第 i 个元素(1≤i≤n+1)位置插入一个新元素时,为保持插入后表中原有元素的相对次序不变,需要从后向前依次后移(1)个元素。在删除表中第 i 个元素(1≤i≤n)时,同样地,为保持删除后表中原有元素的相对次序不变,需要从前向后依次前移(2)个元素。

A.n-i   B.n-i+1   C.n-i-1   D.i

【解析】 (1)选 B,(2)选 A。在有 n 个元素的顺序表中的第 i 个元素位置插入一个新元素时,需要把表中从第 n 个元素到第 i 个元素的所有元素后移一个元素位置,以空出第 i 个元素位置供新元素插入,需要移动的元素有 n-i+1 个,前面的 i-1 个元素没有移动。

而想要在有 n 个元素的顺序表中删除第 i 个元素,需要把从第 i+1 个元素到第 n 个元素的所有元素前移,以填补原来的第 i 个元素,需要移动 n-(i+1)+1=n-i 个元素。

35. 在长度为 n 的顺序表的表尾插入一个新元素的时间复杂度为(   )。

A.O(n)   B.O(1)   C.O(n²)   D.O(log₂n)

【解析】 选 B。在有 n 个元素的顺序表的表尾插入一个新元素,可直接在表的第 n+1 个位置插入,渐近时间复杂度为 O(1)。

36. 在以下有关顺序表的叙述中正确的是(   )。

A.顺序表的优点是存储密度高,且插入与删除运算的时间效率高

B.集合与顺序表的区别在于集合中的元素不能相等

C.线性表就是顺序存储的表

D.取顺序表第 i 个元素的时间与 i 的大小有关

【解析】 选 A。集合可以用顺序表作为其存储,但集合还可以有其他存储方式,集合不等于顺序表。顺序表与一维数组有不同的地方,线性表可以顺序存储,也可以链接存储。顺序表无论存取哪个元素的时间是一样的。选项 B、C、D 错。

37. 在下列关于线性表的叙述中正确的是(   )。

A.线性表的逻辑顺序与物理顺序总是一致的

B.线性表的顺序存储表示优于链式存储表示

C.线性表若采用链式存储表示时,所有存储单元的地址可连续也可不连续

D.除数组外,每个数据结构都应具备 3 种基本运算:插入、删除和查找

【解析】 选 D。线性表的链接存储表示的逻辑顺序与物理存储表示的物理顺序不一致。选项 A 错;线性表的顺序存储表示在插入和删除时的时间代价不如链表存储表示,选项 B 错;在链式存储表示情况下要求结点内的存储单元一定连续,选项 C 的叙述也不准确。

38. 数据结构反映了数据元素之间的结构关系。单链表是一种(   )。

A.顺序存储线性表   B.非顺序存储非线性表

C. 顺序存储非线性表   D. 非顺序存储线性表

【解析】 选 D。数据在内存的存储结构主要有顺序存储结构和链式存储结构两种。采用链式存储结构的线性表称为单链表。单链表中每个数据元素的存储单元称为结点,结点中除了数据项外,还包括指针(地址),指向其逻辑上相邻的下一元素。这样,逻辑上相邻的元素可以在不相邻的存储单元中,因此,单链表是一种非顺序存储线性表。

39. 单链表又称为线性链表,在单链表上实施插入和删除操作( )。

     A. 不需移动结点,不需改变结点指针

     B. 不需移动结点,只需改变结点指针

     C. 只需移动结点,不需改变结点指针

     D. 既需移动结点,又需改变结点指针

【解析】 选 B。在单链表中插入或删除元素无须改变结点的存储位置,只要修改相关结点的指针即可。而在顺序表中插入或删除元素一般都要移动许多结点的位置。

40. 设单链表中结点的结构为

```
struct LinkNode{                    //链表结点定义
    E  data;                        //数据
    LinkNode *link;                 //结点后继指针
};
```

不带头结点的单链表 first 为空的判定条件是(1),带头结点的单链表 first 为空的判定条件是(2)。

     A. first = = NULL   B. first->link = = NULL

     C. first->link = = first   D. first ! = NULL

【解析】 (1)选 A,(2)选 B。若单链表不带头结点,则 *first 即为首元结点(第一个结点),链表为空,即 first 为空。若单链表带有头结点,则 *first 即为头结点,链表为空,即头结点后面没有首元结点,first->link 为空。

41. 已知单链表中结点 *q 是结点 *p 的直接前趋,若在 *q 与 *p 之间插入结点 *s,则应执行以下( )操作。

     A. s->link = p->link;p->link = s;   B. q->link = s;s->link = p;

     C. p->link = s->link;s->link = p;   D. p->link = s;s->link = q;

【解析】 选 B。已知单链表中结点 *q 是结点 *p 的直接前趋,若在 *q 与 *p 之间插入结点 *s,需要把 *s 链接到 *q 之后,把 *p 链接到 *s 之后:q->link = s;s->link = p。

42. 已知单链表中结点 *p 不是链尾结点,若在 *p 之后插入结点 *s,则应执行以下( )操作。

     A. s->link = p;p->link = s;

     B. q->link = s;s->link = p;p->link = s;s->link = p;

     C. s->link = p->link;p = s;

     D. s->link = p->link;p->link = s;

【解析】 选 D。若在 *p 之后插入结点 *s,需要把原来的 *p 后的结点先链接到 *s 之后,再把 *s 链接到 *p 之后:s->link = p->link; p->link = s。

43. 若想在单链表中摘除结点 *p(*p 既不是第一个也不是最后一个结点)的直接后继,则应执行以下( )操作。

A. p->link=p->link->link；   B. p=p->link；p->link=p->link->link；

C. p->link=p->link；   D. p=p->link->link；

【解析】 选A。因为*p既不是第一个也不是最后一个结点，因此*p的直接后继存在，若想摘除结点*p的直接后继，需要做重新链接工作，让*p的后继的后继成为*p的后继：p->link=p->link->link。

44. 已知L是带头结点的单链表，则摘除首元结点的语句是( )。

A. L=L->link；   B. L->link=L->link->link；

C. L=L->link->link；   D. L->link=L；

【解析】 选B。首元结点在头结点后面，实际摘除的是头结点后面的结点。

45. 已知单链表A长度为m，单链表B长度为n，若将B连接到A的末尾，在没有链尾指针的情形下，算法的时间复杂度应为( )。

    A. O(1)   B. O(m)   C. O(n)   D. O(m+n)

【解析】 选B。需要寻找表A的链尾，遍历表A的m个结点。

46. 从一个具有n个结点的有序单链表中查找其值等于x的结点时，在查找成功的情况下，需要平均比较( )个结点。

    A. n   B. n/2   C. (n-1)/2   D. (n+1)/2

【解析】 选D。有序单链表在查找成功时的查找性能与一般单链表相同。

47. 在一个具有n个结点的单链表中插入一个新结点并可以不保持原有顺序的算法的时间复杂度是( )。

    A. O(1)   B. O(n)   C. O(n^2)   D. O($n\log_2 n$)

【解析】 选A。此时新结点插在链头即可。

48. 给定有n个元素的一维数组，建立一个有序单链表的时间复杂度是( )。

    A. O(1)   B. O(n)   C. O(n^2)   D. O($n\log_2 n$)

【解析】 选C。每插入一个元素，就需要遍历链表查找插入位置，此即链表插入排序。

49. 非空的单向循环链表first的链尾结点(由p所指向的)满足( )。

A. p->link==NULL；   B. p==NULL；

C. p->link==first；   D. p==first；

【解析】 选C。已知非空单向循环链表first的链尾结点为*p，则*p的后继为表头结点：p->link==first。

50. 设rear是指向非空的带头结点的单向循环链表的链尾结点的指针。若想删除链表第一个结点，则应执行以下( )操作。

A. s=rear；rear=rear->link；free(s)；

B. rear=rear->link；free(rear)；

C. rear=rear->link->link；free(rear)；

D. s=rear->link->link；rear->link->link=s->link；free(s)；

【解析】 选D。设rear是链尾指针。若想删除链表第一个结点，必须先保存要删除的表头结点的后继结点地址：s=rear->link->link；再做重新链接工作，让*s的后继链接到表头结点之后：rear->link->link=s->link；最后做删除：free(s)。

51. 利用双向链表作线性表的存储结构的优点是( )。

A. 便于进行插入和删除的操作   B. 提高按关系查找数据元素的速度

C. 节省空间　　　　　　　　　　　　D. 便于销毁结构释放空间

【解析】　选B。查找直接前趋和直接后继的时间代价是O(1)。

52. 带头结点的双向循环链表L为空表的条件是(　　)。

　　A. L->lLink->rLink = NULL;　　　　　B. L->rLink = L;

　　C. L->lLink = NULL;　　　　　　　　D. L = NULL;

【解析】　选B。空表还应保留头结点,头结点的链指针应指向自身。在循环链表中不应有空的指针,所以其他选项错。

53. 若一个链表最常用的操作是在最后一个结点之后插入一个新结点,或删除最后一个结点,则选用(　　)最节省运算时间。

　　A. 带头结点的单向循环链表　　　　　B. 带头结点的双向循环链表

　　C. 不带头结点的单链表　　　　　　　D. 带头结点的单链表

【解析】　选B。在单链表情形,删除最后一个结点,必须找到它的前一结点,需要从头结点沿着结点链向后逐个结点遍历,需要时间O(n),n是表的长度。如果使用带尾指针的单向循环链表,可以使运算时间达到O(1),但选项中没有。只有带头结点的双向链表,可以从头结点出发,方便在最后一个结点处插入和删除。

54. 如果对于包含n(n>1)个结点的线性表,只做以下4种运算:删除第一个结点,删除最后一个结点,在第一个结点之前插入结点和在最后一个结点之后插入结点。这时最好使用(　　)。

　　A. 只有头结点指针没有尾结点指针的单向循环链表

　　B. 只有尾结点指针没有头结点指针的单向非循环链表

　　C. 只有头结点指针没有尾结点指针的双向循环链表

　　D. 既有头结点指针又有尾结点指针的单向循环链表

【解析】　选C。以上4种运算的操作对象都在头结点的左、右,采用带头结点指针的双向循环链表即可。对于选项A,删除最后一个结点的时间代价为O(n);对于选项B,除在最后一个结点后插入外,其他所有运算都不可行;对于选项D,删除最后一个结点时需要找到它的前一个结点,时间代价为O(n)。

55. 如果想在长度为n(n>1)的线性表上删除第一个结点,其时间复杂度达到O(n),此时采用的存储结构是(　　)。

　　A. 只有表头指针没有头结点的单向循环链表

　　B. 只有表尾指针没有头结点的单向循环链表

　　C. 只有表尾指针带头结点的单向循环链表

　　D. 只有表头指针带头结点的单向循环链表

【解析】　选A。删除第一个结点需要修改尾结点指向表头的指针,需要先找到尾结点,时间复杂度达到O(n)。其他带头结点的情况,删除第一个结点,只需修改头结点的指针,时间复杂度达到O(1)。

56. 设双向循环链表中结点的结构为(data,lLink,rLink),且不带表头结点。若想在结点 *p 之后插入结点 *s,则应执行以下(　　)操作。

　　A. p->rLink = s;s->lLink = p;p->rLink->lLink = s;s->rLink = p->rLink;

　　B. p->rLink = s;p->rLink->lLink = s;s->lLink = p;s->rLink = p->rLink;

C. s->lLink = p; s->rLink = p->rLink; p->rLink = s; p->rLink->lLink = s;

D. s->lLink = p; s->rLink = p->rLink; p->rLink->lLink = s; p->rLink = s;

【解析】 选 D。若想在双向循环链表中结点 *p 之后插入结点 *s,需在两个链上做插入,插入过程中要小心不要让其中任何一个链断掉。选项 A 和选项 B 首先排除,因为第一条语句 p->rLink = s 就让后继链断掉了。选项 C 和选项 D 的前两条语句 s->lLink = p; s->rLink = p->rLink 合理,让 *s 的前趋和后继都链接好且未影响原来的两个链,但选项 C 的第 3 条语句 p->rLink = s 又断开了后继链,排除它就剩下选项 D,它是对的。

2.3 习题指导

一、单项选择题

1. 线性表是具有 n 个(　　)的有限序列。

A. 数据表　　　　　　　　B. 字符　　　　C. 数据元素　　　　　　D. 数据项

2. 以下(　　)是一个线性表。

A. 由 n 个实数组成的集合　　　　　　　B. 由 100 个字符组成的序列

C. 所有整数组成的序列　　　　　　　　D. 邻接表

3. 在线性表中,除开始元素外,每个元素(　　)。

A. 只有唯一的前驱元素　　　　　　　　B. 只有唯一的后继元素

C. 有多个前驱元素　　　　　　　　　　D. 有多个后继元素

4. 下述(　　)是顺序存储结构的优点。

A. 存储密度大　　　　　　　　　　　　B. 插入运算方便

C. 删除运算方便　　　　　　　　　　　D. 方便地运用于各种逻辑结构的存储表示

5. 线性表的顺序存储结构是一种(　　)。

A. 随机存取的存储结构　　　　　　　　B. 顺序存取的存储结构

C. 索引存取的存储结构　　　　　　　　D. 散列存取的存储结构

6. 一个顺序表所占用的存储空间大小与(　　)无关。

A. 表的长度　　　　　　　　　　　　　B. 元素的存放顺序

C. 元素的类型　　　　　　　　　　　　D. 元素中各字段的类型

7. 若线性表最常用的操作是存取第 i 个元素及其前驱和后继元素的值,为了提高效率,应采用(　　)的存储方式。

A. 单链表　　　　B. 双向链表　　　　C. 单向循环链表　　　D. 顺序表

8. 一个线性表最常用的操作是存取任一指定序号的元素并在最后进行插入、删除操作,则利用(　　)存储方式可以节省时间。

A. 顺序表　　　　　　　　　　　　　　B. 双链表

C. 带头结点的双向循环链表　　　　　　D. 单向循环链表

9. 在 n 个元素的线性表的数组表示中,时间复杂度为 O(1) 的操作是(　　)。

Ⅰ. 访问第 i(1≤i≤n) 个结点和求第 i(2≤i≤n) 个结点的直接前驱

Ⅱ. 在最后一个结点后插入一个新的结点

Ⅲ.删除第1个结点

Ⅳ.在第i(1≤i≤n)个结点后插入一个结点

A.Ⅰ B.Ⅱ、Ⅲ C.Ⅰ、Ⅱ D.Ⅰ、Ⅱ、Ⅲ

10.设线性表有 n 个元素,严格说来,在以下操作中,( )在顺序表上实现要比在链表上实现的效率高。

Ⅰ.输出第i(1≤i≤n)个元素值

Ⅱ.交换第3个元素与第4个元素的值

Ⅲ.顺序输出这 n 个元素的值

A.Ⅰ B.Ⅰ、Ⅲ C.Ⅰ、Ⅱ D.Ⅱ、Ⅲ

11.在一个长度为 n 的顺序表中删除第i(1≤i≤n)个元素时,需要向前移动( )个元素。

A.n B.i-1 C.n-i D.n-i+1

12.对于顺序表,访问第 i 个位置的元素和在第 i 个位置插入一个元素的时间复杂度分别为( )。

A.O(n)、O(n) B.O(n)、O(1) C.O(1)、O(n) D.O(1)、O(1)

13.若长度为 n 的非空线性表采用顺序存储结构,在表的第 i 个位置插入一个数据元素,则 i 的合法值应该是( )。

A.1≤i≤n B.1≤i≤n+1 C.0≤i≤n-1 D.0≤i≤n

14.顺序表的插入算法中,当 n 个空间已满时,可再申请增加分配 m 个空间,若申请失败,则说明系统没有( )可分配的存储空间。

A.m 个 B.m 个连续 C.n+m 个 D.n+m 个连续

15.关于线性表的顺序存储结构和链式存储结构的描述中,正确的是( )。

Ⅰ.线性表的顺序存储结构优于其链式存储结构

Ⅱ.链式存储结构比顺序存储结构能更方便地表示各种逻辑结构

Ⅲ.若频繁使用插入和删除结点操作,则顺序存储结构更优于链式存储结构

Ⅳ.顺序存储结构和链式存储结构都可以进行顺序存取

A.Ⅰ、Ⅱ、Ⅲ B.Ⅱ、Ⅳ C.Ⅱ、Ⅲ D.Ⅲ、Ⅳ

16.对于一个线性表,既要求能够较快速地进行插入和删除,又要求存储结构能反映数据之间的逻辑关系,则应该用( )。

A.顺序存储方式 B.链式存储方式 C.散列存储方式 D.以上均可以

17.对于顺序存储的线性表,其算法时间复杂度为 O(1) 的运算应该是( )。

A.将 n 个元素从小到大排序

B.删除第i(1≤i≤n)个元素

C.改变第i(1≤i≤n)个元素的值

D.在第i(1≤i≤n)个元素后插入一个新元素

18.下列关于线性表的说法中,正确的是( )。

Ⅰ.顺序存储方式只能用于存储线性结构

Ⅱ.取线性表的第 i 个元素的时间与 i 的大小有关

Ⅲ.静态链表需要分配较大的连续空间,插入和删除不需要移动元素

Ⅳ.在一个长度为 n 的有序单链表中插入一个新结点,并仍保持有序的时间复杂度为 O(n)

Ⅴ.若用单链表来表示队列,则应该选用带尾指针的循环链表

    A.Ⅰ、Ⅱ   B.Ⅰ、Ⅲ、Ⅳ、Ⅴ   C.Ⅳ、Ⅴ   D.Ⅲ、Ⅳ、Ⅴ

19.设线性表中有 2n 个元素,(   )在单链表上实现要比在顺序表上实现效率更高。

    A.删除所有值为 x 的元素

    B.在最后一个元素的后面插入一个新元素

    C.顺序输出前 k 个元素

    D.交换第 i 个元素和第 2n-i-1 个元素的值(i=0,…,n-1)

20.在一个单链表中,已知 q 所指结点是 p 所指结点的前驱结点,若在 q 和 p 之间插入结点 s,则执行(   )。

    A.s->next=p->next;p->next=s;   B.p->next=s->next;s->next=p;

    C.q->next=s;s->next=p;   D.p->next=s;s->next=q;

21.给定有 n 个元素的一维数组,建立一个有序单链表的最低时间复杂度是(   )。

    A.$O(1)$ B.$O(n)$ C.$O(n^2)$ D.$O(n\log_2 n)$

22.将长度为 n 的单链表链接在长度为 m 的单链表后面,其算法的时间复杂度采用大 O 形式表示应该是(   )。

    A.$O(1)$ B.$O(n)$ C.$O(m)$ D.$O(n+m)$

23.单链表中,增加一个头结点的目的是(   )。

    A.使单链表至少有一个结点   B.标识表结点中首结点的位置

    C.方便运算的实现   D.说明单链表是线性表的链式存储

24.在一个长度为 n 的带头结点的单链表 h 上,设有尾指针 r,则执行(   )操作与链表的表长有关。

    A.删除单链表中的第一个元素

    B.删除单链表中的最后一个元素

    C.在单链表第一个元素前插入一个新元素

    D.在单链表最后一个元素后插入一个新元素

25.对于一个头指针为 head 的带头结点的单链表,判定该表为空表的条件是(   );对于不带头结点的单链表,判定该表为空表的条件是(   )。

    A.head==NULL   B.head->next==NULL

    C.head->next==head   D.head!=NULL

26.下面关于线性表的一些说法中,正确的是(   )。

    A.对一个设有头指针和尾指针的单链表执行删除最后一个元素的操作与链表长度无关

    B.线性表中每个元素都有一个直接前驱和一个直接后继

    C.为了方便插入和删除数据,可以使用双链表存放数据

    D.取线性表第 i 个元素的时间与 i 的大小有关

27.在双链表中在 p 所指的结点之前插入一个结点 q 的操作为(   )。

    A.p->prior=q;q->next=p;p->prior->next=q;q->prior=p->prior;

    B.q->prior=p->prior;p->prior->next=q;q->next=p;p->prior=q->next;

    C.q->next=p;p->next=q;q->prior->next=q;q->next=p;

    D.p->prior->next=q;q->next=p;q->prior=p->prior;p->prior=q;

28. 在双向链表存储结构中,删除 p 所指的结点时必须修改指针(   )。

   A. p->llink->rlink = p->rlink; p->rlink->llink = p->llink;

   B. p->llink = p->llink->llink; p->llink->rlink = p;

   C. p->rlink->llink = p; p->rlink = p->rlink->rlink;

   D. p->rlink = p->llink->llink; p->llink = p->rlink->rlink;

29. 在长度为 n 的有序单链表中插入一个新结点,并仍然保持有序的时间复杂度是(   )。

   A. $O(1)$ B. $O(n)$ C. $O(n^2)$ D. $O(n\log_2 n)$

30. 与单链表相比,双链表的优点之一是(   )。

   A. 插入、删除操作更方便   B. 可以进行随机访问

   C. 可以省略表头指针或表尾指针   D. 访问前后相邻结点更灵活

31. 带头结点的双向循环链表 L 为空的条件是(   )。

   A. L->prior == L&&L->next == NULL

   B. L->prior == NULL&&L->next == NULL

   C. L->prior == NULL&&L->next == L

   D. L->prior == L&&L->next == L

32. 一个链表最常用的操作是在末尾插入结点和删除结点,则选用(   )最节省时间。

   A. 带头结点的双向循环链表   B. 单向循环链表

   C. 带尾指针的单向循环链表   D. 单链表

33. 设对 n(n>1)个元素的线性表的运算只有 4 种:删除第一个元素;删除最后一个元素;在第一个元素之前插入新元素;在最后一个元素之后插入新元素,则最好使用(   )。

   A. 只有尾结点指针没有头结点指针的循环单链表

   B. 只有尾结点指针没有头结点指针的非循环双链表

   C. 只有头结点指针没有尾结点指针的循环双链表

   D. 既有头结点指针又有尾结点指针的循环单链表

34. 一个链表最常用的操作是在最后一个元素后插入一个元素和删除第一个元素,则选用(   )最节省时间。

   A. 不带头结点的单向循环链表

   B. 双链表

   C. 不带头结点且有尾指针的单向循环链表

   D. 单链表

35. 静态链表中指针表示的是(   )。

   A. 下一个元素的地址   B. 内存储器地址

   C. 下一个元素在数组中的位置   D. 左链或右链指向的元素的地址

36. 需要分配较大空间,插入和删除不需要移动元素的线性表,其存储结构为(   )。

   A. 单链表   B. 静态链表   C. 顺序表   D. 双链表

37. 某线性表用带头结点的循环单链表存储,头指针为 head,则当 head->next->next = head 成立时,线性表长度可能是(   )。

   A. 0   B. 1   C. 2   D. 0 或 1

38. 【2016 统考真题】已知一个带有表头结点的双向循环链表 L,结点结构为

prev	data	next

,其中 prev 和 next 分别是指向其直接前驱和直接后继结点的指针。现

要删除指针 p 所指的结点,正确的语句序列是(　　)。

　　A. p->next->prev=p->prev; p->prev->next=p->prev; free(p);

　　B. p->next->prev=p->next; p->prev->next=p->next; free(p);

　　C. p->next->prev=p->next; p->prev->next=p->prev; free(p);

　　D. p->next->prev=p->prev; p->prev->next=p->next; free(p);

39.【2016 统考真题】已知表头元素为 c 的单链表在内存中的存储状态如下表所示。

地址	元素	链接地址
1000H	a	1010H
1004H	b	100CH
1008H	c	1000H
100CH	d	NULL
1010H	e	1004H
1014H		

　　现将 f 存放于 1014H 处并插入单链表,若 f 在逻辑上位于 a 和 e 之间,则 a,e,f 的"链接地址"依次是(　　)。

　　A.1010H,1014H,1004H　　　　　　　B.1010H,1004H,1014H

　　C.1014H,1010H,1004H　　　　　　　D.1014H,1004H,1010H

40.【2021 统考真题】已知头指针 h 指向一个带头结点的非空单向循环链表,结点结构为 | data | next |,其中 next 是指向直接后继结点的指针,p 是尾指针,q 是临时指针。现要删除该链表的第一个元素,正确的语句序列是(　　)。

　　A. h->next=h->next->next;q=h->next;free(q);

　　B. q=h->next;h->next=h->next->next;free(q);

　　C. q=h->next;h->next=q->next;if(p!=q)p=h;free(q);

　　D. q=h->next;h->next=q->next;if(p==q)p=h;free(q);

二、综合应用题

　　1.设计一个算法,从顺序表中删除具有最小值的元素(假设唯一),并由函数返回被删元素的值。空出的位置由最后一个元素填补,若顺序表为空,则显示出错信息并退出运行。

　　2.设计一个高效算法,将顺序表 L 的所有元素逆置,要求算法的空间复杂度为 O(1)。

　　3.对于长度为 n 的顺序表 L,编写一个时间复杂度为 O(n)、空间复杂度为 O(1)的算法,该算法删除线性表中所有值为 x 的数据元素。

　　4.设计一个算法,从有序顺序表中删除其值在给定值 s 与 t(要求 s<t)之间的所有元素,若 s 或 t 不合理或顺序表为空,则显示出错信息并退出运行。

　　5.设计一个算法,从顺序表中删除其值在给定值 s 与 t(包含 s 和 t,要求 s<t)之间的所有元素,若 s 或 t 不合理或顺序表为空,则显示出错信息并退出运行。

　　6.设计一个算法,从有序顺序表中删除所有其值重复的元素,使表中所有元素的值均不同。

　　7.设计一个算法,将两个有序顺序表合并为一个新的有序顺序表,并由函数返回结果顺序表。

8. 设计一个算法,已知在一维数组 A[m+n] 中依次存放两个线性表 $(a_1, a_2, a_3, \cdots, a_m)$ 和 $(b_1, b_2, b_3, \cdots, b_n)$。编写函数,将数组中两个顺序表的位置互换,即将 $(b_1, b_2, b_3, \cdots, b_n)$ 放在 $(a_1, a_2, a_3, \cdots, a_m)$ 的前面。

9. 线性表 $(a_1, a_2, a_3, \cdots, a_n)$ 中的元素递增有序且按顺序存储于计算机内。要求设计一个算法,完成用最少时间在表中查找数值为 x 的元素,若找到,则将其与后继元素位置相交换;若找不到,则将其插入表中并使表中元素仍递增有序。

10.【2010 统考真题】设将 n(n>1) 个整数存放到一维数组 R 中。设计一个在时间和空间两方面都尽可能高效的算法。将 R 中保存的序列循环左移 p(0<p<n) 个位置,即将 R 中的数据由 $(X_0, X_1, \cdots, X_{n-1})$ 变换为 $(X_p, X_{p+1}, \cdots, X_{n-1}, X_0, X_1, \cdots, X_{p-1})$。要求:

1) 给出算法的基本设计思想。

2) 根据设计思想,采用 C、C++或 Java 语言描述算法,关键之处给出注释。

3) 说明你所设计算法的时间复杂度和空间复杂度。

11.【2011 统考真题】一个长度为 L(L≥1) 的升序序列 S,处在第 $\lceil L/2 \rceil$ 个位置的数称为 S 的中位数。例如,若序列 $S_1 = (11, 13, 15, 17, 19)$,则 S_1 的中位数是 15,两个序列的中位数是含它们所有元素的升序序列的中位数。例如,若 $S_2 = (2, 4, 6, 8, 20)$,则 S_1 和 S_2 的中位数是 11。现在有两个等长升序序列 A 和 B,试设计一个在时间和空间两方面都尽可能高效的算法,找出两个序列 A 和 B 的中位数。要求:

1) 给出算法的基本设计思想。

2) 根据设计思想,采用 C、C++或 Java 语言描述算法,关键之处给出注释。

3) 说明你所设计算法的时间复杂度和空间复杂度。

12.【2013 统考真题】已知一个整数序列 $A = (a_0, a_1, \cdots, a_{n-1})$,其中 $0 \leq a_i < n(0 \leq i < n)$。存在 $a_{p1} = a_{p2} = \cdots = a_{pm} = x$ 且 m>n/2 $(0 \leq p_k < n, 1 \leq k \leq m)$,则称 x 为 A 的主元素。如 A = (0, 5, 5, 3, 5, 7, 5, 5),则 5 为主元素;又如 A = (0, 5, 5, 3, 5, 1, 5, 7),则 A 中没有主元素。假设 A 中的 n 个元素保存在一个一维数组中,请设计一个尽可能高效的算法,找出 A 的主元素。若存在主元素,则输出该元素;否则输出-1。要求:

1) 给出算法的基本设计思想。

2) 根据设计思想,采用 C、C++或 Java 语言描述算法,关键之处给出注释。

3) 说明你所设计算法的时间复杂度和空间复杂度。

13.【2018 统考真题】给定一个含 n(n≥1) 个整数的数组,请设计一个在时间上尽可能高效的算法,找出数组中未出现的最小正整数。例如,数组 {−5, 3, 2, 3} 中未出现的最小正整数是 1;数组 {1, 2, 3} 中未出现的最小正整数是 4。要求:

1) 给出算法的基本设计思想。

2) 根据设计思想,采用 C 或 C++语言描述算法,关键之处给出注释。

3) 说明你所设计算法的时间复杂度和空间复杂度。

14.【2020 统考真题】定义三元组 (a,b,c)(a,b,c 均为正数) 的距离 D = |a−b|+|b−c|+|c−a|。给定 3 个非空整数集合 S_1、S_2 和 S_3,按升序分别存储在 3 个数组中。请设计一个尽可能高效的算法,计算并输出所有可能的三元组 (a,b,c)(a ∈ S_1, b ∈ S_2, c ∈ S_3) 中的最小距离。例如 $S_1 = \{-1, 0, 9\}$,$S_2 = \{-25, -10, 10, 11\}$,$S_3 = \{2, 9, 17, 30, 41\}$,则最小距离为 2,相应的三元组为 (9,10,9)。要求:

1)给出算法的基本设计思想。

2)根据设计思想,采用 C 或 C++语言描述算法,关键之处给出注释。

3)说明你所设计算法的时间复杂度和空间复杂度。

15.设计一个递归算法,删除不带头结点的单链表 L 中所有值为 x 的结点。

16.在带头结点的单链表 L 中,删除所有值为 x 的结点,并释放其空间,假设值为 x 的结点不唯一,试编写算法以实现上述操作。

17.设 L 为带头结点的单链表,编写算法实现从尾到头反向输出每个结点的值。

18.试编写在带头结点的单链表 L 中删除一个最小值结点的高效算法。(假设最小值结点是唯一的)

19.试编写算法将带头结点的单链表就地逆置,所谓"就地"是指辅助空间复杂度为 O(1)。

20.有一个带头结点的单链表 L,设计一个算法使其元素递增有序。

21.设在一个带表头结点的单链表中所有元素结点的数据值无序,试编写函数,删除表中所有介于给定的两个值(作为函数参数给出)之间的元素(若存在)。

22.给定两个单链表,编写算法找出两个链表的公共结点。

23.给定一个带表头结点的单链表,设 head 为头指针,结点结构为(data, next),data 为整型元素,next 为指针。试写出算法:按递增顺序输出单链表中各结点的数据元素,并释放结点所占的存储空间。(要求:不允许使用数组作为辅助空间)

24.将一个带头结点的单链表 A 分解为两个带头结点的单链表 A 和 B,使得 A 表中含有原表中序号为奇数的元素,而 B 表中含有原表中序号为偶数的元素,且保持其相对顺序不变。

25.设 C = {$a_1, b_1, a_2, b_2, \cdots, a_n, b_n$} 为线性表,采用带头结点的 hc 单链表存放,设计一个就地算法,将其拆分为两个线性表,使得 A = {$a_1, a_2, \cdots, a_n$},B = {$b_n, \cdots, b_2, b_1$}。

26.在一个递增有序的线性表中,有数值相同的元素存在。若存储方式为单链表,设计算法去掉数值相同的元素,使表中不再有数值相同的元素,例如(7,10,10,21,30,42,42,42,51,70)将变为(7,10,21,30,42,51,70)。

27.假设有两个按元素值递增次序排列的线性表,均以单链表形式存储。请编写算法将这两个单链表归并为一个按元素值递减次序排列的单链表,并要求利用原来两个单链表的结点存放归并后的单链表。

28.设 A 和 B 是两个单链表(带头结点),其中元素递增有序。设计一个算法从 A 表和 B 表中的公共元素产生单链表 C。(要求:不破坏 A、B 表的结点)

29.已知 A 和 B 两个链表分别表示两个集合,其元素递增排列。编写函数,求 A 表与 B 表的交集,并存放于 A 表中。

30.两个整数序列 A = ($a_1, a_2, a_3, \cdots, a_m$) 和 B = ($b_1, b_2, b_3, \cdots, b_n$) 已经存入两个单链表中,设计一个算法,判断序列 B 是否是序列 A 的连续子序列。

31.设计一个算法,用于判断带头结点的循环双链表是否对称。

32.有两个循环单链表,链表头指针分别为 h1 和 h2,编写函数,将链表 h2 链接到链表 h1 之后,要求链接后的链表仍保持循环链表形式。

33.设有一个带头结点的循环单链表,其结点值均为正整数。设计一个算法,反复找出单链表中结点值最小的结点并输出,然后将该结点删除,直到单链表空为止,再删除表头结点。

34. 设头指针为 L 的带有头结点的非循环双向链表,其每个结点中除了有 pred(前驱指针)、data(数据)和 next(后继指针)域外,还有一个访问频度域 freq,在链表被启用前,其值均初始化为零。每当在链表中进行一次 Locate(L,x)运算时,令元素值为 x 的结点中 freq 域的值增1,并使此链表中结点保持按访问频度非增(递减)的顺序排列,同时最近访问的结点排在频度相同的结点前面,以便使频繁访问的结点总是靠近表头。试编写符合上述要求的 Locate(L,x)运算的算法,该运算为函数过程,返回找到结点的地址,类型为指针型。

35. 单链表有环,是指单链表的最后一个结点的指针指向了链表中的某个结点(通常单链表的最后一个结点的指针域是空的)。编写算法,判断单链表是否存在环。

1)给出算法的基本设计思想。

2)根据设计思想,采用 C 或 C++语言描述算法,关键之处给出注释。

3)说明你所设计算法的时间复杂度和空间复杂度。

36.【2009 统考真题】已知一个带有表头结点的单链表,结点结构为

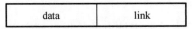

假设该链表只给出了头指针 list。在不改变链表的前提下,请设计一个尽可能高效的算法,查找链表中倒数第 k 个位置上的结点(k 为正整数)。若查找成功,算法输出该结点的 data 域的值,并返回1;否则,只返回0。要求:

1)描述算法的基本设计思想。

2)描述算法的详细实现步骤。

3)根据设计思想和实现步骤,采用程序设计语言描述算法(使用 C、C++或 Java 语言实现),关键之处请给出简要注释。

37.【2012 统考真题】假定采用带头结点的单链表保存单词,当两个单词有相同的后缀时,可共享相同的后缀存储空间,例如,"loading"和"being"的存储映像如下图所示。

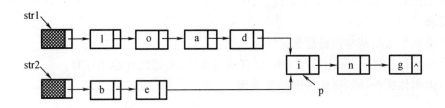

设 str1 和 str2 分别指向两个单词所在单链表的头结点,链表结点结构为 | data | next | ,请设计一个时间上尽可能高效的算法,找出由 str1 和 str2 所指向两个链表共同后缀的起始位置(如图中字符 i 所在结点的位置 p)。要求:

1)给出算法的基本设计思想。

2)根据设计思想,采用 C、C++或 Java 语言描述算法,关键之处给出注释。

3)说明你所设计算法的时间复杂度。

38.【2015 统考真题】用单链表保存 m 个整数,结点的结构为[data][link],且|data|≤n(n 为正整数)。现要求设计一个时间复杂度尽可能高效的算法,对于链表中 data 的绝对值相等的结点,仅保留第一次出现的结点而删除其余绝对值相等的结点。例如,若给定的单

链表 head 如下：

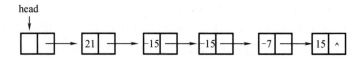

则删除结点后的 head 为

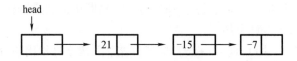

要求：

1)给出算法的基本设计思想。

2)使用 C 或 C++语言,给出单链表结点的数据类型定义。

3)根据设计思想,采用 C 或 C++语言描述算法,关键之处给出注释。

4)说明你所设计算法的时间复杂度和空间复杂度。

39.【2019 统考真题】设线性表 $L = (a_1, a_2, a_3, \cdots, a_{n-2}, a_{n-1}, a_n)$ 采用带头结点的单链表保存,链表中的结点定义如下:

```
typedef struct node
{   int data;
    struct node *next;
}NODE;
```

请设计一个空间复杂度为 $O(1)$ 且时间上尽可能高效的算法,重新排列 L 中的各结点,得到线性表 $L' = (a_1, a_n, a_2, a_{n-1}, a_3, a_{n-2}, \cdots)$。

要求：

1)给出算法的基本设计思想。

2)根据设计思想,采用 C 或 C++语言描述算法,关键之处给出注释。

3)说明你所设计的算法的时间复杂度。

三、答案与解析

【单项选择题】

1.C 线性表是由具有相同数据类型的有限数据元素组成的,数据元素是由数据项组成的。

2.B 线性表定义的要求为:相同数据类型、有限序列。选项 A 的集合中元素没有前后驱关系,错误;选项 C 的元素个数是无穷个,错误;选项 D 属于存储结构,线性表是一种逻辑结构,不要将二者混为一谈。只有选项 B 符合线性表定义的要求。

3.A 线性表中,除最后一个(或第一个)元素外,每个元素都只有一个后继(或前驱)元素。

4.A 顺序表不像链表那样要在结点中存放指针域,因此存储密度较大,选项 A 正确。

选项 B 和 C 是链表的优点。选项 D 是错误的,比如对于树形结构,顺序表显然不如链表表示起来方便。

5. A　本题易误选 B。注意,存取方式是指读写方式。顺序表是一种支持随机存取的存储结构,根据起始地址加上元素的序号,可以很方便地访问任意一个元素,这就是随机存取的概念。

6. B　顺序表所占的存储空间 = 表长 * sizeof(元素的类型),元素的类型显然会影响存储空间的大小。对于同一元素类型的顺序表,表越长,所占存储空间就越大。

7. D　题干实际要求能最快存取第 i-1、i 和 i+1 个元素值。选项 A、B、C 都只能从头结点依次顺序查找,时间复杂度为 O(n);只有顺序表可以按序号随机存取,时间复杂度为 O(1)。

8. A　只有顺序表可以按序号随机存取,且在最后进行插入和删除操作时不需要移动任何元素。

9. C　Ⅰ解析略;Ⅱ中,在最后位置插入新结点不需要移动元素,时间复杂度为 O(1);Ⅲ中,被删结点后的结点需要依次前移,时间复杂度为 O(n);Ⅳ中,需要后移 n-i 个结点,时间复杂度为 O(n)。

10. A　对于Ⅱ,顺序表仅需要 3 次交换操作;链表则需要分别找到两个结点前驱,第 4 个结点断链后再插入第 2 个结点后,效率较低。对于Ⅲ,需要依次顺序访问每个元素,时间复杂度相同。

11. C　需要将 $a_{i+1} \sim a_n$ 元素前移一位,共移动 n-(i+1)+1=n-i 个元素。

12. C　在第 i 个位置插入一个元素,需要移动 n-i+1 个元素,时间复杂度为 O(n)。

13. B　线性表元素的序号从 1 开始,而在第 n+1 个位置插入相当于在表尾追加。

14. D　顺序存储需要连续的存储空间,在申请时需要申请 n+m 个连续的存储空间,然后将线性表原来的 n 个元素复制到新申请的 n+m 个连续的存储空间的前 n 个单元。

15. B　两种存储结构有不同的适用场合,不能简单地说谁好谁坏,Ⅰ错误。链式存储结构用指针表示逻辑结构,而指针的设置是任意的,故可以很方便地表示各种逻辑结构;顺序存储结构只能用物理上的邻接关系来表示逻辑结构,Ⅱ正确。在顺序存储结构中,插入和删除结点需要移动大量元素,效率较低,Ⅲ的描述刚好相反。顺序存储结构既能随机存取又能顺序存取,而链式存储结构只能顺序存取,Ⅳ正确。

16. B　首先直接排除选项 A 和 D。散列存储方式通过散列函数映射到物理空间,不能反映数据之间的逻辑关系,排除选项 C。链式存储方式能方便地表示各种逻辑关系,且插入和删除操作的时间复杂度为 O(1)。

17. C　对 n 个元素进行排序的时间复杂度最小也要为 O(n)(初始有序时),通常为 O(nlog₂n) 或 O(n²),通过第 7 章排序学习后会更好理解。选项 B 和 D 显然错误。顺序表支持按序号的随机存取(读写)方式。

18. D　顺序存储方式同样适合图和树,Ⅰ错误。线性表采用顺序存储时Ⅱ错误。Ⅲ是静态链表的特点。有序单链表只能依次查找插入位置,时间复杂度为 O(n),Ⅳ正确。队列需要在表头删除元素、表尾插入元素,采用带尾指针的循环链表较为方便,插入和删除的时间复杂度都为 O(1),Ⅴ正确。

19. A　对于选项 A,在单链表和顺序表上实现的时间复杂度都为 O(n),但后者要移动很多元素,因此在单链表上实现效率更高。对于选项 B 和 D,顺序表的效率更高。对于选项 C,两者效率无区别。

20. C　s 插入后,q 成为 s 的前驱,而 p 成为 s 的后继,选项 C 符合。

21. D　若先建立链表,然后依次插入建立有序表,则每插入一个元素就需要遍历链表寻找插入位置,即直接插入排序,时间复杂度为 $O(n^2)$。若先将数组排好序,然后建立链表,建立链表的时间复杂度为 $O(n)$,数组排序的最好时间复杂度为 $O(n\log_2 n)$,总时间复杂度为 $O(n\log_2 n)$。故选 D。

22. C　先遍历长度为 m 的单链表,找到该单链表的尾结点,然后将其 next 域指向另一个单链表的首结点,其时间复杂度为 $O(m)$。

23. C　单链表设置头结点的目的是方便运算的实现,主要好处体现在:第一,有头结点后,插入和删除数据元素的算法就统一了,不再需要判断是否在第一个元素之前插入或删除第一个元素;第二,不论链表是否为空,其头指针是指向头结点的非空指针,链表的头指针不变,因此空表和非空表的处理也就统一了。

24. B　删除单链表的最后一个结点需要置其前驱结点的指针域为 NULL,需要从头开始依次遍历找到该前驱结点,需要 $O(n)$ 的时间,与表长有关。其他操作均与表长无关,读者可自行模拟。

25. B,A　在带头结点的单链表中,头指针 head 指向头结点,头结点的 next 域指向第一个元素结点,head->next==NULL 表示该单链表为空。在不带头结点的单链表中,head直接指向第一个元素结点,head==NULL 表示该单链表为空。

26. C　双链表能很方便地访问前驱和后继,故删除和插入数据较为方便。选项 A 显然错误。选项 B 表中第一个元素和最后一个元素不满足题设要求。选项 D 未考虑顺序存储的情况。

27. D　为了在 p 之前插入结点 q,可以将 p 的前一个结点的 next 域指向 q,将 q 的 next 域指向 p,将 q 的 prior 域指向 p 的前一个结点,将 p 的 prior 域指向 q。仅选项 D 满足条件。

28. A　与上一题的分析基本类似,只不过这里是删除一个结点,注意将 p 的前、后两结点链接起来。关键是要保证在结点指针的修改过程中不断链!

注意:请读者仔细对比上述两题,弄清双链表的插入和删除方法。

29. B　设单链表递增有序,首先要在单链表中找到第一个大于 x 的结点的直接前驱 p,在 p 之后插入该结点。查找的时间复杂度为 $O(n)$,插入的时间复杂度为 $O(1)$,总时间复杂度为 $O(n)$。

30. D　在插入和删除操作上,单链表和双链表都不用移动元素,都很方便,但双链表修改指针的操作更为复杂,选项 A 错误。双链表中可以快速访问任何一个结点的前驱和后继结点,选项 D 正确。

31. D　循环双链表 L 判空的条件是头结点(头指针)的 prior 和 next 域都指向它自身。

32. A　在链表的末尾插入和删除一个结点时,需要修改其相邻结点的指针域。而寻找尾结点及尾结点的前驱结点时,只有带头结点的双向循环链表所需要的时间最少。

33. C　对于选项 A,删除尾结点 *p 时,需要找到 *p 的前一个结点,时间复杂度为 $O(n)$。对于选项 B,删除头结点 *p 时,需要找到 *p 结点,这里没有直接给出头结点指针,而通过尾结点的 prior 指针找到 *p 结点的时间复杂度为 $O(n)$。对于选项 D,删除尾结点 *p 时,需要找到 *p 的前一个结点,时间复杂度为 $O(n)$。对于选项 C,执行这 4 种运算的时间复杂度均为 $O(1)$。

34. C 对于选项 A,在最后一个元素之后插入元素的情况与普通单链表相同,时间复杂度为 O(n);而删除表中第一个元素时,为保持单向循环链表的性质(尾结点的指针指向第一个结点),需要先遍历整个链表找到尾结点,再做删除操作,时间复杂度为 O(n)。对于选项 B,双链表的情况与单链表的相同,时间复杂度一个是 O(n),另一个是 O(1)。对于选项 C,与选项 A 的分析对比,有尾结点的指针,省去了遍历链表的过程,因此时间复杂度均为 O(1)。对于选项 D,要在最后一个元素之后插入一个元素,需要遍历整个链表才能找到插入位置,时间复杂度为 O(n);删除第一个元素的时间复杂度为 O(1)。

35. C 静态链表中的指针又称游标,指示下一个元素在数组中的下标。

36. B 静态链表用数组表示,因此需要预先分配较大的连续空间,静态链表同时还具有一般链表的特点,即插入和删除不需要移动元素。

37. D 对于一个空循环单链表,有 head->next == head,推理 head->next->next == head->next == head。对于含有 1 个元素的循环单链表,头结点(头指针 head 指示)的 next 域指向该唯一元素结点,该元素结点的 next 域指向头结点,因此也有 head->next->next = head。故选 D。

38. D 选项 A 第二句代码,相当于将 p 前驱结点的后继指针指向其自身,错误;选项 B 和 C 的第一句代码,相当于将 p 后继结点的前驱指针指向其自身,错误。只有选项 D 正确。

39. D 根据存储状态,单链表的结构如下图所示。

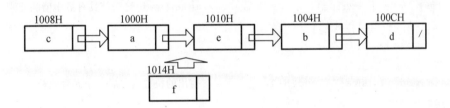

其中"链接地址"是指结点 next 所指的内存地址。当结点 f 插入后,a 指向 f,f 指向 e,e 指向 b。显然 a、e 和 f 的"链接地址"分别是 f、b 和 e 的内存地址,即 1014H、1004H 和 1010H。

40. D 如图 1 所示,要删除带头结点的非空单向循环链表中的第一个元素,就要先用临时指针 q 指向待删结点,q=h->next;然后将 q 从链表中断开,h->next=q->next(这一步也可写成 h->next=h->next->next);此时要考虑一种特殊情况,若待删结点是链表的尾结点,即循环单链表中只有一个元素(p 和 q 指向同一个结点),如图 2 所示,则在删除后要将尾指针指向头结点,即 if(p==q)p=h;最后释放 q 结点即可,free(q) 选 D。

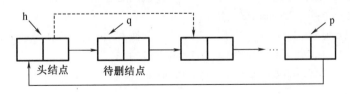

图1

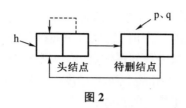

图 2

【综合应用题】

1.**【解答】** 算法思想:搜索整个顺序表,查找最小值元素并记住其位置,搜索结束后用最后一个元素填补空出的原最小值元素的位置。

本题代码如下:

```
bool Del Min(sqList &L,ElemType &value){
                                //删除顺序表 L 中最小值元素结点,并通过引用
                                型参数 value 返回其值
                                //若删除成功,则返回 true;否则返回 false
if(L.length==0)
    return  false;              //表空,中止操作返回
value=L.data[0];
int pos=0;                      //假定 0 号元素的值最小
for(int i=1;i<L.length;i++)     //循环,寻找具有最小值的元素
    if(L.data[i]<value){        //让 value 记忆当前具有最小值的元素
        value=L.data[i];
        pos=i;
    }
L.data[pos]=L.data[L.length-1]; //空出的位置由最后一个元素填补
L.length--;
return  true;                   //此时,value 即为最小值
}
```

注意:本题也可用函数返回值返回,两者的区别是:函数返回值只能有一个值,而参数返回值(引用传参)可以有多个值。

2.**【解答】** 算法思想:扫描顺序表 L 的前半部分元素,对于元素 L.data[i] (0<=i< L.length/2),将其与后半部分的对应元素 L.data[L.length-i-1]进行交换。

本题代码如下:

```
void Reverse(Sqlist &L){
    Elemtype temp;                  //辅助变量
        for(i=0;i<L.length/2;i++){
            temp=L.data[i];         //交换 L.data[i]与 L.data[L.length-i-1]
                L.data[i]=L.data[L.length-i-1];
                L.data[L.length-i-1]=temp;
            }
    }
```

3.**【解答】** 解法一:用 k 记录顺序表 L 中值不等于 x 的元素个数(即需要保存的元素个数),扫描时将不等于 x 的元素移动到下标 k 的位置,并更新 k 值。扫描结束后修改 L 的长度。

本题代码如下：

```
void del_x_1(Sqlist &L, Elemtype x){
//本算法实现删除顺序表 L 中所有值为 x 的数据元素
  int k=0,i;                        //k 记录值不等于 x 的元素个数
    for(i=0;i<L.length;i++)
      if(L.data[i]!=x){
        L.data[k]=L.data[i];
      k++;                          //值不等于 x 的元素增 1
      }
    L.length=k;                     //顺序表 L 的长度等于 k
}
```

解法二：用 k 记录顺序表 L 中值等于 x 的元素个数，边扫描 L 边统计 k，并将值不等于 x 的元素前移 k 个位置。扫描结束后修改 L 的长度。

本题代码如下：

```
void del_x_2(Sqlist &L, Elemtype x){
  int k=0,i=0;                      //k 记录值等于 x 的元素个数
    while(i<L.length){
      if(L.data[i]==x)
      k++;
      else
      L.data[i-k]=L.data[i];        //当前元素前移 k 个位置
      i++;
      }
    L.length=L.length-k;            //顺序表 L 的长度递减
}
```

此外，本题还可以考虑设头、尾两个指针(i=1,j=n)，从两端向中间移动，在遇到最左端值 x 的元素时，直接将最右端值非 x 的元素左移至值为 x 的数据元素位置，直到两指针相遇。但这种方法会改变原表中元素的相对位置。

4.【解答】　注意：本题与上一题存在区别。因为是有序表，所以删除的元素必然是相连的整体。

算法思想：先寻找值大于或等于 s 的第一个元素（第一个删除的元素），然后寻找值大于 t 的第一个元素（最后一个删除的元素的下一个元素），要将这段元素删除，只需直接将后面的元素前移。

本题代码如下：

```
bool Del_s_t2(SqList &L,ElemType s, ElemType t){
//删除有序顺序表 L 中值在给定值 s 与 t(要求 s<t)之间的所有元素
  int i,j;
  if(s>=t||L.length==0)
    return false;
  for(i=0;i<L.length&&L.data[i]<s;i++);    //寻找值大于或等于 s 的第一个元素
  if(i>=L.length)
    return false;                          //所有元素值均小于 s,返回
  for(j=i;j<L.length&&L.data[j]<=t;j++);    //寻找值大于 t 的第一个元素
```

```
    for(;j<L.length;i++,j++)
        L.data[i]=L.data[j];                    //前移,填补被删元素位置
    L.length=i;
    return  true;
}
```

5.【解答】 算法思想:从前向后扫描顺序表 L,用 k 记录下值在 s 到 t 之间元素的元素个数(初始时 k=0)。对于当前扫描的元素,若其值不在 s 和 t 之间,则前移 k 个位置;否则执行 k++。由于这样每个不在 s 和 t 之间的元素仅移动一次,因此算法效率高。

本题代码如下:

```
bool Del_s_t(SqList &L,ElemType s, ElemType t){
//删除顺序表 L 中值在给定值 s 与 t(要求 s<t)之间的所有元素
    int i,k=0;
    if(L.length==0||s>=t)
        return false;                          //线性表为空或 s、t 不合法,返回
    for(i=0;i<L.length;i++){
        if(L.data[i]>=s&&L.data[i]<=t)
            k++;
        else
    L.data[i-k]=L.data[i];                      //当前元素前移 k 个位置
    } //for
    L.length-=k;                                //长度减小
    return  true;
}
```

注意:本题也叫从后向前扫描顺序表,每遇到一个值在 s 到 t 之间的元素,则删除该元素,其后的所有元素全部前移。但移动次数远大于上述所给算法的次数,效率不够高。

6.【解答】 算法思想:注意是有序顺序表,值相同的元素一定在连续的位置上,用类似于直接插入排序的思想,初始时将第一个元素视为非重复的有序表。之后依次判断后面的元素是否与前面非重复有序表的最后一个元素相同:若相同,则继续向后判断;若不同,则插入前面的非重复有序表的最后,直至判断到表尾为止。

本题代码如下:

```
bool  Delete_Same(SeqList& L) {
    if(L.length==0)
        return  false;
    int i,j;                                   //i 存储第一个值不相同的元素,j 为工作指针
    for(i=0,j=1;j<L.length;j++)
        if(L.data[i]!=L.data[j])               //查找下一个与上一个元素值不同的元素
            L.data[++i]=L.data[j];             //找到后,将元素前移
    L.length=i+1;
    return true;
}
```

对于本题的算法,请读者用序列 1,2,2,2,2,3,3,3,4,4,5 来手动模拟算法的执行过程,在模拟过程中要标注 i 和 j 所指示的元素。

思考:如果将本题的有序表改为无序表,你能想到时间复杂度为 $O(n)$ 的方法吗?

（提示：使用散列表。）

7.【解答】　算法思想：首先，按顺序不断取下两个顺序表表头较小的结点存入新的顺序表中；然后，看哪个表还有剩余，将剩下的部分加到新的顺序表后面。

本题代码如下：

```
bool  Merge(SeqList A, SeqList B,SeqList &C){
//将有序顺序表 A 与 B 合并为一个新的有序顺序表 C
  if(A.length+B.length>C.MaxSize)        //大于顺序表的最大长度
    return  false;
  int i=0,j=0,k=0;
    while(i<A.length&&j<B.length){        //循环,两两比较,小者存入结果表
    if(A.data[i]<=B.data[j])
      C.data[k++]=A.data[i++];
    else
      C.data[k++]=B.data[j++];
  }
  while(i<A.length)                      //还剩一个没有比较完的顺序表
    C.data[k++]=A.data[i++];
  while(j<B.length)
      C.data[k++]=B.data[j++];
  C.length=k;
  return  true;
}
```

注意：本算法的方法非常典型，需要牢牢掌握。

8.【解答】　算法思想：先将数组 $A[m+n]$ 中的全部元素 $(a_1, a_2, a_3, \cdots, a_m, b_1, b_2, b_3, \cdots, b_n)$ 原地逆置为 $(b_n, b_{n-1}, b_{n-2}, \cdots, b_1, a_m, a_{m-1}, a_{m-2}, \cdots, a_1)$，再对前 n 个元素和后 m 个元素分别使用逆置算法，即可得到 $(b_1, b_2, b_3, \cdots, b_n, a_1, a_2, a_3, \cdots, a_m)$，从而实现顺序表的位置互换。

本题代码如下：

```
typedef  int  DataType;
void Reverse(DataType A[], int left, int right, int arraySize){
//逆转(aleft, aleft+1, aleft+2,…, aright)为(aright, aright-1,…, aleft)
  if(left>=right||right>=arraySize)
    return false;
  int mid=(left+right)/2;
  for(int i=0;i<=mid-left;i++){
    DataType temp=A[left+i];
    A[left+i]=A[right-i];
    A[right-i]=temp;
  }
}
void Exchange(DataType A[], int m, int n, int arraySize){
  /*数组 A[m+n] 中,从 0 到 m-1 存放顺序表(a1,a2,a3,…, am),从 m 到 m+n-1 存放顺序表
  (b1,b2,b3,…, bn),算法将这两个表的位置互换 */
```

```
Reverse(A,0,m+n-1,arraySize);
Reverse(A,0,n-1,arraySize);
Reverse(A,n,m+n-1,arraySize);
}
```

9.【解答】 算法思想:顺序存储的线性表递增有序,可以顺序查找,也可以折半查找。题目要求"用最少的时间在表中查找数值为 x 的元素",这里应使用折半查找法。

本题代码如下:

```
void SearchExchangeInsert(ElemType A[],ElemType x){
    int low=0, high=n-1, mid;          //low 和 high 指向顺序表下界和上界的下标
    while(low<=high){
        mid=(low+high)/2;              //找中间位置
        if(A[mid]==x) break;          //找到 x,退出 while 循环
        else if(A[mid]<x) low=mid+1;  //到中点 mid 的右半部去查
        else high=mid-1;              //到中点 mid 的左半部去查
    }                                  //下面两个 if 语句只会执行一个
    if(A[mid]==x&&mid!=n-1){          //若最后一个元素值与 x 相等,则不存在与其
                                      //  后继交换的操作
        t=A[mid]; A[mid]=A[mid+1]; A[mid+1]=t;
    }
    if(low>high){                      //查找失败,插入数据元素 x
        for(i=n-1;i>high;i--) A[i+1]=A[i]; //后移元素
        A[i+1]=x;                     //插入 x
    }                                  //结束插入
}
```

本题的算法也可写成三个函数:查找函数、交换后继函数和插入函数。写成三个函数的优点是逻辑清晰、易读。

10.【解答】 1)算法的基本设计思想:

可将这个问题视为把数组 ab 转换成数组 ba(a 代表数组的前 p 个元素,b 代表数组中余下的 n-p 个元素),先将 a 逆置得到 $a^{-1}b$,再将 b 逆置得到 $a^{-1}b^{-1}$,最后将整个 $a^{-1}b^{-1}$ 逆置得到 $(a^{-1}b^{-1})^{-1}=ba$。设 Reverse 函数执行将数组元素逆置的操作,对 abcdefgh 向左循环移动 3(p=3)个位置的过程如下:

Reverse(0,p-1)得到 cbadefgh;

Reverse(p,n-1)得到 cbahgfed;

Reverse(0,n-1)得到 defghabc;

注:Reverse 中,两个参数分别表示数组中待转换元素的始末位置。

2)本题代码如下:

```
void Reverse(int R[], int from, int to) {
    int i, temp;
    for(i=0;i<(to-from+1)/2;i++)
        {temp=R[from+i];R[from+i]=R[to-i];R[to-i]=temp;}
} //Reverse
void Converse(int R[], int n, int p){
```

```
Reverse(R,0,p-1);
Reverse(R,p,n-1);
Reverse(R,0,n-1);
}
```

3）上述算法中三个 Reverse 函数的时间复杂度分别为 O（p/2）、O（（n-p）/2）和 O（n/2），故所设计的算法的时间复杂度为 O(n)，空间复杂度为 O(1)。

【另解】借助辅助数组来实现。算法思想：创建大小为 p 的辅助数组 S，将 R 中前 p 个整数依次暂存在 S 中，同时将 R 中后 n-p 个整数左移，然后将 S 中暂存的 p 个数依次放回到 R 中的后续单元。时间复杂度为 O(n)，空间复杂度为 O(p)。

11.【解答】 1）算法的基本设计思想：

分别求两个升序序列 A、B 的中位数，设为 a 和 b，求序列 A、B 的中位数过程如下：

①若 a=b，则 a 或 b 即为所求中位数，算法结束。

②若 a<b，则舍弃序列 A 中较小的一半，同时舍弃序列 B 中较大的一半，要求两次舍弃的长度相等。

③若 a>b，则舍弃序列 A 中较大的一半，同时舍弃序列 B 中较小的一半，要求两次舍弃的长度相等。

在保留的两个升序序列中，重复过程①②③，直到两个序列中均只含一个元素时为止，较小者即为所求的中位数。

2）本题代码如下：

```
int M_Search(int A[], int B[], int n){
  int s1=0,d1=n-1,m1,s2=0,d2=n-1,m2;
//分别表示序列 A 和 B 的首位数、末位数和中位数
  while(s1!=d1||s2!=d2){
    m1=(s1+d1)/2;
    m2=(s2+d2)/2;
    if(A[m1]==B[m2])
      return A[m1];                      //满足条件①
    if(A[m1]<B[m2]){                      //满足条件②
      if((s1+d1)%2==0){                   //若元素个数为奇数
        s1=m1;                            //舍弃序列 A 中间点以前的部分且保留中间点
        d2=m2;                            //舍弃序列 B 中间点以后的部分且保留中间点
      }
      else{                              //元素个数为偶数
        s1=m1+1;                          //舍弃序列 A 中间点及中间点以前部分
        d2=m2;                            //舍弃序列 B 中间点以后部分且保留中间点
      }
    }
    else{                                //满足条件③
      if((s2+d2)%2==0){                   //若元素个数为奇数
        d1=m1;                            //舍弃序列 A 中间点以后的部分且保留中间点
        s2=m2;                            //舍弃序列 B 中间点以前的部分且保留中间点
      }
```

```
      else{                              //元素个数为偶数
        d1 =m1;                          //舍弃序列 A 中间点以后部分且保留中间点
        s2 =m2+1;                        //舍弃序列 B 中间点及中间点以前部分
      }
    }
  }
  return A[s1]<B[s2]? A[s1]:B[s2];
}
```

3)算法的时间复杂度为 $O(\log_2 n)$,空间复杂度为 $O(1)$。

12.【解答】 1)算法的基本设计思想:

算法的策略是从前向后扫描数组元素,标记出一个可能成为主元素的元素 Num。然后重新计数,确认 Num 是否是主元素。

算法可分为以下两步:

① 选取候选的主元素。依次扫描所给数组中的每个整数,将第一个遇到的整数 Num 保存到 c 中,记录 Num 的出现次数为 1;若遇到的下一个整数仍等于 Num,则计数加 1,否则计数减 1;当计数减到 0 时,将遇到的下一个整数保存到 c 中,计数重新计为 1,开始新一轮计数,即从当前位置开始重复上述过程,直到扫描完全部数组元素。

②判断 c 中元素是否是真正的主元素。再次扫描该数组,统计 c 中元素出现的次数,若大于 n/2,则为主元素;否则,序列中不存在主元素。

2)本题代码如下:

```
int Majority(int A[], int n){
  int i,c, count =1;                     //c 用来保存候选主元素,count 用来计数
  c =A[0];                               //设置 A[0]为候选主元素
  for(i=1;i<n;i++)                       //查找候选主元素
    if(A[i]==c)
      count++;                           //对 A 中的候选主元素计数
    else
      if(count>0)                        //处理不是候选主元素的情况
        count--;
      else{                              //更换候选主元素,重新计数
        c =A[i];
        count =1;
      }
  if(count>0)
    for(i=count=0;i<n;i++)               //统计候选主元素的实际出现次数
      if (A[i]==c)
        count++;
  if(count>n/2) return c;                //确认候选主元素
  else return -1;                        //不存在主元素
}
```

3)算法的时间复杂度为 $O(n)$,空间复杂度为 $O(1)$。

说明:本题如果采用先排好序再统计的方法,时间复杂度可为 $O(n\log_2 n)$,只要解答正

确,最高可拿 11 分。即便是写出 $O(n^2)$ 的算法,最高也只能拿 10 分,因此对于统考算法题,花费大量时间去思考最优算法是得不偿失的。

13.【解答】　1)算法的基本设计思想:

要求在时间上尽可能高效,因此采用空间换时间的办法。分配一个用于标记的数组 B[n],用来记录 A 中是否出现了 1~n 中的正整数,B[0]对应正整数 1,B[n-1]对应正整数 n,初始化 B 中全部为 0。由于 A 中含有 n 个整数,因此可能返回的值是 1~n+1,当 A 中 n 个数恰好为 1~n 时返回 n+1。当数组 A 中出现了小于等于 0 或大于 n 的值时,会导致 1~n 中出现空余位置,返回结果必然在 1~n 中,因此对于 A 中出现了小于等于 0 或大于 n 的值,可以不采取任何操作。

经过以上分析可以得出算法流程:从 A[0]开始遍历 A,若 0<A[i]<=n,则令 B[A[i]-1]=1;否则不做操作。对 A 遍历结束后,开始遍历 B,若能查找到第一个满足 B[i]==0 的下标 i,返回 i+1 即为结果,此时说明 A 中未出现的最小正整数在 1~n 之间。若 B[i]全部不为 0,返回 i+1(跳出循环时 i=n, i+1 等于 n+1),此时说明 A 中未出现的最小正整数是 n+1。

2)本题代码如下:

```
int findMissMin(int A[], int n)
{
    int i, * B;                          //标记数组
    B=(int * ) malloc(sizeof(int) * n);  //分配空间
    memset(B,0, sizeof(int) * n);        //赋初值为 0
    for(i=0;i<n;i++)
        if(A[i]>0&&A[i]<=n)              //若 A[i]的值介于 1~n,则标记数组 B
            B[A[i]-1]=1;
    for(i=0;i<n;i++)                     //扫描数组 B,找到目标值
        if(B[i]==0) break;
    return i+1;                          //返回结果
}
```

3)时间复杂度:遍历 A 一次,遍历 B 一次,两次循环内操作步骤为 $O(1)$ 量级,因此时间复杂度为 $O(n)$。空间复杂度:额外分配了 B[n],空间复杂度为 $O(n)$。

14.【解答】　分析:由 $D=|a-b|+|b-c|+|c-a| \geq 0$ 有如下结论:

①当 $a=b=c$ 时, 距离最小。

②其余情况。不失一般性,假设 $a \leq b \leq c$,观察下面的数轴:

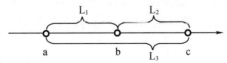

$L_1 = |a-b|$

$L_2 = |b-c|$

$L_3 = |c-a|$

$D = |a-b|+|b-c|+|c-a| = L_1+L_2+L_3 = 2L_3$

由 D 的表达式可知,事实上决定 D 大小的关键是 a 和 c 之间的距离,于是问题就可以简化为每次固定 c 找一个 a,使得 $L_3 = |c-a|$ 最小。

1)算法的基本设计思想:

①使用 D_{min} 记录所有已处理的三元组的最小距离,初值为一个足够大的整数。

②集合 S_1、S_2 和 S_3 分别保存在数组 A、B、C 中。数组的下标变量 i = j = k = 0,当 $i<|S_1|$,$j<|S_2|$ 且 $k<|S_3|$ 时($|S|$ 表示集合 S 中的元素个数),循环执行下面的(a)~(c)。

(a)计算(A[i],B[j],C[k])的距离 D;(计算 D)

(b)若 $D<D_{min}$,则 $D_{min}=D$;(更新 D)

(c)将 A[i]、B[j]、C[k]中的最小值的下标+1;(对照分析:最小值为 a,最大值为 c,这里 c 不变而更新 a,试图寻找更小的距离 D)

③输出 D_{min},结束。

2)本题代码如下:

```
#define INT_MAX 0x7fffffff
int abs_(int a){                      //计算绝对值
  if(a<0) return -a;
  else return a;
}
bool xls_min(int a, int b, int c){    //a 是否是三个数中的最小值
  if(a<=b&&a<=c) return true;
  return false;
}
int findMinofTrip(int A[], int n, int B[], int m, int C[], int p){
//D_min 用于记录三元组的最小距离,初值赋为 INT_MAX
  int i=0,j=0,k=0,D_min=INT_MAX,D;
  while(i<n&&j<m&&k<p&&D_min>0){
    D=abs_(A[i]-B[j])+abs_(B[j]-C[k])+abs_(C[k]-A[i]);//计算 D
      if(D<D_min) D_min=D;            //更新 D
    if(xls_min(A[i],B[j],C[k]))  i++; //更新 a
      else if(xls_min(B[j],C[k],A[i]))  j++;
    else k++;
  }
  return D_min;
}
```

3)设 $n=(|S_1|+|S_2|+|S_3|)$,算法的时间复杂度为 $O(n)$,空间复杂度为 $O(1)$。

15.【解答】 设 f(L,x)的功能是删除以 L 为首结点指针的单链表中所有值等于 x 的结点,显然有 f(L->next,x)的功能是删除以 L->next 为首结点指针的单链表中所有值等于 x 的结点。由此,可以推出递归模型如下。

终止条件:f(L,x)≡不做任何事情;   若 L 为空表

递归主体:f(L,x)≡删除 *L 结点;f(L->next,x); 若 L->data == x

f(L,x)≡f(L->next,x);   其他情况

本题代码如下:

```
void Del_X_3(Linklist &L,ElemType x){
```

```
//递归实现在单链表 L 中删除值为 x 的结点
  LNode *p;                        //p 指向待删除结点
  if(L==NULL)                      //递归出口
    return;
  if(L->data==x){                  //若 L 所指结点的值为 x
    p=L;                           //删除 *L,并让 L 指向下一结点
    L=L->next;
    free(p);
    Del_X_3(L,x);                  //递归调用
  }
  else                             //若 L 所指结点的值不为 x
    Del_X_3 (L->next,x);           //递归调用
}
```

　　算法需要借助一个递归工作栈,深度为 $O(n)$,时间复杂度为 $O(n)$。有读者认为直接去掉 p 结点会造成断链,实际上因为 L 为引用,是直接对原链表进行操作的,因此不会断链。

　　16.【解答】　解法一:用 p 指针从头至尾扫描单链表,pre 指针指向 *p 结点的前驱。若 p 指针所指结点的值为 x,则删除,并让 p 指针移向下一个结点,否则让 pre、p 指针同步后移一个结点。

　　本题代码如下:

```
void Del_X_1(Linklist &L,ElemType x){
//L 为带头结点的单链表,本算法删除 L 中所有值为 x 的结点
    LNode *p=L->next,*pre=L,*q;    //置 p 和 pre 的初始值
  while(p!=NULL){
    if(p->data==x){
      q=p;                         //q 指向该结点
      p=p->next;
      pre->next=p;                 //删除 *q 结点
      free(q);                     //释放 *q 结点的空间
    }
    else{                          //否则,pre 和 p 同步后移
      pre=p;
      p=p->next;
    }//else
  }//while
}
```

　　本算法是在无序单链表中删除满足某种条件的所有结点,这里的条件是结点的值为 x。实际上,这个条件是可以任意指定的,只要修改 if 条件即可。比如,我们要求删除值介于 mink 和 maxk 之间的所有结点,则只需将 if 语句修改为 if(p->data>mink &&p->data< maxk)。

　　解法二:采用尾插法建立单链表。用 p 指针扫描 L 的所有结点,当其值不为 x 时,将其链接到 L 之后,否则将其释放。

本题代码如下：

```
void Del_X_2(Linklist &L,ElemType x){
//L 为带头结点的单链表,本算法删除 L 中所有值为 x 的结点
  LNode *p=L->next,*r=L,*q;            //r 指向尾结点, 其初值为头结点
  while(p!=NULL){
    if(p->data!=x){                    //*p 结点值不为 x 时将其链接到 L 尾部
      r->next=p;
      r=p;
      p=p->next;                       //继续扫描
    }
    else{                              //*p 结点值为 x 时将其释放
      q=p;
      p=p->next;                       //继续扫描
      free(q);                         //释放空间
    }
  }//while
  r->next=NULL;                        //插入结束后置尾结点指针为 NULL
}
```

上述两种算法扫描一遍链表,时间复杂度为 $O(n)$,空间复杂度为 $O(1)$。

17.【解答】 考虑到从头到尾输出比较简单。求解本题时,我们会很自然地想到借助上题中的链表逆置法,改变链表的方向,然后就可从头到尾实现题中要求的反向输出。

此外,本题还可借助一个栈来实现,每经过一个结点时,将该结点放入栈中。遍历完整个链表后,再从栈顶开始输出结点值即可。这种实现方法请读者在学习完第 3 章栈和队列后自行思考(实现时可直接使用栈的基本操作函数)。

既然能用栈的思想解决,我们也就很自然地联想到了用递归来实现。每当访问一个结点时,先递归输出它后面的结点,再输出该结点自身,这样链表就反向输出了,如下图所示。

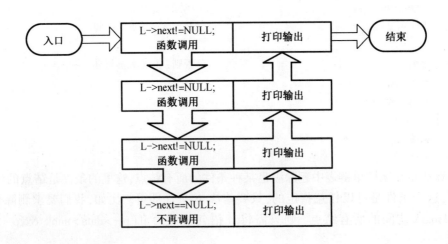

本题代码如下：

```
void R_Print(LinkList L){
//从尾到头输出单链表 L 中每个结点的值
```

```
  if(L->next!=NULL){
    R_Print(L->next);                    //递归
  }//if
  if(L!=NULL) print(L->data);            //输出函数
}
void R_Ignore_Head(LinkList L){
  if(L->next!=NULL) R_Print(L->next);
}
```

18.**【解答】**算法思想：用 p 从头至尾扫描单链表，pre 指向 * p 结点的前驱，用 minp 保存最小值结点指针(初值为 p)，minpre 指向 * minp 结点的前驱(初值为 pre)。一边扫描，一边比较，若 p->data<minp->data，则将 p、pre 分别赋值给 minp、minpre，如下图所示。当 p 扫描完毕时，minp 指向最小值结点，minpre 指向最小值结点的前驱结点，再将 minp 所指结点删除即可。

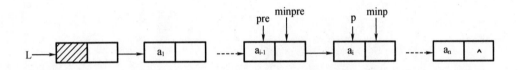

本题代码如下：

```
LinkList Delete_Min(LinkList &L){
//L 是带头结点的单链表,本算法删除其最小值结点
  LNode * pre=L, * p=pre->next;          //p 为工作指针, pre 指向其前驱
  LNode * minpre=pre, * minp=p;          //保存最小值结点及其前驱
  while(p!=NULL){
    if(p->data<minp->data){
      minp=p;                            //找到比之前找到的最小值结点更小的结点
      minpre=pre;
    }
    pre=p;                               //继续扫描下一个结点
    p=p->next;
  }
  minpre->next=minp->next;               //删除最小值结点
  free(minp);
  return L;
}
```

算法需要从头至尾扫描链表，时间复杂度为 O(n)，空间复杂度为 O(1)。

若本题改为不带头结点的单链表，则实现上会有所不同，请读者自行思考。

19.**【解答】** 解法一：将头结点摘下，然后从第一个结点开始，依次插入到头结点的后面(头插法建立单链表)，直到最后一个结点为止，这样就实现了链表的逆置，如下图所示。

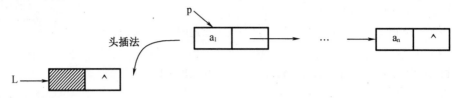

本题代码如下:

```
LinkList Reverse_1(LinkList L){
//L 是带头结点的单链表,本算法将 L 就地逆置
LNode *p,*r;                    //p 为工作指针,r 为 p 的后继,以防断链
p=L->next;                      //从第一个元素结点开始
L->next =NULL;                  //先将头结点 L 的 next 域置为 NULL
while(p!=NULL){                 //依次将元素结点摘下
  r=p->next;                    //暂存 p 的后继
  p->next =L->next;            //将 p 结点插入到头结点之后
  L->next =p;
  p=r;
}
return  L;
}
```

解法二:大部分辅导书都只介绍解法一,这对读者的理解和思维是不利的。为了将调整指针这个复杂的过程分析清楚,我们借助图形来进行直观的分析。

假设 pre、p 和 r 指向 3 个相邻的结点,如下图所示。假设经过若干操作后, * pre 之前结点的指针都已调整完毕,它们的 next 都指向其原前驱结点。现在令 * p 结点的 next 域指向 * pre 结点,注意到一旦调整指针的指向, * p 的后继结点的链就会断开,为此需要用 r 来指向原 * p 的后继结点。处理时需要注意两点:一是在处理第一个结点时,应将其 next 域置为 NULL,而不是指向头结点(因为它将作为新表的尾结点);二是在处理完最后一个结点后,需要将头结点的指针指向它。

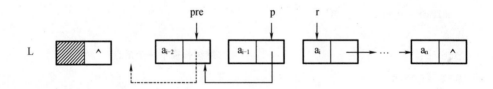

本题代码如下:

```
LinkList Reverse_2(LinkList L){
//依次遍历线性表 L,并将结点指针反转
  LNode *pre,*p=L->next,*r=p->next;
  p->next =NULL;                 //处理第一个结点
  while(r!=NULL){                //r 为空,则说明 p 为最后一个结点
    pre=p;                       //依次继续遍历
    p=r;
    r=r->next;
    p->next =pre;                //指针反转
```

```
        }
    L->next =p;                            //处理最后一个结点
    return L;
}
```

　　上述两种算法的时间复杂度为 O(n)，空间复杂度为 O(1)。

　　20.【解答】　算法思想:采用直接插入排序算法的思想,先构成只含一个数据结点的有序单链表,然后依次扫描单链表中剩下的结点 *p(直至 p==NULL 为止),在有序表中通过比较查找插入 *p 的前驱结点 *pre,然后将 *p 插入到 *pre 之后,如下图所示。

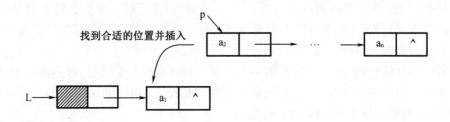

　　本题代码如下:

```
void Sort(LinkList &L){
//本算法实现将单链表 L 的结点重排,使其递增有序
    LNode *p=L->next,*pre;
        LNode *r=p->next;                   //r 保持 *p 后继结点指针,以保证不断链
        p->next =NULL;                      //构造只含一个数据结点的有序表
    p=r;
    while(p!=NULL){
        r=p->next;                          //保存 *p 的后继结点指针
    pre=L;
    while(pre->next!=NULL&&pre->next->data<p->data)
        pre=pre->next;                      //在有序表中查找插入 *p 的前驱结点 *pre
    p->next =pre->next;                     //将 *p 插入到 *pre 之后
    pre->next =p;
        p=r;                                //扫描原单链表中剩下的结点
    }
}
```

　　细心的读者会发现该算法的时间复杂度为 O(n^2),为达到最佳的时间性能,可先将链表的数据复制到数组中,再采用时间复杂度为 O($n\log_2 n$)的排序算法进行排序,然后将数组元素依次插入到链表中,此时的时间复杂度为 O($n\log_2 n$),显然这是以空间换时间的策略。

　　21.【解答】　因为链表是无序的,所以只能逐个结点进行检查,执行删除。

　　本题代码如下:

```
void RangeDelete(LinkList &L, int min, int max){
    LNode *pr=L,*p=L->link;                 //p 是检测指针,pr 是其前驱
    while(p!=NULL)
        if(p->data>min&&p->data<max){       //寻找到被删结点,删除
            pr->link=p->link;
```

```
      free(p);
      p=pr->link;
   }
   else{                               //否则继续寻找被删结点
      pr=p;
      p=p->link;
   }
  }
 }
```

22.【解答】 两个单链表有公共结点,即两个链表从某一结点开始,它们的 next 都指向同一个结点。由于每个单链表结点只有一个 next 域,因此从第一个公共结点开始,之后它们所有的结点都是重合的,不可能再出现分叉。所以两个有公共结点而部分重合的单链表拓扑形状看起来像 Y,而不可能像 X。

本题极容易联想到"蛮"方法:在第一个链表上顺序遍历每个结点,每遍历一个结点,在第二个链表上顺序遍历所有结点,若找到两个相同的结点,则找到了它们的公共结点。显然,该算法的时间复杂度为 $O(len1 * len2)$。

接下来我们试着去寻找一个线性时间复杂度的算法。先把问题简化:如何判断两个单向链表有没有公共结点?应注意到这样一个事实:若两个链表有一个公共结点,则该公共结点之后的所有结点都是重合的,即它们的最后一个结点必然是重合的。因此,我们判断两个链表是不是有重合的部分时,只需要分别遍历两个链表到最后一个结点。若两个尾结点是一样的,则说明它们有公共结点,否则两个链表没有公共结点。

然而,在上面的思路中,顺序遍历两个链表到尾结点时,并不能保证在两个链表上同时到达尾结点。这是因为两个链表长度不一定一样。但假设一个链表比另一个长 k 个结点,我们先在长的链表上遍历 k 个结点,之后再同步遍历,此时我们就能保证同时到达最后一个结点。由于两个链表从第一个公共结点开始到链表的尾结点,这一部分是重合的,因此它们肯定也是同时到达第一公共结点的。于是在遍历中,第一个相同的结点就是第一个公共的结点。

在这一思路中,我们先要分别遍历两个链表得到它们的长度,并求出两个长度之差。在长的链表上先遍历长度之差个结点之后,再同步遍历两个链表,直到找到相同的结点,或者一直到链表结束。此时,该方法的时间复杂度为 $O(len1+len2)$。

本题代码如下:
```
LinkList Search_1st_Common(LinkList L1,LinkList L2){
//本算法实现在线性的时间内找到两个单链表的第一个公共结点
  int len1=Length(L1),len2=Length(L2);  //计算两个链表的表长
  int dist;
  LinkList longList,shortList;          //分别指向表长较长和较短的链表
  if(len1>len2){                        //L1 表长较长
    longList=L1->next; shortList=L2->next;
    dist=len1-len2;                      //表长之差
  }
  else{                                 //L2 表长较长
    longList=L2->next; shortList=L1->next;
    dist=len2-len1;                      //表长之差
  }
```

```
while(dist--)
  longList=longList->next;
while(longList!=NULL){                //同步寻找共同结点
  if(longList==shortList)             //找到第一个公共结点
    return  longList;
  else{                              //继续同步寻找
    longList=longList->next;
    shortList=shortList->next;
  }
}//while
return  NULL;
}
```

23.【解答】　算法思想:对链表进行遍历,在每次遍历中找出整个链表的最小值元素,输出并释放结点所占空间;再查找次小值元素,输出并释放结点所占空间,如此下去,直至链表为空;最后释放头结点所占存储空间。该算法的时间复杂度为 $O(n^2)$。

本题代码如下:

```
void Min_Delete(LinkList &head){
//head 是带头结点的单链表的头指针,本算法按递增顺序输出单链表中的数据元素
  while(head->next!=NULL){           //循环到仅剩头结点
    LNode *pre=head;                 //pre 为元素最小值结点的前驱结点的指针
    LNode *p=pre->next;              //p 为工作指针
    while(p->next!=NULL){
      if(p->next->data<pre->next->data)
        pre=p;                       //记住当前最小值结点的前驱
      p=p->next;
    }
    print(pre->next->data);          //输出最小值元素结点的数据
    u=pre->next;                     //删除最小值元素的结点,释放结点空间
    pre->next=u->next;
    free(u);
  }//while
  free(head);                        //释放头结点
}
```

若题设不限制数组辅助空间的使用,则可先将链表的数据复制在数组中,再采用时间复杂度为 $O(nlog_2n)$ 的排序算法进行排序,然后将数组元素输出,时间复杂度为 $O(nlog_2n)$。

24.【解答】　算法思想:设置一个访问序号变量(初值为0),每访问一个结点序号自动加1,然后根据序号的奇偶性将结点插入到 A 表或 B 表中。重复以上操作直到表尾。

本题代码如下:

```
LinkList DisCreat_1(LinkList &A){
//将 A 表中结点按序号的奇偶性分解到 A 表或 B 表中
  int i=0;                          //i 记录 A 表中结点的序号
  LinkList B=(LinkList) malloc(sizeof(LNode));  //创建 B 表表头
  B->next=NULL;                     //B 表的初始化
```

```
    LNode *ra=A,*rb=B,*p;              //ra 和 rb 将分别指向将创建的 A 表和 B 表的尾结
    p=A->next;                         //p 为链表工作指针,指向待分解的结点
    A->next=NULL;                      //置空新的 A 表
    while(p!=NULL){
      i++;                             //序号加 1
      if(i%2==0){                      //处理序号为偶数的链表结点
        rb->next=p;                    //在 B 表尾插入新结点
        rb=p;                          //rb 指向新的尾结点
      }
      else{                            //处理原序号为奇数的结点
        ra->next=p;                    //在 A 表尾插入新结点
        ra=p;
      }
      p=p->next;                       //将 p 恢复为指向新的待处理结点
    } //while 结束
    ra->next=NULL;
    rb->next=NULL;
    return  B;
  }
```

为了保持原来结点中的顺序,本题采用尾插法建立单链表。此外,本算法完全可以不设置序号变量。while 循环中的代码改为将结点插入 A 表中并将下一结点插入 B 表中,这样 while 中第一处理的结点就是奇数序号结点,第二处理的结点就是偶数序号结点。

25.【解答】　算法思想:采用上题的思路,不设序号变量。两题算法的差别仅在于对 B 表的建立不采用尾插法,而是采用头插法。

本题代码如下:

```
LinkList DisCreat_2(LinkList &A){
    LinkList B=(LinkList) malloc(sizeof(LNode));   //创建 B 表表头
    B->next=NULL;                      //B 表的初始化
    LNode *p=A->next,*q;               //p 为工作指针
    LNode *ra=A;                       //ra 始终指向 A 表的尾结点
    while(p!=NULL){
    ra->next=p; ra=p;                  //将 *p 链到 A 表的表尾
      p=p->next;
      if(p!=null){                     //头插后,*p 将断链,因此用 q 记忆 *p 的后继结点
        q=p->next;                     
        p->next=B->next;               //将 *p 插入 B 表的前端
          B->next=p;
          p=q;
        }
      }
    ra->next=NULL;                     //A 表尾结点的 next 域置空
    return  B;
  }
```

该算法需要特别注意的是,采用头插法插入结点后,＊p 的指针域已改变,若不设变量保存其后继结点,则会引起断链,从而导致算法出错。

26.【解答】 算法思想:由于是有序表,所有相同值域的结点都是相邻的。用 p 扫描递增单链表 L,若 ＊p 结点的值域等于其后继结点的值域,则删除后者,否则 p 移向下一个结点。

本题代码如下:

```
void Del_Same(LinkList &L){
//L 是递增有序的单链表,本算法删除表中数值相同的元素
  LNode *p=L->next, *q;               //p 为扫描工作指针
    if(p==NULL)
      return;
    while(p->next!=NULL){
      q=p->next;                      //q 指向 *p 的后继结点
        if(p->data==q->data){         //找到数值相同元素的结点
        p->next=q->next;              //释放 *q 结点
        free(q);                      //释放数值相同元素的结点
      }
      else
      p=p->next;
  }
}
```

本算法的时间复杂度为 O(n),空间复杂度为 O(1)。

本题也可采用尾插法,将头结点摘下,然后从第一个结点开始,依次与已经插入结点的链表的最后一个结点比较,若不等则直接插入,否则将当前遍历的结点删除并处理下一个结点,直到最后一个结点为止。

27.【解答】 算法思想:两个链表已经按元素值递增次序排序,将其合并时,均从第一个结点起进行比较,将元素值小的结点链入链表中,同时后移工作指针。该问题要求结果链表按元素值递减次序排列,故新链表的建立应该采用头插法。比较结束后,可能会有一个链表非空,此时用头插法将剩下的结点依次插入新链表中即可。

本题代码如下:

```
void MergeList(LinkList &La,LinkList &Lb){
//合并两个递增有序链表(带头结点),并使合并后的链表递减排列
  LNode *r, *pa=La->next, *pb=Lb->next;   //分别是 La 和 Lb 表的工作指针
La→next=NULL;             //La 作为结果链表的头指针,先将结果链表初始化为空
  while(pa&&pb)                     //当两链表均不为空时,循环
    if (pa->data<=pb->data){
      r=pa->next;                    //r 暂存 pa 的后继结点指针
      pa->next=La->next;
      La->next=pa;                   //将 pa 结点链入结果表中,同时逆置(头插法)
      pa=r;                          //恢复 pa 为当前待比较结点
    }
    else{
```

```
        r=pb->next;                      //r 暂存 pb 的后继结点指针
        pb->next=La->next;
        La->next=pb;                     //将 pb 结点链入结果表中,同时逆置(头插法)
        pb=r;                            //恢复 pb 为当前待比较结点
      }
      if(pa)
        pb=pa;                           //通常情况下会剩一个链表非空,处理剩下的部分
      while(pb){                         //处理剩下的一个非空链表
        r=pb->next;                      //依次插入到 La 表中(头插法)
        pb->next=La->next;
        La->next=pb;
        pb=r;
      }
    free(Lb);
  }
```

28.【解答】 算法思想:A、B 表都有序,可从第一个元素起依次比较 A、B 两表的元素,若元素值不等,则值小的指针往后移,若元素值相等,则创建一个值等于两结点的元素值的新结点,使用尾插法插入新的链表中,并将两个原表指针后移一位,直到其中一个链表遍历到表尾。

本题代码如下:

```
void Get_Common(LinkList A,LinkList B){
//本算法产生单链表 A 和 B 的公共元素的单链表 C
    LNode *p=A->next,*q=B->next,*r,*s;
    LinkList C=(LinkList) malloc(sizeof(LNode));   //建立 C 表
    r=C;                             //r 始终指向 C 表的尾结点
    while(p!=NULL&&q!=NULL){         //循环跳出条件
      if(p->data<q->data)
        p=p->next;                   //若 A 表的当前元素较小,后移指针
      else if(p->data>q->data)
        q=q->next;                   //若 B 表的当前元素较小,后移指针
      else{                          //找到公共元素结点
          s=(LNode *) malloc(sizeof(LNode));
          s->data=p->data;           //复制产生结点 *s
          r->next=s;                 //将 *s 链接到 C 表上(尾插法)
        r=s;
        p=p->next;                   //A 和 B 表继续向后扫描
        q=q->next;
        }
    }
      r->next=NULL;                  //置 C 表尾结点指针为空
  }
```

29.【解答】 算法思想:采用归并的思想,设置两个工作指针 pa 和 pb,对两个链表进行归并扫描,只有同时出现在两集合中的元素才链接到结果表中且仅保留一个,其他的结点

全部释放。当一个链表遍历完毕后,释放另一个表中剩下的全部结点。

本题代码如下:

```
LinkList Union(LinkList &la,LinkList &lb){
  pa=la->next;                          //设工作指针分别为 pa 和 pb
  pb=1b->next;
  pc=la;                                //结果表中当前合并结点的前驱指针
  while(pa&&pb){
    if(pa->data==pb->data){             //交集并入结果表中
      pc->next=pa;                      //A 表中结点链接到结果表
      pc=pa;
      pa=pa->next;
      u=pb;                             //B 表中结点释放
      pb=pb->next;
      free(u);
    }
    else if(pa->data<pb->data){         //若 A 表中当前结点值小于 B 表中当前结点值
      u=pa;
      pa=pa->next;                      //后移指针
      free(u);                          //释放 A 表中当前结点
    }
    else{                               //若 B 表中当前结点值小于 A 表中当前结点值
      u=pb;
      pb=pb->next;                      //后移指针
      free(u);                          //释放 B 表中当前结点
    }
  }                                     //while 结束
  while(pa){                            //B 表已遍历完,A 表未遍历完
    u=pa;
    pa=pa->next;
    free(u);                            //释放 A 表中剩余结点
  }
  while(pb){                            //A 表已遍历完,B 表未遍历完
    u=pb;
    pb=pb->next;
    free(u);                            //释放 B 表中剩余结点
  }
  pc->next=NULL;                        //置结果链表尾指针为 NULL
  free(lb);                             //释放 B 表的头结点
  return  la;
}
```

链表归并类型的试题在各学校历年真题中出现的频率很高,故应扎实掌握解决此类问题的思路。该算法的时间复杂度为 $O(len1+len2)$,空间复杂度为 $O(1)$。

30.【解答】 算法思想:因为两个整数序列已存入两个链表中,操作从两个链表的第一个结点开始,若对应数据相等,则后移指针;若对应数据不等,则 A 链表从上次开始比较结点的后继开始,B 链表仍从第一个结点开始比较,直到 B 链表到尾,表示匹配成功,A 链表到尾而 B 链表未到尾,表示失败。操作中应记住 A 链表每次的开始结点,以便下次匹配时从其后继开始。

本题代码如下:

```
int Pattern(LinkList A,LinkList B){
//A、B 链表分别是数据域为整数的单链表,本算法判断 B 链表是否是 A 链表的子序列
  LNode *p=A;                    //p 为 A 链表的工作指针,本题假定 A 链表和 B
                                //链表均无头结点
  LNode *pre=p;                  //pre 记住每趟比较中 A 链表的开始结点
  LNode *q=B;                    //q 是 B 链表的工作指针
  while(p&&q)
    if(p->data==q->data){       //结点值相同
      p=p->next;
      q=q->next;
    }
    else{
      pre=pre->next;
      p=pre;                    //A 链表新的开始比较结点
      q=B;                      //q 从 B 链表第一个结点开始
    }
  if(q==NULL)                   //B 链表已经比较结束
    return 1;                   //说明 B 链表是 A 链表的子序列
  else
    return 0;                   //B 链表不是 A 链表的子序列
}
```

注意:该题其实是字符串模式匹配的链式表示形式,读者应该结合字符串模式匹配的内容重新考虑能否优化该算法。

31.【解答】 算法思想:让指针 p 从左向右扫描,指针 q 从右向左扫描,直到它们指向同一结点(p==q,当循环双链表中结点个数为奇数时)或相邻(p->next=q 或 q->prior=p,当循环双链表中结点个数为偶数时)为止,若它们所指结点值相同,则继续进行下去,否则返回 0。若比较全部相等,则返回 1。

本题代码如下:

```
int Symmetry(DLinkList L){
//本算法从两头扫描循环双链表,以判断链表是否对称
  DNode *p=L->next,*q=L->prior;   //两头工作指针
  while(p!=q&&p->next!=q)          //循环跳出条件
    if(p->data==q->data){         //所指结点值相同则继续比较
      p=p->next;
      q=q->prior;
    }
    else                          //否则,返回 0
```

```
        return  0;
    return  1;                          //比较结束后返回1
}
```

注意:while 循环第二个判断条件易误写成 p->next! =q,分析这样会产生什么问题。

32.【解答】 算法思想:先找到两个链表的尾指针,将第一个链表的尾指针与第二个链表的头结点链接起来,再使之成为循环的。

本题代码如下:

```
LinkList Link(LinkList &h1,LinkList &h2){
//将循环链表 h2 链接到循环链表 h1 之后,使之仍保持循环链表的形式
    LNode *p,*q;                        //分别指向两个链表的尾结点
    p=h1;
    while(p->next!=h1)                  //寻找 h1 表的尾结点
      p=p->next;
    q=h2;
    while(q->next!=h2)                  //寻找 h2 表的尾结点
      q=q->next;
    p->next =h2;                        //将 h2 表链接到 h1 表之后
    q->next =h1;                        //令 h2 表的尾结点指向 h1 表
    return h1;
}
```

33.【解答】 算法思想:对于循环单链表 L,在不空时循环,即每循环一次查找一个最小值结点(minp 指向最小值结点,minpre 指向其前驱结点) 并删除它。最后释放头结点。

本题代码如下:

```
void Del_All(LinkList &L){
//本算法实现每次删除循环单链表中的值最小元素,直到链表空为止
    LNode *p,*pre,*minp,*minpre;
    while(L->next!=L){                  //表不空,循环
      p=L->next;  pre=L;                //p 为工作指针,pre 指向其前驱
      minp=p; minpre=pre;              //minp 指向最小值结点
      while(p!=L){                      //循环一趟,查找最小值结点
        if(p->data<minp->data){
          minp=p;                       //找到值更小的结点
          minpre=pre;
        }
        pre=p;                          //查找下一个结点
        p=p->next;
      }
      printf("% d",minp->data);          //输出最小值结点
      minpre->next =minp->next;         //最小值结点从表中"断"开
      free(minp);                       //释放空间
    free(L);                            //释放头结点
}
```

34.【解答】 此题主要考查双链表的查找、删除和插入算法。算法思想:首先在双向链表中查找数据值为 x 的结点,查到后,将结点从链表上摘下,然后顺着结点的前驱链查找该结点的插入位置(频度递减,且排在同频度的第一个,即向前找到第一个比它的频度大的结点,插入位置为该结点之后),并插入到该位置。

本题代码如下:

```
DLinkList Locate(DLinkList &L,ElemType x){
  DNode *p=L->next,*q;                       //p 为工作指针,q 为 p 的前驱,用于查找插入位置
  while(p&&p->data!=x)
    p=p->next;                               //查找值为 x 的结点
  if(!p)
    exit(0);                                 //不存在值为 x 的结点
  else{
    p->freq++;                               //令元素值为 x 的结点的 freq 域加 1
    if(p->pre==L||p->pre->freq>p->freq)
      return p;                              //p 是链表首结点,或 freq 值小于前驱
    if(p->next!=NULL) p->next->pred=p->pred;
    p->pred->next=p->next;                   //将 p 结点从链表上摘下
    q=p->pred;                               //以下查找 p 结点的插入位置
    while(q!=L&&q->freq<=p->freq)
      q=q->pred;
    p->next=q->next;
    if(q->next!=NULL) q->next->pred=p;       //将 p 结点排在同频度的第一个
    p->pred=q;
    q->next=p;
  }
  return p;                                  //返回值为 x 的结点的指针
}
```

35.【解答】 1)算法思想:

设置快慢两个指针分别为 fast 和 slow,初始时都指向链表头 head。slow 每次走一步,即 slow=slow->next;fast 每次走两步,即 fast=fast->next->next。由于 fast 比 slow 走得快,如果有环,那么 fast 一定会先进入环,而 slow 后进入环。当两个指针都进入环后,经过若干操作后两个指针定能在环上相遇。这样就可以判断一个链表是否有环。

如下图所示,当 slow 刚进入环时,fast 早已进入环。因为 fast 每次比 slow 多走一步且 fast 与 slow 的距离小于环的长度,所以 fast 与 slow 相遇时,slow 所走的距离不超过环的长度。

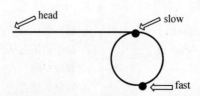

如下图所示,设头结点到环的入口点的距离为 a,环的入口点沿着环的方向到相遇点的距离为 x,环长为 r,相遇时 fast 绕过了 n 圈。

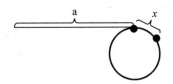

则有 $2(a+x) = a + n*r + x$，即 $a = n*r - x$。显然从头结点到环的入口点的距离等于 n 倍的环长减去环的入口点到相遇点的距离。因此可设置两个指针，一个指向 head，另一个指向相遇点，两个指针同步移动(均为一次走一步)，相遇点即为环的入口点。

2)本题代码如下：

```
LNode * FindLoopStart (LNode * head){
  LNode * fast=head, * slow=head;                //设置快慢两个指针
    while(fast!=NULL&&fast->next!=NULL){
      slow=slow->next;                           //每次走一步
      fast=fast->next->next;                     //每次走两步
      if(slow==fast)  break;                     //相遇
    }
    if(slow==NULL||fast->next==NULL)
      return NULL;                               //没有环，返回 NULL
    LNode * p1=head, * p2=slow;                   //分别指向开始点、相遇点
      while(p1!=p2){
        p1=p1->next;
        p2=p2->next;
      }
    return p1;                                    //返回入口点
}
```

3)当 fast 与 slow 相遇时，slow 肯定没有遍历完链表，故算法的时间复杂度为 $O(n)$，空间复杂度为 $O(1)$。

36.【解答】 1)算法思想：

问题的关键是设计一个尽可能高效的算法，通过链表的一次遍历，找到倒数第 k 个结点的位置。算法的基本设计思想是：定义两个指针变量 p 和 q，初始时均指向头结点的下一个结点(链表的第一个结点)，p 指针沿链表移动；当 p 指针移动到第 k 个结点时，q 指针开始与 p 指针同步移动；当 p 指针移动到最后一个结点时，q 指针所指示结点为倒数第 k 个结点。以上过程仅对链表进行一次扫描。

2)算法的详细实现步骤如下：

①count=0，p 和 q 指向链表表头结点的下一个结点。

②若 p 为空，转⑤。

③若 count 等于 k，则 q 指向下一个结点；否则，count=count+1。

④p 指向下一个结点，转②。

⑤若 count 等于 k，则查找成功，输出该结点的 data 域的值，返回 1；否则，说明 k 值超过了线性表的长度，查找失败，返回 0。

⑥算法结束。

3）算法实现如下：

```
typedef int ElemType;                          //链表数据的类型定义
typedef struct LNode{                          //链表结点的结构定义
  ElemType data;                               //结点数据
  struct LNod e *link;                         //结点链接指针
}LNode, *LinkList;
int Search_k(LinkList list, int k){
//查找链表 list 倒数第 k 个结点，并输出该结点 data 域的值
  LNode *p=list->link, *q=list->link;          //指针 p、q 指示第一个结点
  int count = 0;
  while(p!=NULL){                              //遍历链表直到最后一个结点
    if (count<k) count++;                      //计数,若 count<k 只移动 p
    else q=q->link;
    p=p->link;                                 //之后让 p、q 同步移动
  }//while
  if (count<k)
    return 0;                                  //查找失败,返回 0
  else{                                        //否则打印并返回 1
    printf("%d",q->data);
    return 1;
  }
}//Search_k
```

评分说明：若所给出的算法采用一遍扫描方式就能得到正确结果，可给满分 15 分；若采用两遍或多遍扫描才能得到正确结果，最高给 10 分。若采用递归算法得到正确结果，最高给 10 分；若实现算法的空间复杂度过高（使用了大小与 k 有关的辅助数组），但结果正确，最高给 10 分。

37.【解答】　本题的结构体是单链表，采用双指针法。用指针 p、q 分别扫描 str1 和 str2，当 p、q 指向同一个地址时，即找到共同后缀的起始位置。

1）算法思想：

①分别求出 str1 和 str2 所指的两个链表的长度 m 和 n。

②将两个链表以表尾对齐：令指针 p、q 分别指向 str1 和 str2 的头结点。若 m ≥n，则指针 p 先走，使 p 指向链表中的第 m-n+1 个结点；若 m<n，则使 q 指向链表中的第 n-m+1 个结点，即使指针 p 和 q 所指的结点到表尾的长度相等。

③反复将指针 p 和 q 同步向后移动，当 p、q 指向同一位置时停止，即为共同后缀的起始位置，算法结束。

2）本题代码如下：

```
typedef struct Node{
  char data;
  struct Node *next;
}SNode;
/*求链表长度的函数*/
```

```
int listlen(SNode * head){
  int len=0;
  while(head->next!=NULL){
    len++;
    head=head->next;
  }
  return len;
}
/* 找出共同后缀的起始地址 */
SNode * find_addr(SNode * str1,SNode * str2){
int m,n;
SNode * p,* q;
m=listlen(str1);                        //求 str1 的长度
n=listlen(str2);                        //求 str2 的长度
for(p=str1;m>n;m--)                     //若 m>n, 使 p 指向链表中的第 m-n+1 个结点
  p=p->next;
for(q=str2;m<n;n--)                     //若 m<n, 使 q 指向链表中的第 n-m+1 个结点
  q=q->next;
while(p->next!=NULL&&p->next!=q->next){  //将指针 p 和 q 同步向后移动
  p=p->next;
  q=q->next;
} //while
return p->next;                          //返回共同后缀的起始地址
}
```

3)算法的时间复杂度为 O(len1+ len2)或 O(max(len1, len2)),其中 len1、len2 分别为两个链表的长度。

38.【解答】 1)算法思想:

算法的核心思想是用空间换时间,使用辅助数组记录链表中已出现的数值,从而只需要对链表进行一趟扫描。

因为|data|≤n,故辅助数组 q 的大小为 n+1,各元素的初值均为 0。依次扫描链表中的各结点,同时检查 q[|data|]的值,若为 0 则保留该结点,并令 q[|data|]=1;否则将该结点从链表中删除。

2)使用 C 语言描述的单链表结点的数据类型定义:

```
typedef struct node{
  int  data;
  struct node * link;
}NODE;
Typedef NODE * PNODE;
```

3)本题代码如下:

```
void func (PNODE h, int n){
PNODE p=h,r;
int * q,m;
q=(int *) malloc(sizeof(int) * (n+1));        //申请 n+1 个位置的辅助空间
```

```
  for(int i=0;i<n+1;i++)                              //数组元素初值置0
    *(q+i)=0;
  while(p->link!=NULL){
    m=p->link->data>0? p->link->data:-p->link->data;
    if( *(q+m)==0){                                   //判断该结点的 data 是否已出现过
      *(q+m)=1;                                        //首次出现
      p=p->link;                                       //保留
    }
    else{                                              //重复出现
      r=p->link;                                        //删除
      p->link=r->link;
        free(r);
      }
    }
    free(q);
}
```

4)算法的时间复杂度为 O(m),空间复杂度为 O(n)。

39.【解答】 1)算法思想:

先观察 L=(a_1,a_2,a_3,…,a_{n-2},a_{n-1},a_n) 和 L'=(a_1,a_n,a_2,a_{n-1},a_3,a_{n-2},…),发现 L'是由 L 摘取第一个元素,再摘取倒数第一个元素……依次合并而成的。为了方便链表后半段取元素,需要先将 L 后半段原地逆置[题目要求空间复杂度为 O(1),不能借助栈],否则每取最后一个结点都需要遍历一次链表。①先找出 L 的中间结点,为此设置两个指针 p 和 q,指针 p 每次走一步,指针 q 每次走两步,当指针 q 到达链尾时,指针 p 正好在链表的中间结点;②然后将 L 的后半段结点原地逆置;③从单链表前后两段中依次各取一个结点,按要求重排。

2)本题代码如下:

```
void change_list(NODE *h){
  NODE *p,*q,*r,*s;
  p=q=h;
  while(q->next!=NULL){                           //寻找中间结点
    p=p->next;                                      //p 走一步
    q=q->next;
    if(q->next!=NULL) q=q->next;                   //q 走两步
  }
  q=p->next;                                        //p 所指结点为中间结点,q 为链表后半段的首结点
  p->next=NULL;
  while(q!=NULL){                                   //将链表后半段逆置
    r=q->next;
    q->next=p->next;
    p->next=q;
    q=r;
  }
  s=h->next;                                        //s 指向链表前半段的第一个数据结点,即插入点
```

```
q=p->next;                              //q指向链表后半段的第一个数据结点
p->next =NULL;
while(q!=NULL){                          //将链表后半段的结点插入到指定位置
  r=q->next;                             //r指向链表后半段的下一个结点
  q->next =s->next;                      //将q所指结点插入到s所指结点之后
  s->next =q;
  s=q->next;                             //s指向链表前半段的下一个插入点
  q=r;
  }
}
```

3)算法第①步寻找中间结点的时间复杂度为 $O(n)$,第②步逆置的时间复杂度为 $O(n)$,第③步合并链表的时间复杂度为 $O(n)$,所以该算法的时间复杂度为 $O(n)$。

第3章 栈和队列

3.1 本章导学

本章概述	栈和队列是两种常用的数据结构,广泛应用在操作系统、编译程序等各种软件系统中。从数据结构角度看,栈和队列是操作受限的线性表,栈和队列的数据元素具有单一的前驱和后继的线性关系;从抽象数据类型角度看,栈和队列是两种重要的抽象数据类型。由于栈和队列的操作特性,在很多复杂问题的求解中都将其作为辅助数据结构,例如,在表达式求值、图的遍历、拓扑排序等算法中都使用栈或队列作为辅助数据结构。因此,要熟练掌握栈和队列的操作语句				
教学重点	栈和队列的操作特性;栈和队列基本操作的实现				
教学难点	循环队列的存储方法;循环队列中队空和队满的判定条件				

教学内容和教学目标	知识点	教学要求			
		了解	理解	掌握	熟练掌握
	栈的逻辑结构及操作特性				√
	顺序栈				√
	链栈			√	
	顺序栈和链栈的比较		√		
	队列的逻辑结构及操作特性				√
	顺序队列			√	
	循环队列				√
	链队列			√	
	循环队列和链队列的比较		√		

3.2 重难点解析

1.栈是一种先进后出的顺序存取结构,它是顺序存储结构吗?

【解析】 顺序存取和顺序存储是两个不同的概念。顺序存取是指只能逐个存或逐个取结构中的元素,例如栈只能在栈顶位置存或取。顺序存储是指利用一个连续的空间相继存放结构中的元素,例如,栈可基于一维数组存放栈的元素。

2．一个较早进栈的元素能否先于在它之后进栈的元素从栈中取出？

【解析】　如果它进栈后一直未退出，在它之后进栈的元素一旦压在它的上面，它就不能先于后进栈的元素取出。如果在它之后要进栈的元素还未进栈，则它是可以退出的。

3．一般来讲，只允许栈顶元素从栈中退出，在什么情况下元素可以从栈底泄出？

【解析】　在操作系统中设计调度算法时有此特例。

4．以 $1,2,\cdots,n$ 的顺序进栈，如何判断可能的出栈序列？

【解析】　要注意各进栈元素出栈的时机。假如 5 先于 3 和 4 出栈，那么 3 就不可能在 4 之前出栈，因为 4 一定压在 3 的上面。分析可能的出栈序列有多少，类似于分析不同二叉树有多少，最终推导出 Catalan 函数。

5．当一个顺序栈已满，如何才能扩充栈长度，使得程序能够继续使用这个栈？

【解析】　只限于顺序栈的动态存储分配方式。可另分配一个长度大 1 倍的连续存储空间，用它来取代原来的存储空间。

6．当两个栈共享同一个存储空间 V[m] 时，可设栈顶指针数组 t[2] 和栈底指针数组 b[2]。如果进栈采用两个栈相向前行的方式，则任一栈的栈满条件是什么？

【解析】　当两个栈的栈顶指针碰面，即 $t[0]+1==t[1]$，则表明栈已满。此时假定 0 号栈在 1 号栈的左边。

7．顺序栈的优点是什么？缺点是什么？

【解析】　顺序栈的优点是存取速度快；缺点是当栈满时要发生溢出，为了避免这种情况，需要为栈设立一个足够大的空间。但如果空间设置得过大，而栈中实际只有几个元素，也是一种空间浪费。此外，当程序中需要使用多个栈时，因为各个栈所需的空间在运行中是动态变化着的，如果给几个栈分配同样大小的空间，可能在实际运行时，有的栈膨胀得快，很快就产生了溢出，而其他的栈可能此时还有许多空闲的空间，这时就必须调整栈的空间，防止栈的溢出。

8．链式栈可否增设头结点？如果增设了头结点，链式栈的栈顶在链表的什么位置？栈底在链表的什么位置？栈指针如何设置？栈空条件是什么？栈满条件是什么？

【解析】　可以增设头结点。这时链式栈的栈顶在头结点的 link 指针所指向的结点，即首结点。栈底在链表的表尾。栈顶指针在头结点，每次进栈/出栈都在头结点之后进行，不必修改栈顶指针。因为所有的栈操作都限定在栈顶，即在链表的表头进行，所以不需要设置链表的表尾指针。栈空条件为 top->link==NULL。无栈满条件。

9．链式栈的优点是什么？缺点是什么？

【解析】　采用链式栈的优点是便于结点的插入与删除，不存在栈满的问题。在程序中同时使用多个栈的情况下，用链接表示不仅能够提高效率，还可以达到共享存储空间的目的。缺点是需要额外的存储空间存放每个结点的链接指针。

10．链式栈只能顺序存取，而顺序栈不但能顺序存取，还能直接存取，这种说法对吗？

【解析】　不对。栈本身是一种顺序存取结构，不论是链式栈还是顺序栈，都不允许直接存取。

11．理论上链式栈没有栈满问题，但在进栈时还有一个后置条件，是何条件？

【解析】　该后置条件放在用 new( ) 或 malloc( ) 动态分配栈结点存储空间的语句之后，判断动态分配是否成功。如果动态分配成功，则新元素可正确插入，进栈成功；否则报告结点动态存储分配失败，进栈失败。

12. 队列具有先进先出的特性,可不可以"加塞",在队列其他位置进出队列?

【解析】 不可以。队列与栈同属限制了存取位置的顺序存取结构,如果允许在其他位置进出队列,它就成为普通的线性表,而不是队列了。

13. 以 1,2,…,n 进队,可能的出队序列有多少种?

【解析】 可能的出队序列只有一种,各元素的出队顺序与进队顺序相同。

14. 栈、队列和向量(一维数组)有什么不同?

【解析】 栈和队列是顺序存取的,向量是直接存取的。

15. 队列操作 deQueue(Q,x)与 getFront(Q,x)有什么区别?

【解析】 deQueue(Q,x)与 getFront(Q,x)是有区别的。前者退出队列的队头元素,因此每执行一次 deQueue(Q,x)操作,队列中的元素个数就少一个;后者仅复制出一份队头元素的值,队列中的元素个数不发生变化。

16. 在循环队列中进行插入和删除时,是否需要移动队列元素的位置?

【解析】 在循环队列中进行插入和删除时,不需要比较和移动任何元素,只需要修改队尾和队头指针,并向队尾插入元素或从队头取出元素。

17. 在循环队列中将 elem 数组的尾端 elem[MaxSize-1]与前端 elem[0]衔接起来,此时队尾指针 rear 和队头指针 front 是如何移动的?

【解析】 队尾指针 rear 和队头指针 front 都在同一方向(加 1)移动。可利用取余运算%实现 front 与 rear 的进 1 操作:

front = (front+1)%MaxSize,rear = (rear+1)%MaxSize

每当指针进到 MaxSize-1 时,(MaxSize-1+1)%MaxSize=0。

18. 可否在链式队列中增设头结点?此时链式队列的队头和队尾在链表的什么地方?队空条件是什么?

【解析】 可以在链式队列增设头结点。此时链式队列的队头在链表的头结点,队尾在链表的尾结点(链尾)。因此,链式队列的出队在头结点之后进行,不用修改队头指针;入队仍然在链尾进行,但要修改链尾指针。链式队列的队空条件为 front->link ==NULL。

19. 同时使用多个队列时需要采用何种队列结构?如何组织?

【解析】 同时使用多个队列时应该采用链式队列。例如同时使用 10 个队列时可设置两个指针数组 front[10]和 rear[10],用 front[i]指示第 i 个队列的队头,用 rear[i]指示第 i 个队列的队尾。进队、出队和判队空等运算与一般链式队列相同。

20. 链式队列的每个结点是否还可是队列?

【解析】 可以。一般来讲,队列是一种限定了存取位置的顺序存取结构,是一种特殊的线性表,按照线性表的定义,每个表元素应是不可再分的数据元素,但出于应用程序的需要,每个队列元素的数据类型可以是构造型,例如包括另一链式队列的队头指针和队尾指针。

21. 在后缀表达式求值的过程中用栈存放什么?在中缀表达式求值的过程中又用栈存放什么?

【解析】 在后缀表达式求值的过程中用一个栈存放操作数和中间运算的结果。在中缀表达式求值的过程中需要两个栈:一个是操作符栈,存放按照优先级需要暂存的操作符;一个是操作数栈,存放操作数和运算结果。

22. 为判断表达式中的括号是否配对,可采用何种结构辅助进行判断?

【解析】　扫描一遍表达式:遇到左括号,则暂存于栈中;遇到右括号,则判断与栈顶的左括号是否配对,是则退栈,否则报错。

23. 在递归算法中采用何种结构来存放递归过程中每层的局部变量、返回地址和实参副本?

【解析】　在递归算法中采用栈来存放递归过程中每层的局部变量、返回地址和实参副本。注意,外部递归调用(第一次调用)与内部递归调用(自身调用)的返回(上层)地址不同;传值参数和引用参数的暂存内容不同。

24. 递归深度与递归工作栈有何关系?

【解析】　以计算阶乘 n! 为例,从外部调用计算 n! 开始,到计算 0! 为止,做了 1 次外部调用,n 次内部调用,共用了 n+1 个递归工作栈的工作单元,递归深度等于 n+1。再以汉诺塔问题为例,假设 n=4,做了 2 次 n=3 的递归调用,4 次 n=2 的递归调用,8 次 n=1 的递归调用,加上 1 次外部调用,共做了 $1+2+4+8=15=2^4-1$ 次递归调用,递归工作栈用了 4 个工作单元,递归深度等于 4。一般地,递归深度等于递归工作栈占用的工作单元数。

25. 递归调用与问题规模 n 有何关系?

【解析】　这要看算法中递归语句的数目。对于计算 n!,算法中只有一个递归语句,属于减治法,递归调用数为 n+1,因为它要一直递归到 0!。对于汉诺塔问题,算法中有两个递归语句,属于比较均衡的分治法,递归调用数为 2^n-1,因为它一直递归到 1。对于计算斐波那契数 fib(n),算法中有两个递归语句,属于不均衡的分治法(差 1),递归调用数为 2fib(n+1)-1。例如,求 fib(3),递归调用数为 2fib(4)-1=5。对于更复杂的递归算法,如递归语句中还嵌套递归语句,就需要具体问题具体分析了。

26. 如果在调用过程中传递的参数体积比较大,需要在过程中为参数分配副本空间,并把实参的信息传送到这个副本空间中。这将消耗较多的时间和空间。如何避免或减少这种消耗?

【解析】　把参数定义为引用型。实际上,每次调用都有时间和空间开销,为了提高算法的效率,在尽可能降低算法的时间复杂度和空间复杂度的情况下还要减少函数调用的次数。

27. 队列应用最大的问题是不能事先知道为解决问题到底需要多大的队列,这个问题如何处理?

【解析】　需要选择可扩充的队列类型,例如动态存储分配的循环队列或链式队列。如果选择循环队列,需要加上合适的动态存储扩充或动态存储收缩的函数,这样可以事先按基本估计定义队列存储空间的大小,在执行进队或出队操作时自动调整所需空间。

28. 为了做到在应用中逐层处理,在队列中如何识别一层的结束?

【解析】　一个队列有队头指针 front 和队尾指针 rear,可以再设置两个辅助量 last 和 level。last 记录一层元素中最后一个元素在队列中的位置,level 记录层号。

在前一行元素都出队,下一行元素都进队后,队尾的元素一定是下一行的最后一个元素,我们用 last 记下这个位置,用 level 记下层号。当队头指针 front 一路出队进到 last 所指位置,就可断定一行处理结束了,让 last 指向更下一行的末尾,level 加 1。

29. 为实现输入-处理-输出并行操作需要建立多个输入缓冲区队列,这些队列是按数组方式组织的还是按链表方式组织的?

【解析】 输入缓冲区队列用链表方式来组织。例如在做 k 路归并时,由于数据的初始分布不均匀,每一路输入缓冲区队列存留的数据个数不同,导致各输入缓冲区队列的长度不同,采用链式队列可及时释放取空的缓冲区,补充需要分配的缓冲区。

30. 广度优先搜索属于何种算法设计策略?

【解析】 应属于穷举算法。但由于使用了队列来组织数据,这种搜索不是盲目的搜索,而是比较系统、有条理的搜索。树的按层次遍历也是这种情况。

31. 迭代法经常用在数学计算上,在"数据结构"课程中它指的是什么?

【解析】 在"数据结构"课程中迭代与遍历有相通之处。所谓遍历,是按照一定的顺序访问结构中的所有结点,并使得每个结点被访问一次且仅一次。迭代是实现遍历的主要手段。后来人们把迭代扩展为解决某一问题所执行的循环。

32. 在"数据结构"课程中分治法被用于哪些问题的求解?

【解析】 快速排序,归并排序和二叉树的前序、中序、后序遍历的应用等。

33. 在"数据结构"课程中减治法被用于哪些问题的求解?

【解析】 线性表求最大/最小值、长度和给定值,二叉排序树求最大/最小值和给定值,B 树求给定值,折半查找、斐波那契查找和插值查找等。

34. 在"数据结构"课程中回溯法被用于哪些问题的求解?

【解析】 二叉树的前序、中序和后序遍历算法,树或森林的深度优先遍历算法,图的深度优先搜索算法,求根到树中指定结点的路径,其他如八皇后问题和迷宫问题等。

35. 在"数据结构"课程中动态规划法被用于哪些问题的求解?

【解析】 二叉查找树的构造算法,Huffman 树构造算法,小根堆或大根堆的构造算法,最优二叉查找树的构造算法,求所有顶点间的最短路径的 Floyd 算法,拓扑排序算法,直接插入排序算法,胜者树和败者树算法,等。

36. 在"数据结构"课程中贪心法被用于哪些问题的求解?

【解析】 在带权连通图中求最小生成树,在带权有向图中用 Dijkstra 算法求单源最短路径和单目标最短路径问题,其他如在多个村庄间安放医疗站问题、背包问题等。

37. 在"数据结构"课程中分枝限界法被用于哪些问题的求解?

【解析】 求树根到最近、最远和所有叶结点的距离,求树中某指定结点的深度,求树中某两个指定结点间的路径和距离,求图中某两个指定顶点间的路径和距离等。

38. 在双端队列的顺序存储表示中如何进队?

【解析】 在双端队列的顺序存储表的情形,它的两个端分别为 end1 和 end2。它的队空条件是 end1 = end2,队列初始化操作仅是让 end1 = end2 = 0。不过与一般队列不同的是,它的两个指针不是在同一方向变动,而是朝向相反的方向变动,所以在每次插入时,end2 顺时针加 1,end1 反时针减 1;删除时正好相反。

插入与删除操作的实现与一般队列相同,插入新元素到 end2 端时,先把 end2 指针加 1,再按此位置把新元素 x 插入。因此,end2 指示实际 end2 端的下一位置。但插入新元素到 end1 端时,不能采取同样的策略,否则会把一开始按照 end2 指示位置存入的元素冲掉,需要改变一下,让 end1 指针先减 1,再按此位置插入。这样,end1 指针指示实际 end1 端位置。所有操作的时间复杂度和空间复杂度都是 O(1)。

39. 在双端队列的链接存储表示中如何进队和出队?

【解析】 双端队列的链接存储表示与链式队列相同,可借用链式队列的结构定义。在链尾插入新元素时可直接使用链式队列的插入算法,创建一个新结点,把 x 赋给它,再链入链表的尾结点之后,并成为新的尾结点;在链头插入新元素时,为新元素建立一个新结点,并插入到链表的头部即可。在链头删除时也可使用链式队列的删除算法。以上操作实现的时间复杂度都是 O(1)。在链尾删除时,必须从头扫描一趟链表,找到尾结点的前趋结点,才能实现删除,时间复杂度达到 O(n),n 为队列中元素的个数。

3.3　习题指导

一、单项选择题

1. 栈和队列具有相同的(　　)。

A. 抽象数据类型　　　B. 逻辑结构　　　　C. 存储结构　　　　D. 运算

2. 栈是(　　)。

A. 顺序存储的线性结构　　　　　　　　B. 链式存储的非线性结构

C. 限制存取点的线性结构　　　　　　　D. 限制存储点的非线性结构

3. (　　)不是栈的基本操作。

A. 删除栈顶元素　　　　　　　　　　　B. 删除栈底元素

C. 判断栈是否为空　　　　　　　　　　D. 将栈置为空栈

4. 假定利用数组 a[n]顺序存储一个栈,用 top 表示栈顶指针,用 top==−1 表示栈空,并已知栈未满,当元素 x 进栈时所执行的操作为(　　)。

A. a[−−top]=x　　　B. a[top−−]=x　　　C. a[++top]=x　　　D. a[top++]=x

5. 设有一个空栈,栈顶指针为 1000H,每个元素需要一个存储单元,执行 Push、Push、Pop、Push、Pop、Push、Pop、Push 操作后,栈顶指针的值为(　　)。

A. 1002H　　　　　　B. 1003H　　　　　　C. 1004H　　　　　　D. 1005H

6. 和顺序栈相比,链栈有一个比较明显的优势,即(　　)。

A. 通常不会出现栈满的情况　　　　　　B. 通常不会出现栈空的情况

C. 插入操作更容易实现　　　　　　　　D. 删除操作更容易实现

7. 设链表不带头结点且所有操作均在表头进行,则下列最不适合作为链栈的是(　　)。

A. 只有表头结点指针,没有表尾指针的双向循环链表

B. 只有表尾结点指针,没有表头指针的双向循环链表

C. 只有表头结点指针,没有表尾指针的单向循环链表

D. 只有表尾结点指针,没有表头指针的单向循环链表

8. 向一个栈顶指针为 top 的链栈(不带头结点)中插入一个 x 结点,则执行(　　)。

A. top−>next=x　　　　　　　　　　　B. x−>next=top−>next;top−>next=x

C. x−>next=top;top=x　　　　　　　　D. x−>next=top;top=top−>next

9. 链栈(不带头结点)执行 Pop 操作,并将出栈的元素存在 x 中,应该执行(　　)。

A. x=top;top=top−>next　　　　　　　B. x=top−>data

C. top=top−>next;x=top−>data　　　　D. x=top−>data;top=top−>next

10. 经过以下栈的操作后，变量 x 的值为(   )。

InitStack(st)；Push(st,a)；Push(st,b)；Pop(st,x)；Top(st,x)；

A. a   B. b   C. NULL   D. FALSE

11. 3 个不同元素依次进栈，能得到(   )种不同的出栈序列。

A. 4   B. 5   C. 6   D. 7

12. 设 a,b,c,d,e,f 以所给的次序进栈，若在进栈操作时，允许出栈操作，则得不到的序列为(   )。

A. f,e,d,c,b,a   B. b,c,a,f,e,d   C. d,c,e,f,b,a   D. c,a,b,d,e,f

13. 用 S 表示进栈操作，用 X 表示出栈操作，若元素的进栈顺序是 1,2,3,4，为了得到 1,3,4,2 的出栈顺序，相应的 S 和 X 的操作序列为(   )。

A. S,X,S,X,S,S,X,X   B. S,S,S,X,X,S,X,X

C. S,X,S,S,X,X,S,X   D. S,X,S,S,X,S,X,X

14. 若一个栈的输入序列是 1,2,3,…,n，输出序列的第一个元素是 n，则第 i 个输出元素是(   )。

A. 不确定   B. n−i   C. n−i−1   D. n−i+1

15. 一个栈的输入序列是 1,2,3,…,n，输出序列的第一个元素是 i，则第 j 个输出元素是(   )。

A. i−j−1   B. i−j   C. j−i+1   D. 不确定

16. 某栈的输入序列是 a,b,c,d，下面的 4 个序列中，不可能为其输出序列的是(   )。

A. a,b,c,d   B. c,b,d,a   C. d,c,a,b   D. a,c,b,d

17. 若一个栈的输入序列是 $P_1,P_2,\cdots,P_n$，输出序列是 1,2,3,…,n，若 $P_3=1$，则 P_1 的值(   )。

A. 可能是 2   B. 一定是 2

C. 不可能是 2   D. 不可能是 3

18. 已知一个栈的入栈序列是 1,2,3,4，其出栈序列为 P_1,P_2,P_3,P_4，则 P_2,P_4 不可能是(   )。

A. 2,4   B. 2,1   C. 4,3   D. 3,4

19. 设栈的初始状态为空，当字符序列"n1_"作为栈的输入时，输出长度为 3，且可用作 C 语言标识符的序列有(   )个。

A. 4   B. 5   C. 3   D. 6

20. 采用共享栈的好处是(   )。

A. 减少存取时间，降低发生上溢的可能

B. 节省存储空间，降低发生上溢的可能

C. 减少存取时间，降低发生下溢的可能

D. 节省存储空间，降低发生下溢的可能

21. 设有一个顺序共享栈 Share[0:n−1]，其中第一个栈顶指针 top1 的初值为−1，第二个栈顶指针 top2 的初值为 n，则判断共享栈满的条件是(   )。

A. top2−top1 == 1   B. top1−top2 == 1

C. top1 == top2   D. 以上都不对

22. 【2009 统考真题】设栈 S 和队列 Q 的初始状态均为空，元素 a,b,c,d,e,f,g 依次进入栈 S。若每个元素出栈后立即进入队列 Q,且 7 个元素出队的顺序是 b,d,c,f,e,a,g,则栈 S 的容量至少是(　　)。

 A.1　　　　　　B.2　　　　　　C.3　　　　　　D.4

23.【2010 统考真题】若元素 a,b,c,d,e,f 依次进栈,允许进栈、退栈操作交替进行,但不允许连续 3 次进行退栈操作,不可能得到的出栈序列是(　　)。

 A.d,c,e,b,f,a　　B.c,b,d,a,e,f　　C.b,c,a,e,f,d　　D.a,f,e,d,c,b

24.【2011 统考真题】元素 a,b,c,d,e 依次进入初始为空的栈中,若元素进栈后可停留、可出栈,直到所有元素都出栈,则在所有可能的出栈序列中,以元素 d 开头的序列个数是(　　)。

 A.3　　　　　　B.4　　　　　　C.5　　　　　　D.6

25.【2013 统考真题】一个栈的入栈序列为 1,2,3,…,n,出栈序列为 $P_1,P_2,P_3,…,P_n$。若 $P_2=3$,则 P_3 可能取值的个数是(　　)。

 A.n-3　　　　　B.n-2　　　　　C.n-1　　　　　D.无法确定

26.【2017 统考真题】下列关于栈的叙述中,错误的是(　　)。

Ⅰ.采用非递归方式重写递归程序时必须使用栈

Ⅱ.函数调用时,系统要用栈保存必要的信息

Ⅲ.只要确定了入栈次序,即可确定出栈次序

Ⅳ.栈是一种受限的线性表,允许在其两端进行操作

 A.Ⅰ　　　　　　B.Ⅰ、Ⅱ、Ⅲ　　C.Ⅰ、Ⅲ、Ⅳ　　D.Ⅱ、Ⅲ、Ⅳ

27.【2018 统考真题】若栈 S1 中保存整数,栈 S2 中保存运算符,函数 F( )依次执行下述各步操作:

1)从 S1 中依次弹出两个操作数 a 和 b。

2)从 S2 中弹出一个运算符 op。

3)执行相应的运算 b op a。

4)将运算结果压入 S1 中。

假定 S1 中的操作数依次是 5,8,3,2(2 在栈顶),S2 中的运算符依次是 ∗、−、+(+在栈顶)。调用 3 次 F( )后,S1 栈顶保存的值是(　　)。

 A.−15　　B.15　　　　　C.−20　　　　　D.20

28.【2020 统考真题】对空栈 S 进行 Push 和 Pop 操作,入栈序列为 a,b,c,d,e,经过 Push、Push、Pop、Push、Pop、Push、Push、Pop 操作后得到的出栈序列是(　　)。

 A.b,a,c　　　　B.b,a,e　　　　C.b,c,a　　　　D.b,c,e

29.栈和队列的主要区别在于(　　)。

 A.它们的逻辑结构不一样　　　　　　B.它们的存储结构不一样
 C.所包含的元素不一样　　　　　　　D.插入、删除操作的限定不一样

30.队列的"先进先出"特性是指(　　)。

Ⅰ.最后插入队列中的元素总是最后被删除

Ⅱ.当同时进行插入、删除操作时,总是插入操作优先

Ⅲ.每当有删除操作时,总要先做一次插入操作

Ⅳ.每次从队列中删除的总是最早插入的元素

 A.Ⅰ　　　　　　B.Ⅰ和Ⅳ　　　　C.Ⅱ和Ⅲ　　　　D.Ⅳ

31. 允许对队列进行的操作有(　　　)。

A. 对队列中的元素排序　　　　　　　　B. 取出最近进队的元素

C. 在队列元素之间插入元素　　　　　　D. 删除队头元素

32. 一个队列的入队顺序是1,2,3,4,则出队的输出顺序是(　　　)。

A. 4,3,2,1　　　　B. 1,2,3,4　　　　C. 1,4,3,2　　　　D. 3,2,4,1

33. 循环队列存储在数组 A[0,…,n]中,入队时的操作为(　　　)。

A. rear=rear+1　　　　　　　　　　B. rear=(rear+1) mod (n−1)

C. rear=(rear+1) mod n　　　　　　D. rear=(rear+1) mod (n+1)

34. 已知循环队列的存储空间为数组 A[21],front 指向队头元素的前一个位置,rear 指向队尾元素,假设当前 front 和 rear 的值分别为8和3,则该队列的长度为(　　　)。

A. 5　　　　　　B. 6　　　　　　C. 16　　　　　　D. 17

35. 若用数组 A[0,…,5]来实现循环队列,且当前 rear 和 front 的值分别为1和5,当从队列中删除一个元素,再加入两个元素后,rear 和 front 的值分别为(　　　)。

A. 3和4　　　　　　B. 3和0　　　　　　C. 5和0　　　　　　D. 5和1

36. 假设一个循环队列 Q[MaxSize]的队头指针为 front,队尾指针为 rear,队列的最大容量为 MaxSize,此外,该队列再没有其他数据成员,则判断该队列满的条件是(　　　)。

A. Q. front==Q. rear

B. Q. front+Q. rear>=MaxSize

C. Q. front==(Q. rear+1)%MaxSize

D. Q. rear==(Q. front+1)%MaxSize

37. 最适合用作链队的链表是(　　　)。

A. 带队首指针和队尾指针的循环单链表

B. 带队首指针和队尾指针的非循环单链表

C. 只带队首指针的非循环单链表

D. 只带队首指针的循环单链表

38. 最不适合用作链式队列链表的是(　　　)。

A. 只带队首指针的非循环双链表　　　　B. 只带队首指针的循环双链表

C. 只带队尾指针的循环双链表　　　　　D. 只带队尾指针的循环单链表

39. 在用单链表实现队列时,队头设在链表的(　　　)位置。

A. 链头　　　　　　B. 链尾　　　　　　C. 链中　　　　　　D. 以上都可以

40. 用链式存储方式的队列进行删除操作时需要(　　　)。

A. 仅修改头指针　　　　　　　　　　　B. 仅修改尾指针

C. 头尾指针都要修改　　　　　　　　　D. 头尾指针可能都要修改

41. 在一个链队列中,假设队头指针为 front,队尾指针为 rear,x 所指向的元素需要入队,则需要执行的操作为(　　　)。

A. front=x, front=front->next

B. x->next=front->next, front=x

C. rear->next=x, rear=x

D. rear->next=x, x->next=null, rear=x

42. 假设循环单链表表示的队列长度为 n,队头固定在链表尾,若只设头指针,则进队操作的时间复杂度为( )。

A. O(n)   B. O(1)   C. O(n²)   D. O(nlog₂n)

43. 若以 1,2,3,4 作为双端队列的输入序列,则既不能由输入受限的双端队列得到,又不能由输出受限的双端队列得到的输出序列是( )。

A. 1,2,3,4   B. 4,1,3,2   C. 4,2,3,1   D. 4,2,1,3

44.【2010 统考真题】某队列允许在其两端进行入队操作,但仅允许在一端进行出队操作。若元素 a,b,c,d,e 依次入此队列后再进行出队操作,则不可能得到的出队序列是( )。

A. b,a,c,d,e   B. d,b,a,c,e   C. d,b,c,a,e   D. e,c,b,a,d

45.【2011 统考真题】已知循环队列存储在一维数组 A[0,…,n-1]中,且队列非空时 front 和 rear 分别指向队头元素和队尾元素。若初始时队列为空,且要求第一个进入队列的元素存储在 A[0]处,则初始时 front 和 rear 的值分别是( )。

A. 0, 0   B. 0, n-1   C. n-1, 0   D. n-1, n-1

46.【2014 统考真题】循环队列放在一维数组 A[0,…,M-1]中,end1 指向队头元素,end2 指向队尾元素的后一个位置。假设队列两端均可进行入队和出队操作,队列中最多能容纳 M-1 个元素。初始时为空。下列判断队空和队满的条件中,正确的是( )。

A. 队空:end1==end2;队满:end1==(end2+1) mod M

B. 队空:end1==end2;队满:end2==(end1+1) mod(M-1)

C. 队空:end2==(end1+1) mod M;队满:end1==(end2+1) mod M

D. 队空:end1==(end2+1) mod M;队满:end2==(end1+1) mod(M-1)

47.【2016 统考真题】设有如下图所示的火车车轨,入口到出口之间有 n 条轨道,列车的行进方向均为从左至右,列车可驶入任意一条轨道。现有编号为 1~9 的 9 列列车,驶入的次序依次为 8,4,2,5,3,9,1,6,7。若期望驶出的次序依次为 1~9, 则 n 至少是( )。

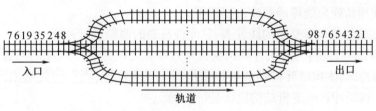

7619 35 248   987654321

入口   出口

轨道

A. 2   B. 3   C. 4   D. 5

48.【2018 统考真题】现有队列 Q 与栈 S,初始时 Q 中的元素依次是 1,2,3,4,5,6(1 在队头),S 为空。若仅允许下列 3 种操作:①出队并输出出队元素;②出队并将出队元素入栈;③出栈并输出出栈元素,则不能得到的输出序列是( )。

A. 1,2,5,6,4,3   B. 2,3,4,5,6,1   C. 3,4,5,6,1,2   D. 6,5,4,3,2,1

49.【2021 统考真题】初始为空的队列 Q 的一端仅能进行入队操作,另外一端既能进行入队操作又能进行出队操作。若 Q 的入队序列是 1,2,3,4,5,则不能得到的出队序列是( )。

A. 5,4,3,1,2   B. 5,3,1,2,4   C. 4,2,1,3,5   D. 4,1,3,2,5

50. 栈的应用不包括( )。

A. 递归   B. 进制转换   C. 迷宫求解   D. 缓冲区

51. 表达式 a * (b+c)-d 的后缀表达式是(　　)。

　　A. abcd * +-　　　　　　B. abc+ * d-　　　　　　C. abc * +d-　　　　　　D. -+ * abcd

52. 下面(　　)用到了队列。

　　A. 括号匹配　　　　　B. 迷宫求解　　　　　C. 页面替换算法　　　D. 递归

53. 利用栈求表达式的值时,设立运算数栈 OPEN。假设 OPEN 只有两个存储单元,则在下列表达式中,不会发生溢出的是(　　)。

　　A. A-B * (C-D)　　　B. (A-B) * C-D　　　C. (A-B * C)-D　　　D. (A-B) * (C-D)

54. 执行完下列语句段后,i 的值为(　　)。

```
int f(int x){
    return ((x>0)? x * f(x-1):2);
}
int i;
i=f(f(1));
```

　　A. 2　　　　　　　　　B. 4　　　　　　　　　C. 8　　　　　　　　　D. 无限递归

55. 对于一个问题的递归算法求解和其相对应的非递归算法求解,(　　)。

　　A. 递归算法通常效率高一些　　　　　　　B. 非递归算法通常效率高一些

　　C. 两者相同　　　　　　　　　　　　　　D. 无法比较

56. 执行函数时,其局部变量一般采用(　　)进行存储。

　　A. 树形结构　　　　　　B. 静态链表　　　　　　C. 栈结构　　　　　　D. 队列结构

57. 执行(　　)操作时,需要使用队列作为辅助存储空间。

　　A. 查找散列(哈希)表　　　　　　　　　　B. 广度优先搜索图

　　C. 前序(根)遍历二义树　　　　　　　　　D. 深度优先搜索图

58. 下列说法中,正确的是(　　)。

　　A. 消除递归不一定需要使用栈

　　B. 对同一输入序列进行两组不同合法入栈和出栈组合操作,所得输出序列也一定相同

　　C. 通常使用队列来处理函数或过程调用

　　D. 队列和栈都是运算受限的线性表,只允许在表的两端进行运算

59. 【2009 统考真题】为解决计算机主机与打印机之间速度不匹配的问题,通常设置一个打印数据缓冲区,主机将要输出的数据依次写入该缓冲区,而打印机则依次从该缓冲区中取出数据。该缓冲区的逻辑结构应该是(　　)。

　　A. 栈　　　　　　　　　B. 队列　　　　　　　　C. 树　　　　　　　　　D. 图

60. 【2012 统考真题】已知操作符包括+、-、*、√、(和)。将中缀表达式 a+b-a * $\left(\frac{(c+d)}{e}-f\right)$+g 转换为等价的后缀表达式 ab+acd+e/f- * -g+时,用栈来存放暂时还不能确定运算次序的操作符。栈初始为空时,转换过程中同时保存在栈中的操作符的最大个数是(　　)。

　　A. 5　　　　　　　　　B. 7　　　　　　　　　C. 8　　　　　　　　　D. 11

61. 【2014 统考真题】假设栈初始为空,将中缀表达式 $\frac{a}{b}$+(c * d-e * f)/g 转换为等价的后缀表达式的过程中,当扫描到 f 时,栈中的元素依次是(　　)。

A. +(* −　　　　　　B. +(− *　　　　　　C. /+(* − *　　　　　　D. /+− *

62.【2015 统考真题】已知程序如下：

```
int S(int n)
{    return (n<=0)? 0:s(n-1)+n;}
int main(    ){
    cout<< S(1);return 0;
}
```

程序运行时使用栈来保存调用过程的信息,自栈底到栈顶保存的信息依次对应的是（   ）。

A. main( )→S(1)→S(0)　　　　　　B. S(0)→S(1)→main( )

C. main( )→S(0)→S(1)　　　　　　D. S(1)→S(0)→main( )

二、综合应用题

1. 有 5 个元素,其入栈次序为 A,B,C,D,E,在各种可能的出栈次序中,第一个出栈元素为 C 且第二个出栈元素为 D 的出栈序列有哪几个?

2. 若元素的进栈次序为 A,B,C,D,E, 运用栈操作,能否得到出栈次序 B,C,A,E,D 和 D,B, A,C,E? 为什么?

3. 假设以 I 和 O 分别表示入栈和出栈操作。栈的初态和终态均为空,入栈和出栈的操作序列可表示为仅由 I 和 O 组成的序列,可以操作的序列称为合法序列,否则称为非法序列。

1) 下面所示的序列中哪些是合法的?

A. I,O,I,I,O,I,O,O　　　　　　B. I,O,O,I,O,I,I,O

C. I,I,I,O,I,O,I,O　　　　　　D. I,I,I,O,O,I,O,O

2) 通过对 1) 的分析,写出一个算法,判定所给的操作序列是否合法。若合法,返回 true,否则返回 false(假定被判定的操作序列已存入一维数组中)。

4. 设单链表的表头指针为 L,结点结构由 data 和 next 两个域构成,其中 data 域为字符型。试设计算法判断该链表的全部 n 个字符是否中心对称。例如 xyx、xyyx 都是中心对称。

5. 设两个栈 s1,s2 都采用顺序栈方式,并共享一个存储区[0,…, MaxSize−1],为了尽量利用空间,减少溢出的可能,可采用栈顶相向、迎面增长的存储方式。试设计 s1, s2 有关入栈和出栈的操作算法。

6. 若希望循环队列中的元素都能得到利用,则需要设置一个标志域 tag,并以 tag 的值为 0 或 1 来区分队头指针 front 和队尾指针 rear 相同时的队列状态是"空"还是"满"。试编写与此结构相应的入队和出队算法。

7. Q 是一个队列,S 是一个空栈,试编写算法,实现将队列中的元素逆置。

8. 利用两个栈 S1,S2 来模拟一个队列, 已知栈的 4 个运算定义如下：

```
Push(S,x);              //元素 x 入栈 S
Pop(S,x);               //S 出栈并将出栈的值赋给 x
StackEmpty(S);          //判断栈是否空
StackOverflow(S);       //判断栈是否满
```

如何利用栈的运算来实现该队列的 3 个运算(形参由读者根据要求自己设计)?

```
Enqueue;                //将元素 x 入队
Dequeue;                //出队,并将出队元素存储在 x 中
```

QueueEmpty;　　　　　　　　　　　　// 判断队列是否为空

9.【2019 统考真题】请设计一个队列,要求满足:①初始时队列为空;②入队时,允许增加队列占用空间;③出队后,出队元素所占用的空间可重复使用,即整个队列所占用的空间只增不减;④入队操作和出队操作的时间复杂度始终保持为 O(1)。请回答下列问题:

1)该队列应选择链式存储结构,还是顺序存储结构?

2)画出队列的初始状态,并给出判断队空和队满的条件。

3)画出第一个元素入队后的队列状态。

4)给出入队操作和出队操作的基本过程。

10. 假设一个算术表达式中包含圆括号、方括号和花括号 3 种类型的括号,编写一个算法来判别表达式中的括号是否配对,以字符"\0"作为算术表达式的结束符。

11. 按下图所示铁道进行车厢调度(注意,两侧铁道均为单向行驶道,火车调度站有一个用于调度的"栈道"),火车调度站的入口处有 n 节硬座和软座车厢(分别用 H 和 S 表示)等待调度。试编写算法,输出对这 n 节车厢进行调度的操作(即入栈或出栈操作)序列,以使所有的软座车厢都被调整到硬座车厢之前。

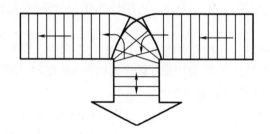

12. 利用一个栈实现以下递归函数的非递归计算:

$$P_n(x) = \begin{cases} 1, & n=0 \\ 2x, & n=1 \\ 2xP_{n-1}(x) - 2(n-1)P_{n-2}(x), & n>1 \end{cases}$$

13. 某汽车轮渡口,过江渡船每次能载 10 辆车过江。过江车辆分为客车类和货车类,上渡船有如下规定:同类车先到先上船;客车先于货车上船,且每上 4 辆客车,才允许上 1 辆货车;若等待客车不足 4 辆,则以货车代替;若无货车等待,允许客车都上船。试设计一个算法模拟渡口管理。

三、答案与解析

【单项选择题】

1. B　栈和队列的逻辑结构都是相同的,都属于线性结构,只是它们对数据的运算不同。

2. C　首先栈是一种线性表,所以选项 B、D 错。按存储结构的不同,栈可分为顺序栈和链栈,但不可以把栈局限在某种存储结构上,所以选项 A 错。栈和队列都是限制存取点的线性结构。

3. B　基本操作是指该结构最核心、最基本的运算,其他较复杂的操作可通过基本操作实现。删除栈底元素不属于栈的基本运算,但它可以通过调用栈的基本运算求得。

4. C　初始时 top 为 -1,则第一个元素入栈后,top 为 0,即指向栈顶元素,故入栈时应先将指针 top 加 1,再将元素入栈,只有选项 C 符合题意。

5. A 每个元素需要 1 个存储单元,所以每入栈一次 top 加 1,出栈一次 top 减 1。指针 top 的值依次为 1001H,1002H,1001H,1002H,1001H,1002H,1001H,1002H。

6. A 顺序栈采用数组存储,数组的大小是固定的,不能动态地分配大小。与顺序栈相比,链栈的最大优势在于它可以动态地分配存储空间,所以答案为 A。

7. C 对于双向循环链表,不管是表头指针还是表尾指针,都可以很方便地找到表头结点,方便在表头做插入或删除操作。而单向循环链表通过尾指针可以很方便地找到表头结点,但通过头指针找尾结点则需要遍历一次链表。对于 C,插入和删除结点后,找尾结点需要花费 O(n) 的时间。

8. C 链栈采用不带头结点的单链表表示时,进栈操作在首部插入一个结点 x(即 x-> next = top),插入完后需将 top 指向该插入的结点 x。请思考当链栈存在头结点时的情况。

9. D 这里假设栈顶指针指向的是栈顶元素,所以选 D;而选项 A 中首先将 top 指针赋给了 x,错误;选项 B 中没有修改 top 指针的值;选项 C 为 top 指针指向栈顶元素的上一个元素时的答案。

10. A 执行前 3 句后,栈 st 内的值为 a,b,其中 b 为栈顶元素;执行第 4 句后,栈顶元素 b 出栈, x 的值为 b;执行最后一句,获取栈顶元素的值,x 的值为 a。

11. B 对于 n 个不同元素依次进栈,出栈序列的个数为

$$\frac{1}{n+1}C_{2n}^{n} = \frac{1}{n+1}\frac{(2n)!}{n! \times n!} = \frac{6 \times 5 \times 4}{4 \times 3 \times 2 \times 1} = 5$$

题中给出的 n 值不会很大,可以根据栈的特点,若 x_i 已经出栈,则 x_i 前面的尚未出栈的元素一定逆置有序地出栈,因此可采用例举方法。如 a,b,c 依次进栈的出栈序列有 (a,b,c),(a,c,b), (b,a,c), (b,c,a), (c,b,a)。另外,在一些考题中可能会问符合某个特定条件的出栈序列有多少种,比如此题问以 b 开头的出栈序列有几种,这种类型的题目一般都使用穷举法。

12. D 根据栈"先进后出"的特点,且在进栈操作的同时允许出栈操作,显然选项 D 中 c 最先出栈,则此时栈内必定为 a 和 b,但由于 a 先于 b 进栈,故要晚出栈。对于某个出栈的元素,在它之前进栈却晚出栈的元素必定是按逆序出栈的,其余选项均是可能出现的情况。

此题也可采用将各序列逐个代入的方法来确定是否有对应的进出栈序列(类似下题)。

13. D 采用排除法,选项 A,B,C 得到的出栈序列分别为 (1,2,4,3),(3,2,4,1),(1,3, 2,4)。由 (1,2,3,4) 得到 (1,3,4,2) 的进出栈序列为:1 进, 1 出, 2 进, 3 进, 3 出, 4 进, 4 出,2 出, 故选 D。

14. D 第 n 个元素第一个出栈,说明前 n-1 个元素都已经按顺序入栈,由"先进后出"的特点可知,此时的输出序列一定是输入序列的逆序,故答案选 D。

15. D 当第 i 个元素第一个出栈时,则 i 之前的元素可以依次排在 i 之后出栈,但剩余的元素可以在此时进栈并且也会排在 i 之前出栈,所以第 j 个出栈的元素是不确定的。

16. C 对于选项 A,可能的顺序是 a 入, a 出, b 入,b 出,c 入, c 出,d 入, d 出。对于选项 B, 可能的顺序是 a 入, b 入, c 入, c 出, b 出, d 入, d 出, a 出。对于选项 D,可能的顺序是 a 入,a 出,b 入,c 入,c 出,b 出,d 入, d 出。选项 C 没有对应的序列。

【另解】 若出栈序列的第一个元素为 d,则出栈序列只能是 d,c,b,a。该思想通常也适用于出栈序列的局部分析,如:1,2,3,4,5 入栈,问出栈序列 3,4,1,5,2 是否正确? 如何

分析？若第一个出栈元素是3，则此时1,2必停留在栈中，它们出栈的相对顺序只能是2,1，故3,4,1,5,2错误。

17. C　入栈序列是 $P_1,P_2,\cdots,P_n$。由于 $P_3=1$，即 P_1,P_2,P_3 连续入栈后，第一个出栈元素是 P_3，说明 P_1,P_2 已经按序进栈，根据"先进后出"的特点可知，P_2 必定在 P_1 之前出栈，而第二个出栈元素是2，而此时 P_1 不是栈顶元素，因此 P_1 的值不可能是2。

思考：哪些P可能是2？

18. C　逐个判断每个选项可能的入栈出栈顺序。对于选项A，可能的顺序是1入，1出，2入，2出，3入，3出，4入，4出。对于选项B，可能的顺序是1入，2入，3入，3出，2出，4入，4出，1出。对于选项D，可能的顺序是1入，1出，2入，3入，3出，2出，4入，4出。选项C没有对应的序列，因为当4在栈中时，意味着前面的所有元素(1,2,3)都已在栈中或曾经入过栈，此时若4第二个出栈，即栈中还有两个元素，且这两个元素是有序的(对应入栈顺序)，只能为(1,2)、(1,3)、(2,3)，若是(1,2)这个序列，则3已在 P_1 位置出栈，不可能再在 P_4 位置出栈，若是(1,3)和(2,3)两种情况中的任一种，则3一定是下一个出栈元素，即 P_3 一定是3，所以 P_4 不可能是3。

【另解】　对于选项D，P_2 为最后一个入栈元素4，则只有 P_1 或 P_3 出栈的元素有可能为3(请读者分两种情况自行思考)，而 P_4 绝不可能为3。读者在解答此类题时，一定要注意出栈序列中的"最后一个入栈元素"，这样可以节省答题的时间。

19. C　标识符只能以英文字母或下划线开头，而不能以数字开头。故由 n,1,_ 三个字符组合成的标识符有 n1_,_n_1,_1n 和 _n1 四种。第一种：n进栈再出栈，1进栈再出栈，_进栈再出栈。第二种：n进栈再出栈，1进栈，_进栈，_出栈，1出栈。第三种：n进栈，1进栈，_进栈，_出栈，1出栈，n出栈。而根据栈的操作特性，_n1 这种情况不可能出现，故选C。

20. B　存取栈中的元素都只需要 O(1) 的时间，所以减少存取时间无从谈起。另外，栈的插入和删除操作都是在栈顶进行的，只可能发生上溢(栈顶指针超出了最大范围)，因此选B。

21. A　这种情况就是对共享栈的考核。另外，读者可以思考当 top1 的初值为0，top2 的初值为 n-1 时栈满的条件。

注意：栈顶、队头与队尾的指针的定义是不唯一的，读者务必要仔细审题。

22. C　时刻注意栈的特点是先进后出，下表是出入栈的详细过程。

序号	说明	栈内	栈外	序号	说明	栈内	栈外
1	a入栈	a		8	e入栈	ae	bdc
2	b入栈	ab		9	f入栈	aef	bdc
3	b出栈	a	b	10	f出栈	ae	bdcf
4	c入栈	ac	b	11	e出栈	a	bdcfe
5	d入栈	acd	b	12	a出栈		bdcfea
6	d出栈	ac	bd	13	g入栈	g	bdcfea
7	c出栈	a	bdc	14	g出栈		bdcfeag

栈内的最大深度为3,故栈S的容量至少是3。

【另解】 元素的出队顺序和入队顺序相同,因此元素的出栈顺序就是 b,d,c,f,e,a,g,因此元素的入栈出栈次序为 Push(S, a), Push(S,b), Pop(S, b), Push(S,c), Push(S, d), Pop(S, d), Pop(S, c), Push(S, e), Push(S,f), Pop(S,f), Pop(S, e), Pop(S, a), Push(S,g), Pop(S,g)。假设初始所需容量为0,每做一次 Push 操作进行加1操作,每做一次 Pop 操作进行减1操作,记录容量的最大值为3,故选C。

23. D 选项A可由a进,b进,c进,d进,d出,c出,e进,e出,b进,f进,f出,a出得到;选项B可由a进,b进,c进,c出,b出,d进,d出,a出,e进,e出,f进,f出得到;选项C可由a进,b进,b出,c进,c出,a出,d进,e进,e出,f进,f出,d出得到;选项D可由a进,a出,b进,c进,d进,e进,f进,f出,e出,d出,c出,b出得到,但要求不允许连续3次退栈操作,故选D。

24. B d 第一个出栈,则c,b,a出栈的相对顺序是确定的,出栈顺序必为d_c_b_a_, e的顺序不定,在任意一个"_"上都有可能。

【另解】 d首先出栈,则 a,b,c 停留在栈中,此时栈的状态如下图所示。

此时可以有如下4种操作:①e进栈后出栈,则出栈序列为 d,e,c,b,a;②c 出栈,e进栈后出栈,出栈序列为 d,c,e,b,a;③c,b 出栈,e进栈后出栈,出栈序列为 d,c,b,e,a;④c,b,a出栈,e进栈后出栈,出栈序列为 d,c,b,a,e。其实思路和上面一样。

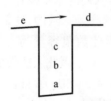

25. C 显然,3之后的 $4,5,\cdots,n$ 都是 P_3 可取的数(持续进栈直到该数入栈后立即出栈)。接下来分析1和2:P_1 可以是3之前入栈的数(可能是1或2),也可以是4,当 $P_1=1$ 时,P_3 可取2;当 $P_1=2$ 时,P_3 可取1;当 $P_1=4$ 时,P_3 可取除1,3,4之外的所有数;故 P_3 可能取值的个数为 $n-1$。

26. C Ⅰ的反例:计算斐波那契数列迭代实现只需要一个循环即可实现。Ⅲ的反例:入栈序列为1,2,进行 Push, Push, Pop, Pop 操作,出栈次序为2,1;进行 Push, Pop, Push, Pop 操作,出栈次序为1,2。Ⅳ,栈是一种受限的线性表,只允许在一端进行操作。Ⅱ正确。

27. B 第一次调用:1)从 S1 中弹出2和3;2)从 S2 中弹出+;3)执行 3+2=5;4)将5压入 S1 中,第一次调用结束后 S1 中剩余5,8,5(5 在栈顶),S2-中剩余 * (-在栈顶)。

第二次调用:1)从 S1 中弹出5和8;2)从 S2 中弹出−;3)执行 8-5=3;4)将3压入 S1 中,第二次调用结束后 S1-中剩余5,3(3 在栈顶),S2 中剩余 *。

第三次调用:1)从 S1 中弹出3和5;2)从 S2 中弹出 *;3)执行 5*3=15;4)将15压入 S1-中,第三次调用结束后 S1 中仅剩余15(栈顶),S2 为空。故选 B。

28. D 按题意,出入栈操作的过程如下:

操作	栈内元素	出栈元素
Push	a	
Push	ab	
Pop	a	b
Push	ac	
Pop	a	c
Push	ad	
Push	ade	
Pop	ad	e

故出栈序列为 b,c,e。

29. D 栈和队列的逻辑结构都是线性结构,都可以采用顺序存储或链式存储,选项 A、B 错误。选项 C 显然也错误。只有选项 D 才是栈和队列的本质区别,限定表中插入和删除操作位置的不同。

30. B 队列"先进先出"的特性表现在:先进队列的元素先出队列,后进队列的元素后出队列,进队列对应的是插入操作,出队列对应的是删除操作。Ⅰ 和 Ⅳ 均正确。

31. D 删除队头元素即出队,是队列的基本操作之一,故选 D。

32. B 队列的入队顺序与出队顺序是一致的,这是和栈不同的。

33. D 数组卜标范围为 $0 \sim n$,因此数组容量为 $n+1$。循环队列中元素入队的操作是 rear$=($rear$+1)$ mod MaxSize,MaxSize$=n+1$。因此入队操作应为 rear$=($rear$+1)$ mod$(n+1)$。

34. C 队列的长度为 $($rear$-$front$+$MaxSize$)\%$MaxSize$=($rear$-$front$+21)\%21=16$。这种情况与 front 指向当前元素、rear 指向队尾元素的下一个元素的计算是相同的。

35. B 循环队列中,每删除一个元素,队首指针 front$=($front$+1)\%6$;每插入一个元素,队尾指针 rear$=($rear$+1)\%6$。上述操作后,front$=0$,rear$=3$。

36. C 既然不能附加任何其他数据成员,只能采用牺牲一个存储单元的方法来区分是队空还是队满,约定以"队列头指针在队尾指针的下一位置作为队满的标志",故选 C。选项 A 是判断队列是否空的条件,选项 B 和 D 都是干扰项。

注意:考虑这类具体问题时,用一些特殊情况判断往往比直接思考问题能更快地得到答案,并可以画出简单的草图以方便解题。

37. B 由于队列需要在双端进行操作,选项 C 和 D 的链表显然不太适合链队。选项 A 的链表在完成进队和出队后还要修改为循环的,对于队列来讲这是多余的(画蛇添足)。选项 B,由于有首指针,适合删除首结点;由于有尾指针,适合在其后插入结点,故正确。

38. A 由于非循环双链表只带队首指针,在执行入队操作时要修改队尾结点的指针域,而查找队尾结点需要 $O(n)$ 的时间。选项 B、C 和 D 均可在 $O(1)$ 的时间内找到队首和队尾。

39. A 由于在队头做出队操作,为了便于删除队头元素,故总是选择链头作为队头。

40. D 队列用链式存储时,删除元素从表头删除,通常仅需要修改头指针,但若队列中仅有一个元素,则尾指针也需要被修改,即当仅有一个元素时,删除后队列为空,需要修改尾指针为 rear＝front。

41. D 插入操作时,先将结点 x 插入到链表尾部,再让 rear 指向这个结点 x。选项 C 的做法不够严密,因为是队尾,所以队尾 x->next 必须置为空。

42. A 依题意,进队操作是在队尾进行,即链表表头。题中已明确说明链表只设头指针,即没有头结点和尾指针,进队后,循环单链表必须保持循环的性质,在只带头指针的循环单链表中寻找表尾结点的时间复杂度为 O(n),故进队的时间复杂度为 O(n)。

43. C 使用排除法。先看可由输入受限的双端队列产生的序列:设右端输入受限,1,2,3,4 依次左入,则依次左出可得 4,3,2,1,排除选项 A;右出、左出、右出、右出可得到 4,1,3,2,排除选项 B;再看可由输出受限的双端队列产生的序列:设右端输出受限,1,2,3,4 依次左入、左入、右入、左入,依次左出可得到 4,2,1,3,排除选项 D。

44. C 本题的队列实际上是一个输出受限的双端队列,如下图所示。选项 A 操作:a 左入(或右入),b 左入,c 右入,d 右入,e 右入。选项 B 操作:a 左入(或右入), b 左入,c 右入,d 左入,e 右入。D 操作:a 左入(或右入),b 左入,c 左入,d 右入,e 左入。选项 C 操作:a 左入(或右入),b 右入,因 d 未出,此时只能进队,c 怎么进都不可能在 b 和 a 之间。

【另解】 初始时队列为空,第 1 个元素 a 左入(或右入)后,第 2 个元素 b 无论是左入还是右入都必与 a 相邻,而选项 C 中 a 与 b 不相邻,不合题意。

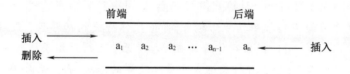

45. B 根据题意,第一个元素进入队列后存储在 A[0]处,此时 front 和 rear 值都为 0。入队时由于要执行(rear+1)%n 操作,所以若入队后指针指向 0,则 rear 初值为 n-1,而由于第一个元素在 A[0]中,插入操作只改变 rear 指针,所以 front 为 0 不变。

46. A end1 指向队头元素,可知出队操作是先从 A[end1]读数,然后 end1 再加 1。end2 指向队尾元素的后一个位置,可知入队操作是先存数到 A[end2],然后 end2 再加 1。若用 A[0]存储第一个元素,队列初始时,入队操作是先把数据放到 A[0]中,然后 end2 自增,即可知 end2 初值为 0;而 end1 指向的是队头元素,队头元素在数组 A 中的下标为 0,所以得知 end1 的初值也为 0,可知队空条件为 end1＝＝end2;然后考虑队列满时,因为队列最多能容纳 M-1 个元素,假设队列存储在下标为 0 到 M-2 的 M-1 个区域,队头为 A[0],队尾为 A[M-2],此时队列满,考虑在这种情况下 end1 和 end2 的状态,end1 指向队头元素,可知 end1＝0,end2 指向队尾元素的后一个位置,可知 end2＝M-2+1＝M-1,所以队满的条件为 end1＝＝(end2+1)mod M。

47. C 根据题意:入队次序为 8,4,2,5,3,9,1,6,7,出队次序为 1～9。入口和出口之间有多个队列(n 条轨道),且每个队列(轨道)可容纳多个元素(多列列车),为便于区分,队列用字母编号。分析如下:显然先入队的元素必须小于后入队的元素(否则,若 8 和 4 入同一队列,8 在 4 前面,则出队时也只能在 4 前面),这样 8 入队列 A,4 入队列 B,2 入队列 C,5 入队列 B(按照前述原则"大的元素在小的元素后面"也可将 5 入队列 C,但这时剩下的元素 3 就必须放入一个新的队列中,无法确保"至少"),3 入队列 C,9 入队列 A,这时共占了 3 个队列,后面还有元素 1,直接再用一个新的队列 D,1 从队列 D 出队后,剩下的元素 6 和 7 或入队列 B,或入队列 C。综上,共占用了 4 个队列。当然还有其他的入队、出队情况,请读者自行推演,但要确保满足:①队列中后面的元素大于前面的元素;②占用最少(即满足题意中"至少")的队列。

48. C　选项 A 的操作顺序为①①②②①①③③。选项 B 的操作顺序为②①①①①①③。选项 D 的操作顺序为②②②②②①③③③③③。对于选项 C:首先输出 3,说明 1 和 2 必须先依次入栈,而此后 2 肯定比 1 先输出,因此无法得到 1,2 的输出顺序。

49. D　假设队列左端允许入队和出队,右端只能入队。如下图所示,对于选项 A,依次从右端入队 1,2,再从左端入队 3,4,5。对于选项 B,从右端入队 1,2,然后从左端入队 3,再从右端入队 4,最后从左端入队 5。对于选项 C,从左端入队 1,2,然后从右端入队 3,再从左端入队 4,最后从右端入队 5。无法验证选项 D 的序列。

50. D　缓冲区是用队列实现的,选项 A、B、C 都是栈的典型应用。

51. B　后缀表达式中,每个计算符号均直接位于其两个操作数的后面,按照这样的方式逐步根据计算的优先级将每个计算式进行变换,即可得到后缀表达式。

【另解】将两个直接操作数用括号括起来,再将操作符提到括号后,最后去掉括号。如下:(①(②a*(③b+c))-d),提出操作符并去掉括号后,可得后缀表达式为 abc+*d-。

学完第 4 章树和二叉树后,可将表达式画成二叉树的形式,再用后序遍历即可求得后缀表达式。

52. C　页面替换算法中的 FIFO 用到了队列,其余的都只用到了栈。

53. B　利用栈求表达式的值时,可以分别设立运算符栈和运算数栈,其原理不变。选项 B 中 A 入栈,B 入栈,计算得 R1,C 入栈,计算得 R2,D 入栈,计算得 R3,由此得栈深为 2。选项 A、C、D 计算得栈深依次为 4,3,3。因此选 B。

【技巧】根据算符优先级,统计已依次进栈,但还没有参与计算的运算符的个数。以选项 C 为例,('A''-'入栈时,'('和'-'还没有参与运算,此时运算符栈大小为 2,'B'和' * '入栈时运算符大小为 3,'C'入栈时'B*C'运算,此时运算符栈大小为 2,以此类推。

54. B　栈与递归有着紧密的联系。递归模型包括递归出口和递归体两个方面。递归出口是递归算法的出口,即终止递归的条件。递归体是一个递推的关系式。根据题意有

$f(0)=2;$

$f(1)=1*f(0)=2;$

$f(f(1))=f(2)=2*f(1)=4;$

即 $f(f(1))=4$。因此本题答案为 B。

55. B　通常情况下,递归算法在计算机实际执行的过程中包含很多的重复计算,所以效率会低。

56. C　调用函数时,系统会为调用者构造一个由参数表和返回地址组成的活动记录,

并将记录压入系统提供的栈中,若被调用函数有局部变量,也要压入栈中。

57. B　本题涉及第4章树和二叉树与第5章图的内容,图的广度优先搜索类似于树的层序遍历,都要借助队列。

58. A　使用栈可以模拟递归的过程,以此来消除递归,但对于单向递归和尾递归而言,可以用迭代的方式来消除递归,选项A对;不同的进栈和出栈组合操作,会产生许多不同的输出序列,选项B错;通常使用栈来处理函数或过程调用,选项C错;队列和栈都是操作受限的线性表,但只有队列允许在表的两端进行运算,而栈只允许在栈顶方向进行操作,选项D错。

59. B　在提取数据时必须保持原来数据的顺序,所以缓冲区的特性是"先进先出",故选B。

60. A　考查栈在中缀表达式转换为后缀表达式中的应用。将中缀表达式 a+b-a*((c+d)/e-f)+g 转换为相应的后缀表达式,需要根据操作符<op>的优先级来进行栈的变化,我们用 icp 来表示当前扫描到的运算符 ch 的优先级,该运算符进栈后的优先级为 isp,则运算符的优先级如下表所示[isp 是栈内优先(in stack priority)数,icp 是栈外优先(incoming priority)数]:

操作符	#	(	*,/	+,-	)
isp	0	1	5	3	6
icp	0	6	4	2	1

我们在表达式后面加上符号'#',表示表达式结束。具体转换过程如下:

步骤	扫描项	项类型	动作	栈内内容	输出
0			'#'进栈,读下一符号	#	
1	a	操作数	直接输出	#	a
2	+	操作符	isp('#')<icp('+'),进栈	#+	
3	b	操作数	直接输出	#+	b
4	-	操作符	isp('+')>icp('-'),退栈并输出	#	+
5			isp('#')<icp('-'),进栈	#-	
6	a	操作数	直接输出	#-	a
7	*	操作符	isp('-')<icp('*'),进栈	#-*	
8	(	操作符	isp('*')<icp('('),进栈	#-*(	
9	(	操作符	isp('(')<icp('('),进栈	#-*((	
10	c	操作数	直接输出	#-*((	c
11	+	操作符	isp('(')<icp('+'),进栈	#-*((+	
12	d	操作数	直接输出	#-*((+	d
13	)	操作符	isp('+')>icp(')'),退栈并输出	#-*((	+
14			isp('(')= =icp(')'),直接退栈	#-*(	

（续表）

步骤	扫描项	项类型	动作	栈内容	输出
15	/	操作符	isp('(')<icp('/'),进栈	#- * (/	
16	e	操作数	直接输出	#- * (/	e
17	–	操作符	isp('/')>icp('–'),退栈并输出	#- * (	/
18			isp('(')<icp('–'),进栈	#- * (–	
19	f	操作数	直接输出	#- * (–	f
20	)	操作符	isp('–')>icp(')'),退栈并输出	#- * (	–
21			isp('(')= =icp(')'),直接退栈	#- *	
22	+	操作符	isp(' * ')>icp('+'),退栈并输出	#–	*
23			isp('–')>icp('+'),退栈并输出	#	–
24			isp('#')<icp('+'),进栈	#+	
25	g	操作数	直接输出	#+	g
26	#	操作符	isp('+')>icp('#'),退栈并输出	#	+
27			isp('#')= =icp('#'),退栈,结束		

即相应的后缀表达式为 ab+acd+e/f- * -g+。由上表可以看出,第 11,12 步时栈中存放的操作符最多,请注意题中明确表示了 6 种操作符,而'#'不算,即最大个数为 5。

61. B 将中缀表达式转换为后缀表达式的算法思想如下:

从左向右开始扫描中缀表达式。

遇到数字时,加入后缀表达式。

遇到运算符时:

1)若为'(',则入栈。

2)若为')',则依次把栈中的运算符加入后缀表达式,直到出现'(',从栈中删除'('。

3)若为除括号之外的其他运算符,当其优先级高于除'('之外的栈顶运算符时,直接入栈;否则从栈顶开始,依次弹出比当前处理的优先级高的和优先级相等的运算符,直到遇到一个比它优先级低的或遇到一个左括号为止。

当扫描的中缀表达式结束时,栈中的所有运算符依次出栈加入后缀表达式。

待处理序列	栈	后缀表达式	当前扫描元素	动作
a/b+(c * d-e * f)/g			a	a 加入后缀表达式
/b+(c * d-e * f)/g		a	/	/入栈
b+(c * d-e * f)/g	/	a	b	b 加入后缀表达式
+(c * d-e * f)/g	/	ab	+	+优先级低于栈顶的/,弹出/
+(c * d-e * f)/g		ab/	+	+入栈
(c * d-e * f)/g	+	ab/	(	(入栈
c * d-e * f)/g	+(	ab/	c	c 加入后缀表达式

（续表）

待处理序列	栈	后缀表达式	当前扫描元素	动作
* d−e * f)/g	+(	ab/c	*	栈顶为(, *入栈
d−e * f)/g	+(*	ab/c	d	d 加入后缀表达式
−e * f)/g	+(*	ab/cd	−	−优先级低于栈顶的 * ,弹出 *
−e * f)/g	+(	ab/cd *	−	栈顶为(, −入栈
e * f)/g	+(−	ab/cd *	e	e 加入后缀表达式
* f)/g	+(−	ab/cd * e	*	* 优先级高于栈顶的− , *入栈
f)/g	+(− *	ab/cd * e	f	f 加入后缀表达式
)/g	+(− *	ab/cd * ef	)	把栈中(之前的符号加入表达式
/g	+	ab/cd * ef * −	/	/优先级高于栈顶的+ , /入栈
g	+/	ab/cd * ef * −	g	g 加入后缀表达式
	+/	ab/cd * ef * −g		扫描完毕,运算符依次退栈加入表达式
		ab/cd * ef * −g/+		完成

由此可知,当扫描到 f 时,栈中的元素依次是+(− * ,选 B。

在此,以上面给出的中缀表达式为例,给出中缀表达式转换为前缀或后缀表达式的手工做法。

步骤 1:按照运算符的优先级对所有的运算单位加括号。

式子变成((a/b)+(((c * d)−(e * f))/g))。

步骤 2:转换为前缀或后缀表达式。

前缀:把运算符号移动到对应的括号前面,式子变成+(/(ab)/(−(* (cd) * (ef))g))。

把括号去掉：+/ab/− * cd * efg 前缀式子出现。

后缀:把运算符号移动到对应的括号后面,式子变成((ab)/(((cd) * (ef) *)−g)/)+。

把括号去掉:ab/cd * ef * −g/+后缀式子出现。

当题目要求直接求前缀或后缀表达式时,这种方法会比上一种方法快捷得多。

62. A　递归调用函数时,在系统栈中保存的函数信息需满足"先进后出"的特点,依次调用了 main( ),S(1),S(0),故栈底到栈顶的信息依次是 main( ),S(1),S(0)。

注意:在递归调用的过程中,系统为每一层的返回点、局部变量、传入实参等开辟了递归工作栈来进行数据存储。

【综合应用题】

1.【解答】　C、D 出栈后的状态如下图所示。

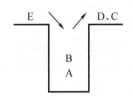

此时有如下 3 种操作:①E 进栈后出栈,出栈序列为 C,D,E,B,A;②B 出栈,E 进栈后出栈,出栈序列为 C,D,B,E,A;③B 出栈,A 出栈,E 进栈后出栈,出栈序列为 C,D,B,A,E。

所以,以 C、D 开头的出栈序列有 C,D,E,B,A、C,D,B,E,A、C,D,B,A,E 3 种。

2.【解答】 能得到出栈序列 B,C,A,E,D。可由 A 进,B 进,B 出,C 进,C 出,A 出,D 进,E 进,E 出,D 出得到。不能得到出栈序列 D,B,A,C,E。若出栈序列以 D 开头,说明在 D 之前的入栈元素是 A、B 和 C,3 个元素中 C 是栈顶元素,B 和 A 不可能早于 C 出栈,故不可能得到出栈序列 D,B,A,C,E。

3.【解答】 1)A、D 合法,而 B、C 不合法。在 B 中,先入栈 1 次,再连续出栈 2 次,错误。在 C 中,入栈和出栈次数不一致,会导致最终的栈不空。A、D 均为合法序列,请自行模拟。注意:在操作过程中,入栈次数一定大于或等于出栈次数;结束时,栈一定为空。

2)设被判定的操作序列已存入一维数组 A 中。

算法思想:逐一扫描入栈出栈序列(即由"I"和"O"组成的字符串),每扫描至任一位置均需要检查出栈次数(即"O"的个数)是否小于入栈次数("I"的个数),若大于则为非法序列。扫描结束后,再判断入栈和出栈次数是否相等,若不相等则不合题意,为非法序列。

```
int Judge(char A[ ]){
//判断字符数组 A 中的输入输出序列是否是合法序列。如是,返回 true,否则返回 false
  int i=0;
  int j=k=0;                          //i 为下标,j 和 k 分别为字母 I 和 O 的个数
  while(A[i]!='\0'){                   //未到字符数组尾
    switch(A[i]){
      case 'I': j++; break;           //入栈次数增 1
      case 'O': k++;
        if(k>j){printf("序列非法 \n"); exit(0); }
    }
    i++;                              //不论 A[i]是"I"或"O",指针 i 均后移
  }                                   //while
  if(j!=k){
    printf("序列非法 \n");
    return false;
  }
  else{
    printf("序列合法 \n");
    return true;
  }
}
```

【另解】 入栈后,栈内元素个数加 1;出栈后,栈内元素个数减 1,因此可将判定一组出入栈序列是否合法转化为一组由+1、−1 组成的序列,它的任意前缀子序列的累加和不小于 0(每次出栈或入栈操作后判断),则合法;否则非法。

4.【解答】 算法思想:使用栈来判断链表中的数据是否中心对称。让链表的前一半元素依次进栈。在处理链表的后一半元素时,当访问到链表的一个元素后,就从栈中弹出一个元素,两个元素比较,若相等,则将链表中的下一个元素与栈中再弹出的元素比较,直至链表到尾。这时若栈是空栈,则得出链表中心对称的结论;若链表中的一个元素与栈中弹

出的元素不等,则结论为链表非中心对称,结束算法的执行。

```
int dc(LinkList L, int n){
//L 是带头结点的 n 个元素单链表,本算法判断链表是否是中心对称
  int i;
  char s[n/2];                        //s 字符栈
  p=L->next;                          //p 是链表的工作指针,指向待处理的当前元素
  for(i=0;i<n/2;i++){                 //链表前一半元素进栈
    s[i]=p->data;
    p=p->next;
  }
  i--;                               //恢复最后的 i 值
  if(n%2==1)                          //若 n 是奇数,后移过中心结点
    p=p->next;
  while(p!=NULL&&s[i]==p->data){      //检测是否中心对称
    i--;                             //i 充当栈顶指针
    p=p->next;
  }
  if(i==-1)                          //栈为空栈
    return 1;                        //链表中心对称
  else
  }
    return 0;                        //链表非中心对称
```

算法先将"链表的前一半"元素(字符)进栈。当 n 为偶数时,前一半和后一半的个数相等;当 n 为奇数时,链表中心结点字符不必比较,移动链表指针到下一字符开始比较。比较过程中遇到不相等时,立即退出 while 循环,不再进行比较。

本题也可以先将单链表中的元素全部入栈,然后扫描单链表 L 并比较,直到比较到单链表 L 尾为止,但算法需要两次扫描单链表 L,效率不及上述算法高。

5.【解答】 两个栈共享向量空间,将两个栈的栈底设在向量两端,初始时,s1 栈顶指针为-1,s2 栈顶指针为 MaxSize。两个栈顶指针相邻时为栈满。两个栈顶相向、迎面增长,栈顶指针指向栈顶元素。

```
#define MaxSize 100
//两个栈共享顺序存储空间所能达到的最多元素数,初始化为 100
#define elemtp int                    //假设元素类型为整型
typedef struct{
  elemtp stack[MaxSize];              //栈空间
  int top[2];                        //top 为两个栈顶指针
}stk;
stk s;                               //s 是如上定义的结构类型变量,为全局变量
```

本题的关键在于两个栈入栈和退栈时的栈顶指针的计算。s1 栈是通常意义下的栈;而 s2 栈入栈操作时,其栈顶指针左移(减 1),退栈时,栈顶指针右移(加 1)。

此外,对于所有栈的操作,都要注意"入栈判满、出栈判空"的检查。

1)入栈操作

```
int push(int i, elemtp x){
```

```
//入栈操作。i 为栈号,i=0 表示左边的 s1 栈,i=1 表示右边的 s2 栈,x 是入栈元素
//入栈成功返回 1,否则返回 0
  if(i<0||i>1){
    printf("栈号输入不对");
    exit(0);
  }
  if(s.top[1]-s.top[0]==1){
    printf("栈已满 \n");
    return 0;
  }
  switch(i){
    case 0: s.stack[++s.top[0]]=x; return 1; break;
    case 1: s.stack[--s.top[1]]=x; return 1;
  }
}
```

2) 退栈操作

```
elemtp pop(int i){
//退栈算法。i 代表栈号, i=0 时为 s1 栈, i=1 时为 s2 栈
//退栈成功返回退栈元素,否则返回-1
  if(i<0||i>1){
    printf("栈号输入错误 \n");
    exit(0);
  }
  switch(i){
    case 0:
      if(s.top[0]==-1){
        printf("栈空 \n");
        return -1;
      }
      else
      return s.stack[s.top[0]--];
      break;
    case 1:
      if(s.top[1]==MaxSize){
        printf("栈空 \n");
        return -1;
      }
      else
      return s.stack[s.top[1]++];
      break;
  }//switch
}
```

6.【解答】 在循环队列的类型结构中,增设一个 tag 的整型变量,进队时置 tag 为 1,出队时置 tag 为 0(因为只有入队操作可能导致队满,也只有出队操作可能导致队空)。队列 Q

初始时,置 tag=0,front=rear=0。这样队列的 4 要素如下:

　　队空条件: Q. front == Q. rear 且 Q. tag == 0。

　　队满条件: Q. front == Q. rear 且 Q. tag == 1。

　　进队操作: Q. data[Q. rear]=x; Q. rear=(Q. rear+1)%MaxSize; Q. tag=1。

　　出队操作: x=Q. data[Q. front]; Q. front=(Q. front+1)%MaxSize; Q. tag=0。

1)设"tag"法的循环队列入队算法:

```
int EnQueuel(SqQueue &Q,ElemType x){
  if(Q.front == Q.rear&&Q.tag == 1)
    return 0;                        //两个条件都满足时队满
  Q.data[Q.rear]=x;
  Q.rear=(Q.rear+1)% MaxSize;
  Q.tag=1;                           //可能队满
  return 1;
}
```

2)设"tag"法的循环队列出队算法:

```
int DeQueue1(SqQueue &Q,ElemType &x){
  if(Q.front == Q.rear&&Q.tag == 0)
    return 0;                        //两个条件都满足时队空
  x=Q.data[Q.front];
  Q.front=(Q.front+1)% MaxSize;
  Q.tag=0;                           //可能队空
  return 1;
}
```

7.【解答】　本题主要考查对队列和栈的特性与操作的理解。由于对队列的一系列操作不可能将其中的元素逆置,而栈可以将入栈的元素逆序提取出来,因此我们可以让队列中的元素逐个出队列、入栈;全部入栈后再逐个出栈、入队列。

　　本题算法如下:

```
void Inverser(Stack &S, Queue &Q){
//本算法实现将队列中的元素逆置
  while(!QueueEmpty(Q)){
    x=DeQueue(Q);                    //队列中全部元素依次出队
    Push(S,x);                       //元素依次入栈
  }
  while(!StackEmpty(S)){
    Pop(S,x);                        //栈中全部元素依次出栈
    EnQueue(Q,x);                    //再入队
  }
}
```

8.【解答】　利用两个栈 S1 和 S2 来模拟一个队列,当需要向队列中插入一个元素时,用 S1 来存放已输入的元素,即 S1 执行入栈操作。当需要出队时,则对 S2 执行出栈操作。由于从栈中取出元素的顺序是原顺序的逆序,所以必须先将 S1 中的所有元素全部出栈并入栈到 S2 中,再在 S2 中执行出栈操作,才可实现出队操作,而在执行此操作前必须判断 S2

是否为空,否则会导致顺序混乱。当栈 S1 和 S2 都为空时队列为空。

总结如下:

1)对 S2 的出栈操作用作出队,若 S2 为空,则先将 S1 中的所有元素送入 S2。

2)对 S1 的入栈操作用作入队,若 S1 满,必须先保证 S2 为空,才能将 S1 中的元素全部插入到 S2 中。

入队算法:

```
int EnQueue(Stack &S1, Stack &S2,ElemType e){
  if(!StackOverflow(S1)){
    Push(S1,e);
    return 1;
  }
  if(StackOverflow(S1)&&!StackEmpty(S2)){
    printf("队列满");
    return 0;
  }
  if(StackOveflow(S1)&&StackEmpty(S2)){
    while(!StackEmpty(S1)){
      Pop(S1,x);
      Push(S2,x);
    }
  }
  Push(S1,e);
  return 1;
}
```

出队算法:

```
void DeQueue(Stack &S1, Stack &S2, ElemType &x) {
  if(!StackEmpty(S2)){
    Pop(S2,x);
  }
  else if(StackEmpty(S1)){
    printf("队列为空");
  }
  else{
    while(!StackEmpty(S1)){
      Pop(S1,x);
      Push(S2,x);
    }
  Pop(S2,x);
  }
}
```

判断队列为空的算法:

```
int QueueEmpty(Stack S1, Stack S2){
  if(StackEmpty(S1)&&StackEmpty(S2))
```

```
    return  1;
  else
    return  0;
}
```

9.【解答】　1)顺序存储无法满足要求②的队列占用空间随着入队操作而增加。根据要求来分析:要求①容易满足;链式存储方便开辟新空间,要求②容易满足;对于要求③,出队后的结点并不真正释放,用队头指针指向新的队头结点,新元素入队时,有空余结点则无须开辟新空间,赋值到队尾后的第一个空结点即可,然后用队尾指针指向新的队尾结点,这就需要设计成一个首尾相接的循环单链表,类似于循环队列的思想。设置队头、队尾指针后,链式队列的入队操作和出队操作的时间复杂度均为 O(1),要求④可以满足。

因此,采用链式存储结构(两段式单向循环链表),队头指针为 front,队尾指针为 rear。

2)该循环链式队列的实现可以参考循环队列,不同之处在于循环链式队列可以方便地增加空间,出队的结点可以循环利用,入队时空间不够也可以动态增加。同样,循环链式队列也要区分队满和队空的情况,这里参考循环队列牺牲一个单元来判断。初始时,创建只有一个空闲结点的循环单链表,头指针 front 和尾指针 rear 均指向空闲结点,如下图所示。

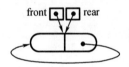

队空的判定条件:front = = rear。

队满的判定条件:front = = rear->next。

3)插入第一个元素后的状态如下图所示。

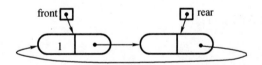

4)操作的基本过程如下:

入队操作:

若(front = = rear->next)　　　　　　　　//队满

　则在 rear 后面插入一个新的空闲结点;

入队元素保存到 rear 所指结点中;rear = rear->next;返回。

出队操作:

若 (front = = rear)　　　　　　　　　　//队空

　则出队失败,返回;

取 front 所指结点中的元素 e;front = front->next;返回 e。

10.【解答】　括号匹配是栈的一个典型应用,给出这道题是希望读者好好掌握栈的应用。

算法思想:扫描每个字符,遇到花、中、圆的左括号时进栈,遇到花、中、圆的右括号时检查栈顶元素是否为相应的左括号,若是,退栈,否则配对错误。最后栈若不为空也为错误。

本题算法如下:

```
bool BracketsCheck(char *str){
  InitStack(S);                          //初始化栈
  int i=0;
  while(str[i]!='\0'){
    switch(str[i]){
        //左括号入栈
      case '(': Push(S,'('); break;
      case '[': push(s,'['); break;
      case '{': push(S,'{'); break;
        //遇到右括号,检测栈顶
      case ')': Pop(S,e);
        if(e!='(') return false;
      break;
      case ']': Pop(S,e);
        if(e!='[') return false;
      break;
      case '}': Pop(S,e);
        if(e!='{') return false;
      break;
      default:
      break;
    }//switch
    i++;
  }//while
  if(!IsEmpty(S)){
    printf("括号不匹配\n");
    return false;
  }
  else{
    printf("括号匹配\n");
    return true;
  }
}
```

11.【解答】 两侧的铁道均为单向行驶道,且两侧不相通。所有车辆都必须通过"栈道"进行调度。

算法思想:所有车厢依次前进并逐一检查,若为硬座车厢则入栈,等待最后调度。检查完后,所有的硬座车厢已全部入栈,车道中的车厢均为软座车厢,此时将栈内车厢调度出来,调整到软座车厢之后。

本题算法如下:

```
void Train_Arrange(char *train){
//用字符串 train 表示火车,H 表示硬座,S 表示软座
    char *p=train,*q=train,c;
```

```
  stack s;
  InitStack(s);                         //初始化栈结构
  while( *p){
    if( *p=='H')
      Push(s, *p);                      //把 H 存入栈中
    else
      *(q++)= *p;                       //把 s 调到前部
    p++;
  }
  while(!StackEmpty(s)){
    Pop(s,c);
    *(q++)=c;                           //把 H 接在后部
  }
}
```

12.【解答】　算法思想:设置一个栈用于保存 n 和对应的 $P_n(x)$ 值,栈中相邻元素的 $P_n(x)$ 有题中关系。然后边出栈边计算 $P_n(x)$,栈空后该值就计算出来了。

本题算法如下:

```
double p( int n, double x){
  struct stack{
    int no;                             //保存 n
    double val;                         //保存 Pn(x)值
  }st[MaxSize];
  int top=-1,i;                         //top 为栈 st 的下标值变量
  double fv1=1,fv2=2 *x;                //n=0,n=1 时的初值
    for(i=n;i>=2;i--){
      top++;
      st[top].no=i;
    }                                   //入栈
    while(top>=0){
      st[top].val=2 *x *fv2-2 *(st[top].no-1) *fv1;
      fv1=fv2;
      fv2=st[top].val;
      top--;                            //出栈
    }
    if(n==0){
      return fv1;
    }
    return  fv2;
}
```

13.【解答】　算法思想:假设数组 q 的最大下标为 10,恰好是每次载渡的最大量。假设客车的队列为 q1,货车的队列为 q2。若 q1 充足,则每取 4 个 q1 元素后再取一个 q2 元素,直到 q 的长度为 10。若 q1 不充足,则直接用 q2 补齐。

本题算法如下：

```
Queue q;                                    //过江渡船载渡队列
Queue q1;                                   //客车队列
Queue q2;                                   //货车队列
void manager(){
  int i=0,j=0;                              //j 表示渡船上的总车辆数
  while(j<10){                              //不足 10 辆时
    if(!QueueEmpty(q1)&&i<4){               //客车队列不空,则未上足 4 辆
      DeQueue(q1,x);                        //从客车队列出队
      EnQueue(q,x);                         //客车上渡船
      i++;                                  //客车数加 1
      j++;                                  //渡船上的总车辆数加 1
    }
    else if(i==4&&!QueueEmpty(q2)){         //客车已上足 4 辆
      DeQueue(q2,x);                        //从货车队列出队
      EnQueue(q,x);                         //货车上渡船
      j++;                                  //渡船上的总车辆数加 1
      i=0;                                  //每上 1 辆货车,i 重新计数
    }
    else{                                   //其他情况(客车队列空或货车队列空)
      while(j<10&&i<4&&!QueueEmpty(q2)){    //客车队列空
        DeQueue(q2,x);                      //从货车队列出队
        EnQueue(q,x);                       //货车上渡船
        i++;                                //i 计数,当 i>4 时,退出本循环
        j++;                                //渡船上的总车辆数加 1
      }
      i=0;
    }
    if(QueueEmpty(q1)&&QueueEmpty(q2))
      j=11;                                 //若货车和客车加起来不足 10 辆
  }
}
```

第4章 树和二叉树

4.1 本章导学

本章概述	前面讨论的数据结构都属于线性结构,线性结构主要描述具有单一的前驱和后继关系的数据。树结构是一种比线性结构更复杂的数据结构,适合描述具有层次关系的数据,如祖先-后代、上级-下属、整体-部分,以及其他类似的关系。树结构在计算机领域有着广泛的应用,例如,在编译程序中用语法树来表示源程序的语法结构,在数据挖掘中用决策树来进行数据分类等。 本章的内容分为树和二叉树两部分。前者介绍树的定义和基本术语,给出树的抽象数据类型定义,讨论树的存储结构;后者给出二叉树的定义和基本性质,讨论二叉树的存储结构,实现二叉链表存储的二叉链表的遍历操作,掌握线索化二叉树的基本概念和构造方法,最后讨论二叉树的经典应用——哈夫曼(Huffman)树
教学重点	二叉树的性质;二叉树和树的存储表示;二叉树的遍历及算法实现;树与二叉树的转换关系;Huffman 树
教学难点	二叉树的层序遍历算法;二叉树的建立算法;Huffman 算法

教学内容和教学目标	知识点	教学要求			
		了解	理解	掌握	熟练掌握
	树的定义和基本术语			√	
	树和二叉树的抽象数据类型定义		√		
	树和二叉树的遍历				√
	树的存储结构			√	
	二叉树的定义				√
	二叉树的基本性质				√
	二叉树的顺序存储结构		√		
	二叉链表				√
	三叉链表	√			
	二叉树遍历的递归算法				√
	二叉树遍历的非递归算法		√		
	二叉树遍历的层序遍历算法			√	
	二叉树的建立算法			√	
	树、森林和二叉树之间的转换			√	
	线索化二叉树的思想	√			
	线索化二叉树的基本概念和构造方法			√	
	哈夫曼树及哈夫曼编码的构造方法			√	

4.2 重难点解析

1. 树的叶结点无子女,是否可称它为无子树?

【解析】 如果树可以为空,则尽管树的叶结点没有子女,也不能说它没有子树,只能说它的子树为空。

2. 一个结点的祖先结点和子女结点是否包括该结点本身?

【解析】 树的结点是自身的祖先结点,除自己以外其他祖先结点为"真祖先";子女结点的定义也有这种情形。但在本书中的祖先和子女是指真祖先和真子女。

3. 分支结点是否包括根结点?

【解析】 有人认为根结点不是分支结点,有人认为根结点应归入分支结点。本书所指分支结点包括根结点。

4. 有关结点间路径和共同祖先方面需要注意什么?

【解析】 需要注意以下4点:

1)树中任意两个结点之间存在唯一的一条路径。

2)结点间路径的长度等于路径上的分支条数。

3)树中每对结点至少存在一个共同祖先。

4)在一对结点的所有共同祖先中,深度最大的共同祖先称为最低共同祖先。每一对结点间的最低共同祖先必存在且唯一。

5. 二叉树是树吗?

【解析】 一般讲,二叉树属于 N 叉树,不属于图论中树(树图)的定义。图论中的树要求结点至少有 1 个,而二叉树则可以是空树;另外二叉树必为有序树,而树可有序,也可无序。

6. 二叉树的叶结点无子女,它是否为无子树?

【解析】 二叉树的定义是递归的,递归到空树为止,所以叶结点无子女,应称它的子树为空,而不能说它没有子树。

7. 树和二叉树的高度与深度如何理解?

【解析】 树的高度与深度的值相等;但树中某个结点的高度与深度的值可能不等;深度是从上向下计算的,高度是从下向上计算的。

8. 一棵二叉树有 1024 个结点,其中 465 个是叶结点,那么树中度为 2 和度为 1 的结点各有多少?

【解析】 由 $n_0 = n_2 + 1$ 的性质,度为 2 的结点有 $465 - 1 = 464$ 个,度为 1 的结点有 $1024 - 465 - 464 = 95$ 个。

9. 计算深度的公式 $\lceil \log_2(n+1) \rceil$ 是针对何种二叉树的?

【解析】 是针对完全二叉树的,但对于理想平衡树也可用。

10. 二叉树求深度的公式 $\lceil \log_2(n+1) \rceil$ 与 $\lfloor \log_2 n \rfloor + 1$ 有何不同?

【解析】 推导有些差异,都可计算二叉树深度,只不过后者对于 $n = 0$ 不适用。

11. 完全二叉树有何用处?

【解析】 后续讨论可知,堆、胜者树和败者树等都按完全二叉树组织,并且完全二叉树最省存储空间。

12. $n_0 = n_2 + 1$ 公式有何用途？

【解析】　对于完全二叉树最有用。例如组织对抗赛可用胜者树，已知选手有 n 个人，取 $n_0 = n$，直接可求得比赛场次 $n_2 = n_0 - 1$，以及是否有人轮空。

13. 有 n 个结点且高度为 n 的二叉树有多少种？

【解析】　结点数与高度相等的二叉树是单支树，即每个非叶结点都有一棵空子树，而叶结点除外。由于每个非叶结点有 2 种选择，因此不同的二叉树有 2^{n-1} 种。

14. 顺序存储适用于何种二叉树？

【解析】　适用于完全二叉树，可充分利用存储，并可方便地找到某结点的父结点、兄弟和子女。

15. 完全二叉树的结点从 1 开始编号和从 0 开始编号有何不同？

【解析】　C/C++ 与 Pascal 不同，数组下标从 0 开始，完全二叉树从 0 开始编号是合理的，这时某结点 i 的父结点是 $\lfloor (i-1)/2 \rfloor$，左子女是 2i+1，右子女是 2i+2。完全二叉树结点从 1 开始编号是传承了 Pascal 的做法。

16. 如果不使用三叉链表，是否也能很容易地找到父结点？

【解析】　三叉链表每个结点增设了一个父指针，可方便地找父结点。如果结点数 n 很大，不如使用二叉链表加一个栈，用栈也可记忆结点的父结点，所需空间仅为 $O(\log_2 n)$。

17. 使用二叉链表存储有 n 个结点的二叉树，空的指针域有多少？

【解析】　n 个结点的二叉树有 2n 个指针域，其中 n-1 个指针域被使用，有 n+1 个空指针域。

18. 由二叉树的中序序列和层次序序列是否可以唯一确定一棵二叉树？

【解析】　可以。例如，对于如图 1.4.1(a) 所示的二叉树，其中序序列为 {d,b,a,e,c,f}，层次序序列为 {a,b,c,d,e,f}。由层次序可知，a 为二叉树的根，a 将中序序列分为 {d,b} 和 {e,c,f}，如图 1.4.1(c) 所示；由层次序可知 b 为 a 的左子女，b 将 a 的左侧中序子序列 {d,b} 一分为二：{d} 和 {}，如图 1.4.1(d) 所示，d 是 b 的左子女；由层次序可知 c 是 a 的右子女，c 将 a 的右侧中序子序列一分为二：{e} 和 {f}，如图 1.4.1(e) 所示，e 是 c 的左子女，f 是 c 的右子女。

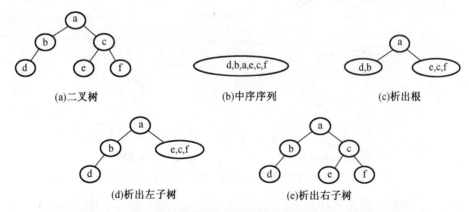

(a)二叉树　　　　(b)中序序列　　　　(c)析出根

(d)析出左子树　　　(e)析出右子树

图 1.4.1　由二叉树的中序序列和层次序序列构造二叉树的过程

19. 由二叉树的中序序列和各结点所处层次是否可以唯一确定一棵二叉树？

【解析】　可以。例如，对于图 1.4.1(a) 所示的二叉树，其中序序列为 {d,b,a,e,c,f}，结点 a 处于第 1 层，一定是二叉树的根，a 将中序序列一分为二。a 的左子树中 b 处于第 2 层，应是 a 的左子树的根，b 将 a 的左侧中序子序列{d,b}又一分为二，d 是 b 的左子女。a 的右子树中 c 处于第 2 层，应是 a 的右子树的根，c 将 a 的右侧中序子序列{e,c,f}一分为二，e 是 c 的左子女，f 是 c 的右子女。构造过程的图示与图 1.4.1 相同。

20. 由二叉树的中序序列和各结点的父指针是否可以唯一确定一棵二叉树？

【解析】 可以。例如，对于如图 1.4.1(a)所示的二叉树，其中序序列为{d,b,a,e,c,f}，结点 a 的父结点为 NULL，b 和 c 的父指针指向 a，d 的父指针指向 b，e 和 f 的父指针指向 c。

根据父指针可确定 a 是二叉树的根，它把中序序列一分为二，左侧子序列为{d,b}，右侧子序列为{e,c,f}。在{d,b}中 b 的父结点是 a，它是 a 的左子树的根，b 将 a 的左侧中序子序列{d,b}分为{d}和{}，d 是 b 的左子女。在{e,c,f}中 c 的父结点是 a，c 是 a 的右子树的根，c 将 a 的右侧中序子序列{e,c,f}分为{e}和{f}，e 是 c 的左子女，f 是 c 的右子女。构造过程的图示与图 1.4.1 相同。

21. 由二叉树的中序序列和各结点的右子女是否可以唯一确定一棵二叉树？

【解析】 可以。例如，对于如图 1.4.2(a)所示的二叉树，其中序序列为{d,b,e,a,f,c,g}，结点 a 的右子女为 c，b 的右子女为 e，c 的右子女为 g，其他结点无右子女。

检测指针 i 最初停留在中序序列最后，另一检测指针 j 向前搜寻 i 的父结点，如图 1.4.2(b)所示。根据中序遍历可知中序序列中 j 与 i 间的元素为 i 的左子树上的结点，当 j 与 i 的间隔为 0 时，结点 i 的左子树为空，如图 1.4.2(c)所示。当 j 与 i 间的间隔为 1（结点 f）时，结点 i 的左子树为 f，如图 1.4.2(d)所示。当 i 没有父结点时，它即为二叉树的根，递归对 i 左侧的中序子序列做同样的构造工作，把返回的左子树的根作为结点 i 的左子女，再返回结点 i 的地址，算法完成，如图 1.4.2(e)所示。

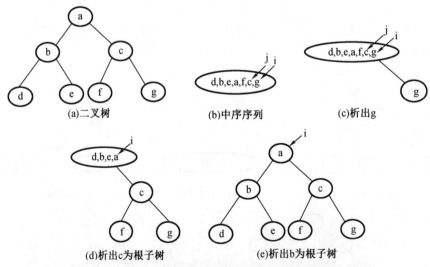

图 1.4.2　由中序序列和各结点右子女指针构造二叉树的过程

22. 由二叉树的中序序列和各结点的左子女是否可以唯一确定一棵二叉树？

【解析】 可以。构造过程与上图类似，只不过方向相反。

23. 由二叉树的前序序列和各结点的右子女是否可以唯一确定一棵二叉树？

【解析】 可以。例如，图1.4.3(a)所示二叉树的前序序列为{a,b,d,e,c,f,g}，根据二叉树前序序列的特征可知，a是二叉树的根，紧随a的b是a的左子女，又a的右子女为c，则析出第1层和第2层，如图1.4.3(b)所示。又根据二叉树前序序列可知，紧随b的d是b的左子女，而b的右子女为e，则可析出b的下一层，如图1.4.3(c)所示。同理，紧随c的f是c的左子女，而c的右子女为g，即可得到c的下一层，如图1.4.3(d)所示。

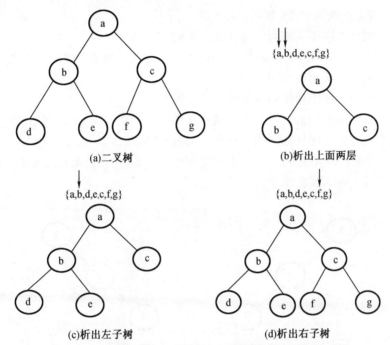

图1.4.3 由前序序列和各结点的右子女构造二叉树的过程

24. 由二叉树的后序序列和各结点的左子女是否可以唯一确定一棵二叉树？

【解析】 可以。例如，图1.4.4(a)所示二叉树的后序序列为{d,e,b,f,g,c,a}，根据二叉树后序序列的特征可知，最后的a是二叉树的根，a紧前的c是a的右子女，而a的左子女为b，则析出上面两层，如图1.4.4(b)所示。又根据二叉树后序序列可知，c紧前的g是c的右子女，而c的左子女为f，则可析出c的下一层，如图1.4.4(c)所示。同理，b紧前的e是b的右子女，而b的左子女为d，即可得到b的下一层，如图1.4.4(d)所示。

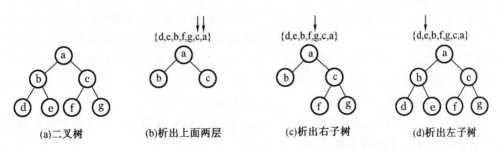

图1.4.4 由后序序列和各结点的左子树构造二叉树的过程

25. 由完全二叉树的中序序列是否可以唯一确定一棵完全二叉树？

【解析】 可以。根据完全二叉树的性质,当结点个数为 n(可根据中序序列计算)时,层数为 $h=\lfloor \log_2 n \rfloor+1$,如此完全二叉树的形状即可确定。再对其做中序遍历,把中序序列的数据安放进去即可。

26. 由完全二叉树的前序序列是否可以唯一确定一棵完全二叉树？

【解析】 可以。采用与 25 题类似的方法。

27. 由完全二叉树的层次序列是否可以唯一确定一棵完全二叉树？

【解析】 可以。采用与 25 题类似的方法。

28. 前序序列与中序序列相同的是什么二叉树？

【解析】 要求 NLR=LNR,消去 N 得 NR=NR,应是左子树均为空的单支树(图 1.4.5);此外,只有根结点的二叉树或空树也可以。

29. 前序序列与后序序列相同的是什么二叉树？

【解析】 要求 NLR=LRN,应是只有根结点的二叉树或空树,此时有 N=N。

30. 中序序列与后序序列相同的是什么二叉树？

【解析】 要求 LNR=LRN,应是右子树均为空的单支树(图 1.4.6),此时有 LN=LN;此外,只有一个根结点的二叉树或空树也可以。

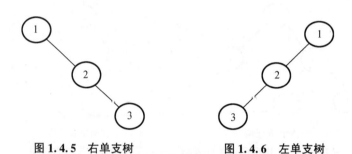

图 1.4.5　右单支树　　　　图 1.4.6　左单支树

31. 一棵二叉树的前序序列的最后一个结点是否是它层次序序列的最后一个结点？

【解析】 二叉树前序遍历最后访问的结点是最底层最右边的叶结点,层次序遍历最后访问的也是这个结点,因此答案是肯定的。

32. 一棵有 n 个结点的二叉树的前序序列固定,可能的不同二叉树有多少种？

【解析】 用 Catalan 函数求 $\dfrac{1}{n+1}C_{2n}^{n}$。

33. 为什么要建立线索二叉树？

【解析】 二叉树的遍历是要寻找树中所有元素在某种次序下的排列顺序,即把它们排在一个线性序列中。如果每次寻找某个指定结点在某种顺序下的直接前趋或直接后继都重新遍历一次二叉树,将十分低效。如果只遍历一次,就把各结点的前趋和后继的信息记在树中,以后再寻找某结点的直接前趋和后继就可快些。这就是线索化二叉树的目的。

34. 在线索二叉树上插入或删除一个结点需要做什么？

【解析】 在二叉树上插入或删除一个结点时,除了调整新结点和原有结点之间的链接外,还需要记入前趋和后继线索。

35. 对一棵严格二叉树进行前序、中序、后序和层次序线索化后,空指针有几个？

【解析】 严格二叉树是只有度为 0 和 2 结点的二叉树,中序线索二叉树中有两个空指

针,即中序第一个结点的前趋线索和中序最后一个结点的后继线索指针为空,如图1.4.7(a)
所示。前序线索二叉树中仅有一个空指针,即前序最后一个结点的后继指针为空,如图
1.4.7(b)所示。后序线索二叉树中仅有一个空指针,即后序第一个结点的前趋线索指针为
空,如图1.4.7(c)所示。层次序线索二叉树中仅有一个空指针,即层次序最后一个结点的
后继线索指针为空,如图1.4.7(d)所示。

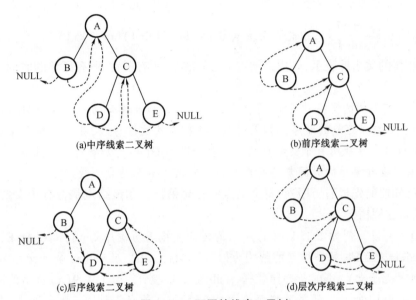

图1.4.7 不同的线索二叉树

36.n个结点的树有多少种形态?

【解析】 可通过树的二叉树表示来估计。在树的二叉树表示中,根的右指针一定是空
的,因此,有多少种形态,看根的左子树的 n-1 个结点能构成多少种二叉树。根据在二叉树
中的分析可知,它服从 Catalan 函数,等于 $\dfrac{1}{n}C_{2(n-1)}^{n-1}$。

37. 对于一棵 m 叉树(设根在第1层)从0开始自上向下分层给各结点编号。问:

1)第 i 层最多有多少结点?

2)高度为 h 的 m 叉树最多有多少结点?

3)编号为 k 的结点的父结点编号是多少?

4)编号为 k 的结点的第1个子结点编号是多少?

编号为 k 的结点在第几层?

【解析】 图1.4.8所示是一棵4叉树的例子。

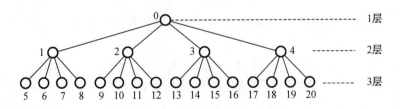

图1.4.8 一棵4叉树的例子

1）第 i 层最多有 m^{i-1} 个结点。

2）高度为 1 的 m 叉树最多有 1 个结点（根结点），高度为 h（h≥2）的 m 叉树最多有 $(m^h-1)/(m-1)$ 个结点。

3）k=0 时结点 k 是根，没有父结点；k>0 时结点 k 的父结点是 $\lfloor(k-1)/m\rfloor$。

4）结点 k 的第 1 个子女是 km+1。

5）设结点 k 在第 i 层，到第 i 层为止的 m 叉树最多有 $(m^i-1)/(m-1)$ 个结点，第 i 层最后一个结点编号 $k=\dfrac{m^i-1}{m-1}-1$，由此可得层次号 $i=\lceil\log_m((k+1)(m-1)+1)\rceil$。

38. 使用树的父指针表示，寻找某结点 i 的父结点、所有子女、所有兄弟的时间复杂度是多少？

【解析】 使用树的父指针表示，寻找某结点 i 的父结点的时间复杂度为 O(1)，而寻找其他结点则要看结点存放的顺序。如果所有结点按层次次序存放，寻找所有兄弟结点的时间复杂度为 O(1)，寻找所有子女结点的时间复杂度为 O(n)。如果所有结点按先根次序存放，寻找所有子女和兄弟的时间复杂度都是 O(n)，其中 n 是结点个数。

39. 若已知树的先根遍历序列、每个结点的右兄弟指针和该结点是否有子女的标志，能否唯一地确定这棵树？

【解析】 可以。例如图 1.4.9（a）所示的树的先根遍历次序是{A,B,C,D,E,F,G,H,K}，采用静态链表存储，每个结点的结构为（ltag, data, rsib），其中 ltag 是子女标志（0 表示有子女，1 表示无子女），data 是存储数据，rsib 是兄弟指针。图 1.4.9（a）所示的树的存储表示如图 1.4.9（b）所示。只需要把每个结点的第一个子女指针 lch 确定下来，此树即可确定。

为恢复 lch，利用树的先根次序特性：即一个结点如果有第一个子女，则该结点一定在它右侧紧邻的位置上。因此，只需要将左子女指针 lch 指向它的下一个结点即可。所得到的树的子女-兄弟链表如图 1.4.9（c）所示。

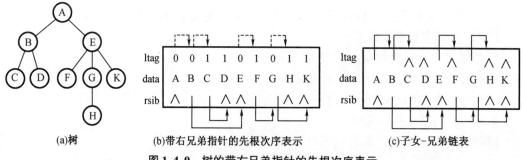

(a)树 (b)带右兄弟指针的先根次序表示 (c)子女-兄弟链表

图 1.4.9 树的带右兄弟指针的先根次序表示

40. 若已知树的层次序序列、各结点的左子女指针和有无兄弟的标志，能否唯一确定这棵树？

【解析】 可以。例如，图 1.4.10（a）所示的树的层次序序列为{A,B,E,C,D,F,G,K,H}，各结点的左子女指针和有无兄弟的标志如图 1.4.10（b）所示，标志 rtag=0，表示有右兄弟；rtag=1，表示无右兄弟。如果能够恢复如图 1.4.10（c）所示的子女-兄弟链表，就可以唯一地确定这棵树。问题的关键就是利用二叉树层次序序列的特征导出指针。

事实上,由于在层次序序列中,兄弟是挨在一起的,只要某结点的 rtag=0,下一个结点即为它的兄弟,直接将该结点的 rsib 指针指向下一结点即可;若 rtag=1,相应的 rsib 指针置为 NULL。

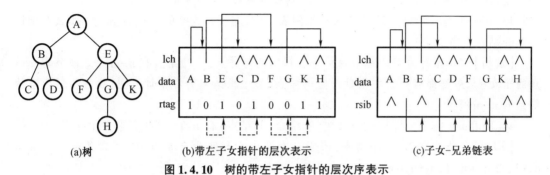

(a)树 (b)带左子女指针的层次序表示 (c)子女-兄弟链表

图 1.4.10 树的带左子女指针的层次序表示

41.已知树的后根遍历序列和各结点的度,能否唯一地确定这棵树?

【解析】 可以。例如,如图 1.4.11(a)所示的树的后根序列为{C,D,B,F,H,G,K,E,A},每个结点的度数(degree)如图 1.4.11(b)所示。为确定树的子女-兄弟链表,需做如下处理:

从后向前逐个结点检查后根遍历序列。根据树的后根序列的特性可知,最后一点 A 是树的根。它的度数等于 2,则它有 2 个子女,后一个子女就是在后根序列中根结点的前趋,前一个子女则按下列计算求得:设 s=0,后面子女为 x。在后根序列中从 x 开始从后向前走,每经过一个结点 z,计算 s=s-z. degree+1,直到 s=1 为止。再向左走一个结点即为结点 x 的前一个兄弟。

例如,在图 1.4.11(b)中,A 是树的根,它在后根序列中紧前一个结点 E 是它最右子树的根,用检测变量 i 指示 E。从 E 开始找 A 的前一棵子树的根。首先 s=0,然后依次进行以下计算:

s=s-E. degree+1=0-3+1=-2,不满足 s=1,让 i 左移到 K 并计算;

s=s-K. degree+1=-2-0+1=-1,不满足 s=1,再让 i 左移到 G 并计算;

s=s-G. degree+1=-1-1+1=-1,不满足 s=1,再让 i 左移到 H 并计算;

s=s-H. degree+1=-1-0+1=0,不满足 s=1,再让 i 左移到 F 并计算;

s=s-F. degree+1=0-0+1=1,满足计算结束条件,让 i 左移到 B,即为所求。

这样,可以得到根 A 的右子女 E 和子女 E、B 的左兄弟链。对于以 B 和 E 为根的子树,用上述方法,亦可以得到它们的右子女和子女结点的左兄弟链,如图 1.4.11(c)所示。

(a)树 (b)带度数的后根次序表示 (c)子女-兄弟链表

图 1.4.11 树的带度数的后根次序表示

42.森林中树 T_1、T_2、T_3 的结点数为 m_1、m_2、m_3，在该森林的二叉树表示中，根的左子树和右子树各有多少个结点？

【解析】 在森林的二叉树表示中根是 T_1 的根，其左子树是 T_1 的根的子树森林，有 m_1-1 个结点，其右子树是除 T_1 外其他树 T_2、T_3 构成的森林，有 m_2+m_3 个结点。

43.在一个有 n 个结点的森林的二叉树表示中，左指针为空的结点有 m 个，那么右指针为空的结点有多少个？

【解析】 左指针为空的都是森林中各棵树的叶结点，非叶结点有 n-m 个。每个非叶结点的子女-兄弟链都有一个右指针为空的结点，加上根结点的右指针为空，故右指针为空的结点有 n-m+1 个。

44.Huffman 树是一棵扩充二叉树，外结点(叶结点)有 n 个，总共有多少个结点？

【解析】 总共有 2n-1 个结点，因它只有度为 0 和度为 2 的结点，由二叉树性质 $n_0=n_2+1$，当 $n_0=n$ 时，$n_0+n_2=n+n-1=2n-1$。

45.在构造 Huffman 树的过程中，每次从森林中选根的关键码最小和次小的两棵树合并，在合并时是最小的作左子树还是次小的作左子树？

【解析】 都可以。虽然在很多数据结构教材中，算法的实现程序都以根的关键码最小的树作为左子树，根的关键码次小的树作为右子树来构造新的二叉树，但手工构造时没有限制。

46.在构造 Huffman 树的过程中，如果新构造二叉树的根结点的关键码与另一棵二叉树的根结点的关键码相同，下一次选择根的关键码最小或次小时该选哪一个？

【解析】 后选新构造的二叉树的关键码。

47.用 Huffman 树构造最佳判定树，内、外结点各起什么作用？带权路径长度表示什么意思？

【解析】 内结点是比较过程的中间结果，外结点是比较过程的最终结果。带权路径长度表明可能的比较次数，或总比较次数的期望值。

48.用 Huffman 树构造不等长的 Huffman 编码，一段报文的总(二进制)编码数用什么衡量？

【解析】 首先根据报文中各字符出现的频度和每个字符的 Huffman 编码计算带权路径长度，它就是该报文的总(二进制)编码数，也叫作总编码长度。

49.若 Huffman 编码的长度不超过 4，已知有两个字符的 Huffman 编码是 1 和 01，那么还可以对多少个字符编码？

【解析】 Huffman 编码的长度不超过 4，说明相应Huffman 树的深度不超过 5。在深度为 2 和 3 各有一个叶结点，它们的编码是 1 和 01；其他字符只能分布在第 4 层和第 5 层了。如图 1.4.12 所示，如果想要对更多字符编码，最下两层必须满员，因此，表示字符的叶结点只能在第 5 层，还可以对 4 个字符编码。

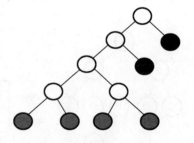

图 1.4.12 Huffman 树

50.一棵有 n 个结点的二叉查找树有多少种不同形态？

【解析】 二叉查找树的中序排列一定，不同的前序序列得到不同的二叉查找树，不同二叉查找树的总数服从 Catalan 函数 $\frac{1}{n+1}C_{2n}^n$。

51.若想把二叉查找树上所有结点的数据从小到大排列,采用何种遍历算法? 从大到小排列,又采用何种算法?

【解析】　采用中序遍历算法:若想得到从小到大排列的遍历结果,采用先左后右的LNR 遍历方式,若想得到从大到小的遍历结果,采用先右后左的 RNL 遍历方式。

52.树的高度决定了二叉查找树的查找性能,那么树的高度如何估计?

【解析】　同样的一组数据,输入顺序不同,可得到不同的二叉查找树。设树中有 n 个结点,高度最小的情形是形如完全二叉树或理想平衡树的二叉查找树,高度 $h=\lceil \log_2(n+1) \rceil$;高度最大的情形是形如单支树的二叉查找树,高度 h=n。

53.衡量一棵二叉查找树的查找性能要计算其查找成功的平均查找长度和查找不成功的平均查找长度,此时可借助的辅助结构是什么?

【解析】　借助扩充二叉判定树。内结点代表二叉查找树原有的数据,查找成功时查找指针停留在内结点上;外结点代表二叉查找树原来没有的数据,查找失败时查找指针走到外结点。

54.对于图 1.4.13(a)所示的二叉查找树,查找成功和查找不成功的平均查找长度是多少?

【解析】　图 1.4.13(a)对应的用于分析查找性能的判定树如图 1.4.13(b)所示。

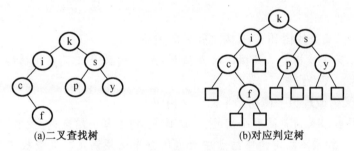

(a)二叉查找树　　　　　　　　　(b)对应判定树

图 1.4.13　计算平均查找长度

查找成功的平均查找长度为

$$\mathrm{ASL_{suc}} = \frac{1}{7}(1\times1+2\times2+3\times3+4\times1) = \frac{18}{7}$$

查找不成功的平均查找长度为

$$\mathrm{ASL_{fai}} = \frac{1}{8}(2\times1+3\times5+4\times2) = \frac{25}{8}$$

判定树内结点的度为 2,外结点的度为 0。由 $n_0=n_2+1$ 可知,内结点有 7 个的话,外结点应有 7+1=8 个。

55.从二叉查找树中删除一个结点后再把它插入,所得的新二叉查找树与原来的相同吗?

【解析】　如果删除的是二叉查找树中的叶结点,再插入后得到的新二叉查找树相同,因为它不影响树中其他结点的相互关系,它删除前在何处,重新插入后还在该处。如果删除的是二叉查找树的非叶结点,删除后树中相关结点的关系有了调整,该结点作为叶结点重新插入后所得新二叉查找树与删除前的二叉查找树一般是不同的。

56. 在二叉查找树中删除结点时如何才能保证删除后二叉查找树的高度不增加?

【解析】 因为二叉查找树的高度与查找效率直接相关,必须控制在删除时不要增加二叉查找树的高度。在做二叉查找树的删除时,要区分叶结点、单子女非叶结点和双子女非叶结点 3 种情况。叶结点可直接删除,树的高度不会增加;删除单子女非叶结点时,可用其子女顶替它接续在它的父结点下面,树的高度也不会增加;删除双子女非叶结点时,为控制树的高度不会增加,可用其左子树上中序最后一个结点,或其右子树上中序第一个结点顶替它,再去删除那个顶替它的结点。

57. 如果被删结点是非叶结点,为何不能直接删除?

【解析】 如果直接删除非叶结点,会导致二叉查找树的分裂。

58. 为何在二叉查找树的插入和删除算法中,子树的根指针定义为引用型参数?

【解析】 在空树上插入新结点会变成非空树,在只有一个结点的非空树中删除会变成空树,根指针的值会变化。为把根指针的这种变化自动带给实参,根指针一般在形参表中定义成引用型参数。这样定义的另一好处是在函数体内根指针可以像普通变量那样使用。

59. 在二叉查找树中,从根结点到任一结点的路径长度的平均值是多少?

【解析】 设二叉查找树有 n 个结点,根到结点 i 的路径长度为 l_i,则从根结点到任一结点的路径长度的平均值为 $\frac{1}{n}\sum_{i=1}^{n}l_i$。注意,若结点 i 在第 k 层,则 $l_i = k-1$,即路径上的分支数。

60. 二叉树、二叉查找树和 AVL 树之间是何关系?

【解析】 二叉查找树是二叉树的特殊情形;AVL 树又是二叉查找树的特殊情形,AVL 树是高度平衡的二叉查找树。

61. 完全二叉树或理想平衡树是平衡二叉树吗?

【解析】 平衡二叉树是高度平衡的,也就是说,树中每个结点的左、右子树的高度差的绝对值不超过 1。如果不限定树中结点中数据的分布必须满足二叉查找树的定义,完全二叉树和理想平衡树是平衡二叉树。但很多教材所称平衡二叉树即为 AVL 树,即高度平衡的二叉查找树,如果是这样,完全二叉树和理想平衡树不一定是平衡二叉树,除非它们满足二叉查找树的要求。

62. 有 n 个结点的 AVL 树的最小高度和最大高度是多少?

【解析】 设 AVL 树的高度为 h,让 AVL 树每层结点达到最大数目:$n \le 2^h - 1$,就得到它的最小高度:$h \ge \lceil \log_2(n+1) \rceil$;若让根的左、右子树的结点个数达到最少,可得最大高度。设高度为 h 的 AVL 树的最少结点数为 N_h,则有 $N_0 = 0, N_1 = 1, N_h = N_{h-1} + N_{h-2} + 1, h > 1$。由此推出 $N_2 = 2, N_3 = 4, N_4 = 7, N_5 = 12, \cdots$ 对照斐波那契数 $F_0 = 0, F_1 = 1, F_2 = 1, F_3 = 2, F_4 = 3, F_5 = 5, F_6 = 8, F_7 = 13, \cdots$ 有 $N_h = F_{h+2} - 1$。另外,斐波那契数满足渐近公式:

$$F_n \approx \frac{\Phi^n}{\sqrt{5}}, \Phi = \frac{1+\sqrt{5}}{2}$$

由此可得

$$\Phi^{h+2} \approx \sqrt{5}(N_h + 1)$$

两边取对数

$$h+2 \approx \log_\Phi \sqrt{5} + \log_\Phi(N_h + 1)$$

由换底公式

$$\log_\Phi X = \log_2 X / \log_2 \Phi \text{ 及 } \log_2 \phi = 0.694 \text{ 和 } \log_2 \sqrt{5} \approx 1.161$$

可得

$$h \approx 1.44 \log_2(NA+1) - 0.33 < 1.44 \log_2(n+1)$$

此即 AVL 树的最大高度。

63. 在高度为 h 的 AVL 树中离根最近的叶结点在第几层？

【解析】 计算 AVL 树离根最近的叶结点所在层次的方法与推导高度为 h 的 AVL 树最少结点个数的过程类似。设高度为 h 的 AVL 树的离根最近的叶结点所在层次为 L_h，则有 $L_1 = 1, L_2 = 2, L_h = \min\{L_{h-1}, L_{h-2}\} + 1 = L_{h-2} + 1, h > 2$。这是递推公式，如果直接计算，有 $L_h = \lfloor h/2 \rfloor + 1$，如图 1.4.14 所示。

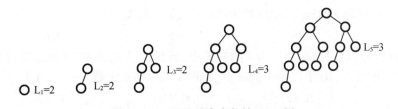

图 1.4.14 不同结点个数的 AVL 树

64. 平衡化旋转的目的是什么？

【解析】 一般是由于在某结点的较高的子树上插入新结点，使得该子树的高度更高，造成了不平衡。平衡化旋转的目的是降低以该结点为根的子树的高度，使之恢复平衡。另一方面，在 AVL 树中删除某一结点后，有可能使以该结点为根的子树的高度降低，导致其祖先结点失去平衡，也需要自下而上对其失去平衡的祖先结点做平衡化旋转。

65. AVL 树插入新结点后可能失去平衡。如果在从插入新结点处到根的路径上有多个失去平衡的祖先结点，为何要选择离插入结点最近的失去平衡的祖先结点，对以它为根的子树做平衡化旋转？

【解析】 选这个祖先结点为根的子树，通过平衡化旋转把该子树的高度降低，更上层的祖先结点都能恢复平衡。如果选上层的失衡的祖先结点，对以它为根的子树做平衡化旋转，它下层的失去平衡的祖先结点不能恢复平衡，需要多次平衡化旋转。

66. Huffman 树是一棵扩充二叉树，外结点(叶结点)有 n 个，总共有多少个结点？

【解析】 总共有 2n-1 个结点，因它只有度为 0 和度为 2 的结点，由二叉树性质 $n_0 = n_2 + 1$，当 $n_0 = n$ 时，$n_0 + n_2 = n + n - 1 = 2n - 1$。

4.3 习题指导

一、单项选择题

1. 树最适合用来表示(　　　)的数据。

　A. 有序　　　　　　　　　　　　B. 无序

C. 任意元素之间具有多种联系 D. 元素之间具有分支层次关系

2. 一棵有 n 个结点的树的所有结点的度之和为(　　　)。

　　A. n-1　　　　　　　B. n　　　　　　　　C. n+1　　　　　　　D. 2n

3. 树的路径长度是从树根到每个结点的路径长度的(　　　)。

　　A. 总和　　　　　　B. 最小值　　　　　C. 最大值　　　　　D. 平均值

4. 对于一棵具有 n 个结点、度为 4 的树来说,(　　　)。

　　A. 树的高度至多是 n-3　　　　　　　B. 树的高度至多是 n-4

　　C. 第 i 层上至多有 4(i-1) 个结点　　　D. 至少在某一层上正好有 4 个结点

5. 度为 4、高度为 h 的树,(　　　)。

　　A. 至少有 h+3 个结点　　　　　　　B. 至多有 4h-1 个结点

　　C. 至多有 4h 个结点　　　　　　　　D. 至少有 h+4 个结点

6. 假定一棵度为 3 的树中,结点数为 50,则其最小高度为(　　　)。

　　A. 3　　　　　　B. 4　　　　　　C. 5　　　　　　D. 6

7.【2010 统考真题】在一棵度为 4 的树 T 中,若有 20 个度为 4 的结点,10 个度为 3 的结点,1 个度为 2 的结点,10 个度为 1 的结点,则树 T 的叶结点个数是(　　　)。

　　A. 41　　　　　　B. 82　　　　　　C. 113　　　　　　D. 122

8. 下列关于二叉树的说法中,正确的是(　　　)。

　　A. 度为 2 的有序树就是二叉树

　　B. 含有 n 个结点的二叉树的高度为 $\lfloor \log_2 n \rfloor + 1$

　　C. 在完全二叉树中,若一个结点没有左孩子,则它必是叶结点

　　D. 在任意一棵非空二叉排序树中,删除某结点后又将其插入,则所得二叉排序树与删除前原二叉排序树相同

9. 以下说法中,正确的是(　　　)。

　　A. 在完全二叉树中,叶子结点的双亲的左兄弟(若存在)一定不是叶子结点

　　B. 任何一棵二叉树,叶子结点个数为度为 2 的结点数减 1,即 $n_0 = n_2 - 1$

　　C. 完全二叉树不适合顺序存储结构,只有满二叉树适合顺序存储结构

　　D. 结点按完全二叉树层序编号的二叉树中,第 i 个结点的左孩子的编号为 2i

10. 具有 10 个叶子结点的二叉树中有(　　　)个度为 2 的结点。

　　A. 8　　　　　　B. 9　　　　　　C. 10　　　　　　D. 11

11. 设高度为 h 的二叉树上只有度为 0 和度为 2 的结点,则此类二叉树中所包含的结点数至少为(　　　)。

　　A. h　　　　　　B. 2h-1　　　　　　C. 2h+1　　　　　　D. h+1

12. 假设一棵二叉树的结点数为 50,则它的最小高度是(　　　)。

　　A. 4　　　　　　B. 5　　　　　　C. 6　　　　　　D. 7

13. 设二叉树有 2n 个结点,且 m<n,则不可能存在(　　　)的结点。

　　A. n 个度为 0　　　　　　　　　　B. 2m 个度为 0

　　C. 2m 个度为 1　　　　　　　　　　D. 2m 个度为 2

14. 一个具有 1025 个结点的二叉树的高度 h 为(　　　)。

　　A. 11　　　　　　B. 10　　　　　　C. 11~1025　　　　　D. 10~1024

15. 设二叉树只有度为 0 和 2 的结点,其结点个数为 15,则该二叉树的最大深度

为(　　)。

  A. 4　　　　　　　　B. 5　　　　　　　　C. 8　　　　　　　　D. 9

16. 高度为 h 的完全二叉树最少有(　　)个结点。

  A. 2^h　　　　　　　B. 2^h+1　　　　　　C. 2^{h-1}　　　　　　D. 2^h-1

17. 已知一棵完全二叉树的第 6 层(设根为第 1 层)有 8 个叶结点,则完全二叉树的结点个数最少是(　　)。

  A. 39　　　　　　　B. 52　　　　　　　　C. 111　　　　　　　D. 119

18. 若一棵深度为 6 的完全二叉树的第 6 层有 3 个叶子结点,则该二叉树共有(　　)个叶子结点。

  A. 17　　　　　　　B. 18　　　　　　　　C. 19　　　　　　　　D. 20

19. 一棵完全二叉树上有 1001 个结点,其中叶结点的个数是(　　)。

  A. 250　　　　　　　B. 500　　　　　　　C. 254　　　　　　　D. 501

20. 若一棵二叉树有 126 个结点,在第 7 层(根结点在第 1 层)至多有(　　)个结点。

  A. 32　　　　　　　B. 64　　　　　　　　C. 63　　　　　　　　D. 不存在第 7 层

21. 一棵有 124 个叶子结点的完全二叉树,最多有(　　)个结点。

  A. 247　　　　　　　B. 248　　　　　　　C. 249　　　　　　　D. 250

22. 一棵有 n 个结点的二叉树采用二叉链存储结点,其中空指针数为(　　)。

  A. n　　　　　　　B. n+1　　　　　　　C. n−1　　　　　　　D. 2n

23. 在一棵完全二叉树中,其根的序号为 1,(　　)可判定序号为 p 和 q 的两个结点是否在同一层。

  A. $\lfloor \log_2 p \rfloor = \lfloor \log_2 q \rfloor$　　　　　　　　　B. $\log_2 p = \log_2 q$

  C. $\lfloor \log_2 p \rfloor + 1 = \lfloor \log_2 q \rfloor$　　　　　　　D. $\lfloor \log_2 p \rfloor = \lfloor \log_2 q \rfloor + 1$

24. 假定一棵三叉树的结点数为 50,则它的最小高度为(　　)。

  A. 3　　　　　　　　B. 4　　　　　　　　C. 5　　　　　　　　D. 6

25. 已知一棵有 2011 个结点的树,其叶结点个数是 116,该树对应的二叉树中无右孩子的结点个数是(　　)。

  A. 115　　　　　　　B. 116　　　　　　　C. 1895　　　　　　　D. 1896

26. 对于一棵满二叉树,共有 n 个结点和 m 个叶子结点, 高度为 h,则(　　)。

  A. n=h+m　　　　B. n+m=2h　　　　C. m=h−1　　　　D. n=2^h-1

27.【2009 统考真题】已知一棵完全二叉树的第 6 层(设根为第 1 层)有 8 个叶结点,则该完全二叉树的结点个数最多是(　　)。

  A. 39　　　　　　　B. 52　　　　　　　　C. 111　　　　　　　D. 119

28.【2011 统考真题】若一棵完全二叉树有 768 个结点,则该二叉树中叶结点的个数是(　　)。

  A. 257　　　　　　　B. 258　　　　　　　C. 384　　　　　　　D. 385

29.【2018 统考真题】设一棵非空完全二叉树 T 的所有叶结点均位于同一层,且每个非叶结点都有 2 个子结点。若 T 有 k 个叶结点,则 T 的结点总数是(　　)。

  A. 2k−1　　　　　　B. 2k　　　　　　　　C. k^2　　　　　　　D. 2^k-1

30.【2020 统考真题】对于任意一棵高度为 5 且有 10 个结点的二叉树,若采用顺序存储结构保存,每个结点占 1 个存储单元(仅存放结点的数据信息),则存放该二叉树需要的存储单元数量至少是(　　　)。

　　A. 31　　　　　　　B. 16　　　　　　　C. 15　　　　　　　D. 10

31. 在下列关于二叉树遍历的说法中,正确的是(　　　)。

　　A. 若有一个结点是二叉树中某个子树的中序遍历结果序列的最后一个结点, 则它一定是该子树的前序遍历结果序列的最后一个结点

　　B. 若有一个结点是二叉树中某个子树的前序遍历结果序列的最后一个结点, 则它一定是该子树的中序遍历结果序列的最后一个结点

　　C. 若有一个叶子结点是二叉树中某个子树的中序遍历结果序列的最后一个结点, 则它一定是该子树的前序遍历结果序列的最后一个结点

　　D. 若有一个叶子结点是二叉树中某个子树的前序遍历结果序列的最后一个结点, 则它一定是该子树的中序遍历结果序列的最后一个结点

32. 在任何一棵二叉树中,若结点 a 有左孩子 b、右孩子 c,则在结点的先序序列、中序序列、后序序列中,(　　　)。

　　A. 结点 b 一定在结点 a 的前面　　　　　B. 结点 a 一定在结点 c 的前面

　　C. 结点 b 一定在结点 c 的前面　　　　　D. 结点 a 一定在结点 b 的前面

33. 设 n,m 为一棵二叉树上的两个结点,在中序遍历时,n 在 m 前的条件是(　　　)。

　　A. n 在 m 右方　　　B. n 是 m 祖先　　　C. n 在 m 左方　　　D. n 是 m 子孙

34. 设 n,m 为一棵二叉树上的两个结点,在后序遍历时,n 在 m 前的条件是(　　　)。

　　A. n 在 m 右方　　　B. n 是 m 祖先　　　C. n 在 m 左方　　　D. n 是 m 子孙

35. 在二叉树中有两个结点 m 和 n,若 m 是 n 的祖先,则使用(　　　)可以找到从 m 到 n 的路径。

　　A. 先序遍历　　　　B. 中序遍历　　　　C. 后序遍历　　　　D. 层次遍历

36. 在二叉树的前序序列、中序序列和后序序列中,所有叶子结点的先后顺序(　　　)。

　　A. 都不相同　　　　　　　　　　　　B. 完全相同

　　C. 前序和中序相同,而与后序不同　　　D. 中序和后序相同,而与前序不同

37. 对二叉树的结点从 1 开始进行连续编号,要求每个结点的编号大于其左、右孩子的编号,同一结点的左、右孩子中,其左孩子的编号小于其右孩子的编号,可采用(　　　)次序的遍历实现编号。

　　A. 先序遍历　　　　B. 中序遍历　　　　C. 后序遍历　　　　D. 层次遍历

38. 前序为 A,B,C,后序为 C,B,A 的二叉树共有(　　　)。

　　A. 1 棵　　　　　　B. 2 棵　　　　　　C. 3 棵　　　　　　D. 4 棵

39. 一棵非空的二叉树的先序遍历序列与后序遍历序列正好相反,则该二叉树一定满足(　　　)。

　　A. 所有的结点均无左孩子　　　　　　B. 所有的结点均无右孩子

　　C. 只有一个叶结点　　　　　　　　　D. 是任意一棵二叉树

40. 设结点 X 和 Y 是二叉树中的任意两个结点。在该二叉树的先序遍历序列中 X 在 Y 之前,而在其后序遍历序列中 X 在 Y 之后,则 X 和 Y 的关系是(　　　)。

　　A. X 是 Y 的左兄弟　　　　　　　　B. X 是 Y 的右兄弟

　　C. X 是 Y 的祖先　　　　　　　　　D. X 是 Y 的后裔

41. 若二叉树中结点的先序序列是…a…b…, 中序序列是…b…a…, 则( )。

A. 结点 a 和结点 b 分别在某结点的左子树和右子树中

B. 结点 b 在结点 a 的右子树中

C. 结点 b 在结点 a 的左子树中

D. 结点 a 和结点 b 分别在某结点的两棵非空子树中

42. 一棵二叉树的前序遍历序列为 1,2,3,4,5,6,7, 它的中序遍历序列可能是( )。

A. 3,1,2,4,5,6,7   B. 1,2,3,4,5,6,7   C. 4,1,3,5,6,2,7   D. 1,4,6,3,5,7,2

43. 下列序列中,不能唯一地确定一棵二叉树的是( )。

A. 层次序列和中序序列   B. 先序序列和中序序列

C. 后序序列和中序序列   D. 先序序列和后序序列

44. 已知一棵二叉树的后序序列为 D,A,B,E,C,中序序列为 D,E,B,A,C,则先序序列为( )。

A. A,C,B,E,D   B. D,E,C,A,B   C. D,E,A,B,C   D. C,E,D,B,A

45. 已知一棵二叉树的先序遍历结果为 A,B,C,D,E,F,中序遍历结果为 C,B,A,E,D,F,则后序遍历结果为( )。

A. C,B,E,F,D,A   B. F,E,D,C,B,A   C. C,B,E,D,F,A   D. 不确定

46. 已知一棵二叉树的层次序列为 A,B,C,D,E,F,中序序列为 B,A,D,C,F,E, 则先序序列为( )。

A. A,C,B,E,D,F   B. A,B,C,D,E,F   C. B,D,F,E,C,A   D. F,C,E,D,B,A

47. 引入线索二叉树的目的是( )。

A. 加快查找结点的前驱或后继的速度   B. 能在二叉树中方便插入和删除

C. 能方便找到双亲   D. 使二叉树的遍历结果唯一

48. 线索二叉树是一种( )结构。

A. 逻辑   B. 逻辑和存储   C. 物理   D. 线性

49. n 个结点的线索二叉树上含有的线索数为( )。

A. 2n   B. n−1   C. n+1   D. n

50. 判断线索二叉树中 *p 结点有右孩子结点的条件是( )。

A. p!＝NULL   B. p−>rchild!＝NULL

C. p−>rtag＝＝0   D. p−>rtag＝＝1

51. 一棵左子树为空的二叉树在先序线索化后,其中空的链域的个数是( )。

A. 不确定   B. 0 个   C. 1 个   D. 2 个

52. 在线索二叉树中,下列说法不正确的是( )。

A. 在中序线索树中,若某结点有右孩子,则其后继结点是它的右子树的最左下结点

B. 在中序线索树中,若某结点有左孩子,则其前驱结点是它的左子树的最右下结点

C. 线索二叉树是利用二叉树的 n+1 个空指针来存放结点的前驱和后继信息的

D. 每个结点通过线索都可以直接找到它的前驱和后继

53. 二叉树在线索化后,仍不能有效求解的问题是( )。

A. 先序线索二叉树中求先序后继   B. 中序线索二叉树中求中序后继

C. 中序线索二叉树中求中序前驱   D. 后序线索二叉树中求后序后继

54. 若 X 是二叉中序线索树中一个有左孩子的结点,且 X 不为根,则 X 的前驱

为( )。

A. X 的双亲　　　　　　　　　　B. X 的右子树中最左的结点

C. X 的左子树中最右的结点　　　　D. X 的左子树中最右的叶结点

55.( )的遍历仍需要栈的支持。

A. 前序线索树　　　B. 中序线索树　　　C. 后序线索树　　　D. 所有线索树

56. 某二叉树的先序序列和后序序列正好相反,则该二叉树一定是( )。

A. 空或只有一个结点　　　　　　B. 高度等于其结点数

C. 任一结点无左孩子　　　　　　D. 任一结点无右孩子

57.【2009 统考真题】给定二叉树如下图所示。设 N 代表二叉树的根,L 代表根结点的左子树,R 代表根结点的右子树,若遍历后的结点序列是 3,1,7,5,6,2,4,则其遍历方式是( )。

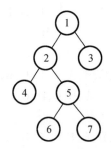

A. LRN　　　　　　B. NRL　　　　　　C. RLN　　　　　　D. RNL

58.【2010 统考真题】下列线索二叉树中(用虚线表示线索),符合后序线索树定义的是( )。

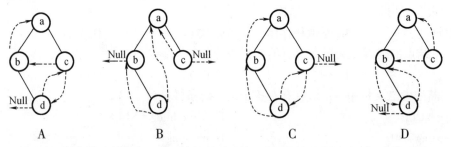

A　　　　　　　　B　　　　　　　　C　　　　　　　　D

59.【2011 统考真题】一棵二叉树的前序遍历序列和后序遍历序列分别为 1,2,3,4 和 4,3,2,1,该二叉树的中序遍历序列不会是( )。

A.1,2,3,4　　　　B.2,3,4,1　　　　C.3,2,4,1　　　　D.4,3,2,1

60.【2012 统考真题】若一棵二叉树的前序遍历序列为 a,e,b,d,c,后序遍历序列为 b,c,d,e,a,则根结点的孩子结点( )。

A. 只有 e　　　　B. 有 e,b　　　　C. 有 e,c　　　　D. 无法确定

61.【2013 统考真题】若 X 是后序线索二叉树中的叶结点,且 X 存在左兄弟结点 Y,则 X 的右线索指向的是( )。

A. X 的父结点　　　　　　　　　　B. 以 Y 为根的子树的最左下结点

C. X 的左兄弟结点 Y　　　　　　　D. 以 Y 为根的子树的最右下结点

62.【2014 统考真题】若对下图所示的二叉树进行中序线索化,则结点 X 的左、右线索

指向的结点分别是(　　)。

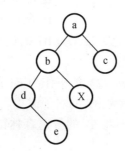

    A. e,c   B. e,a   C. d,c   D. b,a

63.【2015 统考真题】先序序列为 a,b,c,d 的不同二叉树的个数是(　　)。

    A. 13   B. 14   C. 15   D. 16

64.【2017 统考真题】某二叉树的树形如下图所示,其后序序列为 e,a,c,b,d,g,f,树中与结点 a 同层的结点是(　　)。

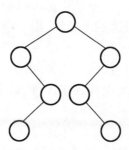

    A. c   B. d   C. f   D. g

65.【2017 统考真题】要使一棵非空二叉树的先序序列与中序序列相同,其所有非叶结点须满足的条件是(　　)。

    A. 只有左子树   B. 只有右子树

    C. 结点的度均为 1   D. 结点的度均为 2

66. 下列关于树的说法中,正确的是(　　)。

    Ⅰ. 对于有 n 个结点的二叉树,其高度为 $\log_2 n$

    Ⅱ. 完全二叉树中,若一个结点没有左孩子,则它必是叶结点

    Ⅲ. 高度为 h(h>0)的完全二叉树对应的森林所含的树的个数一定是 h

    Ⅳ. 一棵树中的叶子数一定等于与其对应的二叉树的叶子数

    A. Ⅰ和Ⅲ   B. Ⅳ   C. Ⅰ和Ⅱ   D. Ⅱ

67. 利用二叉链表存储森林时,根结点的右指针是(　　)。

    A. 指向最左兄弟   B. 指向最右兄弟   C. 一定为空   D. 不一定为空

68. 设森林 F 中有 3 棵树,第一、第二、第三棵树的结点个数分别为 M_1,M_2 和 M_3。与森林 F 对应的二叉树根结点的右子树上的结点个数是(　　)。

    A. M_1 B. M_1+M_2 C. M_3 D. M_2+M_3

69. 设森林 F 对应的二叉树为 B,它有 m 个结点,B 的根为 p,p 的右子树结点个数为 n,

森林 F 中第一棵树的结点个数是(　　　)。

    A. m-n
                    B. m-n-1

    C. n+1
                    D. 条件不足,无法确定

70. 森林 $T=(T_1, T_2, \cdots, T_m)$ 转化为二叉树 BT 的过程为:若 m=0,则 BT 为空,若 m≠0,则(　　　)。

    A. 将中间子树 $T_{mid}(mid=(1+m)/2)$ 的根作为 BT 的根;将$(T_1, T_2, \cdots, T_{mid-1})$转换为 BT 的左子树;将$(T_{mid+1}, \cdots, T_m)$转换为 BT 的右子树

    B. 将子树 T_1 的根作为 BT 的根;将 T_1 的子树森林转换为 BT 的左子树;将$(T_2, T_3, \cdots, T_m)$转换为 BT 的右子树

    C. 将子树 T_1 的根作为 BT 的根;将 T_1 的左子树森林转换为 BT 的左子树;将 T_1 的右子树森林转换为 BT 的右子树;其他以此类推

    D. 将森林 T 的根作为 BT 的根;将$(T_1, T_2, \cdots, T_m)$转化为该根下的结点,得到一棵树,然后将这棵树再转换为二叉树 BT

71. 设 F 是一个森林,B 是由 F 变换来的二叉树。若 F 中有 n 个非终端结点,则 B 中右指针域为空的结点有(　　　)个。

    A. n-1
            B. n
            C. n+1
            D. n+2

72. 若 T_1 是由有序树 T 转换而来的二叉树,则 T 中结点的后根序列就是 T_1 中结点的(　　　)序列。

    A. 先序
           B. 中序
           C. 后序
           D. 层序

73. 某二叉树结点的中序序列为 B,D,A,E,C,F,后序序列为 D,B,E,F,C,A,则该二叉树对应的森林包括(　　　)棵树。

    A. 1
           B. 2
           C. 3
           D. 4

74. 设 X 是树 T 中的一个非根结点,B 是 T 所对应的二叉树。在 B 中,X 是其双亲结点的右孩子,下列结论中正确的是(　　　)。

    A. 在树 T 中,X 是其双亲结点的第一个孩子

    B. 在树 T 中,X 一定无右边兄弟

    C. 在树 T 中,X 一定是叶子结点

    D. 在树 T 中,X 一定有左边兄弟

75. 在森林的二叉树表示中,结点 M 和结点 N 是同一父结点的左儿子和右儿子,则在该森林中(　　　)。

    A. M 和 N 有同一双亲
           B. M 和 N 可能无公共祖先

    C. M 是 N 的儿子
              D. M 是 N 的左兄弟

76. 【2009 统考真题】将森林转换为对应的二叉树,若在二叉树中,结点 u 是结点 v 的父结点的父结点,则在原来的森林中,u 和 v 可能具有的关系是(　　　)。

    Ⅰ. 父子关系 Ⅱ. 兄弟关系 Ⅲ. u 的父结点与 v 的父结点是兄弟关系

    A. 只有 Ⅱ
        B. Ⅰ 和 Ⅱ
        C. Ⅰ 和 Ⅲ
        D. Ⅰ 、Ⅱ 和 Ⅲ

77. 【2011 统考真题】已知一棵有 2011 个结点的树,其叶结点个数为 116,该树对应的二叉树中无右孩子的结点个数是(　　　)。

    A. 115
        B. 116
        C. 1895
        D. 1896

78.【2014 统考真题】将森林 F 转换为对应的二叉树 T,F 中叶结点的个数等于(　　　)。

A. T 中叶结点的个数　　　　　　　　　B. T 中度为 1 的结点个数

C. T 中左孩子指针为空的结点个数　　　D. T 中右孩子指针为空的结点个数

79.【2016 统考真题】若森林 F 有 15 条边、25 个结点,则 F 包含树的个数是(　　　)。

A. 8　　　　　　　　B. 9　　　　　　　　C. 10　　　　　　　　D. 11

80.【2019 统考真题】若将一棵树 T 转化为对应的二叉树 BT,则下列对 BT 的遍历中,其遍历序列与 T 的后根遍历序列相同的是(　　　)。

A. 先序遍历　　　　B. 中序遍历　　　　C. 后序遍历　　　　D. 按层遍历

81.【2020 统考真题】已知森林 F 及与之对应的二叉树 T,若 F 的先根遍历序列是 a,b,c,d,e,f, 中根遍历序列是 b,a,d,f,e,c, 则 T 的后根遍历序列是(　　　)。

A. b,a,d,f,e,c　　B. b,d,f,e,c,a　　C. b,f,e,d,c,a　　D. f,e,d,c,b,a

82.【2021 统考真题】某森林 F 对应的二叉树为 T,若 T 的先序遍历序列是 a,b,d,c,e,g,f,中序遍历序列是 b,d,a,e,g,c,f, 则 F 中树的棵数是(　　　)。

A. 1　　　　　　　　B. 2　　　　　　　　C. 3　　　　　　　　D. 4

83. 在有 n 个叶子结点的 Huffman 树中,非叶子结点的总数是(　　　)。

A. n−1　　　　　　B. n　　　　　　　　C. 2n−1　　　　　　D. 2n

84. 给定整数集合{3,5,6,9,12},与之对应的 Huffman 树是(　　　)。

A　　　　　　　　　　B　　　　　　　　　　C　　　　　　　　　　D

85. 下列编码中,(　　　)不是前缀码。

A.{00,01,10,11}　　　　　　　　　　B.{0,1,00,11}

C.{0,10,110,111}　　　　　　　　　　D.{10,110,1110,1111}

86. 设 Huffman 编码的长度不超过 4,若已对两个字符编码为 1 和 01,则还最多可对(　　　)个字符编码。

A. 2　　　　　　　　B. 3　　　　　　　　C. 4　　　　　　　　D. 5

87. 一棵 Huffman 树共有 215 个结点,对其进行 Huffman 编码,共能得到(　　　)个不同的码字。

A. 107　　　　　　　B. 108　　　　　　　C. 214　　　　　　　D. 215

88. 以下对于 Huffman 树的说法中,错误的是(　　　)

A. 对应一组权值构造出来的 Huffman 树一般不是唯一的

B. Huffman 树具有最小的带权路径长度

C. Huffman 树中没有度为 1 的结点

D. Huffman 树中除了度为 1 的结点外,还有度为 2 的结点和叶结点

89. 若度为 m 的 Huffman 树中,叶子结点个数为 n,则非叶子结点的个数为(　　　)。

A. n−1　　　　　　　　　　　　　　　B. ⌊n/m⌋−1

C. ⌈(n−1)/(m−1)⌉　　　　　　　　　　D. ⌈n/(m−1)⌉−1

90. 并查集的结构是一种(　　)。

A. 二叉链表存储的二叉树　　　　　　　　B. 双亲表示法存储的树

C. 顺序存储的二叉树　　　　　　　　　　D. 孩子表示法存储的树

91. 并查集中最核心的两个操作是:①查找,查找两个元素是否属于同一个集合;②合并,如果两个元素不属于同一个集合,且所在的两个集合互不相交,则合并这两个集合。假设初始长度为 10(0~9)的并查集,按 1-2、3-4、5-6、7-8、8-9、1-8、0-5、1-9 的顺序进行查找和合并操作,最终并查集共有(　　)个集合。

A. 1　　　　　　　B. 2　　　　　　　C. 3　　　　　　　D. 4

92. 下列关于并查集的叙述中,(　　)是错误的。(注意,本题涉及图的考点)

A. 并查集是用双亲表示法存储的树

B. 并查集可用于实现克鲁斯卡尔算法

C. 并查集可用于判断无向图的连通性

D. 在长度为 n 的并查集中进行查找操作的时间复杂度为 $O(\log_2 n)$

93. 【2010 统考真题】$n(n \geqslant 2)$ 个权值均不相同的字符构成哈夫曼树,关于该树的叙述中,错误的是(　　)。

A. 该树一定是一棵完全二叉树

B. 树中一定没有度为 1 的结点

C. 树中两个权值最小的结点一定是兄弟结点

D. 树中任一非叶结点的权值一定不小于下一层任一结点的权值

94. 【2014 统考真题】5 个字符有如下 4 种编码方案,不是前缀编码的是(　　)。

A. 01,0000,0001,001,1　　　　　　　　B. 011,000,001,010,1

C. 000,001,010,011,100　　　　　　　　D. 0,100,110,1110,1100

95. 【2015 统考真题】下列选项给出的是从根分别到达两个叶结点路径上的权值序列,属于同一棵哈夫曼树的是(　　)。

A. 24,10,5 和 24,10,7　　　　　　　　B. 24,10,5 和 24,12,7

C. 24,10,10 和 24,14,11　　　　　　　D. 24,10,5 和 24,14,6

96. 【2017 统考真题】已知字符集{a,b,c,d,e,f,g,h},若各字符的哈夫曼编码依次是 0100,10,0000,0101,001,011,11,0001,则编码序列 0100011001001011110101 的译码结果是(　　)。

A. acgabfh　　　　B. adbagbb　　　　C. afbeagd　　　　D. afeefgd

97. 【2018 统考真题】已知字符集{a,b,c,d,e,f},若各字符出现的次数分别为 6,3,8,2,10,4,则对应字符集中各字符的哈夫曼编码可能是(　　)。

A. 00,1011,01,1010,11,100　　　　　　B. 00,100,110,000,0010,01

C. 10,1011,11,0011,00,010　　　　　　D. 0011,10,11,0010,01,000

98. 【2019 统考真题】对 n 个互不相同的符号进行哈夫曼编码。若生成的哈夫曼树共有 115 个结点,则 n 的值是(　　)。

A. 56　　　　　　B. 57　　　　　　C. 58　　　　　　D. 60

99. 【2021 统考真题】若某二叉树有 5 个叶结点,其权值分别为 10,12,16,21,30,则其最小的带权路径长度(WPL)是(　　)。

A. 89　　　　　　B. 200　　　　　　C. 208　　　　　　D. 289

二、综合应用题

1. 含有 n 个结点的三叉树的最小高度是多少？

2. 已知在一棵度为 4 的树中,度为 0,1,2,3 的结点数分别为 14,4,3,2。求该树的结点总数 n 和度为 4 的结点数,并给出推导过程。

3. 已知在一棵度为 m 的树中,有 n_1 个度为 1 的结点,有 n_2 个度为 2 的结点……有 n_m 个度为 m 的结点。该树有多少个叶子结点？

4. 在一棵完全二叉树中,含有 n_0 个叶子结点,当度为 1 的结点数为 1 时,该树的高度是多少？当度为 1 的结点数为 0 时,该树的高度是多少？

5. 一棵有 n 个结点的满二叉树有多少个分支结点和多少个叶子结点？该满二叉树的高度是多少？

6. 已知完全二叉树的第 9 层有 240 个结点,则整个完全二叉树有多少个结点？有多少个叶子结点？

7. 一棵高度为 h 的满 m 叉树有如下性质:根结点所在层次为第 1 层,第 h 层上的结点都是叶结点,其余各层上每个结点都有 m 棵非空子树,若按层次自顶向下,同一层自左向右,顺序从 1 开始对全部结点进行编号,试问:

1) 各层的结点个数是多少？

2) 编号为 i 的结点的双亲结点(若存在)的编号是多少？

3) 编号为 i 的结点的第 k 个孩子结点(若存在)的编号是多少？

4) 编号为 i 的结点有右兄弟的条件是什么？其右兄弟结点的编号是多少？

8. 已知一棵二叉树按顺序存储结构进行存储,设计一个算法,求编号分别为 i 和 j 的两个结点的最近的公共祖先结点的值。

9. 若某非空二叉树的先序序列和后序序列正好相反,则该二叉树的形态是什么？

10. 若某非空二叉树的先序序列和后序序列正好相同,则该二叉树的形态是什么？

11. 编写后序遍历二叉树的非递归算法。

12. 试给出二叉树的自下而上、从右到左的层次遍历算法。

13. 假设二叉树采用二叉链表存储结构,设计一个非递归算法求二叉树的高度。

14. 设一棵二叉树中各结点的值互不相同,其先序遍历序列和中序遍历序列分别存于两个一维数组 A[1,…,n] 和 B[1,…,n] 中,试编写算法建立该二叉树的二叉链表。

15. 二叉树按二叉链表形式存储, 写一个判别给定二叉树是否是完全二叉树的算法。

16. 假设二叉树采用二叉链表存储结构存储,试设计一个算法,计算一棵给定二叉树的所有双分支结点个数。

17. 设树 B 是一棵采用链式结构存储的二叉树,编写一个把树 B 中所有结点的左、右子树进行交换的函数。

18. 假设二叉树采用二叉链存储结构存储,设计算法,求先序遍历序列中第 k($1 \leqslant k \leqslant$ 二叉树中结点个数)个结点的值。

19. 已知二叉树以二叉链表存储,编写算法完成:对于树中每个元素值为 x 的结点,删去以它为根的子树,并释放相应的空间。

20. 在二叉树中查找值为 x 的结点,试编写算法(用 C 语言)打印值为 x 的结点的所有祖先,假设值为 x 的结点不多于一个。

21. 设一棵二叉树的结点结构为(LLINK,INFO,RLINK),ROOT 为指向该二叉树根结点的指针,p 和 q 分别为指向该二叉树中任意两个结点的指针,试编写算法 ANCESTOR(ROOT,p,q,r),找到 p 和 q 的最近公共祖先结点 r。

22. 假设二叉树采用二叉链表存储结构,设计一个算法,求非空二叉树 b 的宽度(即具有结点数最多的那一层的结点个数)。

23. 设有一棵满二叉树(所有结点值均不同),已知其先序序列为 pre,设计一个算法求其后序序列 post。

24. 设计一个算法将二叉树的叶结点按从左到右的顺序连成一个单链表,表头指针为 head。二叉树按二叉链表方式存储,链接时用叶结点的右指针域来存放单链表指针。

25. 试设计判断两棵二叉树是否相似的算法。所谓二叉树 T_1 和 T_2 相似,指的是 T_1 和 T_2 都是空的二叉树或都只有一个根结点;或 T_1 的左子树和 T_2 的左子树是相似的,且 T_1 的右子树和 T_2 的右子树是相似的。

26. 写出在中序线索二叉树里查找指定结点在后序的前驱结点的算法。

27.【2014 统考真题】二叉树的带权路径长度(WPL)是二叉树中所有叶结点的带权路径长度之和。给定一棵二叉树 T,采用二叉链表存储,结点结构为

left	weight	right

其中叶结点的 weight 域保存该结点的非负权值。设 root 为指向 T 的根结点的指针,请设计求 T 的 WPL 的算法,要求:

1)给出算法的基本设计思想。

2)使用 C 或 C++语言,给出二叉树结点的数据类型定义。

3)根据设计思想,采用 C 或 C++语言描述算法,关键之处给出注释。

28.【2017 统考真题】请设计一个算法,将给定的表达式树(二叉树)转换为等价的中缀表达式(通过括号反映操作符的计算次序)并输出。例如,当下列两棵表达式树作为算法的输入时:

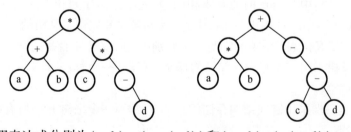

输出的等价中缀表达式分别为(a+b)*(c*(-d))和(a*b)+(-(c-d))。

二叉树结点定义如下:

```
typedef struct node{
    char data[10];                    //存储操作数或操作符
    struct node * left, * right;
}BTree;
```

要求:

1)给出算法的基本设计思想。

2)根据设计思想,采用 C 或 C++语言描述算法,关键之处给出注释。

29. 给定一棵树的先根遍历序列和后根遍历序列,能否唯一确定一棵树?若能,请举例说明;若不能,请给出反例。

30. 将下面一个由 3 棵树组成的森林转换为二叉树。

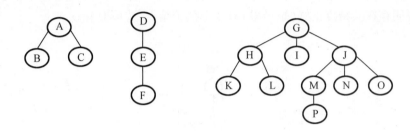

31. 已知某二叉树的先序序列和中序序列分别为 A,B,D,E,H,C,F,I,M,G,J,K,L 和 D,B,H,E,A,I,M,F,C,G,K,L,J。请画出这棵二叉树,并画出二叉树对应的森林。

32. 编程求以孩子兄弟表示法存储的森林的叶子结点数。

33. 以孩子兄弟链表为存储结构,设计递归算法求树的深度。

34. 已知一棵树的层次序列及每个结点的度,编写算法构造此树的孩子-兄弟链表。

35.【2016 统考真题】若一棵非空 k(k≥2)叉树 T 中的每个非叶结点都有 k 个孩子,则称 T 为正则 k 叉树。请回答下列问题并给出推导过程。

1)若 T 有 m 个非叶结点,则 T 中的叶结点有多少个?

2)若 T 的高度为 h(单结点的树 h=1),则 T 的结点数最多为多少?最少为多少?

36. 设给定权集 w={5,7,2,3,6,8,9},试构造关于 w 的一棵哈夫曼树,并求其加权路径长度 WPL。

37.【2012 统考真题】设有 6 个有序表 A,B,C,D,E,F,分别含有 10,35,40,50,60 和 200 个数据元素,各表中的元素按升序排列。要求通过 5 次两两合并,将 6 个表最终合并为 1 个升序表,并使在最坏情况下比较的总次数达到最小。请回答下列问题:

1)给出完整的合并过程,并求出最坏情况下比较的总次数。

2)根据你的合并过程,描述 n(n≥2)个不等长升序表的合并策略,并说明理由。

38.【2020 统考真题】若任意一个字符的编码都不是其他字符编码的前缀,则称这种编码具有前缀特性。现有某字符集(字符个数≥2)的不等长编码,每个字符的编码均为二进制的 0,1 序列,最长为 L 位,且具有前缀特性。请回答下列问题:

1)哪种数据结构适宜保存上述具有前缀特性的不等长编码?

2)基于你所设计的数据结构,简述从 0/1 串到字符串的译码过程。

3)简述判定某字符集的不等长编码是否具有前缀特性的过程。

三、答案与解析

【单项选择题】

1. D　树是一种分层结构,它特别适合组织那些具有分支层次关系的数据。

2. A 除根结点外,其他每个结点都是某个结点的孩子,因此树中所有结点的度数加 1 等于结点数,也即所有结点的度数之和等于总结点数减 1。这是一个重要的结论,做题时经常用到。

3. A 树的路径长度是指树根到每个结点的路径长的总和,根到每个结点的路径长度的最大值应是树的高度减 1。注意与 Huffman 树的带权路径长度相区别。

4. A 要使得具有 n 个结点、度为 4 的树的高度最大,就要使得每层的结点数尽可能少,类似下图所示的树,除最后一层外,每层的结点数是 1,最终该树的高度为 n−3。树的度为 4 只能说明存在某结点正好(也最多)有 4 个孩子结点,选项 D 错误。

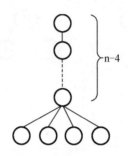

5. A 要使得度为 4、高度为 h 的树的总结点数最少,需要满足以下两个条件:

1)至少有一个结点有 4 个分支。

2)每层的结点数目尽可能少。

情况类似下图所示的树,结点个数为 h+3。

要使得度为 4、高度为 h 的树的总结点数最多,应使每个非叶结点的度均为 4,即为满树,总结点个数最多为 $1+4+4^2+\cdots+4^{h-1}$。

对于上面的两题,应画出草图来求解,答案一目了然。

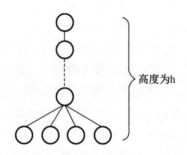

6. C 要求满足条件的树,那么该树是一棵完全三叉树。在度为 3 的完全三叉树中,第 1 层有 1 个结点,第 2 层有 $3^1=3$ 个结点,第 3 层有 $3^2=9$ 个结点,第 4 层有 $3^3=27$ 个结点,因此结点数之和为 1+3+9+27=40,第 5 层有 50−40=10 个结点,因此最小高度为 5。

7. B 设树中度为 i(i=0,1,2,3,4)的结点数分别为 n_i,树中结点总数为 n,则 n=分支数+1,而分支数又等于树中各结点的度之和,即 $n=1+n_1+2n_2+3n_3+4n_4=n_0+n_1+n_2+n_3+n_4$。依题意,$n_1+2n_2+3n_3+4n_4=10+2+30+80=122$,$n_1+n_2+n_3+n_4=10+1+10+20=41$,可得出 $n_0=82$,即树 T 的叶结点的个数是 82。

8. C 在二叉树中,若某个结点只有一个孩子,则这个孩子的左右次序是确定的;而在度为 2 的有序树中,若某个结点只有一个孩子,则这个孩子就无须区分其左右次序,选项 A 错误。选项 B 仅当是完全二叉树时才有意义,对于任意一棵二叉树,高度可能为 $\lfloor \log_2 n \rfloor + 1 \sim n$。在二叉排序树中插入结点时,一定插入在叶结点的位置,故若先删除分支结点再插入,则会导致二叉排序树的重构,其结果就不再相同,选项 D 错误。根据完全二叉树的定义,在完全二叉树中,若有度为 1 的结点,则只可能有一个,且该结点只有左孩子而无右孩子,选项 C 正确。

9. A　在完全二叉树中,叶子结点的双亲的左兄弟的孩子一定在其前面(且一定存在),故双亲的左兄弟(若存在)一定不是叶结点,选项 A 正确。n_0 应等于 $n_2 + 1$,选项 B 错误。完全二叉树和满二叉树均可以采用顺序存储结构,选项 C 错误。第 i 个结点的左孩子不一定存在,选项 D 错误。

选项 B 的这种通用公式适用于所有二叉树,我们应能立即联想到采用特殊值代入法验证,如画一个只含 3 个结点的满二叉树的草图来验证是否满足条件。

10. B　由二叉树的性质 $n_0 = n_2 + 1$,得 $n_2 = n_0 - 1 = 10 - 1 = 9$。

【另解】　画出草图。首先画出 10 个叶结点,然后每 2 个结点向上合并,构造一个新的度为 2 的分支结点,直到构成如下图所示的二叉树,其中度为 2 的分支结点数为 9。

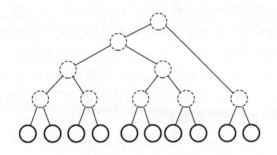

11. B　结点数最少的情况如下图所示。除根结点层只有 1 个结点外,其他 $h-1$ 层均有两个结点,结点总数 $= 2(h-1) + 1 = 2h - 1$。

12. C　要求满足条件的树,分析可知,当这 50 个结点构成一棵完全二叉树时高度最小,$h = \lfloor \log_2 n \rfloor + 1 = \lfloor \log_2 50 \rfloor + 1 = 6$。

【另解】　第 1 层最多有 1 个结点,第 2 层最多有 2^1 个结点,第 3 层最多有 2^2 个结点,第 4 层最多有 2^3 个结点,以此类推,可以得到 h 最少为 6。

13. C　由二叉树的性质 1 可知 $n_0 = n_2 + 1$,结点总数 $= 2n = n_0 + n_1 + n_2 = n_1 + 2n_2 + 1$,则 $n_1 = 2(n - n_2) - 1$,所以 n_1 为奇数,说明该二叉树中不可能有 2m 个度为 1 的结点。

14. C　当二叉树为单支树时具有最大高度,即每层上只有一个结点,最大高度为 1025。而当树为完全二叉树时,其高度最小,最小高度为 $\lfloor \log_2 n \rfloor + 1 = 11$。

15. C　解题思路同第 4 题,第一层有 1 个结点,其余 $h-1$ 层上各有 2 个结点,总结点数 $= 1 + 2(h-1) = 15$, $h = 8$。建议画出草图。

16. C　高度为 h 的完全二叉树中,第 1 层~第 $h-1$ 层构成一个高度为 $h-1$ 的满二叉树,结点个数为 $2^{h-1} - 1$。第 h 层至少有一个结点,所以最少的结点个数 $= (2^{h-1} - 1) + 1 = 2^{h-1}$。

17. A　第 6 层有叶结点说明完全二叉树的高度可能为 6 或 7,显然树高为 6 时结点最少。若第 6 层上有 8 个叶结点,则前 5 层为满二叉树,故完全二叉树的结点个数最少为 $2^5 - 1 + 8 = 39$ 个结点。

18. A　深度为 6 的完全二叉树,第 5 层共有 $2^4 = 16$ 个结点。第 6 层最左边有 3 个叶子结点,其对应的双亲结点为第 5 层最左边的 2 个结点,所以第 5 层剩余的结点均为叶子结点,共有 $16 - 2 = 14$ 个,加上第 6 层的 3 个叶子结点,共有 17 个叶子结点。

19. D　由完全二叉树的性质,最后一个分支结点的序号为 $\lfloor 1001/2 \rfloor = 500$,故叶子结点个数为 501。

【另解】　$n = n_0 + n_1 + n_2 = n_0 + n_1 + (n_0 - 1) = 2n_0 + n_1 - 1$,因为 $n = 1001$,而在完全二叉树中,n_1 只能取 0 或 1。当 $n_1 = 1$ 时,n_0 为小数,不符合题意。所以 $n_1 = 0$,故 $n_0 = 501$。

20. C　要使二叉树第 7 层的结点数最多,只考虑树高为 7 层的情况,7 层满二叉树有 127 个结点,126 仅比 127 少 1 个结点,只能少在第 7 层,故第 7 层最多有 $2^6 - 1 = 63$ 个结点。

21. B　在非空的二叉树当中,由度为 0 和 2 的结点数的关系 $n_0 = n_2 + 1$ 可知 $n_2 = 123$;总结点数 $n = n_0 + n_1 + n_2 = 247 + n_1$,其最大值为 248($n_1$ 的取值为 1 或 0,当 $n_1 = 1$ 时结点最多)。注意,由完全二叉树总结点数的奇偶性可以确定 n_1 的值,但不能根据 n_0 来确定 n_1 的值。

【另解】　$124 < 2^7 = 128$,故第 8 层没满,前 7 层为完全二叉树,由此可推算第 8 层可能有 120 个叶子结点,第 7 层的最右 4 个为叶子结点,考虑最多的情况,这 4 个叶子结点中的最左边可以有 1 个左孩子(不改变叶子结点数),因此结点总数 $= 2^7 - 1 + 120 + 1 = 248$。

22. B　非空指针数 = 总分支数 = $n-1$,空指针数 = $2 \times$ 结点总数 - 非空指针数 $= 2n - (n-1) = n+1$。

【另解】　在树中,1 个指针对应 1 个分支,n 个结点的树共有 $n-1$ 个分支,即 $n-1$ 个非空指针,每个结点有 2 个指针域,故空指针数 $= 2n - (n-1) = n+1$。

23. A　由完全二叉树的性质,编号为 $i(i \geq 1)$ 的结点所在的层次为 $\lfloor \log_2 i \rfloor + 1$,若两个结点位于同一层,则一定有 $\lfloor \log_2 p \rfloor + 1 = \lfloor \log_2 q \rfloor + 1$,因此有 $\lfloor \log_2 p \rfloor = \lfloor \log_2 q \rfloor$ 成立。

24. C　分析可知,满足条件的三叉树可以是完全三叉树,这棵树的第 $i(i \geq 1)$ 层最多有 3^{i-1} 个结点。设高度为 h,则 $3^0 + 3^1 + \cdots + 3^{h-1} = (3^h - 1)/2$ 是结点数的上限,问题是求解 $50 \leq (3^h - 1)/2$ 的最小 h 值,即 $h \geq \log_3 101$,有 $h = \lceil \log_3 101 \rceil = 5$。

25. D　可采用特殊值法求解。可举如下特例。

如下图所示,其对应的二叉树中仅有前 115 个叶结点有右孩子结点,其余 1896 个结点均无右孩子结点。

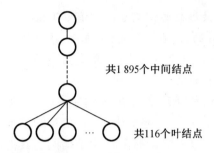

共1 895个中间结点

共116个叶结点

26. D 对于高度为 h 的满二叉树, $n = 2^0 + 2^1 + \cdots + 2^{h-1} = 2^h - 1, m = 2^{h-1}$, 故选 D。

【另解】 特殊值法。如对于高度为 3 的满二叉树, $n = 7, m = 4, h = 3$, 经检验, 仅选项 D 正确。

27. C 第 6 层有叶结点, 完全二叉树的高度可能为 6 或 7, 显然树高为 7 时结点最多。完全二叉树与满二叉树相比, 只是在最下一层的右边缺少了部分叶结点, 而最后一层之上是个满二叉树, 并且只有最后两层上有叶结点。若第 6 层上有 8 个叶结点, 则前 6 层为满二叉树, 而第 7 层缺失了 $8 \times 2 = 16$ 个叶结点, 故完全二叉树的结点个数最多为 $2^7 - 1 - 16 = 111$。

28. C 由完全二叉树的性质, 最后一个分支结点的序号为 $\lfloor 768/2 \rfloor = 384$, 故叶子结点的个数为 $768 - 384 = 384$。

【另解】 $n = n_0 + n_1 + n_2 = n_0 + n_1 + (n_0 - 1) = 2n_0 + n_1 - 1$, 其中 $n = 768$, 而在完全二叉树中, n_1 只能取 0 或 1, 当 $n_1 = 0$ 时, n 为小数, 不符合题意。所以 $n_1 = 1$, 故 $n_0 = 384$。

29. A 非叶结点的度均为 2, 且所有叶结点都位于同一层的完全二叉树就是满二叉树。对于一棵高度为 h 的满二叉树(空树−h=0), 其最后一层全部是叶结点, 数目为 2^{1-1}, 总结点数为 $2^1 - 1$。因此当 $2^5 - 1 = k$ 时, 可以得到 $2^1 - 1 = 2k - 1$。

30. A 二叉树采用顺序存储时, 用数组下标来表示结点之间的父子关系。对于一棵高度为 5 的二叉树, 为了满足任意性, 其 1~5 层的所有结点都要被存储起来, 即考虑为一棵高度为 5 的满二叉树, 共需要存储单元的数量为 $1+2+4+8+16 = 31$。

31. C 二叉树中序遍历的最后一个结点一定是从根开始沿右子女指针链走到底的结点, 设用 p 指示。若结点 p 不是叶子结点(其左子树非空), 则前序遍历的最后一个结点在它的左子树中, 选项 A、B 错; 若结点 p 是叶子结点, 则前序与中序遍历的最后一个结点就是它, 选项 C 正确。若中序遍历的最后一个结点 p 不是叶子结点, 它还有一个左子女 q, 结点 q 是叶子结点, 那么结点 q 是前序遍历的最后一个结点, 但不是中序遍历的最后一个结点, 选项 D 错。

32. C 这 3 种遍历方式中, 无论哪种遍历方式, 都先遍历左子树, 再遍历右子树, 所以结点 b 一定在结点 c 的前面访问。

33. C 中序遍历时, 先访问左子树, 再访问根结点, 后访问右子树。n 在 m 前的 3 种可能性如下图所示, 从中看出 n 总是在 m 的左方。

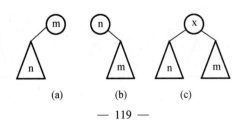

(a)   (b)   (c)

【另解】 设 n 和 m 的最近公共祖先为 p,则有以下情形:

情形 1,m 和 n 分别在 p 的左、右(右、左)分支上;情形 2,m 或 n 为 p 结点,另一结点在 p 的分支上。只有 n 和 m 分别位于 p 的左、右分支上,m 为祖先结点且 n 位于 m 的左分支上,n 为祖先结点且 m 位于 n 的右分支上,符合题意。

34. D　后序遍历的顺序是 LRN,若 n 在 N 的左子树,m 在 N 的右子树,则在后序遍历的过程中 n 在 m 之前访问;若 n 是 m 的子孙,设 m 在 N 的位置,则 n 无论是在 m 的左子树还是在右子树,在后序遍历的过程中 n 都在 m 之前访问。其他都不可以。选项 C 要成立,要加上两个结点位于同一层。

35. C　在后序遍历退回时访问根结点,就可以从下向上把从 n 到 m 的路径上的结点输出,若采用非递归的算法,则当后序遍历访问到 n 时,栈中把从根到 n 的父指针的路径上的结点都记忆下来,也可以找到从 m 到 n 的路径。

36. B　在 3 种遍历方式中,访问左右子树的先后顺序是不变的,只是访问根结点的顺序不同,因此叶子结点的先后顺序完全相同。此外,读者可以采用特殊值法,画一个结点数为 3 的满二叉树,采用 3 种遍历方式来验证答案的正确性。

37. C　对每个顶点从 1 开始按序编号,要求结点编号大于其左、右孩子编号,并且左孩子编号小于右孩子编号。编号越大说明遍历顺序越靠后,因此,三者遍历顺序为先左子树,再右子树,后根结点,4 个选项中仅后序遍历满足要求。

38. D　前序为 A、B、C 的不同二叉树共有 5 种,其中后序为 C、B、A 的有 4 种(前 4 种),都是单支树,如下图所示。

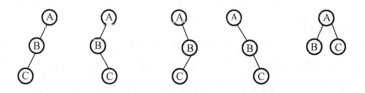

39. C　非空树的先序序列和后序序列相反,即"根左右"与"左右根"顺序相反,因此树只有根结点,或者根结点只有左子树或右子树,以此类推,其子树有同样的性质。因此,树中所有非叶结点的度均为 1,即二叉树仅有一个叶结点。

40. C　设二叉树的前序遍历顺序为 NLR,后序遍历顺序为 LRN。根据题意,在前序遍历序列中 X 在 Y 之前,在后序遍历序列中 X 在 Y 之后,若设 X 在根结点的位置,Y 在其左子树或右子树中,即满足要求。

41. C　先序序列是…a…b…,因此 a 和 b 结点的 3 种情况如下图(a)~(c)所示。中序序列是…b…a…,因此 a 和 b 结点的 3 种情况如下图(d)~(f)所示,相同部分是 b 在 a 的左子树中。

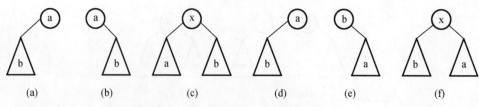

42.B　由题可知,1 为根结点,2 为 1 的孩子。选项 A,3 应为 1 的左孩子,前序序列应为 1,3,…,不符。类似的选项 C 也错误。选项 B,2 为 1 的右孩子,3 为 2 的右孩子……满足题意。选项 D,4,6,3,5,7,2 应为 1 的右子树,2 为 1 的右孩子,4,6,3,5,7 为 2 的左子树,3 为 2 的左孩子,4,6 为 3 的左子树,5,7 为 3 的右子树,前序序列 4,6 应相连,5,7 应相连,专题不符。

【另解1】前序遍历时需要借助栈。二叉树的前序序列和中序序列的关系相当于以前序序列作为入栈次序,以中序序列作为出栈次序。题中以 1,2,3,4,5,6,7 入栈,选项 A,第一个出栈的是 3,故 1 不可能在 2 之前出栈,错误。选项 C,1 不可能在 3 之前出栈,错误。选项 D,6 第三个出栈,此时栈顶元素是 5,不是 3,错误。故选 B。

【另解2】因前序序列和中序序列可以确定一棵二叉树,所以可试着用题目中的序列构造出相应的二叉树,即可得知,只有选项 B 的序列可以构造出二叉树。

43.D　先序序列为 NLR,后序序列为 LRN,虽然可以唯一确定树的根结点,但无法划分左、右子树。例如,先序序列为 A,B,后序序列为 B,A,则其对应的二叉树如下图所示。

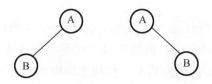

44.D　根据后序序列与中序序列可构造出二叉树,如下图所示。由图可知先序序列为 C,E,D,B,A。

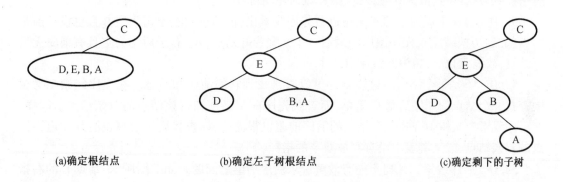

(a)确定根结点　　　　　(b)确定左子树根结点　　　　　(c)确定剩下的子树

45.A　对于这种遍历序列问题,先根据遍历的性质排除若干项,若还无法确定答案,则再根据遍历结果得到二叉树,找到对应遍历序列。例如,在本题中,已知先序和中序遍历结果,可知本树的根结点为 A,左子树有 C 和 B,其余为右子树,则后序遍历结果中,A 一定在最后,并且 C 和 B 一定在前面,排除选项 B 和 D。又因先序中有 DEF,中序中有 EDF,则 D 为这个子树的根,所以 D 在后序中排在 EF 之后,故答案为 A。

根据二叉树的递归定义,要确定二叉树,就要分别找到根结点和左、右子树。因此,根据遍历结果,必定要确定根结点位置和如何划分左、右子树,才可以确定最终的二叉树。故仅有先序和后序遍历不能唯一确定一棵二叉树,而二者之一加上中序遍历都可以唯一确定一棵二叉树。如在本题中,根据先序和中序遍历的结果确定二叉树的过程如下图所示。

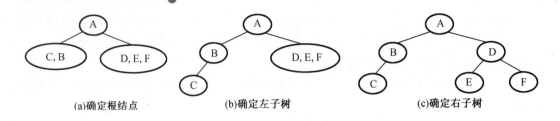

(a)确定根结点　　　　　　(b)确定左子树　　　　　　(c)确定右子树

46. B　可构造出二叉树如下图所示。因此,先序序列为 A,B,C,D,E,F。

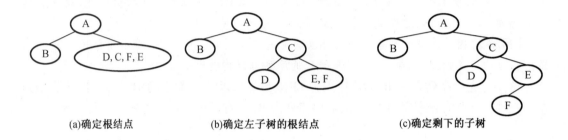

(a)确定根结点　　　　(b)确定左子树的根结点　　　　(c)确定剩下的子树

47. A　线索是前驱结点和后继结点的指针,引入线索的目的是加快对二叉树的遍历。

48. C　二叉树是一种逻辑结构,但线索二叉树是加上线索后的链表结构,即它是二叉树在计算机内部的一种存储结构,所以是一种物理结构。

49. C　n 个结点共有链域指针 $2n$ 个,其中,除根结点外,每个结点都被一个指针指向。剩余的链域建立线索,共 $2n-(n-1)=n+1$ 个线索。

50. C　线索二叉树中用 ltag/rtag 标识结点的左/右指针域是否为线索,其值为 1 时,对应指针域为线索,其值为 0 时,对应指针域为左/右孩子。

51. D　对左子树为空的二叉树进行先序线索化,根结点的左子树为空并且也没有前驱结点(先遍历根结点),先序遍历的最后一个元素为叶结点,左、右子树均为空且有前驱无后继结点,故线索化后,树中空链域有 2 个。

52. D　不是每个结点通过线索都可以直接找到它的前驱和后继。在先序线索二叉树中查找一个结点的先序后继很简单,而查找先序前驱必须知道该结点的双亲结点。同样,在后序线索二叉树中查找一个结点的后序前驱也很简单,而查找后序后继也必须知道该结点的双亲结点,二叉链表中没有存放双亲的指针。

53. D　后序线索二叉树不能有效解决求后序后继的问题。如下图所示,结点 E 的右指针指向右孩子,而在后序序列中 E 的后继结点为 B,在查找 E 的后继时后序线索不能起到任何作用,只能按常规方法来查找。

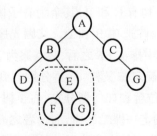

54. C　在二叉中序线索树中,某结点若有左孩子,则按照中序"左根右"的顺序,该结点的前驱结点为左子树中最右的一个结点(注意,并不一定是最右叶子结点)。

55. C　后序线索树遍历时,最后访问根结点,若从右孩子 x 返回访问父结点,则由于结点 x 的右孩子不一定为空(右指针无法指向其后继),因此通过指针可能无法遍历整棵树。如下图所示,结点中的数字表示遍历的顺序,图(c)中结点 6 的右指针指向其右孩子 5,而不指向其后序后继结点 7,因此后序遍历还需要栈的支持,而图(a)和图(b)均可遍历。

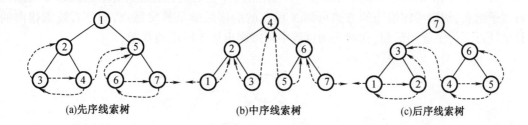

(a)先序线索树　　　　　　(b)中序线索树　　　　　　(c)后序线索树

56. B　非空二叉树的先序序列和后序序列相反,即"根左右"与"左右根"顺序相反,因此树只有根结点,或根结点只有左子树或右子树,以此类推,其子树具有同样的性质,任意结点只有一个孩子,才能满足先序序列和后序序列正好相反。树形应为一个长链,因此选 B。

57. D　分析遍历后的结点序列,可以看出根结点是在中间被访问的,而且右子树结点在左子树之前,则遍历的方法是 RNL。本题考查的遍历方法并不是二叉树遍历的 3 种基本遍历方法,对于考生而言,重要的是掌握遍历的思想。

58. D　题中所给二叉树的后序序列为 d,b,c,a。结点 d 无前驱和左子树,左链域空,无右子树,右链域指向其后继结点 b;结点 b 无左子树,左链域指向其前驱结点 d;结点 c 无左子树,左链域指向其前驱结点 b,无右子树,右链域指向其后继结点 a。正确选项为 D。

59. C　前序序列为 NLR,后序序列为 LRN,由于前序序列和后序序列刚好相反,故不可能存在一个结点同时有左右孩子,即二叉树的高度为 4。1 为根结点,由于根结点只能有左孩子(或右孩子),因此在中序序列中,1 或在序列首或在序列尾,选项 A,B,C,D 皆满足要求。仅考虑以 1 的孩子结点 2 为根结点的子树,它也只能有左孩子(或右孩子),因此在中序序列中,2 或在序列首或在序列尾,A,B,D 皆满足要求,故选 C。

60. A　前序序列和后序序列不能唯一确定一棵二叉树,但可以确定二叉树中结点的祖先关系:当两个结点的前序序列为 X,Y、后序序列为 Y,X 时,则 X 为 Y 的祖先。考虑前序序列 a,e,b,d,c 和后序序列 b,c,d,e,a,可知 a 为根结点,e 为 a 的孩子结点;此外,由 a 的孩子结点的前序序列 e,b,d,c 和后序序列 b,c,d,e,可知 e 是 b,c,d 的祖先,故根结点的孩子结点只有 e。故选 A。

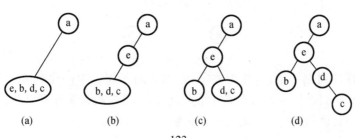

(a)　　　　　　(b)　　　　　　(c)　　　　　　(d)

排除法：显然 a 为根结点，且确定 e 为 a 的孩子结点，排除选项 D。各种遍历算法中左右子树的遍历次序是固定的，若 b 也为 a 的孩子结点，则在前序序列和后序序列中 e、b 的相对次序应是不变的，故排除选项 B，同理排除选项 C。

特殊法：前序序列和后序序列对应多棵不同的二叉树树形，我们只需画出满足该条件的任意一棵二叉树即可，任意一棵二叉树必定满足正确选项的要求。

显然选 A，最终得到的二叉树满足题设中前序序列和后序序列的要求。

61. A 根据后序线索二叉树的定义，X 结点为叶子结点且有左兄弟，因此这个结点为右孩子结点，利用后序遍历的方式可知 X 结点的后序后继是其父结点，即其右线索指向的是父结点。为了更加形象，在解题的过程中可以画出如下所示的草图。

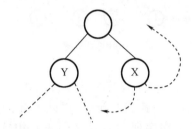

62. D 线索二叉树的线索实际上指向的是相应遍历序列特定结点的前驱结点和后继结点，所以先写出二叉树的中序遍历序列 d,e,b,X,a,s，中序遍历中在 X 左边和右边的字符，就是它在中序线索化的左、右线索，即 b,a，选 D。

63. B 根据二叉树前序遍历和中序遍历的递归算法中递归工作栈的状态变化得出：前序序列和中序序列的关系相当于以前序序列为入栈次序，以中序序列为出栈次序。因为前序序列和中序序列可以唯一地确定一棵二叉树，所以题意相当于"以序列 a,b,c,d 为入栈次序，则出栈序列的个数为多少？"，对于 n 个不同元素进栈，出栈序列的个数为 $\frac{1}{n+1}C_{2n}^{n}=14$。

64. B 后序序列是先左子树，接着右子树，最后父结点，递归进行。根结点左子树的叶结点首先被访问，它是 e。接下来是它的父结点 a，然后是 a 的父结点 c。接着访问根结点的右子树。它的叶结点 b 首先被访问，然后是 b 的父结点 d，再后是 d 的父结点 g，最后是根结点 f，如下图所示。因此 d 与 a 同层，B 正确。

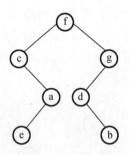

65. B 先序序列先父结点，接着左子树，然后右子树。中序序列先左子树，接着父结点，然后右子树，递归进行。若所有非叶结点只有右子树，则先序序列和中序序列都是先父结点，然后右子树，递归进行，因此选项 B 正确。

66. D　若 n 个结点的二叉树是一棵单支树,则其高度为 n。完全二叉树中最多存在一个度为 1 的结点且只有左孩子,若不存在左孩子,则一定也不存在右孩子,因此必是叶结点,Ⅱ正确。只有满二叉树才具有性质 Ⅲ,如下图所示。

(a)满二叉树转换为对应的森林　　　　　　(b)非满二叉树转换为对应的森林

在树转换为二叉树时,若有几个叶子结点具有共同的双亲,则转换成二叉树后只有一个叶子结点(最右边的叶子结点),如下图所示,Ⅳ错误。注意,若树中的任意两个叶子结点都不存在相同的双亲,则树中的叶子数才有可能与其对应的二叉树中的叶子数相等。

树转换为二叉树

67. D　森林与二叉树具有对应关系,因此,我们存储森林时应先将森林转换成二叉树,转换的方法就是“左孩子右兄弟”,与树不同的是,若存在第二棵树,则二叉链表的根结点的右指针指向的是森林中的第二棵树的根结点。若此森林只有一棵树,则根结点的右指针为空。因此,右指针可能为空也可能不为空。

68. D　森林与二叉树的转换规则同样是“左孩子右兄弟”,不过与普通树不同,森林中的每棵树是独立的,因此先要将每棵树的根结点全部视为兄弟结点的关系。所以,题中森林转换后,树 2 作为树 1 的根结点的右子树,树 3 作为树 2 的根结点的右子树。所以,森林 F 对应的二叉树根结点的右子树上的结点个数是 M_2+M_3。

69. A　森林转换成二叉树时采用孩子兄弟表示法,根结点及其左子树为森林中的第一棵树。右子树为其他剩余的树。所以,第一棵树的结点个数为 m−n。

70. B　将森林中每棵树的根结点视为兄弟结点的关系,再按照“左孩子右兄弟”的规则来进行转换。

71. C　根据森林与二叉树转换规则“左孩子右兄弟”。二叉树 B 中右指针域为空代表该结点没有兄弟结点。森林中每棵树的根结点从第二个开始依次连接到前一棵树的根的右孩子,因此最后一棵树的根结点的右指针为空。另外,每个非终端结点,其所有孩子结点在转换之后,最后一个孩子的右指针也为空,故树 B 中右指针域为空的结点有 n+1 个。

72. B　有序树 T 转换成二叉树 T_1 时,T 的后根序列是对应 T_1 的中序序列还是后序序列呢(显然树的后根序列不可能对应二叉树的先序序列和层序序列)?看下图所示的例子,在树 T 中,叶子结点 B 应最先访问,在 T_1 中,B 的右兄弟 C 转换为它的右孩子,若对应 T_1 的后序序列,则 C 应在 B 的前面访问,所以 T 的后根序列不可能对应 T_1 的后序序列。

73. C 根据二叉树的前序遍历序列和中序遍历序列可以唯一确定一棵二叉树。根据后序遍历序列,A 是二叉树的根结点。根据中序遍历序列,二叉树的形态一定如下图中的(a)所示。

对于 A 的左子树,由后序遍历序列可知,因为 B 比 D 后被访问,因此 B 必为 D 的父结点,又由中序遍历序列可知,D 是 B 的右儿子。对于 A 的右子树,同理可确定结点 E、C、F 的关系。此二叉树的形态如下图中的(b)所示。

再根据二叉树与森林的对应关系,森林中树的棵数即为其对应二叉树(向右上旋转 45° 后)的根结点 A 及其右兄弟数,或解释为:对应二叉树从根结点 A 开始不断往右孩子访问,所访问到的结点数。可知此森林中有 3 棵树,根结点分别为 A,C 和 F。

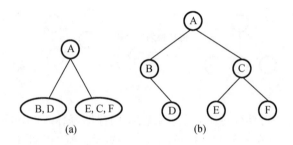

74. D 在二叉树 B 中,X 是其双亲的右孩子,因此在树 T 中,X 必是其双亲结点的右兄弟,换句话说,X 在树中必有左兄弟。

75. B 在森林的二叉树表示中,当 M 和 N 的父结点是二叉树根结点时,M 和 N 在不同的树上。因此 M 和 N 可能无公共祖先。

76. B 森林与二叉树的转换规则为"左孩子右兄弟"。在最后生成的二叉树中,父子关系在对应的森林关系中可能是兄弟关系或原本就是父子关系。情形Ⅰ:若结点 v 是结点 u 的第二个孩子结点,在转换时,结点 v 就变成结点 u 的第一个孩子的右孩子,符合要求。情形Ⅱ:结点 u 和 v 是兄弟结点的关系,但二者之中还有一个兄弟结点 k,转换后结点 v 就变为结点 k 的右孩子,而结点 k 则是结点 u 的右孩子,符合要求。情形Ⅲ:结点 v 的父结点要么是原先的父结点,要么是兄弟结点。若结点 u 的父结点与 v 的父结点是兄弟关系,则转换之后不可能出现结点 u 是结点 v 的父结点的父结点的情形。

77. D 树转换为二叉树时,树的每个分支结点的所有子结点中的最右子结点无右孩子,根结点转换后也没有右孩子,因此,对应二叉树中无右孩子的结点个数 = 分支结点数 + 1 = 2011 − 116 + 1 = 1896。

通常本题应采用特殊法求解,设题意中的树是如右图所示的结构,则对应的二叉树中仅有前 115 个叶结点有右孩子,故无右孩子的结点个数 = 2011 − 115 = 1896。

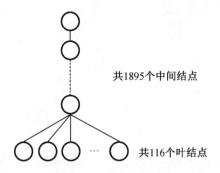

共1895个中间结点

共116个叶结点

78. C 将森林转化为二叉树相当于用孩子兄弟表示法来表示森林。在转化过程中,原森林某结点的第一个孩子结点作为它的左子树,它的兄弟作为它的右子树。森林中的叶结点由于没有孩子结点,转化为二叉树时,该结点就没有左结点,所以 F 中叶结点的个数等于 T 中左孩子指针为空的结点个数,选 C。此题还可通过一些特例来排除选项 A、B 和 D。

79. C 解法一:树有一个很重要的性质,即在 n 个结点的树中有 n−1 条边,"那么对于每棵树,其结点数比边数多 1"。题中的森林中的结点数比边数多 10(即 25−15 = 10),显然共有 10 棵树。

解法二:仔细分析后发现,此题考查的也是图的某些方面的性质:生成树和生成森林。此时对于图的生成树有一个重要的性质,即图中顶点数若为 n,则其生成树含有 n−1 条边。对比解法一中树的性质,不难发现两种解法都用到了性质"树中结点数比边数多 1",接下来的分析如解法一。

80. B 后根遍历树可分为两步:①从左到右访问双亲结点的每个孩子(转化为二叉树后就是先访问根结点再访问右子树);②访问完所有孩子后再访问它们的双亲结点(转化为二叉树后就是先访问左子树再访问根结点),因此树 T 的后根遍历序列与其相应二叉树 BT 的中序遍历序列相同。对于此类题,采用特殊值法求解通常会更便捷,树 T 转化为二叉树 BT 的过程如下图所示,树 T 的后序遍历序列显然和其相应二叉树 BT 的中序遍历序列相同,均为 5,6,7,2,3,4,1。

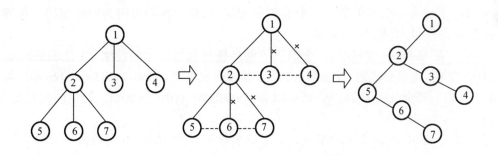

81. C 森林 F 的先根遍历序列对应于其二叉树 T 的先序遍历序列,森林 F 的中根遍历序列对应于其二叉树 T 的中序遍历序列。即 T 的先序遍历序列为 a,b,c,d,e,f,中序遍历序列为 b,a,d,f,e,c。根据二叉树 T 的先序序列和中序序列可以唯一确定它的结构,构造过程如下:

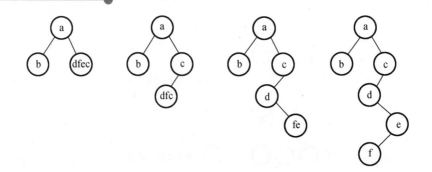

可以得到二叉树 T 的后序序列为 b,f,e,d,c,a。

82. C 由二叉树 T 的先序序列和中序序列可以构造出树 T,如下图所示。由森林转化成二叉树的规则可知,森林中每棵树的根结点以右子树的方式相连,所以 T 中的结点 a、c、f 为 F 中树的根结点,森林 F 中有 3 棵树,故选 C。

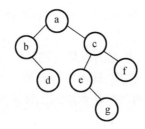

83. A 由 Huffman 树的构造过程可知,Huffman 树中只有度为 0 和 2 的结点。在非空二叉树中,有 $n_0 = n_2 + 1$, 故 $n_2 = n - 1$。

【另解】 n 个结点构造 Huffman 树需要 n-1 次合并过程,每次合并新建一个分支结点,故选 A。

84. C 首先,3 和 5 构造为一棵子树,其根权值为 8,然后该子树与 6 构造为一棵新子树,根权值为 14,再后 9 与 12 构造为一棵子树,最后两棵子树共同构造为一棵 Huffman 树。

85. B 若没有一个编码是另一个编码的前缀,则称这样的编码为前缀编码。选项 B 中,0 是 00 的前缀, 1 是 11 的前缀。

86. C 在 Huffman 编码中,一个编码不能是任何其他编码的前缀。3 位编码可能是 001,对应的 4 位编码只能是 0000 和 0001。3 位编码也可能是 000,对应的 4 位编码只能是 0010 和 0011。若全采用 4 位编码,则可以为 0000,0001,0010 和 0011。题中问的是最多,故选 C。

【另解】 若 Huffman 编码的长度只允许小于等于 4,则 Huffman 树的高度最高是 5,已知一个字符编码为 1,另一个字符编码是 01,这说明第二层和第三层各有一个叶子结点,为使得该树从第 3 层起能够对尽可能多的字符编码,余下的二叉树应该是满二叉树,如下图所示,底层可以有 4 个叶结点,最多可以再对 4 个字符编码。

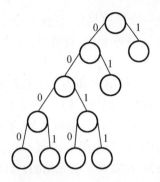

87. B 根据上题的结论,叶子结点数为$(215+1)/2=108$,所以共有 108 个不同的码字。

【另解】 在 Huffman 树中只有度为 0 和 2 的结点,结点总数 $n=n_0+n_2$,且 $n_0=n_2+1$,由题知 $n=215$,$n_0=108$。

88. D Huffman 树通常是指带权路径长度达到最小的扩充二叉树,在其构造过程中每次选根的权值最小的两棵树,一棵作为左子树,一棵作为右子树,生成新的二叉树,新的二叉树根的权值应为其左右两棵子树根结点权值的和。至于谁做左子树,谁做右子树,没有限制,所以构造的 Huffman 树是不唯一的。Huffman 树只有度为 0 和 2 的结点,度为 0 的结点是外结点,带有权值,没有度为 1 的结点。

89. C 一棵度为 m 的 Huffman 树应只有度为 0 和 m 的结点,设度为 m 的结点有 n_m 个,度为 0 的结点有 n_0 个,又设结点总数为 n,$n=n_0+n_m$。因有 n 个结点的哈夫曼树有 $n-1$ 条分支,则 $mn_m=n-1=n_m+n_0-1$,整理得$(m-1)n_m=n_0-1$,$n_m=(n-1)/(m-1)$。

90. B 并查集的存储结构是用双亲表示法存储的树,主要是为了方便两个重要的操作。

91. C 初始时,0~9 各自成一个集合。查找 1~2 时,合并{1}和{2};查找 3~4 时,合并{3}和{4};查找 5~6 时,合并{5}和{6};查找 7~8 时,合并{7}和{8};查找 8~9 时,{7,8}和{9};查找 1~8 时,合并{1,2}和{7,8,9};查找 0~5 时,合并{0}和{5,6};查找 1~9 时,它们属于同一个集合。最终的集合为{0,5,6}、{1,2,7,8,9}和{3,4},因此选 C。

92. D 在用并查集实现 Kruskal 算法求图的最小生成树时:判断是否加入一条边之前,先查找这条边关联的两个顶点是否属于同一个集合(即判断加入这条边之后是否形成回路),若形成回路,则继续判断下一条边;若不形成回路,则将该边和边对应的顶点加入最小生成树 T,并继续判断下一条边,直到所有顶点都已加入最小生成树 T。选项 B 正确。用并查集判断无向图连通性的方法:遍历无向图的边,每遍历到一条边,就把这条边连接的两个顶点合并到同一个集合中,处理完所有边后,只要是相互连通的顶点都会被合并到同一个子集合中,相互不连通的顶点一定在不同的子集合中。选项 C 正确。未做路径优化的并查集在最坏情况下的高度为 $O(n)$,此时查找操作的时间复杂度为 $O(n)$,时间复杂度通常指最坏情况下的时间复杂度。选项 D 错误。

93. A 哈夫曼树为带权路径长度最小的二叉树,不一定是完全二叉树。哈夫曼树中没有度为 1 的结点,选项 B 正确。构造哈夫曼树时,最先选取两个权值最小的结点作为左、右子树构造一棵新的二叉树,选项 C 正确。哈夫曼树中任一非叶结点 P 的权值为其左、右子树根结点的权值之和,其权值不小于其左、右子树根结点的权值,可知哈夫曼树中任一非叶结点的权值一定不小于下一层任一结点的权值,选项 D 正确。

94. D　前缀编码的定义是在一个字符集中,任何一个字符的编码都不是另一个字符编码的前缀。选项 D 中的编码 110 是编码 1100 的前缀,违反了前缀编码的规则,所以选项 D 不是前缀编码。

95. D　在哈夫曼树中,左右孩子权值之和为父结点权值。仅以分析选项 A 为例:若两个 10 分别属于两棵不同的子树,则根的权值不等于其孩子的权值和,不符;若两个 10 属同一棵子树,则其权值不等于其两个孩子(叶结点)的权值和,不符。选项 B、C 的排除方法一样。

96. D　哈夫曼编码是前缀编码,各个编码的前缀不同,因此直接拿编码序列与哈夫曼编码一一比对即可。序列可分割为 0100 011 001001011 110101,译码结果是 afeefgd。选项 D 正确。

97. A　构造一棵符合题意的哈夫曼树,如下图所示。

以左子树为 0,右子树为 1,可知答案为 A。

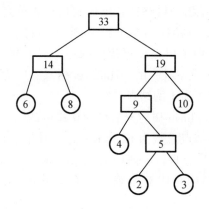

98. C　n 个符号构造成哈夫曼树的过程中,共新建了 n−1 个结点(双分支结点),因此哈夫曼树的结点总数为 2n−1=115,n 的值为 58,答案选 C。

99. B　对于带权值的结点,构造出哈夫曼树的带权路径长度(WPL)最小,哈夫曼树的构造过程如下图所示。求得其 WPL=(10+12)×3 +(30+16+21)×2=200,故选 B。

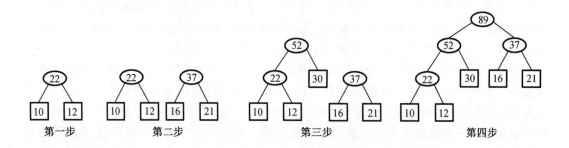

第一步　　　　第二步　　　　　　第三步　　　　　　　　第四步

【综合应用题】

1.【解答】　要求含有 n 个结点的三叉树的最小高度,那么满足条件的一定是一棵完全三叉树,设含有 n 个结点的完全三叉树的高度为 h,第 h 层至少有 1 个结点,至多有 3^{h-1} 个结点。则有

$$1+3^1+3^2+\cdots+3^{h-2}<n\leqslant 1+3^1+3^2+\cdots+3^{h-2}+3^{h-1}$$

即$(3^{h-1}-1)/2<n\leqslant(3^h-1)/2$，得$3^{h-1}<2n+1\leqslant3^h$，也即 $h<\log_3(2n+1)+1$，$h\geqslant\log_3(2n+1)$。

由于 h 只能为正整数，$h=\lceil\log_3(2n+1)\rceil$，故这样的三叉树的最小高度是$\lceil\log_3(2n+1)\rceil$。

2.【解答】　设树中度为$i(i=0,1,2,3,4)$的结点数为n_i，则结点总数$n=n_0+n_1+n_2+n_3+n_4$，即$n=23+n_4$，根据"树中所有结点的度数加1等于结点数"的结论，有$n=0+n_1+2n_2+3n_3+4n_4+1$，即有$n=17+4n_4$。

综合两式得$n_4=2$，$n=25$。所以该树的结点总数为25，度为4的结点个数为2。

3.【解答】　$\sum_{i=0}^{m}in_i$

根据"树中所有结点的度数加1等于结点数"的结论，有$n=\sum_{i=0}^{m}in_i=n_1+2n_2+3n_3+\cdots+mn_m+1$。

又有$n=n_0+n_1+n_2+\cdots+n_m$，所以

$n_0=(n_1+2n_2+3n_3+\cdots+mn_m+1)-(n_1+n_2+\cdots+n_m)$

$\quad=n_2+2n_3+\cdots+(m-1)n_m+1$

$\quad=1+\sum_{i=2}^{m}(i-1)n_i$

注意：综合以上几题，常用于求解树结点与度之间关系的有：

1）总结点数$=n_0+n_1+n_2+\cdots+n_m$。

2）总分支数$=1n_1+2n_2+\cdots+mn_m$（度为 m 的结点引出 m 条分支）。

3）总结点数=总分支数+1。

这个性质经常在选择题中出现，读者对于以上关系应当熟练掌握并灵活应用。

4.【解答】　在非空的二叉树中，由度为0和度为2的结点之间的关系$n_0=n_2+1$，可知$n_2=n_0-1$。因此总结点数$n=n_0+n_1+n_2=2n_0+n_1-1$。

①当$n_1=1$时，$n=2n_0$，$h=\lceil\log_2(n+1)\rceil=\lceil\log_2(2n_0+1)\rceil$。

②当$n_1=0$时，$n=2n_0-1$，$h=\lceil\log_2(n+1)\rceil=\lceil\log_2(2n_0)\rceil=\lceil\log_2(n_0)\rceil+1$。

5.【解答】　满二叉树中$n_1=0$，由二叉树的性质1可知$n_0=n_2+1$，即$n_2=n_0-1$，$n=n_0+n_1+n_2=2n_0-1$，则$n_0=(n+1)/2$。分支结点个数$n_2=n-(n+1)/2=(n-1)/2$。高度为 h 的满二叉树的结点数$n=1+2^1+2^2+\cdots+2^{h-1}=2^h-1$，即高度$h=\log_2(n+1)$。

6.【解答】　在完全二叉树中，若第9层是满的，则结点数$=2^{9-1}=256$，第9层只有240个结点，说明第9层未满，是最后一层。1~8层是满的，所以总结点数$=2^8-1+240=495$。

因为第9层是最后一层，所以第9层的结点都是叶子结点。且第9层的240个结点的双亲在第8层中，其双亲个数为120，即第8层有120个分支结点，其余为叶子结点，所以第8层的叶子结点个数为$2^{8-1}-120=8$。因此，总的叶子结点个数$=8+240=248$。

【另解】　总结点数$n=n_0+n_1+n_2$，$n_2=n_0-1$，$n=n_0+n_1+n_2=2n_0+n_1-1$。若$n_1=1$，则$2n_0+n_1-1=2n_0=495$，不符合；若$n_1=0$，则$2n_0+n_1-1=2n_0-1=495$，则$n_0=248$。注意：对于本题，应理解完全二叉树中只有最低一层的结点是不满的，其他各层的结点是满的（即第 i 层有2^{i-1}个结点）。

7.【解答】　1）第1层有$m^0=1$个结点，第2层有m^2个结点，第3层有m^2个结点……一般地，第 i 层有m^{i-1}个结点$(1\leqslant i\leqslant h)$。

2)在 m 叉树的情形下,结点 i 的第 1 个子女编号为 j=(i−1)*m+2,反过来,结点 i 的双亲的编号是 $\lfloor(i-2)/m\rfloor+1$,根结点没有双亲,所以要求 i>1。

3)因为结点 i 的第 1 个子女编号为 (i−1)m+2,若设该结点子女的序号为 k=1,2,…,m,则第 k 个子女结点的编号为 (i−1)m+k+1(1≤k≤m)。

4)结点 i 不是其双亲的第 m 个子女时才有右兄弟。设其双亲编号为 j,可得 $j=\lfloor(i+m-2)/m\rfloor$,结点 j 的第 m 个子女的编号为 $(j-1)m+m+1=jm+1=\lfloor(i+m-2)/m\rfloor*m+1$,所以当结点的编号 $i\le\lfloor(i+m-2)/m\rfloor*m$ 时才有右兄弟,右兄弟的编号为 i+1。或者,对于任一双亲结点 j,其第 m 个子女结点的编号是 jm+1,故若不为第 m 的子女结点,则 (i−1)%m!=0。

8.【解答】 首先,必须明确二叉树中任意两个结点必然存在最近的公共祖先结点,最坏的情况是根结点(两个结点分别在根结点的左右分支中),而且从最近的公共祖先结点到根结点的全部祖先结点都是公共的。由二叉树顺序存储的性质可知,任一结点 i 的双亲结点的编号为 i/2。求解 i 和 j 最近公共祖先结点的算法步骤如下(设从数组下标 1 开始存储):

1)若 i>j,则结点 i 所在层次大于等于结点 j 所在层次。结点 i 的双亲结点为结点 i/2,若 i/2=j,则结点 i/2 是原结点 i 和结点 j 的最近公共祖先结点,若 i/2≠j,则令 i=i/2,即以该结点 i 的双亲结点为起点,采用递归的方法继续查找。

2)若 j>i,则结点 j 所在层次大于等于结点 i 所在层次。结点 j 的双亲结点为结点 j/2,若 j/2=i,则结点 j/2 是原结点 i 和结点 j 的最近公共祖先结点,若 j/2≠i,则令 j=j/2。

重复上述过程,直到找到它们最近的公共祖先结点为止。

本题代码如下:

```
ElemType Comm_Ancestor(SqTree T, int i, int j){
//本算法在二叉树中查找结点 i 和结点 j 的最近公共祖先结点
  if(T[i]!='#'&&T[j]!='#'){          //结点存在
    while(i!=j){                      //两个编号不同时循环
      if(i>j)
      i=i/2;                          //向上找 i 的祖先
      else
      j=j/2;                          //向上找 j 的祖先
    }
    return  T[i];
  }
}
```

由解题中算法的步骤描述可知,本题也很容易联想到采用递归的方法求解。

9.【解答】 二叉树的先序序列是 NLR,后序序列是 LRN。要使 NLR = NRL(后序序列反序)成立,L 或 R 应为空,这样的二叉树每层只有一个结点,即二叉树的形态是其高度等于结点个数。以 3 个结点 a,b,c 为例,其形态如下图所示。

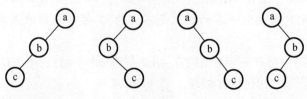

10.【解答】　二叉树的先序序列是 NLR,后序序列是 LRN。要使 NLR＝LRN 成立,L 和 R 应均为空,所以满足条件的二叉树只有一个根结点。

11.【解答】　算法思想:后序非递归遍历二叉树是先访问左子树,再访问右子树,最后访问根结点。访问步骤如下:①沿着根的左孩子,依次入栈,直到左孩子为空。此时栈内元素依次为 ABD。②读栈顶元素:若其右孩子不空且未被访问过,将右子树转执行①;否则,栈顶元素出栈并访问。栈顶 D 的右孩子为空,出栈并访问,它是后序序列的第一个结点;栈顶 B 的右孩子不空且未被访问过,E 入栈,栈顶 E 的左右孩子均为空,出栈并访问;栈顶 B 的右孩子不空但已被访问,B 出栈并访问;栈顶 A 的右孩子不空且未被访问过,C 入栈,栈顶 C 的左右孩子均为空,出栈并访问;栈顶 A 的右孩子不空但已被访问,A 出栈并访问。由此得到后序序列 DEBCA。

在上述思想的第②步中,必须分清返回时是从左子树返回的还是从右子树返回的,因此设定一个辅助指针 r,指向最近访问过的结点。也可在结点中增加一个标志域,记录是否已被访问。

本题算法如下:

```
void PostOrder(BiTree T){
  InitStack(S);
  p=T;
  r=NULL;
  while(p||!IsEmpty(S)){
    if(p){                        //走到最左边
      push(s,p);
      p=p->lohild;
    }
    else{                         //向右
      GetTop(S,p);                //读栈顶结点(非出栈)
        if(p->rchild&&p->rchild!=r)  //若右子树存在,且未被访问过
        p=p->rchild;              //转向右
      else{                       //否则,弹出结点并访问
        pop(S,p);                 //将结点弹出
        visit(p->data);           //访问该结点
        r=p;                      //记录最近访问过的结点
        p=NULL;                   //结点访问完后,重置 p 指针
      }
    }//else
  }//while
}
```

注意:每次出栈访问完一个结点就相当于遍历完以该结点为根的子树,需将 p 置 NULL。

12.【解答】　一般的二叉树层次遍历是自上而下、从左到右,这里的遍历顺序恰好相反。算法思想:利用原有的层次遍历算法,出队的同时将各结点指针入栈,在所有结点入栈后再从栈顶开始依次访问即为所求的算法。具体实现如下:

1)把根结点入队列。

2)把一个元素出队列,遍历这个元素。

3)依次把这个元素的左孩子、右孩子入队列。

4)若队列不空,则跳到2),否则结束。

本题算法如下:

```
void InvertLevel(BiTree bt){
  Stack s; Queue Q;
  if(bt!=NULL){
    InitStack(s);                          //栈初始化,栈中存放二叉树结点的指针
    InitQueue(Q);                          //队列初始化,队列中存放二叉树结点的指针
    EnQueue(Q, bt);
      while(IsEmpty(Q)==false){            //从上而下层次遍历
        DeQueue(Q,p);
        Push(s,p);                         //出队,入栈
        if(p->lchild)
          EnQueue(Q,p->lchild);            //若左子女不空,则入队列
        if(p->rchild)
          EnQueue(Q,p->rchild);            //若右子女不空,则入队列
      }
      while(IsEmpty(s)==false){
        Pop(s,p);
        visit(p->data);
      }                                    //自下而上、从右到左的层次遍历
  }//if 结束
}
```

13.【解答】采用层次遍历的算法,设置变量 level 记录当前结点所在的层数,设置变量 last 指向当前层的最右结点,每次层次遍历出队时与 last 指针比较,若两者相等,则层数加 1,并让 last 指向下一层的最右结点,直到遍历完成。level 的值即为二叉树的高度。

本题算法如下:

```
int Btdepth(BiTree T){
//采用层次遍历的非递归方法求解二叉树的高度
if(!T)
    return 0;                             //树空,高度为 0
    int front=-1, rear=-1;
    int last=0, level=0;                  //last 指向当前层的最右结点
    BiTree Q[MaxSize];                    //设置队列 Q,元素是二叉树结点指针且容量足够
    Q[++rear]=T;                          //将根结点入队
    BiTree p;
      while(front<rear){                  //队不空,则循环
        p=Q[++front];                     //队列元素出队,即正在访问的结点
        if(p->lchild)
          Q[++rear]=p->lchild;            //左孩子入队
        if(p->rchild)
```

```
    Q[++rear]=p->rchild;              //右孩子入队
  if(front==last){                    //处理该层的最右结点
    level++;                          //层数增1
    last=rear;                        //last 指向下层
    }
  }
  return  level;
}
```

求某层的结点个数、每层的结点个数、树的最大宽度等,都采用与此题类似的思想。当然,此题可编写递归算法,其实现如下:

```
int Btdepth2(BiTree T){
  if(T==NULL)
    return  0;                        //空树,高度为 0
  ldep=Btdepth2(T->lchild);           //左子树高度
  rdep=Btdepth2(T->rchild);           //右子树高度
    if(ldep>rdep)
      return ldep+1;                  //树的高度为子树最大高度加根结点
    else
      return rdep+1;
}
```

14.【解答】 由先序序列和中序序列可以唯一确定一棵二叉树。算法的实现步骤如下:

1)根据先序序列确定树的根结点。

2)根据根结点在中序序列中划分出二叉树的左、右子树包含哪些结点,然后根据左、右子树结点在先序序列中的次序确定子树的根结点,即回到步骤1)。

如此重复上述步骤,直到每棵子树仅有一个结点(该子树的根结点)为止,如下图所示。

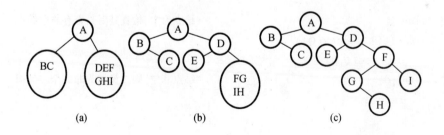

(a)   (b)   (c)

本题算法如下:

```
BiTree PreInCreat(ElemType A[],ElemType B[] , int l1, int h1, int l2, int h2){
//l1,h1 为先序的第一和最后一个结点下标,l2,h2 为中序的第一和最后一个结点下标
//初始调用时, l1=l2=1, h1=h2=n
  root=(BiTNode * ) malloc(sizeof(BiTNode));   //建根结点
  root->data=A[l1];                  //根结点
  for(i=l2;B[i]!=root->data;i++);    //根结点在中序序列中的划分
  llen=i-l2;                         //左子树长度
```

```
    rlen=h2-i;                              //右子树长度
    if(llen)                                //递归建立左子树
      root->lchild=PreInCreat(A,B,l1+1,l1+llen,l2,l2+llen-1);
    else                                    //左子树为空
      root->lchild=NULL;
    if(rlen)                                //递归建立右子树
      root->rchild=PreInCreat(A,B,h1-rlen+1,h1,h2-rlen+1,h2);
    else                                    //右子树为空
      root->rchild=NULL;
    return  root;                           //返回根结点指针
}
```

15.【解答】　根据完全二叉树的定义,具有 n 个结点的完全二叉树与满二叉树中编号从 1~n 的结点一一对应。算法思想:采用层次遍历算法,将所有结点加入队列(包括空结点)。遇到空结点时,查看其后是否有非空结点。若有,则二叉树不是完全二叉树。

　本题算法如下:

```
bool IsComplete(BiTree T){
//本算法判断给定二叉树是否为完全二叉树
  InitQueue(Q);
  if(!T)
    return 1;                              //空树为满二叉树
  EnQueue(Q,T);
  while(!IsEmpty(Q)){
    DeQueue(Q,p);
    if(p){                                 //结点非空,将其左、右子树入队列
      EnQueue(Q,p->lchild);
      EnQueue(Q,p->rchild);
    }
    else                                   //结点为空,检查其后是否有非空结点
      while(!IsEmpty(Q)){
        DeQueue(Q,p);
      if(p)                                //结点非空,则二叉树为非完全二叉树
        return  0;
      }
  }
  return 1;
}
```

16.【解答】　计算一棵二叉树 b 中所有双分支结点个数的递归模型 f(b) 如下:

$$f(b)=0 \qquad\qquad 若 b=NULL$$
$$f(b)=f(b\text{->}lchild)+f(b\text{->}rchild)+1 \qquad 若 *b 为双分支结点$$
$$f(b)=f(b\text{->}lchild)+f(b\text{->}rchild) \qquad 其他情况(*b 为单分支结点或叶子结点)$$

　本题算法如下:

```
int DsonNodes(BiTree b){
```

```
if(b==NULL)
    return 0;
else if(b->lchild!=NULL&&b->rchild!=NULL)    //双分支结点
    return DSonNodes(b->lchild)+DsonNodes(b->rchild)+1;
else
    return DSonNodes(b->lchild)+DsonNodes(b->rchild);
}
```

当然,本题也可以设置一个全局变量 Num,每遍历到一个结点时,判断每个结点是否为分支结点(左、右结点都不为空,注意是双分支),若是则 Num++。

17.【解答】 采用递归算法实现交换二叉树的左、右子树,首先交换 b 结点的左孩子的左、右子树,然后交换 b 结点的右孩子的左、右子树,最后交换 b 结点的左、右孩子,当结点为空时递归结束(后序遍历的思想)。

本题算法如下:

```
void swap(BiTree b){
//本算法递归地交换二叉树的左、右子树
    if(b){
        swap(b->lchild);                //递归地交换左子树
        swap(b->rchild);                //递归地交换右子树
        temp=b->lchild;                 //交换左、右孩子结点
        b->lchild=b->rchild;
        b->rchild=temp;
    }
}
```

18.【解答】 设置一个全局变量 i(初值为 1)来表示进行先序遍历时,当前访问的是第几个结点。然后可以借用先序遍历的代码模型,先序遍历二叉树。当二叉树 b 为空时,返回特殊字符'#';当 k==i 时,该结点即为要找的结点,返回 b->data;当 k≠i 时,递归地在左子树中查找,若找到则返回该值,否则继续递归地在右子树中查找,并返回其结果。对应的递归模型如下:

$f(b,k)='\#'$ 当 b=NULL 时
$f(b,k)=b->data$ 当 i=k 时
$f(b,k)=((ch=f(b->lchild,k))==' '? f(b->rchild,k):ch)$ 其他情况

本题算法如下:

```
int i=1;                                //遍历序号的全局变量
ElemType PreNode(BiTree b, int k){
//本算法查找二叉树先序遍历序列中第 k 个结点的值
    if(b==NULL)                         //空结点,则返回特殊字符
        return '#';
    if(i==k)                            //相等,则当前结点即为第 k 个结点
        return b->data;
    i++;                                //下一个结点
    ch=PreNode(b->lchild,k);            //左子树中递归寻找
    if(ch!='#')                         //在左子树中,则返回该值
```

```
        return ch;
      ch = PreNode(b->rchild,k);              //在右子树中递归寻找
        return ch;
   }
```

本题实质上就是一个遍历算法的实现,只不过用一个全局变量来记录访问的序号,求其他遍历序列的第 k 个结点也采用相似的方法。二叉树的遍历算法可以引申出大量的算法题,因此考生务必要熟练掌握二叉树的遍历算法。

19.【解答】 删除以元素值 x 为根的子树,只要能删除其左、右子树,就可以释放值为 x 的根结点,因此宜采用后序遍历。算法思想:删除值为 x 的结点,意味着应将其父结点的左(右)子女指针置空,用层次遍历易于找到某结点的父结点。本题要求删除树中每个元素值为 x 的结点的子树,因此要遍历完整棵二叉树。

本题算法如下:

```
void DeleteXTree(BiTree &bt){           //删除以 bt 为根的子树
  if(bt){
    DeleteXTree(bt->lchild);
    DeleteXTree(bt->rchild);            //删除 bt 的左子树、右子树
    free(bt);                          //释放被删结点所占的存储空间
  }
}

//在二叉树上查找所有以 x 为元素值的结点,并删除以其为根的子树
void Search(BiTree bt, ElemType x){
  BiTree Q[];                          //Q 是存放二叉树结点指针的队列,容量足够大
  if(bt){
    if(bt->data==x){                   //若根结点值为 x,则删除整棵树
      DeleteXTree(bt);
      exit(0);
    }
    InitQueue(Q);
    EnQueue(Q, bt);
    while(!IsEmpty(Q)){
      DeQueue(Q,p);
        if(p->lchild)                  //若左子女非空
          if(p->lchild->data==x){      //左子树符合则删除左子树
          DeleteXTree(p->lchild);
          p->lchild=NULL;
        }                              //父结点的左子女置空
        else
          EnQueue(Q,p->lchild);        //左子树入队列
      if(p->rchild)                    //若右子女非空
        if(p->rchild->data==x){        //右子女符合则删除右子树
        DeleteXTree(p->rchild);
        p->rchild=NULL;
```

```
        }                          //父结点的右子女置空
      else
        EnQueue(Q,p->rchild);      //右子女人队列
    }
  }
}
```

20.【解答】　算法思想:采用非递归后序遍历,最后访问根结点,访问到值为 x 的结点时,栈中所有元素均为该结点的祖先,依次出栈打印即可。

本题算法如下:

```
typedef struct{
  BiTree  t;
  int   tag;
}stack;                    //tag=0 表示左子女被访问,tag=1 表示右子女被访问
void  Search(BiTree bt,ElemType x){
//在二叉树 bt 中,查找值为 x 的结点,并打印其所有祖先
  stack s[];                        //栈容量足够大
  top=0;
  while(bt!=NULL||top>0){
    while(bt!=NULL&&bt->data!=x){   //结点入栈
      s[++top].t=bt;
      s[top].tag=0;
      bt=bt->1child;                //沿左分支向下
    }
    if(bt!=NULL&&bt->data==x){
      printf("所查结点的所有祖先结点的值为:\n");   //找到 x
      for(i=1;i<=top;i++)
        printf("% d",s[i].t->data);   //输出祖先值后结束
      exit(1);
    }
    while(top!=0&&s[top].tag==1)
      top--;                        //退栈(空遍历)
    if(top!=0){
      s[top].tag=1;
      bt=s[top].t->rchild;          //沿右分支向下遍历
    }
  } //while(bt!=NULL||top>0)
}
```

查找的过程就是后序遍历的过程,因此使用的栈的深度不超过树的深度。

21.【解答】　后序遍历最后访问根结点,即在递归算法中,根是压在栈底的。本题要找 p 和 q 的最近公共祖先结点 r,不失一般性,设 p 在 q 的左边。算法思想:采用后序非递归算法,栈中存放二叉树结点的指针,当访问到某结点时,栈中所有元素均为该结点的祖先。后序遍历必然先遍历到结点 p,栈中元素均为 p 的祖先。先将栈复制到另一辅助栈中。继续

遍历到结点 q 时,将栈中元素从栈顶开始逐个到辅助栈中去匹配,第一个匹配(即相等)的元素就是结点 p 和 q 的最近公共祖先。

本题算法如下:

```
typedef struct{
  BiTree t;
  int tag;   //tag=0 表示左子女已被访问, tag=1 表示右子女已被访问
}stack;
stack s[],s1[];                              //栈容量足够大
BiTree Ancestor(BiTree ROOT,BiTNode *p,BiTNode *q){
//本算法求二叉树中 p 和 q 指向结点的最近公共结点
  top=0;bt=ROOT;
  while(bt!=NULL||top>0){
    while(bt!=NULL){
      s[++top].t=bt;
      s[top].tag=0;
      bt=bt->1child;
    }                                        //沿左分支向下
    while(top!=0&&s[top].tag==1){
//假定 p 在 q 的左侧,遇到 p 时,栈中元素均为 p 的祖先
      if(s[top].t==p){
        for(i=1;i<=top;i++)
          s1[i]=s[i];
          top1=top;
      }                                      //将栈 s 的元素转入辅助栈 s1 保存
      if(s[top].t==q) //找到 q 结点
        for(i=top;i>0;i--){                  //将栈中元素的树结点到 s1 中去匹配
          for(j=top1;j>0;j--)
          if(s1[j].t==s[i].t)
            return  s[i].t;                  //p 和 q 的最近公共祖先已找到
          }
          top--;                             //退栈
      } //while
      if(top!=0){
        s[top].tag=1;
        bt=s[top].t->rchild;
      }                                      //沿右分支向下遍历
    } //while
    return  NULL;                            //p 和 q 无公共祖先
}
```

22.【解答】 采用层次遍历的方法求出所有结点的层次,并将所有结点和对应的层次放在一个队列中。然后通过扫描队列求出各层的结点总数,最大的层结点总数即为二叉树的宽度。

本题算法如下：

```
typedef struct{
  BiTree data[MaxSize];              //保存队列中的结点指针
  int level[MaxSize];                //保存 data 中相同下标结点的层次
  int front, rear;
}Qu;
int BTWidth(BiTree b){
  BiTree p;
  int k, max,i,n;
  Qu.front=Qu.rear=-1;               //队列为空
  Qu.rear++;
  Qu.data[Qu.rear]=b;                //根结点指针入队
  Qu.level[Qu.rear]=1;               //根结点层次为1
  while(Qu.front<Qu.rear){
    Qu.front++;                      //出队
    p=Qu.data[Qu.front];             //出队结点
    k=Qu.level[Qu.front];            //出队结点的层次
    if(p->lchild!=NULL){             //左孩子进队列
      Qu.rear++;
      Qu.data[Qu.rear]=p->lchild;
      Qu.level[Qu.rear]=k+1;
    }
    if(p->rchild!=NULL) {            //右孩子进队列
      Qu.rear++;
      Qu.data[Qu.rear]=p->rchild;
      Qu.level[Qu.rear]=k+1;
    }
  }                                  //while
  max=0;i=0;                         //max 保存同一层最多的结点个数
  k=1;                               //k 表示从第一层开始查找
  while(i<=Qu.rear){                 //i 扫描队列中所有元素
    n=0;                             //n 统计第 k 层的结点个数
    while(i<=Qu.rear&&Qu.level[i]==k){
      n++;
      i++;
    }
    k=Qu.level[i];
    if(n>max)  max=n;                //保存最大的 n
  }
  return max;
}
```

注意：本题队列中的结点，在出队后仍需要保留在队列中，以便求二叉树的宽度，所以设置的队列采用非环形队列，否则在出队后可能被其他结点覆盖，无法再求二叉树的宽度。

23.【解答】　对于一般二叉树,仅根据先序或后序序列,不能确定另一个遍历序列。但对于满二叉树,任意一个结点的左、右子树均含有相等的结点数,同时,先序序列的第一个结点作为后序序列的最后一个结点, 由此得到将先序序列 pre[l1···h1] 转换为后序序列 post[l2···h2] 的递归模型如下:

$$f(pre,l1,h1, post,l2,h2) \equiv 不做任何事情 \qquad h1<l1 \text{ 时}$$

$$f(pre,l1,h1, post,l2, h2) = post[h2] = pre[l1] \qquad 其他情况$$

取中间位置 half=(h1-l1)/2;

将 pre[l1+1,l1+half]左子树转换为 post[l2,l2+half-1],

即 f(pre,l1+1,l1+half, post,l2,l2+half-1);

将 pre[l1+half+1,h1]右子树转换为 post[l2+half,h2-1],

即 f(pre,l1+half+1,h1, post,l2+half,h2-1)。

其中,post[h2]=pre[l1]表示后序序列的最后一个结点(根结点)等于先序序列的第一个结点(根结点)。相应的算法实现如下:

```
void PreToPost(ElemType pre[], int l1, int h1,ElemType post[], int l2, int h2){
  int half;
  if(h1>=l1){
    post[h2]=pre[l1];
    half=(h1-l1)/2;
    PreToPost(pre,l1+1,l1+half, post,l2,l2+half-1);  //转换左子树
    PreToPost(pre,l1+half+1,h1, post,l2+half, h2-1);  //转换右子树
  }
}
```

例如,有以下代码:

```
ElemType *pre="ABCDEFG";
ElemType post[MaxSize];
PreToPost(pre,0,6,post,0,6);
printf("后序序列: ");
for(int i=0;i<=6;i++)
  printf("%c", post[i]);
printf("\n");
```

执行结果如下:

后序序列: C D B F G E A

24.【解答】　通常我们所用的先序、中序和后序遍历对于叶结点的访问顺序都是从左到右,这里我们选择中序递归遍历。算法思想:设置前驱结点指针 pre,初始为空。第一个叶结点由指针 head 指向,遍历到叶结点时,就将它前驱的 rchild 指针指向它,最后一个叶结点的 rchild 为空。算法实现如下:

```
LinkedList head, pre=NULL;          //全局变量
LinkedList InOrder(BiTree bt){
  if(bt){
    InOrder(bt->lchild);            //中序遍历左子树
```

```
    if(bt->lchild==NULL&&bt->rchild==NULL)    //叶结点
      if(pre==NULL){
        head=bt;
        pre=bt;
      }                                       //处理第一个叶结点
        else{
          pre->rchild=bt;
          pre=bt;
        }                                     //将叶结点链入链表
        InOrder(bt->rchild);                  //中序遍历右子树
        pre->rchild=NULL;                     //设置链表尾
    }
    return head;
  }
```

上述算法的时间复杂度为 O(n),辅助变量使用 head 和 pre,栈空间复杂度为 O(n)。

25.【解答】　本题采用递归的思想求解,若 T_1 和 T_2 都是空树,则相似;若有一个为空另一个不空,则必然不相似;否则递归地比较它们的左、右子树是否相似。递归函数的定义如下:

1)f(T1,T2)=1;若 T1==T2==NULL。

2)f(T1,T2)=0;若 T1 和 T2 之一为 NULL,另一个不为 NULL。

3)f(T1,T2)=f(T1->lchild,T2->lchild)&&f(T1->rchild,T2->rchild);若 T1 和 T2 均不为 NULL。

算法实现如下:

```
int similar(BiTree T1,BiTree T2){
//采用递归的算法判断两棵二叉树是否相似
  int leftS, rightS;
  if(T1==NULL&&T2==NULL)            //两树皆空
    return 1;
  else if(T1==NULL||T2==NULL)       //只有一树为空
    return 0;
  else{                             //递归判断
    leftS=similar(T1->lchild,T2->lchild);
    rightS=similar(T1->rchild,T2->rchild);
    return leftS&&rightS;
  }
}
```

26.【解答】　算法思想:在后序序列中,若结点 p 有右子女,则右子女是其前驱,若无右子女而有左子女,则左子女是其前驱。若结点 p 无左、右子女,设其中序左线索指向某祖先结点 f(p 是 f 右子树中按中序遍历的第一个结点),若 f 有左子女,则其左子女是结点 p 在后序下的前驱;若 f 无左子女,则顺其前驱找双亲的双亲,一直找到双亲有左子女(这时左子女是 p 的前驱)。还有一种情况,若 p 是中序遍历的第一个结点,则结点 p 在中序和后序下均无前驱。

算法实现如下：

```
BiThrTree InPostPre(BiThrTree t, BiThrTree p){
//在中序线索二叉树 t 中,求指定结点 p 在后序下的前驱结点 q
  BiThrTree q;
  if(p->rtag==0)                        //若 p 有右子女,则右子女是其后序前驱
    q=p->rchild;
  else if(p->ltag==0)                   //若 p 只有左子女,则左子女是其后序前驱
    q=p->lchild;
  else if(p->lchild==NULL)
    q=NULL;                             //p 是中序序列第一结点,无后序前驱
  else{        //顺左线索向上找 p 的祖先,若存在,再找祖先的左子女
    while(p->ltag==1&&p->lchild!=NULL)
      p=p->lchild;
    if(p->ltag==0)
  q=p->lchild;                          //p 结点的祖先的左子女是其后序前驱
    else
      q=NULL;                           //仅有单支树(p 是叶子),已到根结点,p 无后序前驱
  }
    return q;
}
```

27.【解答】 考查二叉树的带权路径长度,二叉树的带权路径长度为每个叶结点的深度与权值之积的总和,可以使用先序遍历或层次遍历解决问题(考生只需采用一种思路)。

1)算法的基本设计思想。

①基于先序递归遍历的算法思想是用一个 static 变量记录 wpl,把每个结点的深度作为递归函数的一个参数传递,算法步骤如下：

若该结点是叶结点,则变量 wpl 加上该结点的深度与权值之积。

若该结点是非叶结点,则左子树不为空时,对左子树调用递归算法,右子树不为空,对右子树调用递归算法,深度参数均为本结点的深度参数加 1。

最后返回计算出的 wpl 即可。

②基于层次遍历的算法思想是使用队列进行层次遍历,并记录当前的层数：

当遍历到叶结点时,累积 wpl。

当遍历到非叶结点时,把该结点的子树加入队列。

当某结点为该层的最后一个结点时,层数自增 1。

队列空时遍历结束,返回 wpl。

2)二叉树结点的数据类型定义如下。

```
Typedef struct BiTNode{
  int weight;
  struct BiTNode * lchild, * rchild;
}BiTNode, * BiTree;
```

3)算法的代码如下。

①基于先序遍历的算法

```
int WPL(BiTree root){
  return wpl_PreOrder(root,0);
}
int wpl_PreOrder(BiTree root, int deep){
  static int wpl=0;                      //定义变量存储 wpl
  if(root->lchild==NULL&&root->rchild==NULL)   //若为叶结点,则累积 wpl
    wpl+=deep*root->weight;
  if(root->lchild!=NULL)                 //若左子树不空,则对左子树递归遍历
    wpl_PreOrder(root->lchild, deep+1);
  if(root->rchild!=NULL)                 //若右子树不空,则对右子树递归遍历
    wpl_PreOrder(root->rchild, deep+1);
  return wpl;
}
```

②基于层次遍历的算法

```
#define MaxSize 100                      //设置队列的最大容量
int wpl_LevelOrder(BiTree root){
BiTree q[MaxSize];                       //声明队列,end1 为头指针,end2 为尾指针
int end1,end2;                           //队列最多容纳 MaxSize-1 个元素
end1=end2=0;                 //头指针指向队头元素,尾指针指向队尾的后一个元素
int wpl=0, deep=0;                       //初始化 wpl 和深度
BiTree lastNode;                         //lastNode 用来记录当前层的最后一个结点
BiTree newlastNode;                //newlastNode 用来记录下一层的最后一个结点
lastNode=root;                           //lastNode 初始化为根结点
newlastNode=NULL;                        //newlastNode 初始化为空
q[end2++]=root;                          //根结点入队
while(end1!=end2){                       //层次遍历,若队列不空则循环
  BiTree t=q[end1++];                    //拿出队列中的头一个元素
  if(t->lchild==NULL&&t->rchild==NULL){
    wpl+=deep*t->weight;
  }                                      //若为叶结点,则统计 wpl
  if(t->lchild!=NULL){                   //若非叶结点,则让左结点入队
    q[end2++]=t->lchild;
    newlastNode=t->lchild;
  }                                 //并设下一层的最后一个结点为该结点的左结点
  if(t->rchild!=NULL){                   //处理叶结点
    q[end2++]=t->rchild;
    newlastNode=t->rchild;
  }
  if(t==lastNode){                  //若该结点为本层最后一个结点,则更新 lastNode
    lastNode=newlastNode;
```

```
    deep+=1;                                    //层数加1
  }
}
return wpl;                                     //返回 wpl
}
```

注意:当 static 关键字用于代码块内部的变量的声明时,用于修改变量的存储类型,即从自动变量修改为静态变量,但变量的链接属性和作用域不受影响。用这种方式声明的变量在程序执行之前创建,并在程序的整个执行期间一直存在,而不是每次在代码块开始执行时创建,在代码块执行完毕后销毁。也就是说,它保持局部变量内容的持久。静态局部变量的生存期虽然为整个源程序,但其作用域仍与局部变量相同,即只能在定义该变量的函数内使用该变量。退出该函数后,尽管该变量还继续存在,但不能使用它。

28.【解答】 1)算法的基本设计思想。

表达式树的中序序列加上必要的括号即为等价的中缀表达式。可以基于二叉树的中序遍历策略得到所需的表达式。

表达式树中分支结点所对应的子表达式的计算次序,由该分支结点所处的位置决定。为得到正确的中缀表达式,需要在生成遍历序列的同时,在适当位置增加必要的括号。显然,表达式的最外层(对应根结点)和操作数(对应叶结点)不需要添加括号。

2)算法实现。

将二叉树的中序遍历递归算法稍加改造即可得本题的答案。除根结点和叶结点外,遍历到其他结点时在遍历其左子树之前加上左括号,遍历完右子树后加上右括号。

```
void BtreeToE(BTree * root){
  BtreeToExp(root,1);                           //根的高度为1
}
void BtreeToExp(BTree * root, int deep)
{
  if(root==NULL) return;                        //空结点返回
    else if(root->left==NULL&&root->right==NULL)    //若为叶结点
    printf("% s", root->data);                  //输出操作数,不加括号
  else{
    if(deep>1) printf("(");                     //若有子表达式则加1层括号
      BtreeToExp(root->left, deep+1);
    printf("% s", root->data);                  //输出操作符
      BtreeToExp(root->right, deep+1);
    if(deep>1) printf(")");                     //若有子表达式则加1层括号
  }
}
```

29.【解答】 一棵树的先根遍历结果与其对应二叉树的先序遍历结果相同,树的后根遍历结果与其对应二叉树表示的中序遍历结果相同。由于二叉树的先序序列和中序序列能够唯一地确定这棵二叉树,因此,根据题目给出的条件,利用树的先根遍历序列和后根遍历序列能够唯一地确定这棵树。例如,对于下图所示的树,对应二叉树的先序序列为1,2,3,4,5,6,8,7,中序序列为3,4,8,6,7,5,2,1。原树的先根遍历序列为1,2,3,4,5,6,8,7,后根遍历序列为3,4,8,6,7,5,2,1。

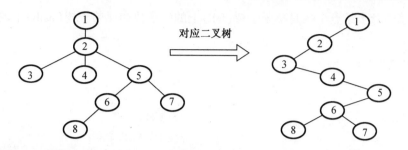

注意:树的先根遍历、后根遍历与对应二叉树的前序遍历、中序遍历对应。

30.【解答】 根据树与二叉树"左孩子右兄弟"的转换规则,将森林转换为二叉树的过程如下:①将每棵树的根结点也视为兄弟关系,在兄弟结点之间加一连线。②对每个结点,只保留它与第一个子结点的连线,与其他子结点的连线全部抹掉。③以树根为轴心,顺时针旋转45°。结果如下图所示。

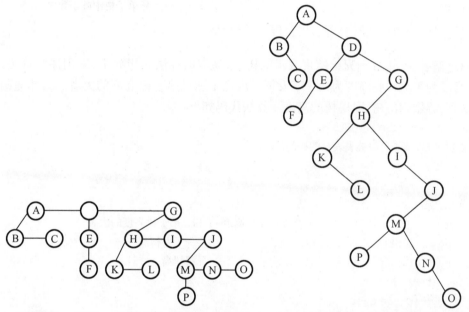

31.【解答】 知道二叉树的先序和中序遍历后,可以唯一确定这棵树的结构,然后把二叉树转换到树和森林的方式是,若结点 x 是双亲 y 的左孩子,则把 x 的右孩子、右孩子的右孩子……都与 y 用连线连起来,最后去掉所有双亲到右孩子的连线。

最后得到的二叉树及对应的森林如下图所示。

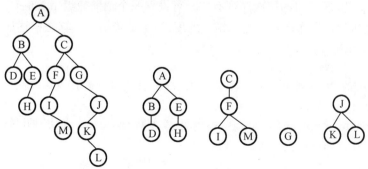

32.【解答】 当森林(树)以孩子兄弟表示法存储时,若结点没有孩子(fch = null),则它

必是叶子,总的叶子结点个数是孩子子树(fch)上的叶子数和兄弟子树(nsib)上的叶结点个数之和。

算法代码如下:

```
typedef struct node
{
    ElemType    data;                    //数据域
    struct node * fch, * nsib;           //孩子与兄弟域
} * Tree;
int   Leaves(Tree t){                    //计算以孩子兄弟表示法存储的森林的叶子数
    if(t = =NULL)
    return   0;                           //树空返回 0
    if(t->fch = =NULL)                    //若结点无孩子,则该结点必是叶子
      return 1+Leaves(t->nsib);          //返回叶子结点和其兄弟子树中的叶子结点数
    else                                 //孩子子树和兄弟子树中叶子数之和
      return   Leaves(t->fch)+Leaves(t->nsib);
}
```

33.【解答】 由孩子兄弟链表表示的树,求高度的算法思想如下:采用递归算法,若树为空,高度为零;否则,高度为第一子女树高度加 1 和兄弟子树高度的大者。其非递归算法使用队列,逐层遍历树,取得树的高度。算法代码如下:

```
int   Height(CSTree bt){
//递归求以孩子兄弟链表表示的树的深度
    int hc, hs;
    if (bt = =NULL)
      return 0;
    else{                      //否则,高度取子女高度+1 和兄弟子树高度的大者
      hc=height(bt->firstchild);        //第一子女树高
      hs =height (bt->nextsibling);     //兄弟树高
        if(hc+1>hs)
          return hc+1;
        else
            return hs;
    }
}
```

34.【解答】 本题与树的层次序列有关。可设立一个辅助数组 pointer[ ]存储新建树的各结点的地址,再根据层次序列与每个结点的度,逐个链接结点。算法描述如下:

```
#define maxNodes 15
void createCSTree_Degree(CSTree&T,DataType e[ ], int degree[ ], int n){
//根据树结点的层次序列 e[ ]和各结点的度 degree[ ]构造树的孩子-兄弟链表
//参数 n 是树结点个数
CSNode * pointer=new CSNode[maxNodes];//判断 pointer[i]为空的语句未写
    int i,j,d,k=0;
    for(i=0;i<n;i++){                  //初始化
      pointer[i]->data=e[i];
```

```
    pointer[i]->lchild=pointer[i]->rsibling=NULL;
  }
  for(i=0;i<n;i++){
    d=degree[i];                      //结点 i 的度数
    if(d){
      k++;                            //k 为子女结点序号
        pointer[i]->lchild=pointer[k];   //建立 i 与子女 k 间的链接
        for(j=2;j<=d;j++){
          k++;
        pointer[k-1]->rsibling=pointer[k];
        }
      }
  }
  T=pointer[0];
  delete [] pointer;
}
```

35.【解答】 1)正则 k 叉树中仅含有两类结点:叶结点(个数记为 n_0)和度为 k 的分支结点(个数记为 n_k)。树 T 中的结点总数 $n=n_0+n_k=n_0+m$。树中所含的边数 $e=n-1$,这些边均是从 m 个度为 k 的结点发出的, 即 $e=mk$。整理得 $n_0+m=mk+1$, 故 $n_0=(k-1)m+1$。

2)高度为 h 的正则 k 叉树 T 中,含最多结点的树形为:除第 h 层外,第 1 到第 h-1 层的结点都是度为 k 的分支结点;而第 h 层均为叶结点,即树是"满"树。此时第 $j(1≤j≤h)$ 层的结点数为 k^{j-1},结点总数 M_1 为

$$M_1 = \sum_{j=1}^{h} k^{j-1} = \frac{k^h - 1}{k - 1}$$

含最少结点的正则 k 叉树的树形为:第 1 层只有根结点,第 2 到第 h-1 层仅含 1 个分支结点和 k-1 个叶结点,第 h 层有 k 个叶结点。也就是说,除根外,第 2 到第 h 层中每层的结点数均为 k,故 T 中所含结点总数 M_2 为

$$M_2 = 1+(h-1)k$$

36.【解答】 根据哈夫曼树的构造方法,每次从森林中选取两个根结点值最小的树合并成一棵树,将原先的两棵树作为左、右子树,且新根结点的值为左、右孩子关键字之和。构造过程如下图所示。

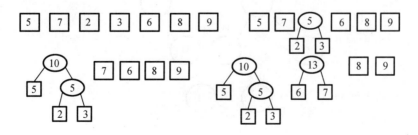

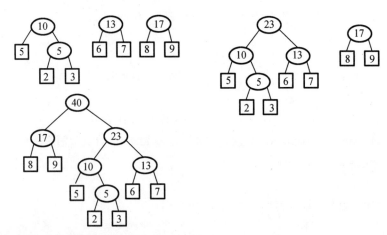

由构造出的哈夫曼树可得 WPL= (2 + 3)×4+(5+6+7)×3 + (8 + 9)×2 =108。

注意:哈夫曼树并不唯一,但带权路径长度一定是相同的。

37.【解答】 1)由于最先合并的表中的元素在后续的每次合并中都会再次参与比较,因此求最小合并次数类似于求最小带权路径长度,此时可立即想到哈夫曼树。根据哈夫曼树的构造过程,每次选择表集合中长度最小的两个表进行合并。6 个表的合并顺序如下图所示。

根据图中的哈夫曼树,6 个序列的合并过程如下:

①在表集合{10,35,40, 50,60, 200}中,选择表 A 与表 B 合并,生成含 45 个元素的表 AB。

②在表集合{40,45,50,60,200}中,将表 AB 与表 C 合并,生成含 85 个元素的表 ABC。

③在表集合{50,60,85,200}中,将表 D 与表 E 合并,生成含 110 个元素的表 DE。

④在表集合{85,110,200}中,表 ABC 与表 DE 合并,生成含 195 个元素的表 ABCDE。

⑤当前表集合为{195,200},表 ABCDE 与表 F 合并,生成含 395 个元素的表 ABCDEF。

由于合并两个长度分别为 m 和 n 的有序表,最坏情况下需要比较 m+n-1 次,故最坏情况下比较的总次数计算如下:

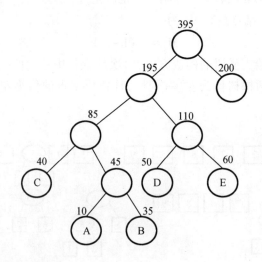

第 1 次合并:最多比较次数 = 10+35-1 = 44。

第 2 次合并:最多比较次数 = 40+45-1 = 84。

第 3 次合并:最多比较次数 = 50+60-1 = 109。

第 4 次合并:最多比较次数 = 85+110-1 = 194。

第 5 次合并:最多比较次数 = 195+200-1 = 394。

比较的总次数最多为 44+84+109+194+394 = 825。

2)各表的合并策略是:对多个有序表进行两两合并时,若表长不同,则最坏情况下总的比较次数依赖于表的合并次序。可以借助于哈夫曼树的构造思想,依次选择最短的两个表进行合并,此时可以获得最坏情况下的最佳合并效率。

38.【解答】 1)使用一棵二叉树保存字符集中各字符的编码,每个编码对应于从根开始到达某叶结点的一条路径,路径长度等于编码位数,路径到达的叶结点中保存该编码对应的字符。

2)从左至右依次扫描 0/1 串中的各位。从根开始,根据串中当前位沿当前结点的左子指针或右子指针下移,直到移动到叶结点时为止。输出叶结点中保存的字符。然后从根开始重复这个过程,直到扫描到 0/1 串结束,译码完成。

3)二叉树既可用于保存各字符的编码,又可用于检测编码是否具有前缀特性。判定编码是否具有前缀特性的过程,也是构建二叉树的过程。初始时,二叉树中仅含有根结点,其左子指针和右子指针均为空。

依次读入每个编码 C,建立/寻找从根开始对应于该编码的一条路径,过程如下:

对每个编码,从左至右扫描 C 的各位,根据 C 的当前位(0 或 1)沿结点的指针(左子指针或右子指针)向下移动。当遇到空指针时,创建新结点,让空指针指向该新结点并继续移动。沿指针移动的过程中,可能遇到三种情况:

①若遇到了叶结点(非根),则表明不具有前缀特性,返回。

②若在处理 C 的所有位的过程中,均没有创建新结点,则表明不具有前缀特性,返回。

③若在处理 C 的最后一个编码位时创建了新结点,则继续验证下一个编码。

若所有编码均通过验证,则编码具有前缀特性。

第 5 章 图

5.1 本 章 导 学

本章概述	图结构是一种比树结构更复杂的非线性结构,在图结构中,任意两个顶点之间都可能有关系。图结构具有极强的表达能力,可用于描述各种复杂的数据对象。图的应用十分广泛,典型的应用领域有电路分析、项目规划、鉴别化合物、统计力学、遗传学、人工智能、语言学等。本章是本课程的难点和重点。 本章介绍图的定义、分类和基本术语,讨论图的邻接矩阵存储和邻接表存储,讨论图的遍历操作及具体实现,最后介绍图的四个经典应用:最小生成树、最短路径、拓扑排序和关键路径
教学重点	图的基本术语;图的存储表示;图的遍历;图的经典应用
教学难点	图的遍历算法;Prim 算法;Kruskal 算法;Dijkstra 算法;Floyd 算法;拓扑排序算法;关键路径算法

教学内容和教学目标	知识点	教学要求			
		了解	理解	掌握	熟练掌握
	图的定义和基本术语			√	
	图的抽象数据类型定义		√		
	图的邻接矩阵存储及实现				√
	图的邻接表存储及实现			√	
	邻接矩阵和邻接表的比较		√		
	Prim 算法			√	
	Kruskal 算法		√		
	Dijkstra 算法			√	
	Floyd 算法		√		
	AOV 网的定义及性质		√		
	拓扑排序算法			√	
	AOE 网的定义及性质		√		
	关键路径算法		√		

5.2　重难点解析

1. 是否有"空图"的概念？

【解析】　图的定义要求顶点集合不能为空，边集合可以为空，严格地讲，没有"空图"这个定义。由此引申，一棵自由树是图的最小连通子图，它至少有一个顶点。

2. 有 n 个顶点的无向图最多有多少条边，最少有多少条边？无向连通图的情形呢？

【解析】　n 个顶点的无向图最多有 n(n-1)/2 条边，每条边是双向的，最少有 0 条边；如果是无向连通图，最少有 n-1 条边。

3. 有 n 个顶点的有向图最多有多少条边，最少有多少条边？强连通图的情形呢？

【解析】　n 个顶点的有向图最多有 n(n-1) 条边，每条边是有方向的，最少有 0 条边；如果是强连通图，最多有 n(n-1) 条边，最少有 n 条边(环)，特别情形 n=1 时最少边数为 0。

4. 在无向图中顶点的度与边有何关系？在有向图中顶点的出度、入度与边有何关系？

【解析】　对于无向图情形，所有顶点的度数总和等于边数的 2 倍，这是因为一条边与两个顶点关联，它们在计算度数时做了重复计算。对有向图情形，所有顶点的出度总和等于入度总和，还等于边数，因为总体来看，边的出、入是平衡的。

5. 图中任意两顶点间的路径是用顶点序列标识的，还是用边序列标识的？

【解析】　任意两个顶点之间的路径是用顶点序列标识的。如最短路径、最长路径都如此，但在某些算法(如求关键路径)中，用组成路径的边标识更方便些，即便如此，还是要标出顶点序列。

6. 图中各个顶点的顶点号是否固定不变？是否可以根据需要改变各个顶点的顶点号？改变顶点号时是否会改变各个顶点的邻接关系？

【解析】　图中各个顶点的顶点号是人为设置的，可以根据需要改变这些编号，并改变存放顺序。改变顶点号时不会改变各个顶点的邻接关系。

7. 简单路径的长度最长是多少？

【解析】　有 n 个顶点的图的简单路径的长度最长不超过 n-1。因为路径长度是用路径上边的数目来衡量的，简单路径要求路径上的顶点不重复，最多经过 n 个顶点，用 n-1 条边连接。

8. 长度为 k 的简单路径的数目是多少？

【解析】　长度为 k 的简单路径的数目不超过 n!/(n-k-1)!，$1 \leqslant k \leqslant n-1$。可以用数学归纳法证明。

9. 自由树和生成树是什么关系？

【解析】　自由树是无回路的连通图，没有确定根。生成树则是连通图中包含所有顶点的极小连通子图，但有根的概念。连通图中有 n 个顶点，它们都有 n-1 条边。

10. 有 n 个顶点和 e 条边的无向图的邻接矩阵有多少矩阵元素？其中有多少零元素？有向图的情形呢？

【解析】　n 个顶点的无向图的邻接矩阵有 n^2 个矩阵元素，因为是对称矩阵，所以有 e 条边时有 2e 个非零元素，n^2-2e 个零元素。有向图的邻接矩阵也有 n^2 个矩阵元素，因为不对称，有 e 个非零元素，n^2-e 个零元素。

11. 为什么在有向图的邻接矩阵中,统计某行 1 的个数得到顶点的出度,统计某列 1 的个数得到某顶点的入度?

【解析】 邻接矩阵中某矩阵元素 Edge[i][j] = 1 表明从顶点 i 到 j 有一条有向边,是从行读到列的。统计第 i 行 1 的个数,得到从顶点 i 到其他顶点有多少条边,即计算顶点 i 的出度;统计第 j 列 1 的个数,表明有多少条边从其他顶点进入顶点 j,即计算顶点 j 的入度。无向图则不区分它们。

12. 有一个存储 n 个顶点和 e 条边的邻接表,某个算法要求检查每个顶点,并扫描每个顶点的边链表,那么这样的算法的时间复杂度是 O(ne) 还是 O(n+e)?

【解析】 算法对邻接表的每个顶点都做了检查,时间复杂度是 O(n),在处理每个顶点时又检查了该顶点的边链表,然而所有边链表都检查一遍才是 O(e)。这样,访问顶点和访问边不是典型的嵌套关系了,时间复杂度是 O(n+e) 而不是 O(ne)。

13. 设每个顶点数据占 4 个字节,顶点号占 2 个字节,每条边的权重占 4 个字节,每个指针占 2 个字节。若一个有向图有 n 个顶点 e 条边,请问使用邻接矩阵经济还是使用邻接表经济?

【解析】 邻接矩阵表示中顶点向量需要 4n 字节,邻接矩阵需要 $4n^2$ 字节,共 $4(n+n^2)$ 字节。邻接表表示中顶点向量需要 n(4+2) 字节,边链表需要 e(2+4+2) 字节,共 6n+8e 字节。$4(n+n^2)-(6n+8e)=4n^2-2n-8e$。在稠密图的情形,即 e 与 n^2 等数量级,邻接矩阵与邻接表的存储耗费差不多;在稀疏图的情形,即 e 远小于 n^2,使用邻接表经济。

14. 有向图的邻接表与逆邻接表组合起来形成十字链表,适合于什么场合?

【解析】 适合于往复处理的场合。例如,求强连通分量时需要正反向判断,求关键路径需要正反向求事件的最早和最迟时间等。

15. 图的遍历针对顶点,要求按一定顺序访问图中所有顶点,且每个顶点仅访问一次。可否针对边也使用遍历算法?

【解析】 可以。例如欧拉回路问题,只要满足"所有顶点的度数均为偶数"的条件,可以从任一顶点出发,经过所有边恰巧一次,最后再回到原出发点。采用邻接表存储图,用深度优先搜索算法即可解决问题。

16. 图的深度优先搜索类似于树的先根次序遍历,可归属于哪一类算法?

【解析】 都属于回溯算法。但图的深度优先搜索有可能在访问过某个顶点后,沿着某条路径向前搜索又回到这个顶点,所以必须设置一个访问标志数组 visited[] 记录已访问过的顶点,以避免重复访问。树的先根次序遍历没有这种情形。

17. 图的遍历对无向图和有向图都适用吗?

【解析】 对无向图和有向图都适用。但如果无向图不是连通的,或有向图不是强连通的,调用一次遍历算法只能遍历一个连通分量或强连通分量。为了访问所有顶点,必须检查 visited[] 数组,找到未被访问的顶点,再次使用遍历算法进行遍历。

18. 把 visited 当作全局数组直接访问,有什么弊端?

【解析】 把 visited 当作全局数组直接访问,从软件体系结构的角度来看,是一种病态连接。解决方案是把 visited 当作参数显式传递给函数。

19. 图的深度优先遍历如何体现"回溯"?

【解析】 图的深度优先遍历采用递归算法,在沿图的某一顶点的一条边递归遍历下去时,如果不能往前访问(下一顶点已经访问过或没有下一顶点),则需要"回溯",寻找顶点的

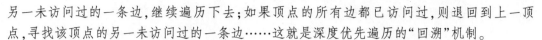

另一未访问过的一条边,继续遍历下去;如果顶点的所有边都已访问过,则退回到上一顶点,寻找该顶点的另一未访问过的一条边……这就是深度优先遍历的"回溯"机制。

20. 图的广度优先遍历类似于树的层次序遍历,需要使用何种辅助结构?

【解析】 使用"队列"。树的层次序遍历在从队列中退出一个元素并访问过之后,将它的所有子女结点进队列;图的广度优先遍历在从队列中退出一个顶点并访问过之后,将它的所有未访问过的邻接顶点进队列。

21. 图的广度优先生成树是否比深度优先生成树的深度低?

【解析】 是。深度优先搜索从某顶点出发沿某路径一直走下去,直到走不动再回溯,深度要深些。

22. 图的深度优先搜索是一个递归的过程,而广度优先搜索为何是非递归的过程?

【解析】 广度优先搜索的过程是从图的某个顶点出发,围绕该顶点一圈一圈访问图中所有顶点的过程,与树的逐层访问类似,因此它不用递归实现,只需利用队列作为辅助结构,迭代式实现。

23. 图的深度优先搜索遍历一个连通分量上的所有顶点如何得到生成树?

【解析】 利用图的深度优先遍历,只能访问一个连通分量上的所有顶点。按照深度优先遍历所访问的顶点和所经过的边的顺序,可得到该连通分量的一棵生成树。设该连通分量有 m 个顶点,则相应的生成树由 m 个结点和 m-1 条边组成。

24. 对无向图进行遍历,在什么条件下可以建立一棵生成树?在什么条件下得到一个生成森林,其中每个生成树对应图的什么部分?

【解析】 如果无向图是连通图,则通过深度优先遍历或广度优先遍历,可得到一棵深度优先生成树或一棵广度优先生成树。如果无向图是非连通图,则通过深度优先搜索或广度优先搜索只能得到图中一个连通分量的生成树;须通过多次调用深度优先搜索或广度优先搜索的算法,才能访遍图中所有顶点,这时得到的是一个生成森林。生成森林中的每一棵生成树对应图中的一个连通分量。

25. 对有向图进行遍历,在什么条件下可以建立一棵生成树?在什么条件下得到一个生成森林?

【解析】 如果有向图是强连通图,则通过深度优先遍历或广度优先遍历,可得到一棵深度优先生成树或一棵广度优先生成树。如果有向图是一个非强连通图,则通过多次调用深度优先遍历或广度优先遍历算法,得到一个生成森林。此时,生成森林中的每一棵生成树对应图中的一个强连通分量。

26. 如何在一个有向图中寻找强连通分量?

【解析】 一个简单的 $O(n^2)$ 的算法是从某个指定顶点 v 开始使用广度优先搜索来标识所有可到达的顶点 w,如果某个 w 有可以回到 v 的路径,则从 v 到 w 再到 v 的环路上的顶点就构成一个强连通分量;如果所有的 ω 都不能沿着某些边回到 v,则 v 自成一个强连通分量。然后再从不在此强联通分量的某个顶点 v 开始重复上述工作,直到求出所有顶点所在的强连通分量为止。

27. 如何判断一个无向图中的关节点?如何以最少的边构成双连通图?

【解析】 如果一个无向图是连通图,删除某一顶点及与该顶点相关联的边将导致图不连通,此关节点即为关节点。双连通图是指删除其任一顶点仍能保持连通的无向图,如图 1.5.1(a)所示的环形图即为双连通图,其中每对顶点之间至少有两条通路,因此,n 个顶点

(n>1)的双连通图至少有 n 条边。

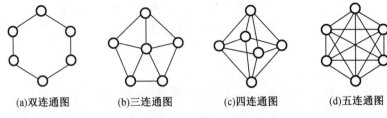

(a)双连通图　　(b)三连通图　　(c)四连通图　　(d)五连通图

图 1.5.1　几种特殊的连通图

28. 设连通图有 6 个顶点,如何构造双连通图、三连通图、四连通图和五连通图?

【解析】 双连通图的实例参看图 1.5.1(a)。三连通图是指连通图中每对顶点之间至少有 3 条通路,删去图中任意两个顶点,图仍能保持连通,其实例参看图 1.5.1(b)。四连通图是指连通图中每对顶点之间至少有 4 条通路,删去图中任意 3 个顶点,图仍能保持连通,其实例参看图 1.5.1(c)。五连通图是指连通图中每对顶点之间至少有 5 条通路,删去图中任意 4 个顶点,图仍能保持连通,其实例参看图 1.5.1(d),它实际上就是完全图。

29. 图的最小生成树必须满足什么要求?

【解析】 图的最小生成树首先必须是带权连通图;其次要在 n 个顶点的图中选择 n−1 条边将其连通并使得其权值总和达到最小,不得出现回路。

30. 构造图的最小生成树有多种算法,大都遇到在一组边集合中选出权重最小或最大的边的问题,为什么使用堆结构辅助最好?

【解析】 用堆可实现优先级队列,如果把一组边按其权重组织在堆内,每次选出最小权重的边或最大权重的边,时间复杂度为 $O(\log_2 e)$,其中 e 为图的边数。

31. 把所有的边按照其权重加入小堆中,相应算法的时间复杂度是多少?

【解析】 如果采用邻接矩阵,需要检测矩阵的上三角部分或下三角部分,时间复杂度为 $O(n^2)$。如果采用邻接表,需要检测所有顶点的边链表,时间复杂度为 $O(n+e)$,n 为顶点数,e 为边数。

32. Kruskal 算法中为了判断一条边的两个端点是否在同一连通分量上,为何采用并查集作为辅助结构?

【解析】 采用并查集。取 u=Find(i),v=Find(j),若 u==v,说明顶点 i 和 j 在同一连通分量上。连通它们则采用合并操作:Union(u,v)。

33. Prim 算法每次选择一个端点在生成树顶点集合 U,另一个端点不在生成树顶点集合 U 的边中权重最小的边,采用小根堆作为辅助结构有何好处?

【解析】 每当把一个顶点加入生成树顶点集合 U 后,把与它相关联的另一个顶点不在 U 的所有的边加入小根堆。然后再从小根堆退出一个权重最小的边(一定满足一个端点在 U,另一个端点在 V−U),把它的另一个端点加入生成树顶点集合 U。如此重复,直到选出 n−1 条边。这个方法比其他传统方法都简单。

34. 如当有多条边具有相等的权重时,是否同一带权连通图可能有多棵最小生成树?

【解析】 如果存在权重相等的边,由于选择的次序不同,构造出来的最小生成树是不唯一的,不过它们总的权重之和应当相同。

35. 如果连通网络所有边上的权重互不相同,构造出来的最小生成树是否唯一?

【解析】 如果连通网络所有边上的权重互不相同,无论用何种算法构造出来的最小生成树都是相同的。注意,这仅适用于无向图的情形。

36. 在什么情况下,对同一连通网络使用 Prim 算法与 Kruskal 算法,得到的最小生成树会不同?

【解析】 当连通网络中具有相同较小权重的几条边形成回路时,两个算法可能生成不同的最小生成树。

37. 对于一个无向图,如何判断它是否是一棵树?

【解析】 对于一个无向图,如果使用 DFS 或 BFS 算法能够遍访图的所有 n 个顶点,且不具有回边(即不能通过某些已经过的边回到已经访问过的顶点),则此无向图即为一棵树。

38. 对于一个连通网络,具有最小权重的顶点是否一定在最小生成树上? 具有次小权重和第三小权重的顶点情况又如何?

【解析】 如果连通网络各条边上的权重互不相同,具有最小或次小权重的顶点一定在最小生成树上,具有第三小权重的边就不一定,要看它是否与具有最小和次小权重的顶点构成回路。如果连通网络中有多条具有最小或次小权重的边,且构成了回路,有部分具有最小或次小权重的边可能不在最小生成树上,具有第三小权重的边更没准了。

39. 用 Dijkstra 算法求最短路径,为何要求所有边上的权重必须大于 0?

【解析】 如果边上的权重有负数,Dijkstra 算法不适用。例如,对于图 1.5.2 所示的带权有向图来说,利用 Dijkstra 算法,不一定能得到正确的结果。

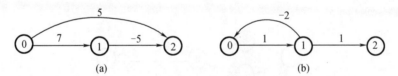

图 1.5.2　边上带有负值的带权有向图

40. Dijkstra 算法是求解单源最短路径问题的算法,可否用它解决单目标最短路径问题?

【解析】 可以,对 Dijkstra 算法做适当修改,可以得到求解单目标最短路径问题的算法。算法的首部为 void Dijkstra(Graph& G, int v),其中,顶点 v 是指定的合法的目标顶点。Dist 和 path 是两个辅助数组。数组元素 dist[i] 中存放顶点 i 到目标顶点 v 的最短路径长度,path[i] 中记录从顶点 i 到目标顶点 v 的最短路径上该顶点的后继顶点。对原算法的修改部分如下:

```
for(j=0; j<n; j++)                    //修改部分用粗体说明
  if(!S[j]&&dist[j]>getWeight(G,j,u)+dist[u])
    {dist[j]=getWeight(G,j,u)+dist[u]; path[j]=u;}
```

41. 用 Floyd 算法求最短路径,允许图中有带负权重的边,但为何不许有包含带负权重的边组成的回路?

【解析】 Floyd 算法允许图中有带负权重的边,但不许有包含带负权重的边组成的回路,因为同样会导致不正确的选择结果。

42. 什么是拓扑排序? 它是针对何种结构的?

【解析】 把一个偏序(有向)图转换为全序图的过程叫作拓扑排序。排序结果把图的所有顶点排在一个拓扑有序的序列中。该序列不但保留了原偏序图中所有顶点的优先关系,而且给原先没有关系的顶点之间也赋予了优先关系。拓扑排序针对的是 AOV 网络(工程计划网络)。

43. 可以对一个有向图的所有顶点重新编号,把所有表示边的非零元素集中到邻接矩阵的上三角部分。根据什么顺序进行顶点的编号?

【解析】 首先对该有向图做拓扑排序,把所有顶点排在一个拓扑有序的序列中。然后按该序列对所有顶点重新编号,使得每条有向边的始顶点号小于终顶点号,就可把所有边集中到邻接矩阵的上三角部分。

44. 拓扑排序的一个重要应用是判断有向图中是否有环,如何判断?

【解析】 每次寻找一个入度为 0 的顶点,输出它并把所有它发出的边删去,作为这些边的终顶点的入度减 1,如此重复,找到所有的顶点全部输出,说明图中没有环;如果过程中还有顶点未输出,但没有入度为 0 的顶点了,说明图中有环。

45. 如果调用深度优先搜索算法,在每次递归结束并退出时输出顶点,就可得到一个逆拓扑有序的序列。此方法有效性的前提是什么?

【解析】 前提是确保图中无环。深度优先搜索算法在向前遍历时没有考虑选择入度为 0 的顶点,所以图中有环它也能向前遍历,但得到的结果不能满足要求。

46. 为什么拓扑排序的结果不唯一?

【解析】 在偏序图中从某顶点向前遍历可有多种选择方向,导致路径上顶点序列有多种组合。例如,对于图 1.5.3 所示的偏序图,拓扑有序序列有 abdef, acdef, abdf, acdf。

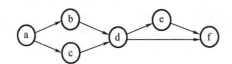

图 1.5.3　偏序图

47. 拓扑排序算法可否不用栈,改用队列存储入度为零的顶点?

【解析】 用栈是为了保存入度为零的顶点,用队列同样可以实现这种要求,只不过输出入度为零顶点的顺序不同罢了。

48. 为有效地进行关键路径计算,应采用何种结构来存储 AOE 网络?

【解析】 采用邻接表来存储 AOE 网络,同时增加一个入度数组,因为需要一边拓扑排序,一边计算事件的最早开始时间 Ae,需要利用邻接表正向计算。而计算事件的最迟允许开始时间 Al 需要按逆拓扑有序顺序进行,为此需要利用入度数组,在正向拓扑排序时反向拉链,记下逆拓扑有序序列,在反向计算 Al 时使用。

当然也可以使用十字链表,但操作起来较为复杂。

49. 为什么加速某一关键活动不一定能缩短整个工程的工期?

【解析】 因 AOE 网络中可能存在多条关键路径,如果加速某一关键活动不能影响所有关键路径,则整个工程的工期不能缩短。可能存在一种特殊的关键活动,它位于所有关键路径上,这种关键活动被称为"桥"。只有它加速,才会使得整个工程的工期缩短。

50.为什么某一关键活动不能按期完成就会导致整个工程的工期延误?

【解析】 某一关键活动不能按期完成会使某一关键路径发生延误,整个工程的工期必然延误。

51.在某些 AOE 网络中各事件的最早开始时间和最迟允许开始时间都相等,是否所有活动都是关键活动?

【解析】 不一定。即使各事件的最早开始时间和最迟允许开始时间都相等,但由于各边的权重不同,会导致各个活动的最迟允许开始时间不同,不是所有活动的最迟允许开始时间减去最早开始时间都为 0,所以有可能有些活动不是关键活动。

5.3 习题指导

一、单项选择题

1.图中有关路径的定义是( )。

A.由顶点和相邻顶点序偶构成的边所形成的序列

B.由不同顶点所形成的序列

C.由不同边所形成的序列

D.上述定义都不是

2.一个有 n 个顶点和 n 条边的无向图一定是( )。

A.连通的   B.不连通的   C.无环的   D.有环的

3.若从无向图的任意顶点出发进行一次深度优先搜索即可访问所有顶点,则该图一定是( )。

A.强连通图   B.连通图   C.有回路   D.一棵树

4.以下关于图的叙述中,正确的是( )。

A.图与树的区别在于图的边数大于等于顶点数

B.假设有图 G=｛V,｛E｝｝,顶点集 V′⊆V,E′⊆E,则 V′和｛E′｝构成 G 的子图

C.无向图的连通分量是指无向图中的极大连通子图

D.图的遍历就是从图中某一顶点出发访遍图中其余顶点

5.以下关于图的叙述中,正确的是( )。

A.强连通有向图的任何顶点到其他所有顶点都有弧

B.图的任意顶点的入度等于出度

C.有向完全图一定是强连通有向图

D.有向图的边集的子集和顶点集的子集可构成原有向图的子图

6.一个有 28 条边的非连通无向图至少有( )个顶点。

A.7   B.8   C.9   D. 10

7.对于一个有 n 个顶点的图:若是连通无向图,其边的个数至少为( );若是强连通有向图,其边的个数至少为( )。

A.n−1,n   B.n−1,n(n−1)   C.n,n   D.n,n(n−1)

8. 无向图 G 有 23 条边,度为 4 的顶点有 5 个,度为 3 的顶点有 4 个,其余都是度为 2 的顶点,则图 G 有(   )个顶点。

A. 11   B. 12   C. 15   D. 16

9. 在有 n 个顶点的有向图中,顶点的度最大可达(   )。

A. n   B. n−1   C. 2n   D. 2n−2

10. 具有 6 个顶点的无向图,当有(   )条边时能确保是一个连通图。

A. 8   B. 9   C. 10   D. 11

11. 设有无向图 G = (V, E) 和 G′ = (V′, E′),若 G′ 是 G 的生成树,则下列(   )不正确。

Ⅰ. G′ 为 G 的连通分量

Ⅱ. G′ 为 G 的无环子图

Ⅲ. G′ 为 G 的极小连通子图且 V′ = V

A. Ⅰ、Ⅱ   B. 只有 Ⅲ   C. Ⅱ、Ⅲ   D. 只有 Ⅰ

12. 若具有 n 个顶点的图是一个环,则它有(   )棵生成树。

A. n^2 B. n   C. n−1   D. 1

13. 若一个具有 n 个顶点、e 条边的无向图是一个森林,则该森林中必有(   )棵树。

A. n   B. e   C. n−e   D. 1

14.【2009 统考真题】下列关于无向连通图特性的叙述中,正确的是(   )。

Ⅰ. 所有顶点的度之和为偶数

Ⅱ. 边数大于顶点个数减 1

Ⅲ. 至少有一个顶点的度为 1

A. 只有 Ⅰ   B. 只有 Ⅱ   C. Ⅰ 和 Ⅱ   D. Ⅰ 和 Ⅲ

15.【2010 统考真题】若无向图 G = (V, E) 中含有 7 个顶点,要保证图 G 在任何情况下都是连通的,则需要的边数最少是(   )。

A. 6   B. 15   C. 16   D. 21

16.【2011 统考真题】下列关于图的叙述中,正确的是(   )。

Ⅰ. 回路是简单路径

Ⅱ. 存储稀疏图,用邻接矩阵比邻接表更省空间

Ⅲ. 若有向图中存在拓扑序列,则该图不存在回路

A. 仅 Ⅱ   B. 仅 Ⅰ、Ⅱ   C. 仅 Ⅲ   D. 仅 Ⅰ、Ⅲ

17.【2013 统考真题】设图的邻接矩阵 A 如下所示,各顶点的度依次是 (   )。

$$A = \begin{bmatrix} 0 & 1 & 0 & 1 \\ 0 & 0 & 1 & 1 \\ 0 & 1 & 0 & 0 \\ 1 & 0 & 0 & 0 \end{bmatrix}$$

A. 1,2,1,2   B. 2,2,1,1   C. 3,4,2,3   D. 4,4,2,2

18.【2017 统考真题】已知无向图 G 含有 16 条边,其中度为 4 的顶点个数为 3,度为 3 的顶点个数为 4,其他顶点的度均小于 3。图 G 所含的顶点个数至少是(   )。

A. 10   B. 11   C. 13   D. 15

19. 关于图的存储结构,(　　)是错误的。

A. 使用邻接矩阵存储一个图时,在不考虑压缩存储的情况下,所占用的存储空间大小只与图中的顶点数有关,与边数无关

B. 邻接表只用于有向图的存储,邻接矩阵适用于有向图和无向图

C. 若一个有向图的邻接矩阵的对角线以下的元素为0,则该图的拓扑序列必定存在

D. 存储无向图的邻接矩阵是对称的,故只需存储邻接矩阵的下(或上)三角部分

20. 若图的邻接矩阵中主对角线上的元素皆为0,其余元素全为1,则可以断定该图一定
(　　)。

A. 是无向图　　　　B. 是有向图　　　　C. 是完全图　　　　D. 不是带权图

21. 在含有 n 个顶点和 e 条边的无向图的邻接矩阵中,零元素的个数为(　　)。

A. e　　　　　　　B. 2e　　　　　　　C. n^2-e　　　　　　D. n^2-2e

22. 带权有向图 G 用邻接矩阵存储,则 v_i 的入度等于邻接矩阵中(　　)。

A. 第 i 行非∞的元素个数　　　　　　B. 第 i 列非∞的元素个数

C. 第 i 行非∞且非 0 的元素个数　　　D. 第 i 列非∞且非 0 的元素个数

23. 一个有 n 个顶点的图用邻接矩阵 A 表示,若图为有向图,顶点 v_i 的入度是(　　);
若图为无向图,顶点 v_i 的度是(　　)。

A. $\sum\limits_{i=1}^{n} A[i][j]$　　　　B. $\sum\limits_{j=1}^{n} A[j][i]$

C. $\sum\limits_{i=1}^{n} A[j][i]$　　　　D. $\sum\limits_{j=1}^{n} A[j][i]$ 或 $\sum\limits_{j=1}^{n} A[i][j]$

24. 下列图的邻接矩阵是对称矩阵的是(　　)

A. 有向网　　　　　B. 无向网　　　　　C. AOV 网　　　　　D. AOE 网

25. 从邻接矩阵 $A=\begin{bmatrix} 0 & 1 & 0 \\ 1 & 0 & 1 \\ 0 & 1 & 0 \end{bmatrix}$ 可以看出,该图共有(①)个顶点;若是有向图,则该图共

有(②)条弧;若是无向图,则共有(③)条边。

①A. 9　　B. 3　　C. 6　　D. 1　　E. 以上答案均不正确

②A. 5　　B. 4　　C. 3　　D. 2　　E. 以上答案均不正确

③A. 5　　B. 4　　C. 3　　D. 2　　E. 以上答案均不正确

26. 以下关于图的存储结构的叙述中,正确的是(　　)。

A. 一个图的邻接矩阵表示唯一,邻接表表示唯一

B. 一个图的邻接矩阵表示唯一,邻接表表示不唯一

C. 一个图的邻接矩阵表示不唯一,邻接表表示唯一

D. 一个图的邻接矩阵表示不唯一,邻接表表示不唯一

27. 用邻接表法存储图所用的空间大小(　　)。

A. 与图的顶点数和边数有关　　　　B. 只与图的边数有关

C. 只与图的顶点数有关　　　　　　D. 与边数的平方有关

28. 若邻接表中有奇数个边表结点,则(　　)。

A. 图中有奇数个结点　　　　　　　B. 图中有偶数个结点

C. 图为无向图　　　　　　　　　　D. 图为有向图

29. 在有向图的邻接表存储结构中,顶点 v 在边表中出现的次数是(   )。

A. 顶点 v 的度
B. 顶点 v 的出度
C. 顶点 v 的入度
D. 依附于顶点 v 的边数

30. n 个顶点的无向图的邻接表最多有(   )个边表结点。

A. n^2
B. n(n−1)
C. n(n+1)
D. n(n−1)/2

31. 假设有 n 个顶点、e 条边的有向图用邻接表表示,则删除与某个顶点 v 相关的所有边的时间复杂度为(   )。

A. O(n)
B. O(e)
C. O(n+e)
D. O(ne)

32. 对邻接表的叙述中,(   )是正确的。

A. 无向图的邻接表中,第 i 个顶点的度为第 i 个链表中结点数的 2 倍
B. 邻接表比邻接矩阵的操作更简便
C. 邻接矩阵比邻接表的操作更简便
D. 求有向图结点的度,必须遍历整个邻接表

33. 邻接多重表是(   )的存储结构。

A. 无向图
B. 有向图
C. 无向图和有向图
D. 都不是

34. 十字链表是(   )的存储结构。

A. 无向图
B. 有向图
C. 无向图和有向图
D. 都不是

35. 下列关于广度优先算法的说法中,正确的是(   )。

Ⅰ. 当各边的权值相等时,广度优先算法可以解决单源最短路径问题
Ⅱ. 当各边的权值不等时,广度优先算法可用来解决单源最短路径问题
Ⅲ. 广度优先遍历算法类似于树中的后序遍历算法
Ⅳ. 实现图的广度优先算法时,使用的数据结构是队列

A. Ⅰ、Ⅳ
B. Ⅱ、Ⅲ、Ⅳ
C. Ⅱ、Ⅳ
D. Ⅰ、Ⅲ、Ⅳ

36. 对于一个非连通无向图 G,采用深度优先遍历访问所有顶点,在 DFSTraverse 函数中调用 DFS 的次数正好等于(   )。

A. 顶点数
B. 边数
C. 连通分量数
D. 不确定

37. 对于一个有 n 个顶点、e 条边的图采用邻接表表示时,进行 DFS 遍历的时间复杂度为(   ),空间复杂度为(   );进行 BFS 遍历的时间复杂度为(   ),空间复杂度为(   )。

A. O(n)
B. O(e)
C. O(n+e)
D. O(1)

38. 对有 n 个顶点、e 条边的图采用邻接矩阵表示时,进行 DFS 遍历的时间复杂度为(   ),进行 BFS 遍历的时间复杂度为(   )。

A. $O(n^2)$
B. O(e)
C. O(n+e)
D. $O(e^2)$

39. 无向图 G=(V,E),其中 V={a,b,c,d,e,f}, E={(a,b),(a,e),(a,c),(b,e),(c,f),(f,d),(e,d)},对该图从 a 开始进行深度优先遍历,得到的顶点序列正确的是(   )。

A. a,b,e,c,d,f
B. a,c,f,e,b,d
C. a,e,b,c,f,d
D. a,e,d,f,c,b

40. 如下图所示,在下面的 5 个序列中,符合深度优先遍历的序列个数是( )。

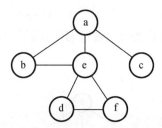

1. a,e,b,f,d,c 2. a,c,f,d,e,b 3. a,e,d,f,c,b 4. A,e,f,d,b,c 5. a,e,c,f,d,b

A. 5　　　　　　　B. 4　　　　　　　C. 3　　　　　　　D. 2

41. 用邻接表存储的图的深度优先遍历算法类似于树的( ),而其广度优先遍历算法类似于树的( )。

A. 中序遍历　　　B. 先序遍历　　　C. 后序遍历　　　D. 按层次遍历

42. 一个有向图 G 的邻接表存储如下图所示,从顶点 1 出发,对图 G 调用深度优先遍历所得顶点序列是( );按广度优先遍历所得顶点序列是( )。

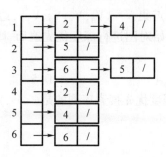 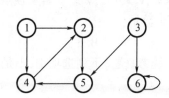

A. 1,2,5,4,3,6　　B. 1,2,4,5,3,6　　C. 1,2,4,5,6,3　　D. 3,6,2,5,1,4

43. 无向图 G＝(V,E), 其中 V＝{a,b,c,d,e,f}, E＝{(a,b),(a,e),(a,c),(b,e),(c,f),(f,d),(e,d)}。对该图进行深度优先遍历,不能得到的序列是( )。

A. a,c,f,d,e,b　　B. a,e,b,d,f,c　　C. a,e,d,f,c,b　　D. a,b,e,c,d,f

44. 判断有向图中是否存在回路,除可以利用拓扑排序外,还可以利用( )。

A. 求关键路径的方法　　　　　　B. 求最短路径的 Dijkstra 算法

C. 深度优先遍历算法　　　　　　D. 广度优先遍历算法

45. 使用 DFS 算法递归地遍历一个无环有向图,并在退出递归时输出相应顶点,这样得到的顶点序列是( )。

A. 逆拓扑有序　　B. 拓扑有序　　　C. 无序的　　　　D. 都不是

46. 设无向图 G＝(V,E)和 G′＝(V′,E′), 若 G′是 G 的生成树, 则下列说法中错误的是( )。

A. G′为 G 的子图　　　　　　　　B. G′为 G 的连通分量

C. G′为 G 的极小连通子图且 V＝V′　　D. G′是 G 的一个无环子图

47. 图的广度优先生成树的树高比深度优先生成树的树高( )。

A. 小或相等　　　B. 小　　　　　　C. 大或相等　　　D. 大

48. 对有 n 个顶点、e 条边且使用邻接表存储的有向图进行广度优先遍历,其算法的时间复杂度是(   )。

A. O(n) B. O(e) C. O(n+e) D. O(ne)

49. 【2013 统考真题】若对如下无向图进行遍历,则下列选项中,不是广度优先遍历序列的是(   )。

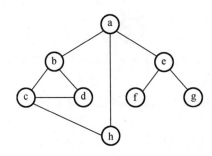

A. h,c,a,b,d,e,g,f B. e,a,f,g,b,h,c,d
C. d,b,c,a,h,e,f,g D. a,b,c,d,h,e,f,g

50. 【2015 统考真题】设有向图 $G = (V, E)$,顶点集 $V = \{V_0, V_1, V_2, V_3\}$,边集 $E = \{<v_0, v_1>, <v_0, v_2>, <v_0, v_3>, <v_1, v_3>\}$。若从顶点 V_0 开始对图进行深度优先遍历,则可能得到的不同遍历序列个数是(   )。

A. 2 B. 3 C. 4 D. 5

51. 【2016 统考真题】下列选项中,不是下图深度优先搜索序列的是(   )。

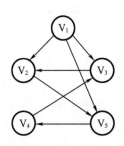

A. V_1, V_5, V_4, V_3, V_2 B. V_1, V_3, V_2, V_5, V_4 C. V_1, V_2, V_5, V_4, V_3 D. V_1, V_2, V_3, V_4, V_5

52. 任何一个无向连通图的最小生成树(   )。

A. 有一棵或多棵 B. 只有一棵
C. 一定有多棵 D. 可能不存在

53. 用 Prim 算法和 Kruskal 算法构造图的最小生成树,所得到的最小生成树(   )。

A. 相同 B. 不相同
C. 可能相同,可能不同 D. 无法比较

54. 以下叙述中,正确的是(   )。

A. 只要无向连通图中没有权值相同的边,则其最小生成树唯一

B. 只要无向图中有权值相同的边,则其最小生成树一定不唯一

C. 从 n 个顶点的连通图中选取 n-1 条权值最小的边,即可构成最小生成树

D. 设连通图 G 含有 n 个顶点，则含有 n 个顶点、n-1 条边的子图一定是 G 的生成树

55. 以下叙述中，正确的是(　　)。

A. 最短路径一定是简单路径

B. Dijkstra 算法不适合求有回路的带权图的最短路径

C. Dijkstra 算法不适合求任意两个顶点的最短路径

D. Floyd 算法求两个顶点的最短路径时，$path_{k-1}$ 一定是 $path_k$ 的子集

56. 已知带权连通无向图 $G = (V, E)$，$V = \{v_1, v_2, v_3, v_4, v_5, v_6, v_7\}$，$E = \{(v_1, v_2) 10,$ $(v_1, v_3) 2, (v_3, v_4) 2, (v_3, v_6) 11, (v_2, v_5) 1, (v_4, v_5) 4, (v_4, v_6) 6, (v_5, v_7) 7, (v_6, v_7) 3\}$（注：顶点偶对括号外的数据表示边上的权值），从源点 v_1 到顶点 v_7 的最短路径上经过的顶点序列是(　　)。

A. v_1, v_2, v_5, v_7 　　　　　　　　　　B. v_1, v_3, v_4, v_6, v_7

C. v_1, v_3, v_4, v_5, v_7 　　　　　　　　　D. $v_1, v_2, v_5, v_4, v_6, v_7$

57. 下面的(　　)方法可以判断出一个有向图是否有环(回路)。

Ⅰ. 深度优先遍历　　　　Ⅱ. 拓扑排序　　　　Ⅲ. 求最短路径　　　　Ⅳ. 求关键路径

A. Ⅰ、Ⅱ、Ⅳ　　　　B. Ⅰ、Ⅲ、Ⅳ　　　　C. Ⅰ、Ⅱ、Ⅲ　　　　D. 全部可以

58. 在有向图 G 的拓扑序列中，若顶点 v_i 在顶点 v_j 之前，则下列情形不可能出现的是(　　)。

A. G 中有弧 $<v_i, v_j>$ 　　　　　　　　B. G 中有一条从 v_i 到 v_j 的路径

C. G 中没有弧 $<v_i, v_j>$ 　　　　　　　D. G 中有一条从 v_j 到 v_i 的路径

59. 若一个有向图的顶点不能排在一个拓扑序列中，则可判定该有向图(　　)。

A. 是一个有根的有向图　　　　　　　　B. 是一个强连通图

C. 含有多个入度为 0 的顶点　　　　　　D. 含有顶点数目大于 1 的强连通分量

60. 以下关于拓扑排序的说法中，错误的是(　　)。

Ⅰ. 若某有向图存在环路，则该有向图一定不存在拓扑排序

Ⅱ. 在拓扑排序算法中为暂存入度为零的顶点，可以使用栈，也可以使用队列

Ⅲ. 若有向图的拓扑有序序列唯一，则图中每个顶点的入度和出度最多为 1

A. Ⅰ、Ⅲ　　　　B. Ⅱ、Ⅲ　　　　C. Ⅱ　　　　D. Ⅲ

61. 若一个有向图的顶点不能排成一个拓扑序列，则判定该有向图(　　)。

A. 含有多个出度为 0 的顶点　　　　　　B. 是个强连通图

C. 含有多个入度为 0 的顶点　　　　　　D. 含有顶点数大于 1 的强连通分量

62. 下图所示有向图的所有拓扑序列共有(　　)个。

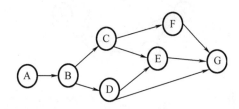

A. 4　　　　　　　　B. 6　　　　　　　　C. 5　　　　　　　　D. 7

63.若一个有向图具有有序的拓扑排序序列,则它的邻接矩阵必定为(   )。

A. 对称 　　　　　B. 稀疏 　　　　　C. 三角 　　　　　D. 一般

64.下列关于图的说法中,正确的是(   )。

Ⅰ.有向图中顶点 V 的度等于其邻接矩阵中第 V 行中 1 的个数

Ⅱ.无向图的邻接矩阵一定是对称矩阵,有向图的邻接矩阵一定是非对称矩阵

Ⅲ.在图 G 的最小生成树 G_1 中,某条边的权值可能会超过未选边的权值

Ⅳ.若有向无环图的拓扑序列唯一,则可以唯一确定该图

A. Ⅰ、Ⅱ和Ⅲ 　　　B. Ⅲ和Ⅳ 　　　　C. Ⅲ 　　　　　D. Ⅳ

65.若某带权图 $G=(V,E)$,其中 $V=\{v_1,v_2,v_3,v_4,v_5,v_6,v_7,v_8,v_9,v_{10}\}$,$E=\{<v_1,v_2>5,<v_1,v_3>6,<v_2,v_5>3,<v_3,v_5>6,<v_3,v_4>3,<v_4,v_5>3,<v_4,v_7>1,<v_4,v_8>4,<v_5,v_6>4,<v_5,v_7>2,<v_6,v_{10}>4,<v_7,v_9>5,<v_8,v_9>2,<v_9,v_{10}>2\}$（注:边括号外的数据表示边上的权值）,则 G 的关键路径的长度为(   )。

A. 19 　　　　　B. 20 　　　　　C. 21 　　　　　D. 22

66.下面关于求关键路径的说法中,不正确的是(   )。

A. 求关键路径是以拓扑排序为基础的

B. 一个事件的最早发生时间与以该事件为始的弧的活动的最早开始时间相同

C. 一个事件的最迟发生时间是以该事件为尾的弧的活动的最迟开始时间与该活动的持续时间的差

D. 关键活动一定位于关键路径上

67.下列关于关键路径的说法中,正确的是(   )。

Ⅰ.改变网上某一关键路径上的任一关键活动后,必将产生不同的关键路径

Ⅱ 在 AOE 图中,关键路径上活动的时间延长多少,整个工程的时间也就随之延长多少

Ⅲ.缩短关键路径上任意一个关键活动的持续时间可缩短关键路径长度

Ⅳ.缩短所有关键路径上共有的任意一个关键活动的持续时间可缩短关键路径长度

Ⅴ.缩短多条关键路径上共有的任意一个关键活动的持续时间可缩短关键路径长度

A. Ⅱ和Ⅴ 　　　　B. Ⅰ、Ⅱ和Ⅳ 　　　C. Ⅱ和Ⅳ 　　　D. Ⅰ和Ⅳ

68.用 DFS 遍历一个无环有向图,并在 DFS 算法退栈返回时打印相应的顶点,则输出的顶点序列是(   )。

A. 逆拓扑有序 　　　B. 拓扑有序 　　　　C. 无序的 　　　　D. 无法确定

69.【2010 统考真题】对下图进行拓扑排序,可得不同拓扑序列的个数是(   )。

A. 4 　　　　　B. 3 　　　　　C. 2 　　　　　D. 1

70.【2012 统考真题】下列关于最小生成树的叙述中,正确的是(   )。

Ⅰ.最小生成树的代价唯一

Ⅱ.所有权值最小的边一定会出现在所有的最小生成树中

Ⅲ. 使用 Prim 算法从不同顶点开始得到的最小生成树一定相同

Ⅳ. 使用 Prim 算法和 Kruskal 算法得到的最小生成树总不相同

A. 仅Ⅰ　　　　　　B. 仅Ⅱ　　　　　　C. 仅Ⅰ、Ⅲ　　　　　　D. 仅Ⅱ、Ⅳ

71.【2012 统考真题】对下图所示的有向带权图,若采用 Dijkstra 算法求从源点 a 到其他各顶点的最短路径,则得到的第一条最短路径的目标顶点是 b,第二条最短路径的目标顶点是 c,后续得到的其余各最短路径的目标顶点依次是( )。

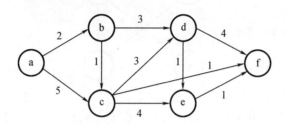

A. d,e,f　　　　　　B. e,d,f　　　　　　C. f,d,e　　　　　　D. f,e,d

72.【2013 统考真题】下列 AOE 网表示一项包含 8 个活动的工程。通过同时加快若干活动的进度可以缩短整个工程的工期。下列选项中,加快其进度就可以缩短工程工期的是( )。

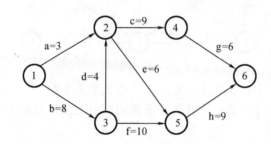

A. c 和 e　　　　　　B. d 和 c　　　　　　C. f 和 d　　　　　　D. f 和 h

73.【2012 统考真题】若用邻接矩阵存储有向图,矩阵中主对角线以下的元素均为零,则关于该图拓扑序列的结论是( )。

A. 存在,且唯一　　　　　　　　　　B. 存在,且不唯一

C. 存在,可能不唯一　　　　　　　　D. 无法确定是否存在

74.【2014 统考真题】对下图所示的有向图进行拓扑排序,得到的拓扑序列可能是( )。

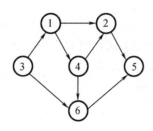

A. 3,1,2,4,5,6   B. 3,1,2,4,6,5

C. 3,1,4,2,5,6   D. 3,1,4,2,6,5

75.【2015 统考真题】求下面的带权图的最小(代价)生成树时,可能是 Kruskal 算法第 2 次选中但不是 Prim 算法(从 v_4 开始)第 2 次选中的边是( )。

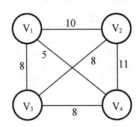

A. (v_1, v_3) B. (v_1, v_4) C. (v_2, v_3) D. (v_3, v_4)

76.【2016 统考真题】使用 Dijkstra 算法求下图中从顶点 1 到其他各顶点的最短路径,依次得到的各最短路径的目标顶点是( )。

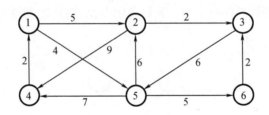

A. 5,2,3,4,6   B. 5,2,3,6,4   C. 5,2,4,3,6   D. 5,2,6,3,4

77.【2016 统考真题】若对 n 个顶点、e 条弧的有向图采用邻接表存储,则拓扑排序算法的时间复杂度是( )。

A. $O(n)$ B. $O(n+e)$ C. $O(n^2)$ D. $O(ne)$

78.【2018 统考真题】下列选项中,不是如下有向图的拓扑序列的是( )。

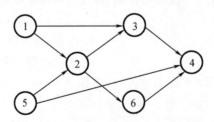

A. 1,5,2,3,6,4   B. 5,1,2,6,3,4   C. 5,1,2,3,6,4   D. 5,2,1,6,3,4

79.【2019 统考真题】下图所示的 AOE 网表示一项包含 8 个活动的工程。活动 d 的最早开始时间和最迟开始时间分别是( )。

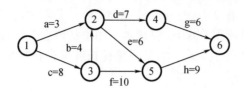

A. 3 和 7   B. 12 和 12   C. 12 和 14   D. 15 和 15

80.【2019 统考真题】用有向无环图描述表达式 $(x+y)((x+y)/x)$，需要的顶点个数至少是(　　)。

A. 5   B. 6   C. 8   D. 9

81.【2020 统考真题】已知无向图 G 如下所示,使用克鲁斯卡尔(Kruskal)算法求图 G 的最小生成树,加到最小生成树中的边依次是(　　)。

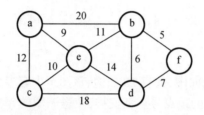

A. (b,f),(b,d),(a,e),(c,e),(b,e)

B. (b,f),(b,d),(b,e),(a,e),(c,e)

C. (a,e),(b,e),(c,e),(b,d),(b,f)

D. (a,e),(c,e),(b,e),(b,f),(b,d)

82.【2020 统考真题】修改递归方式实现的图的深度优先搜索(DFS)算法,将输出(访问)顶点信息的语句移到退出递归前(即执行输出语句后立刻退出递归)。采用修改后的算法遍历有向无环图 G,若输出结果中包含 G 中的全部顶点,则输出的顶点序列是 G 的(　　)。

A. 拓扑有序序列   B. 逆拓扑有序序列

C. 广度优先搜索序列   D. 深度优先搜索序列

83.【2020 统考真题】若使用 AOE 网估算工程进度,则下列叙述中正确的是(　　)。

A. 关键路径是从源点到汇点边数最多的一条路径

B. 关键路径是从源点到汇点路径长度最长的路径

C. 增加任一关键活动的时间不会延长工程的工期

D. 缩短任一关键活动的时间将会缩短工程的工期

84.【2021 统考真题】给定如下有向图,该图的拓扑有序序列的个数是(　　)。

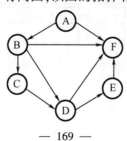

A. 1   B. 2   C. 3   D. 4

85.【2021 统考真题】使用 Dijkstra 算法求下图中从顶点 1 到其余各顶点的最短路径,将当前找到的从顶点 1 到顶点 2,3,4,5 的最短路径长度保存在数组 dist 中,求出第二条最短路径后,dist 中的内容更新为( )。

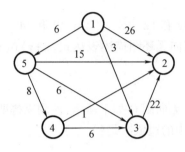

A. 26,3,14,6   B. 25,3,14,6   C. 21,3,14,6   D. 15,3,14,6

二、综合应用题

1. 图 G 是一个非连通无向图,共有 28 条边,该图至少有多少个顶点?

2. 如何对无环有向图中的顶点号重新安排,使得该图的邻接矩阵中所有的 1 都集中到对角线以上?

3. 已知带权有向图 G 的邻接矩阵如下图所示,请画出该带权有向图 G。

$$
\begin{bmatrix}
0 & 15 & 2 & 12 & \infty & \infty & \infty \\
\infty & 0 & \infty & \infty & 6 & \infty & \infty \\
\infty & \infty & 0 & \infty & 8 & 4 & \infty \\
\infty & \infty & \infty & 0 & \infty & \infty & 3 \\
\infty & \infty & \infty & \infty & 0 & \infty & 9 \\
\infty & \infty & \infty & 5 & \infty & 0 & 10 \\
\infty & 4 & \infty & \infty & \infty & \infty & 0
\end{bmatrix}
$$

4. 设图 G=(V,E)以邻接表存储,如下图所示。画出其邻接矩阵存储及图 G。

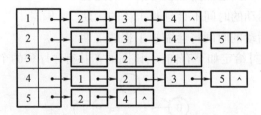

5. 对 n 个顶点的无向图和有向图,分别采用邻接矩阵和邻接表表示时,试问:

1)如何判别图中有多少条边?

2)如何判别任意两个顶点 i 和 j 是否有边相连?

3)任意一个顶点的度是多少?

6. 写出从图的邻接表表示转换成邻接矩阵表示的算法。

7.【2015 统考真题】已知含有 5 个顶点的图 G 如下图所示。

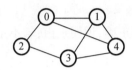

请回答下列问题:

1)写出图 G 的邻接矩阵 A(行、列下标从 0 开始)。

2)求 A^2,矩阵 A^2 中位于 0 行 3 列元素值的含义是什么?

3)若已知具有 n(n≥2)个顶点的图的邻接矩阵为 B,则 B^m(2≤m≤n)中非零元素的含义是什么?

8.【2021 统考真题】已知无向连通图 G 由顶点集 V 和边集 E 组成,|E|>0,当 G 中度为奇数的顶点个数为不大于 2 的偶数时,G 存在包含所有边且长度为|E|的路径(称为 EL 路径)。设图 G 采用邻接矩阵存储,类型定义如下:

```
typedef struct{                    //图的定义
int numVertices,numEdges;          //图中实际的顶点数和边数
char VerticesList[MAXV];           //顶点表。MAXV 为已定义常量
int Edge[MAXV][MAXV];              //邻接矩阵
}MGraph;
```

请设计算法 int IsExistEL(MGraph G),判断 G 是否存在 EL 路径,若存在,则返回 1,否则返回 0。要求:

1)给出算法的基本设计思想。

2)根据设计思想,采用 C 或 C++语言描述算法,关键之处给出注释。

3)说明你所设计算法的时间复杂度和空间复杂度。

9. 图 G=(V,E)以邻接表存储,如下图所示,试画出图 G 的深度优先生成树和广度优先生成树(假设从结点 1 开始遍历)。

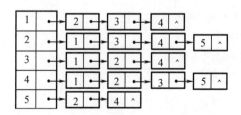

10. 试设计一个算法,判断一个无向图 G 是否为一棵树。若是一棵树,则算法返回 true,否则返回 false。

11. 写出图的深度优先搜索 DFS 算法的非递归算法(图采用邻接表形式)。

12. 分别采用基于深度优先遍历和广度优先遍历算法判别以邻接表方式存储的有向图中是否存在由顶点 v_i 到顶点 v_j 的路径($i \neq j$)。注意,算法中涉及的图的基本操作必须在此存储结构上实现。

13. 假设图用邻接表表示,设计一个算法,输出从顶点 v_i 到顶点 v_j 的所有简单路径。

14. 下面是一种称为"破圈法"的求解最小生成树的方法:

所谓"破圈法",是指"任取一圈,去掉圈上权最大的边",反复执行这一步骤,直到没有圈为止。

试判断这种方法是否正确。若正确,说明理由;若不正确,举出反例(注:圈就是回路)。

15. 已知有向图如下图所示。

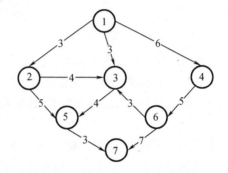

1)写出该图的邻接矩阵表示并据此给出从顶点 1 出发的深度优先遍历序列。

2)求该有向图的强连通分量的数目。

3)给出该图的任意两个拓扑序列。

4)若将该图视为无向图,分别用 Prim 算法和 Kruskal 算法求最小生成树。

16. 对下图所示的无向图,按照 Dijkstra 算法,写出从顶点 1 到其他各个顶点的最短路径和最短路径长度(顺序不能颠倒)。

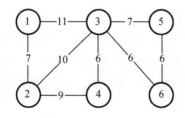

17. 下图所示为一个用 AOE 网表示的工程。

1)画出此图的邻接表表示。

2)完成此工程至少需要多少时间?

3)指出关键路径。

4)哪些活动加速可以缩短完成工程所需的时间?

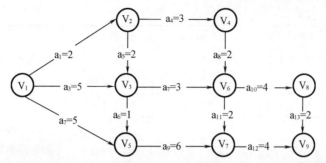

18. 下表给出了某工程各工序之间的优先关系和各工序所需的时间(其中"—"表示无先驱工序),请完成以下各题:

1)画出相应的 AOE 网。

2)列出各事件的最早发生时间和最迟发生时间。

3)求出关键路径并指明完成该工程所需的最短时间。

工序代号	A	B	C	D	E	F	G	H
所需时间	3	2	2	3	4	3	2	1
先驱工序	—	—	A	A	B	A	C、E	D

19. 试说明利用 DFS 如何实现有向无环图拓扑排序。

20. 一连通无向图,边非负权值,问用 Dijkstra 最短路径算法能否给出一棵生成树,该树是否一定是最小生成树? 说明理由。

21.【2009 统考真题】带权图(权值非负,表示边连接的两顶点间的距离)的最短路径问题是找出从初始顶点到目标顶点之间的一条最短路径。假设从初始顶点到目标顶点之间存在路径,现有一种解决该问题的方法:

①设最短路径初始时仅包含初始顶点,令当前顶点 u 为初始顶点。

②选择离 u 最近且尚未在最短路径中的一个顶点 v,加入最短路径,修改当前顶点 u=v。

③重复步骤②,直到 u 是目标顶点时为止。

请问上述方法能否求得最短路径? 若该方法可行,请证明;否则,请举例说明。

22.【2011 统考真题】已知有 6 个顶点(顶点编号为 0~5)的有向带权图 G,其邻接矩阵 A 为上三角矩阵,按行为主序(行优先)保存在如下的一维数组中。

4	6	∞	∞	∞	5	∞	∞	∞	4	3	∞	∞	3·	3

要求:

1)写出图 G 的邻接矩阵 A。

2)画出有向带权图 G。

3)求图 G 的关键路径,并计算该关键路径的长度。

23.【2014 统考真题】某网络中的路由器运行 OSPF 路由协议,下表是路由器 R1 维护的主要链路状态信息(LSI),R1 构造的网络拓扑图(见下图)是根据题下表及 R1 的接口名构造出来的网络拓扑。

	R1 的 LSI	R2 的 LSI	R3 的 LSI	R4 的 LSI	备注
Router ID	10.1.1.1	10.1.1.2	10.1.1.5	10.1.1.6	标识路由器的 IP 地址
Link1 ID	10.1.1.2	10.1.1.1	10.1.1.6	10.1.1.5	所连路由器的 Router ID
Link1 IP	10.1.1.1	10.1.1.2	10.1.1.5	10.1.1.6	Link1 的本地 IP 地址
Link1 Metric	3	3	6	6	Link1 的费用
Link2 ID	10.1.1.5	10.1.1.6	10.1.1.1	10.1.1.2	所连路由器的 Router ID
Link2 IP	10.1.1.9	10.1.1.13	10.1.1.10	10.1.1.14	Link2 的本地 IP 地址
Link2 Metric	2	4	2	4	Link2 的费用
Net1 Prefix	192.1.1.0 /24	192.1.6.0 /24	192.1.5.0 /24	192.1.7.0 /24	直连网络 Net1 的网络前缀
Net1 Metric	1	1	1	1	到达直连网络 Net1 的费用

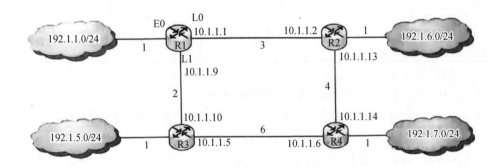

请回答下列问题。

1)本题中的网络可抽象为数据结构中的哪种逻辑结构？

2)针对表中的内容,设计合理的链式存储结构,以保存表中的链路状态信息(LSI)。要求给出链式存储结构的数据类型定义,并画出对应表的链式存储结构示意图(示意图中可仅以 ID 标识结点)。

3)按照 Dijkstra 算法的策略,依次给出 R1 到达子网 192.1.x.x 的最短路径及费用。

24.【2017 统考真题】使用 Prim 算法求带权连通图的最小(代价)生成树(MST)。请回答下列问题:

1)对下列图 G,从顶点 A 开始求 G 的 MST,依次给出按算法选出的边。

2)图 G 的 MST 是唯一的吗?

3)对任意的带权连通图,满足什么条件时,其 MST 是唯一的?

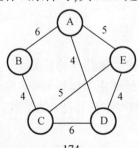

25.【2018 统考真题】拟建设一个光通信骨干网络连通 BJ，CS，XA，QD，JN，NJ，TL 和 WH 等 8 个城市，下图中无向边上的权值表示两个城市之间备选光缆的铺设费用。

请回答下列问题：

1）仅从铺设费用角度出发，给出所有可能的最经济的光缆铺设方案（用带权图表示），并计算相应方案的总费用。

2）该图可采用图的哪种存储结构？给出求解问题 1）所用的算法名称。

3）假设每个城市采用一个路由器按 1）中得到的最经济方案组网，主机 H1 直接连接在 TL 的路由器上，主机 H2 直接连接在 BJ 的路由器上。若 H1 向 H2 发送一个 TTL = 5 的 IP 分组，则 H2 是否可以收到该 IP 分组？

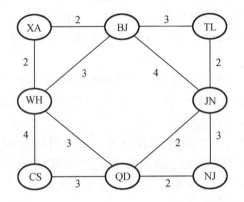

三、答案与解析

【单项选择题】

1. A　参考路径的定义。

2. D　若一个无向图有 n 个顶点和 n−1 条边，可以使它连通但没有环（即生成树），但若再加一条边，在不考虑重边的情形下，则必然会构成环。

3. B　强连通图是有向图，与题意矛盾，选项 A 错误；对无向连通图做一次深度优先搜索，可以访问到该连通图的所有顶点，选项 B 正确；有回路的无向图不一定是连通图，因为回路不一定包含图的所有结点，选项 C 错误；连通图可能是树，也可能存在环，选项 D 错误。

4. C　图与树的区别是逻辑上的区别，而不是边数的区别，图的边数也可能小于树的边数，故选项 A 错；若 E′中的边对应的顶点不是 V′的元素，V′和{E′}无法构成图，故选项 B 错；无向图的极大连通子图称为连通分量，选项 C 正确；图的遍历要求每个结点只能被访问一次，且若图非连通，则从某一顶点出发无法访问到其他全部顶点，选项 D 的说法不准确。

5. C　强连通有向图的任何顶点到其他所有顶点都有路径，但未必有弧；无向图任意顶点的入度等于出度，但有向图未必满足；若边集中的某条边对应的某个顶点不在对应的顶点集中，则有向图的边集的子集和顶点集的子集无法构成子图。

6. C　此题的解题思路和第 7 题的恰好相反。考查至少有多少个顶点的情形，我们考虑该非连通图最极端的情况，即它由一个完全图加一个独立的顶点构成，此时若再加一条边，则必然使图变成连通图。在 28 = n(n−1)/2 = 8×7/2 条边的完全无向图中，总共有 8 个顶点，再加上 1 个不连通的顶点，共 9 个顶点。

7. A 对于连通无向图,边最少即构成一棵树的情形;对于强连通有向图,边最少即构成一个有向环的情形。

8. D 由于在具有 n 个顶点、e 条边的无向图中,有 $\sum_{i=1}^{n} TD(v_i) = 2e$,故可求得度为 2 的顶点数为 7,从而共有 16 个顶点。

9. D 在有向图中,顶点的度等于入度与出度之和。n 个顶点的有向图中,任意一个顶点最多还可以与其他 n-1 个顶点有一对指向相反的边相连。

10. D 解题思路与第 7 题类似。5 个顶点构成一个完全无向图,需要 10 条边;再加上 1 条边后,能保证第 6 个顶点必然与此完全无向图构成一个连通图,故共需 11 条边。

11. D 一个连通图的生成树是一个极小连通子图,显然它是无环的,故 Ⅱ、Ⅲ 正确。极大连通子图称为连通分量,G' 连通但非连通分量。这里再补充一下"极大连通子图":如果图本来就不是连通的,那么每个子部分若包含它本身的所有顶点和边,则它就是极大连通子图。

12. B n 个顶点的生成树是具有 n-1 条边的极小连通子图,因为 n 个顶点构成的环共有 n 条边,去掉任意一条边就是一棵生成树,所以共有 n 种情况,可以有 n 棵不同的生成树。

13. C n 个结点的树有 n-1 条边,假设森林中有 x 棵树,将每棵树的根连到一个添加的结点,则成为一棵树,结点数是 n+1,边数是 e+x,从而可知 x=n-e。

【另解】设森林中有 x 棵树,则再用 x-1 条边就能把所有的树连接成一棵树,此时,边数+1=顶点数,即 e+(x-1)+1=n,故 x=n-e。

14. A 无向连通图对应的生成树也是无向连通图,但此时边数等于顶点数减 1,故 Ⅱ 错误。考虑一个无向连通图的顶点恰好构成一个回路的情况,此时每个顶点的度都是 2,故 Ⅲ 错误。在无向图中,所有顶点的度之和为边数的 2 倍,故 Ⅰ 正确。

15. C 题干要求在"任何情况"下都是连通的,考虑最极端的情形,即图 G 的 6 个顶点构成一个完全无向图,再加上一条边后,第 7 个顶点必然与此完全无向图构成一个连通图,所以最少边数=6×5/2+1=16。若边数 n 小于等于 15,可以使这 n 条边仅连接图 G 中的某 6 个顶点,从而导致第 7 个顶点无法与这 6 个顶点构成连通图(不满足"任何情况")。

16. C 回路对应于路径,简单回路对应于简单路径,故 Ⅰ 错误;稀疏图是边比较少的情况,此时用邻接矩阵必将浪费大量的空间,应选用邻接表,故 Ⅱ 错误。存在回路的图不存在拓扑序列,Ⅲ 正确。Ⅱ 和 Ⅲ 中所涉知识点请参阅后面的内容。

17. C 邻接矩阵 A 为非对称矩阵,说明图是有向图,度为入度与出度之和。各顶点的度是矩阵中此结点对应的行(对应出度)和列(对应入度)的非零元素之和。

18. B 无向图边数的 2 倍等于各顶点度数的总和。由于其他顶点的度均小于 3,设它们的度都为 2,设它们的数量是 x,列出方程 4×3+3×4+2x=16×2,解得 x=4。4+4+3=11,B 正确。

19. B n 个顶点的图,若采用邻接矩阵表示,不考虑压缩存储,则存储空间大小为 $O(n^2)$,A 正确。邻接表可用于存储无向图,只是把每条边都视为两条方向相反的有向边,因此需要存储两次,B 错误。由于邻接矩阵中对角线以下的元素全为 0,若存在<i,j>,则必然有 i<j,由传递性可知图中路径的顶点编号是依次递增的,假设存在环 k→…→j→k,由题设可知 k<j<k,矛盾,故不存在环,拓扑序列必定存在,C 正确。选项 D 显然正确。

注意:若邻接矩阵对角线以下(或以上)的元素全为0,则图中必然不存在环,即拓扑序列一定存在,但这并不能说明拓扑序列是唯一的。

20. C 除主对角线上的元素外,其余元素全为1,说明任意两个顶点之间都有边相连,因此该图一定是完全图。

21. D 无向图的邻接矩阵中,矩阵大小为n^2,非零元素的个数为$2e$,故零元素的个数为n^2-2e。读者应掌握此题的变体,即当无向图变为有向图时,能够求出零的个数和非零的个数。

22. D 有向图的邻接矩阵中,0 和 ∞ 表示的都不是有向边,而入度是由邻接矩阵的列中元素计算出来的;出度是由邻接矩阵的行中元素计算出来的。

23. B,D 有向图的入度是其第 i 列的非 0 元素之和,无向图的度是第 i 行或第 i 列的非 0 元素之和。

24. B 无向图的邻接矩阵存储中,每条边存储两次,且 A[i][j] = A[j][i]。

25. B,B,D 邻接矩阵的顶点数等于矩阵的行(列)数,有向图的边数等于矩阵中非零元素的个数,无向图的边数等于矩阵中非零元素个数的一半。

注意:本题中所给的矩阵为对称矩阵,若不是对称矩阵,则必然不可能是无向图。

26. B 邻接矩阵表示唯一是因为图中边的信息在矩阵中有确定的位置,邻接表不唯一是因为邻接表的建立取决于读入边的顺序和边表中的插入算法。

27. A 邻接表存储时,顶点数 n 决定了顶点表的大小,边数 e 决定了边表结点的个数,且无向图的每条边存储两次,总存储空间为 O(n+2e),故选 A。而邻接矩阵只与图的顶点数有关,为 $O(n^2)$。

28. D 无向图采用邻接表表示时,每条边存储两次,所以其边表结点的个数为偶数。题中边表结点为奇数个,故必然是有向图,且有奇数条边。

29. C 题中的边表是不包括顶点表的。因为任何顶点 u 对应的边表中存放的都是以 u 为起点的边所对应的另一个顶点 v。从而 v 在边表中出现的次数也就是它的入度。

30. B n 个顶点的无向图最多有 n(n−1)/2 条边,每条边在邻接表中存储两次,所以边表结点最多为 n(n−1)个。

31. C 与顶点 v 相关的边包括出边和入边,对于出边,只需要遍历 v 的顶点表结点和其指向的边表;对于入边,则需要遍历整个边表。先删除出边:删除 v 的顶点表结点的单链表,出边数最多为 n−1,时间复杂度为 O(n);再删除入边:扫描整个边表(即扫描剩余全部顶点表结点及其指向的边表),删除所有的顶点 v 的入边,时间复杂度为 O(n+e)。故总的时间复杂度为 O(n+e)。

32. D 无向图的邻接表中,第 i 个顶点的度为第 i 个链表中的结点数,故 A 错。邻接表和邻接矩阵对于不同的操作各有优势,B 和 C 都不准确。有向图结点的度包括出度和入度,对于出度,需要遍历顶点表结点所对应的边表;对于入度,则需要遍历剩下的全部边表,故 D 正确。

33. A 邻接多重表是无向图的存储结构,选 A。

34. B 十字链表是有向图的存储结构,选 B。

35. A 广度优先搜索以起始结点为中心,一层一层地向外层扩展遍历图的顶点,因此无法考虑到边权值,只适合求边权值相等的图的单源最短路径。广度优先搜索相当于树的层序遍历,Ⅲ错误。广度优先搜索需要用到队列,深度优先搜索需要用到栈,Ⅳ正确。

36. C DFS(或 BFS)可用来计算图的连通分量数,因为一次遍历必然会将一个连通图中的所有顶点都访问到,而对于已被访问的顶点将不再调用 DFS,故计算图的连通分量数正好是 DFSTraverse( )中 DFS 被调用的次数。

37. C,A,C,A 深度优先遍历时,每个顶点表结点和每个边表结点均查找一次,每个顶点递归调用一次,需要借助一个递归工作栈;而广度优先遍历时,也是每个顶点表结点和每个边表结点均查找一次,每个顶点进入队列一次。故都是选 C,A。

38. A,A 采用邻接矩阵表示时,查找一个顶点所有出边的时间复杂度为 O(n),共有 n 个顶点,故时间复杂度均为 O(n²)。

39. D 画出草图后,此类题可以根据边的邻接关系快速排除错误选项。以 A 为例,在遍历到 e 之后,应该访问与 e 邻接但未被访问的结点,(e,c)显然不在边集中。

40. D 仅1和4正确。以2为例,遍历到 c 之后,与 c 邻接且未被访问的结点为空集,所以应为 a 的邻接点 b 或 e 入栈。以3为例,因为遍历要按栈退回,所以是先 b 后 c,而不能先 c 后 b。

41. B,D 图的深度优先搜索类似于树的先根遍历,即先访问结点,再递归向外层结点遍历,都采用回溯算法。图的广度优先搜索类似于树的层序遍历,即一层一层向外层扩展遍历,都需要采用队列来辅助算法的实现。

42. A,B DFS 序列产生的路径为<1,2>,<2,5>,<5,4>,<3,6>;BFS 序列产生的路径为<1,2>,<1,4>,<2,5>,<3,6>。

43. D 画出 V 和 E 对应的图 G,然后根据搜索算法求解。

这里应注意:为什么本题序列是不唯一的,而上题却是唯一的呢?

因为上题给出了具体的存储结构,此时就必须按照算法的过程来执行,每个顶点的邻接点的顺序已固定,但本题中每个顶点的邻接点的顺序是非固定的。

44. C 利用深度优先遍历可以判断图 G 中是否存在回路。对于无向图来说,若深度优先遍历过程中遇到了回边,则必定存在环;对于有向图来说,这条回边可能是指向深度优先森林中另一棵生成树上的顶点的弧;但是,从有向图的某个顶点 v 出发进行深度优先遍历时,若在 DFS(v)结束之前出现一条从顶点 u 到顶点 v 的回边,且 u 在生成树上是 v 的子孙,则有向图必定存在包含顶点 v 和顶点 u 的环。

45. A 对一个有向图做深度优先遍历,并未专门判断有向图是否有环(有向回路)存在,无论图中是否有环,都得到一个顶点序列。若无环,在退出递归过程中输出的应是逆拓扑有序序列。对有向无环图利用深度优先搜索进行拓扑排序的例子如下:如下图所示,退出 DFS 栈的顺序为 efgdcahb,此图的一个拓扑序列为 bhacdgfe。该方法的每一步均是先输出当前无后继的结点,即对每个结点 v,先递归地求出 v 的每个后继的拓扑序列。对于一个 AOV 网,按此方法输出的序列是一个逆拓扑序列。

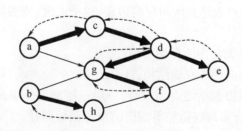

46. B　连通分量是无向图的极大连通子图,其中极大的含义是将依附于连通分量中顶点的所有边都加上,所以连通分量中可能存在回路,这样就不是生成树了。

注意:极大连通子图是无向图(不一定连通)的连通分量,极小连通子图是连通无向图的生成树。极小和极大是在满足连通的前提下,针对边的数目而言的。极大连通子图包含连通分量的全部边;极小连通子图(生成树)包含连通图的全部顶点,且使其连通的边数最少。

47. A　对于无向图的广度优先搜索生成树,起点到其他顶点的路径是图中对应的最短路径,即所有生成树中树高最小。此外,深度优先总是尽可能"深"地搜索图,因此其路径也尽可能长,故深度优先生成树的树高总是大于等于广度优先生成树的树高。

48. C　广度优先遍历需要借助队列实现。采用邻接表存储方式对图进行广度优先遍历时,每个顶点均需入队一次(顶点表遍历),故时间复杂度为 $O(n)$,在搜索所有顶点的邻接点的过程中,每条边至少访问一次(出边表遍历),所以时间复杂度为 $O(e)$,算法总的时间复杂度为 $O(n+e)$。

49. D　只要掌握 DFS 和 BFS 的遍历过程,便能轻易解决。逐个代入,手工模拟,选项 D 是深度优先遍历,而不是广度优先遍历。

50. D　画出该有向图的图形,如下图所示。采用图的深度优先遍历,共有 5 种可能:
$<v_0, v_1, v_3, v_2>$、$<v_0, v_2, v_3, v_1>$、$<v_0, v_2, v_1, v_3>$、$<v_0, v_3, v_2, v_1>$、$<v_0, v_3, v_1, v_2>$,选 D。

51. D　对于本题,只需按深度优先遍历的策略进行遍历。对于 A:先访问 V_1,然后访问与 V_1 邻接且未被访问的任一顶点(满足的有 V_2、V_3 和 V_5),此时访问 V_5,然后从 V_5 出发,访问与 V_5 邻接且未被访问的任一顶点(满足的只有 V_4),然后从 V_4 出发,访问与 V_4 邻接且未被访问的任一顶点(满足的只有 V_3),然后从 V_3 出发,访问与 V_3 邻接且未被访问的任一顶点(满足的只有 V_2),结束遍历。B 和 C 的分析方法与 A 相同,不再赘述。对于 D,首先访问 V_1,然后从 V_1 出发,访问与 V_2 邻接且未被访问的任一顶点(满足的有 V_2、V_3 和 V_5),然后从 V_2 出发,访问与 V_2 邻接且未被访问的任一顶点(满足的只有 V_5),按规则本应该访问 V_5,但 D 却访问了 V_3,错误。

52. A　当无向连通图存在权值相同的多条边时,最小生成树可能是不唯一的;另外,由于这是一个无向连通图,故最小生成树必定存在,从而选 A。

53. C　由于无向连通图的最小生成树不一定唯一,所以用不同算法生成的最小生成树可能不同,但当无向连通图的最小生成树唯一时,不同算法生成的最小生成树必定是相同的。

54. A　选项 A 显然正确;选项 B,若无向图本身就是一棵树,则最小生成树就是它本身,这时就是唯一的;选项 C,选取的 n-1 条边可能构成回路;选项 D,含有 n 个顶点、n-1 条边的子图可能构成回路,也可能不连通。

55. A　选项 A 正确,见严蔚敏的教材《数据结构(C 语言版)》。Dijkstra 算法适合求解有回路的带权图的最短路径,也可以求任意两个顶点的最短路径,不适合求带负权值的最短路径问题。在用 Floyd 算法求两个顶点的最短路径时,当最短路径发生更改时,$path_{k-1}$ 就不是 $path_k$ 的子集。

56. B 题干内容所述的图 G 如下图所示。A,B,C,D 对应的路径长度分别为 18, 13,15,24。

应用 Dijkstra 算法不难求出最短路径为 $v_1 \rightarrow v_3 \rightarrow v_4 \rightarrow v_6 \rightarrow v_7$。

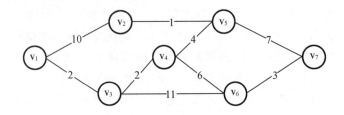

57. A 使用深度优先遍历,若从有向图上的某个顶点 u 出发,在 DFS(u)结束之前出现一条从顶点 v 到 u 的边,由于 v 在生成树上是 u 的子孙,则图中必定存在包含 u 和 v 的环,因此深度优先遍历可以检测一个有向图是否有环。拓扑排序时,当某顶点不为任何边的头时才能加入序列,存在环时环中的顶点一直是某条边的头,不能加入拓扑序列。也就是说,还存在无法找到下一个可以加入拓扑序列的顶点,则说明此图存在回路。求最短路径是允许图有环的。至于关键路径能否判断一个图有环,则存在一些争议。关键路径本身虽然不允许有环,但求关键路径的算法本身无法判断是否有环,判断是否有环是求关键路径的第一步——拓扑排序。所以这个问题的答案主要取决于从哪个角度出发看问题,考生需要理解问题本身,真正统考时是不会涉及一些模棱两可的问题的。

58. D 若图 G 中存在一条从 v_j 到 v_i 的路径,说明 v_j 是 v_i 的前驱,则要把 v_j 消去以后才能消去 v_i,从而拓扑序列中必然先输出 v_j,再输出 v_i,这显然与题意矛盾。

59. D 若不存在拓扑排序,则表示图中必定存在回路,该回路构成一个强连通分量(不难理解顶点数目大于 1 的强连通分量中必然存在回路)。

60. D Ⅰ中,对于一个存在环路的有向图,使用拓扑排序算法运行后,肯定会出现有环的子图,在此环中无法再找到入度为 0 的结点,拓扑排序也就进行不下去。Ⅱ中,注意,若两个结点之间不存在祖先或子孙关系,则它们在拓扑序列中的关系是任意的(即前后关系任意),因此使用栈和队列都可以,因为进栈或队列的都是入度为 0 的结点,此时入度为 0 的所有结点是没有关系的。Ⅲ是难点,若拓扑有序序列唯一,则很自然地让人联想到一个线性的有向图(错误),下图的拓扑序列也是唯一的,但度却不满足条件。

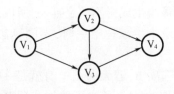

61. D 一个有向图中的顶点不能排成一个拓扑序列,表明其中存在一个顶点数目大于 1 的回路(环),该回路构成一个强连通分量,从而答案选 D。

62. C 本图的拓扑排序序列有(A,B,C,F,D,E,G),(A,B,C,D,F,E,G),(A,B,C,D,E,F,G),(A,B,D,C,F,E,G)和(A,B,D,C,E,F,G)。读者应能把这一类经典习题的拓扑序列全部写出来。

63. C 此题一直以来争议较大,因为有些书中漏掉了"有序"二字。可以证明,对有向图中的顶点适当地编号,使其邻接矩阵为三角矩阵且主对角元全为零的充分必要条件是,该有向图可以进行拓扑排序。若这个题目把"有序"二字去掉,显然应该选 D。但此题题干中已经指出是"有序的拓扑序列",因此应该选 C。需要注意的是,若一个有向图的邻接矩阵为三角矩阵(对角线以上或以下的元素为 0),则图中必不存在环,因此其拓扑序列必然存在。

64. C 有向图邻接矩阵的第 V 行中 1 的个数是顶点 V 的出度,而有向图中顶点的度为入度与出度之和,Ⅰ错。无向图的邻接矩阵一定是对称矩阵,但当有向图中任意两个顶点之间有边相连,且是两条方向相反的有向边(无向图也可视为有两条方向相反的有向边的特殊有向边)时,有向图的邻接矩阵也是一个对称矩阵,Ⅱ错。最小生成树中的 n-1 条边并不能保证是图中权值最小的 n-1 条边,因为权值最小的 n-1 条边并不一定能使图连通。在下图中,左图的最小生成树如右图所示,权值为 3 的边并不在其最小生成树中。

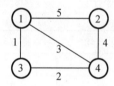 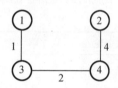

有向无环图的拓扑序列唯一并不能唯一确定该图。在下图所示的两个有向无环图中,拓扑序列都为 V_1,V_2,V_3,V_4,Ⅳ错。注意,很多辅导书对该命题的判断是错误的。

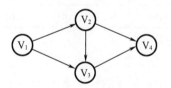 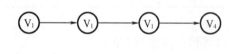

65. C 画出题目所表示的图如下,可得到关键路径的长度为 21。图中所示的两条路径都是关键路径。

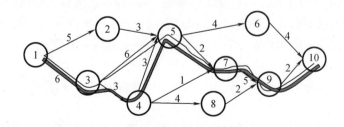

66. C 一个事件的最迟发生时间等于 Min{以该事件为尾的弧的活动的最迟开始时间,最迟结束时间与该活动的持续时间的差}。

67. C 若改变的是所有关键路径上的公共活动,则不一定会产生不同的关键路径(延长必然不会导致,只有缩短才有可能导致)。根据关键路径的定义,可知Ⅱ正确。关键路径是源点到终点的最长路径,只有所有关键路径的长度都缩短时,整个图的关键路径才能有效缩短,但也不能任意缩短,一旦缩短到一定程度,该关键活动就可能会变成非关键活动。

68. A 设在图中有顶点 v_i,它有后继顶点 v_j,即存在边 $<v_i,v_j>$。根据 DFS 的规则,v_i 入栈后,必先遍历完其后继顶点后 v_i 才会出栈,也就是说 v_i 会在 v_j 之后出栈,在如题所指的过程中,v_i 在 v_j 后打印。由于 v_i 和 v_j 具有任意性,可以从上面的规律看出,输出顶点的序列是逆拓扑有序序列。

69. B 可以得到3种不同的拓扑序列,即(a,b,c,e,d),(a,b,e,c,d)和(a,e,b,c,d),故选 B。

70. A 最小生成树的树形可能不唯一(因为可能存在权值相同的边),但代价一定是唯一的,Ⅰ正确。若权值最小的边有多条并且构成环状,则总有权值最小的边将不出现在某棵最小生成树中,Ⅱ错误。设 N 个结点构成环,N-1 条边权值相等,另一条边权值较小,则从不同的顶点开始 Prim 算法会得到 N-1 种不同的最小生成树,Ⅲ错误。当最小生成树唯一时(各边的权值不同),Prim 算法和 Kruskal 算法得到的最小生成树相同,Ⅳ错误。

71. C 从 a 到各顶点的最短路径的求解过程下:

顶点	第1轮	第2轮	第3轮	第4轮	第5轮
b	(a,b)2				
c	(a,c)5	(a,b,c)3			
d	∞	(a,b,d)5	(a,b,d)5	(a,b,d)5	
e	∞	∞	(a,b,c,e)7	(a,b,c,e)7	(a,b,d,e)6
f	∞	∞	(a,b,c,f)4		
集合 S	{a,b}	{a,b,c}	{a,b,c,f}	{a,b,c,f,d}	{a,b,c,f,d,e}

后续目标顶点依次为 f,d,e。

本题也可用排除法:对于 A,若下一个顶点为 d,路径 a,b,d 的长度为5,而 a,b,c,f 的长度仅为4,显然错误。同理可排除选项 B。将 f 加入集合 S 后,采用上述方法也可排除选项 D。

72. C 找出 AOE 网的全部关键路径为 bdcg、bdeh 和 bfh。根据定义,只有关键路径上的活动时间同时减少时,才能缩短工期。选项 A、B 和 D 并不包含在所有的关键路径中,只有 C 包含,因此只有加快 f 和 d 的进度才能缩短工期(建议读者在图中检验)。

73. C 对角线以下的元素均为零,表明只有从顶点 i 到顶点 j(i<j)可能有边,而从顶点 j 到顶点 i 一定无边,即有向图是一个无环图,因此一定存在拓扑序列。对于拓扑序列是否唯一,试举一例:设有向图的邻接矩阵为 $\begin{bmatrix} 0 & 1 & 1 \\ 0 & 0 & 0 \\ 0 & 0 & 0 \end{bmatrix}$,则存在两个拓扑序列,因此该图存在可能不唯一的拓扑序列。若题目中说对角线以上的元素均为1,以下的元素均为0,则拓扑序列唯一。

74. D 按照拓扑排序的算法,每次都选择入度为0的结点从图中删除,此图中一开始只有结点 3 的入度为 0;删除结点 3 后,只有结点 1 的入度为 0;删除结点 1 后,只有结点 4 的入度为 0;删除结点 4 后,结点 2 和结点 6 的入度都为 0,此时选择删除不同的结点,会得出不同的拓扑序列,分别处理完毕后可知可能的拓扑序列为(3,1,4,2,6,5)和(3,1,4,6,2,5),选 D。

75. C　从 v_4 开始,Kruskal 算法选中的第一条边一定是权值最小的(v_1,v_4),B 错误。由于 v_1 和 v_4 已经可达,含有 v_1 和 v_4 的权值为 8 的第二条边一定符合 Prim 算法,排除 A、D。

76. B　根据 Dijkstra 算法,从顶点 1 到其余各顶点的最短路径如下表所示。

顶点	第 1 轮	第 2 轮	第 3 轮	第 4 轮	第 5 轮
2	5 $v_1 \to v_2$	5 $v_1 \to v_2$			
3	∞	∞	7 $v_1 \to v_2 \to v_3$		
4	∞	11 $v_1 \to v_5 \to v_4$	11 $v_1 \to v_5 \to v_4$	11 $v_1 \to v_5 \to v_4$	11 $v_1 \to v_5 \to v_4$
5	4 $v_1 \to v_5$				
6	∞	9 $v_1 \to v_5 \to v_6$	9 $v_1 \to v_5 \to v_6$	9 $v_1 \to v_5 \to v_6$	
集合 S	{1,5}	{1,5,2}	{1,5,2,3}	{1,5,2,3,6}	{1,5,2,3,6,4}

77. B　采用邻接表作为 AOV 网的存储结构进行拓扑排序,需要对 n 个顶点做进栈、出栈、输出各一次,在处理 e 条边时,需要检测这 n 个顶点的边链表的 e 个边结点,共需要的时间代价为 $O(n+e)$。若采用邻接矩阵作为 AOV 网的存储结构进行拓扑排序,在处理 e 条边时需对每个顶点检测相应矩阵中的某一行,寻找与它相关联的边,以便对这些边的入度减 1,需要的时间代价为 $O(n^2)$。

78. D　拓扑排序每次选取入度为 0 的结点输出,经观察不难发现拓扑序列前两位一定是 1,5 或 5,1,(因为只有 1 和 5 的入度均为 0,且其他结点都不满足仅有 1 或仅有 5 作为前驱)。D 错误。

79. C　活动 d 的最早开始时间等于该活动弧的起点所表示的事件的最早发生时间,活动 d 的最早开始时间等于事件 2 的最早发生时间 $\max\{a,b+c\} = \max\{3,12\} = 12$。活动 d 的最迟开始时间等于该活动弧的终点所表示的事件的最迟发生时间与该活动所需时间之差,先算出图中关键路径长度为 27(对于不复杂的选择题,找出所有路径计算长度),那么事件 4 的最迟发生时间为 $\min\{27-g\} = \min\{27-6\} = 21$,活动 d 的最迟开始时间为 $21-d = 21-7 = 14$。

常规方法:按照关键路径算法算得到下表。

	v_1	v_2	v_3	v_4	v_5	v_6
ve(i)	0	12	8	19	18	27
vl(i)	0	12	8	21	18	27

	a	b	c	d	c	f	g	h
e(i)	0	8	0	12	12	8	19	18
l(i)	9	8	0	14	12	8	21	18
l(i)−e(i)	9	0	0	2	0	0	2	0

从表中可知,活动 d 的最早开始时间和最迟开始时间分别为 12 和 14,故选 C。

80. A　先将该表达式转换成有向二叉树,注意到该二叉树中有些顶点是重复的,为了节省存储空间,可以去除重复的顶点(使顶点个数达到最少),将有向二叉树去重转换成有向无环图,如下图所示。

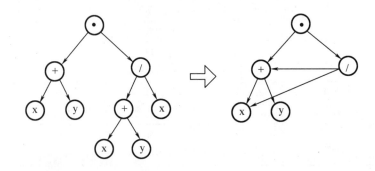

81. A　Kruskal 算法:按权值递增顺序依次选取 n−1 条边,并保证这 n−1 条边不构成回路。初始构造一个仅含 n 个顶点的森林;第一步,选取权值最小的边(b,f)加入最小生成树;第二步,剩余边中权值最小的边为(b,d),加入最小生成树,第二步操作后权值最小的边(d,f)不能选,因为会与之前已选取的边形成回路;接下来依次选取权值9,10,11 对应的边加入最小生成树,此时 6 个顶点形成了一棵树,最小生成树构造完成。按照上述过程,加到最小生成树的边依次为(b,f),(b,d),(a,e),(c,e),(b,e)。其生成过程如下所示。

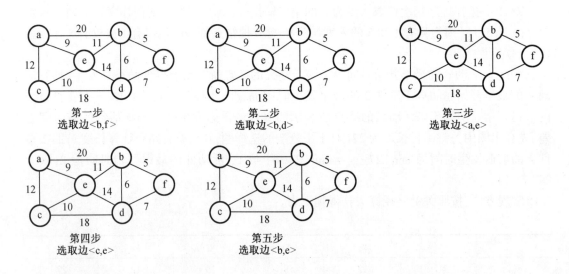

82. B　DFS 是一个递归算法,在遍历过程中,先访问的顶点被压入栈底。设在图中有

顶点 v_i,它有后继顶点 v_j,即存在边 $<v_i,v_j>$。根据 DFS 的规则,v_i 入栈后,必先遍历完其后继顶点后 v_i 才会出栈,也就是说 v_i 会在 v_j 之后出栈,在如题所指的过程中,v_i 在 v_j 后打印。由于 v_i 和 v_j 具有任意性,从上面的规律可以看出,输出顶点的序列是逆拓扑有序序列。

83. B　关键路径是指权值之和最大而非边数最多的路径,故 A 错误。选项 B 正确,是关键路径的概念。无论是存在一条还是存在多条关键路径,增加任一关键活动的时间都会延长工程的工期,因为关键路径始终是权值之和最大的那条路径,C 错误。仅有一条关键路径时,减少关键活动的时间会缩短工程的工期;存在多条关键路径时,缩短一条关键活动的时间不一定会缩短工程的工期,缩短了路径长度的那条关键路径不一定还是关键路径,D 错误。

84. A　求拓扑序列的过程:从图中选择无入边的结点,输出该结点并删除该结点的所有出边,重复上述过程,直至全部结点都已输出,这样求得的拓扑序列为 ABCDEF。每次输出一个结点并删除该结点的所有出边后,都发现有且仅有一个结点无入边,因此该拓扑序列唯一。

85. C　在执行 Dijkstra 算法时,首先初始化 dist[ ],若顶点 1 到顶点 $i(i=2,3,4,5)$ 有边,就初始化为边的权值;若无边,就初始化为 ∞;初始化顶点集 S 只含顶点 1。Dijkstra 算法每次选择一个到顶点 1 距离最近的顶点 j 加入顶点集 S,并判断由顶点 1 绕行顶点 j 后到任一顶点 k 是否距离更短,若距离更短(即 dist[j]+ arcs[j][k]< dist[k]),则将 dist[x] 更新为 dist[j]+ arcs[j][k];重复该过程,直至所有顶点都加入顶点集 S。数组 dist 的变化过程如下图所示,可知将第二个顶点 5 加入顶点集 S 后,数组 dist 更新为 21,3,14,6,故选 C。

【综合应用题】

1.【解答】　由于图 G 是一个非连通无向图,在边数固定时,顶点数最少的情况是该图由两个连通子图构成,且其中之一只含一个顶点,另一个为完全图。其中只含一个顶点的子图没有边,另一个完全图的边数为 $n(n-1)/2=28$,得 $n=8$。所以该图至少有 $1+8=9$ 个顶点。

2.【解答】　按各顶点的出度进行排序。n 个顶点的有向图,其顶点的最大出度是 $n-1$,最小出度为 0。这样排序后,出度最大的顶点编号为 1,出度最小的顶点编号为 n。之后,进行调整,即只要存在弧 $<i,j>$,就不管顶点 j 的出度是否大于顶点 i 的出度,都把 i 编号在顶点 j 的编号之前,因为只有 $i≤j$,弧 $<i,j>$ 对应的 1 才能出现在邻接矩阵的上三角。

通过学习,会发现采用拓扑排序并依次编号是一种更为简便的方法。

3.【解答】　带权有向图 G 如下图所示。

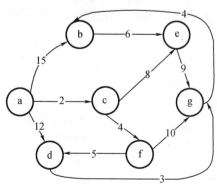

4.【解答】

其邻接矩阵存储如下所示。

$$\begin{bmatrix} 0 & 1 & 1 & 1 & 0 \\ 1 & 0 & 1 & 1 & 1 \\ 1 & 1 & 0 & 1 & 0 \\ 1 & 1 & 1 & 0 & 1 \\ 0 & 1 & 0 & 1 & 0 \end{bmatrix}$$

在邻接表中,每条边存储了 2 次,在没有特殊说明时,通常默认其为无向图(当然,无向图也可视为具有对边的有向图)。该邻接表对应的图 G 如下图所示。

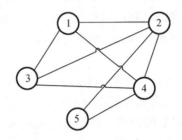

5.【解答】 1)对于邻接矩阵表示的无向图,边数等于矩阵中 1 的个数除以 2;对于邻接表表示的无向图,边数等于边结点的个数除以 2。对于邻接矩阵表示的有向图,边数等于矩阵中 1 的个数;对于邻接表表示的有向图,边数等于边结点的个数。

2)在邻接矩阵表示的无向图或有向图中,对于任意两个顶点 i 和 j,在邻接矩阵中 arcs⌊i⌋⌊j⌋或 arcs⌈j⌉⌈i⌉为 1 表示有边相连,否则表示无边相连。在邻接表表示的无向图或有向图中,对于任意两个顶点 i 和 j,若从顶点表结点 i 出发找到编号为 j 的边表结点或从顶点表结点 j 出发找到编号为 i 的边表结点,表示有边相连;否则为无边相连。

3)对于邻接矩阵表示的无向图,顶点 i 的度等于第 i 行中 1 的个数;对于邻接矩阵表示的有向图,顶点 i 的出度等于第 i 行中 1 的个数;入度等于第 i 列中 1 的个数;度数等于它们的和。对于邻接表表示的无向图,顶点 i 的度等于顶点表结点 i 的单链表中边表结点的个数;对于邻接表表示的有向图,顶点 i 的出度等于顶点表结点 i 的单链表中边表结点的个数,顶点 i 的入度等于邻接表中所有编号为 i 的边表结点数;度数等于入度与出度之和。

6.【解答】 算法思想:设图的顶点分别存储在数组 v[n]中。首先初始化邻接矩阵。遍历邻接表,在依次遍历顶点 v[i]的边链表时,修改邻接矩阵的第 i 行的元素值。若链表边结点的值为 j,则置 arcs[i][j]=1。遍历完邻接表时,整个转换过程结束。此算法对于无向图、有向图均适用。

本题算法如下:

```
void  Convert(ALGraph &G, int arcs[M][N]){
//此算法将邻接表方式表示的图G转换为邻接矩阵 arcs
    for(i=0;i<n;i++){                    //依次遍历各顶点表结点为头的边链表
      p=(G->v[i]).firstarc;             //取出顶点 i 的第一条出边
        while(p!=NULL){                  //遍历边链表
          arcs[i][p->adjvex]=1;
```

```
      p=p->nextarc;              //取下一条出边
    }                            //while
  }                              //for
}
```

7.【解答】

考查图的邻接矩阵的性质。

1）图 G 的邻接矩阵 A 如下：

$$A = \begin{bmatrix} 0 & 1 & 1 & 0 & 1 \\ 1 & 0 & 0 & 1 & 1 \\ 1 & 0 & 0 & 1 & 0 \\ 0 & 1 & 1 & 0 & 1 \\ 1 & 1 & 0 & 1 & 0 \end{bmatrix}$$

2）A^2 如下：

$$A^2 = \begin{bmatrix} 3 & 1 & 0 & 3 & 1 \\ 1 & 3 & 2 & 1 & 2 \\ 0 & 2 & 2 & 0 & 2 \\ 3 & 1 & 0 & 3 & 1 \\ 1 & 2 & 2 & 1 & 3 \end{bmatrix}$$

0 行 3 列的元素值 3 表示从顶点 0 到顶点 3 之间长度为 2 的路径共有 3 条。

3）$B^m(2 \leqslant m \leqslant n)$ 中位于 i 行 j 列（$0 \leqslant i,j \leqslant n-1$）的非零元素的含义是，图中从顶点 i 到顶点 j 的长度为 m 的路径条数。

8.【解答】 1）算法的基本设计思想

本算法题属于送分题，题干已经告诉我们算法的思想。对于采用邻接矩阵存储的无向图，在邻接矩阵的每一行（列）中，非零元素的个数为本行（列）对应顶点的度。可以依次计算连通图 G 中各顶点的度，并记录度为奇数的顶点个数，若个数为 0 或 2，则返回 1，否则返回 0。

2）算法实现

```
int IsExistEL(MGraph G){
//采用邻接矩阵存储,判断图是否存在 EL 路径
  int degree,i,j, count = 0;
  for(i = 0;i<G.numVertices;i++){
    degree = 0;
    for(j = 0;j<G.numVertices;j++)
      degree+=G.Edge[i][j];          //依次计算各个顶点的度
    if(degree% 2!=0)
      count++;                       //对度为奇数的顶点计数
  }
  if(count = = 0||count = =2)
    return 1;                        //存在 EL 路径,返回1
  else
    return 0;                        //不存在 EL 路径,返回0
}
```

3)时间复杂度和空间复杂度

算法需要遍历整个邻接矩阵,所以时间复杂度是 $O(n^2)$,空间复杂度是 $O(1)$。

9.【解答】 根据 G 的邻接表不难画出图(a)。

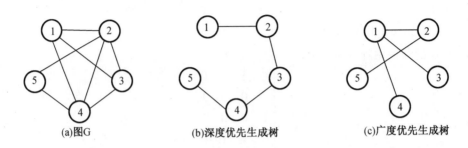

(a)图G   (b)深度优先生成树   (c)广度优先生成树

1)采用深度优先遍历。深度优先搜索总是尽可能"深"地搜索图,根据存储结构可知深度优先搜索的路径次序为(1,2),(2,3),(3,4),(4,5),深度优先生成树如图(b)所示。需要注意的是,当存储结构固定时,生成树的树形也就固定了,比如不能先搜索(1,3)。

2)采用广度优先遍历。广度优先搜索总是尽可能"广"地搜索图,一层一层地向外扩展,根据存储结构可知广度优先搜索的路径次序为(1,2),(1,3),(1,4),(2,5),广度优先生成树如图(c)所示。

10.【解答】 一个无向图 G 是一棵树的条件是,G 必须是无回路的连通图或有n-1 条边的连通图。这里采用后者作为判断条件。对连通的判定,可用能否遍历全部顶点来实现。可以采用深度优先搜索算法在遍历图的过程中统计可能访问到的顶点个数和边的条数,若一次遍历就能访问到 n 个顶点和 n-1 条边,则可断定此图是一棵树。算法实现如下:

```
bool isTree(Graph& G){
    for(i=1;i<=G.vexnum;i++)
        visited[i]=FALSE;                    //访问标记 visited[]初始化
    int Vnum=0, Enum=0;                      //记录顶点数和边数
        DFS(G,1, Vnum, Enum, visited);
        if(Vnum==G.vexnum&&Enum==2*(G.vexnum-1))
            return  true;                    //符合树的条件
        else
            return  false;                   //不符合树的条件
}
void DFS(Graph& G, int v, int& Vnum, int & Enum, int visited[]){
//深度优先遍历图G,统计访问过的顶点数和边数,通过 Vnum 和 Enum 返回
    visited[v]=TRUE;Vnum++;                  //作访问标记,顶点计数
    int w=FirstNeighbor(G,v);                //取 v 的第一个邻接顶点
    while(w!=-1){                            //当邻接顶点存在
        Enum++;                              //边存在,边计数
        if(!visited[w])                      //当该邻接顶点未访问过
            DFS (G,w, Vnum, Enum, visited);
        w=NextNeighbor(G,v,w);
    }
}
```

11.【解答】 在深度优先搜索的非递归算法中使用了一个栈 S 来记忆下一步可能访问的顶点,同时使用了一个访问标记数组 visited[i]来记忆第 i 个顶点是否在栈内或曾经在栈内,若是则它以后不能再进栈。图采用邻接表形式,算法的实现如下:

```
void DFS_Non_RC(AGraph& G, int v){
  //从顶点 v 开始进行深度优先搜索,一次遍历一个连通分量的所有顶点
  int w;                              //顶点序号
  InitStack(S);                       //初始化栈 S
  for(i=0;i<G.vexnum;i++)
    visited[i]=FALSE;                 //初始化 visited
  Push(S,v);visited[v]=TRUE;          //v 入栈并置 visited[v]
  while(!IsEmpty(S)){
    k=Pop(S);                         //栈中退出一个顶点
    visit(k);                         //先访问,再将其子结点入栈
    for(w=FirstNeighbor(G,k);w>=0;w=NextNeighor(G,k,w))
                                      //k 所有邻接点
      if(!visited[w]){                //未进过栈的顶点进栈
        Push(S,w);
        visited[W]=true;              //做标记,以免再次入栈
      }//if
  }//while
}//DFS_Non_RC
```

注意:由于使用了栈,使得遍历的方式从右端到左端进行,这不同于常规的从左端到右端,但仍然是深度优先遍历,读者可以用实例模拟验证。

12.【解答】 两个不同的遍历算法都采用从顶点 v_i 出发,依次遍历图中每个顶点,直到搜索到顶点 v_j,若能够搜索到 v_j,则说明存在由顶点 v_i 到顶点 v_j 的路径。

深度优先遍历算法的实现如下:

```
int visited[MAXSIZE]={0};           //访问标记数组
void DFS(ALGraph G, int i, int j, bool &can_reach){
  //深度优先判断有向图 G 中顶点 vi 到顶点 vj 是否有路径,用 can_reach 来标识
  if(i==j){
    can_reach=true;
    return;                         //i 就是 j
  }
  visited[i]=1;                     //置访问标记
  for(int p=FirstNeighbor(G,i);p>=0;p=NextNeighbor(G,i,p))
    if(!visited[p]&&!can_reach)     //递归检测邻接点
      DFS(G,p,j, can_reach);
}
```

广度优先遍历算法的实现如下:

```
int visited[MAXSIZE]={0};           //访问标记数组
```

```
int BFS(ALGraph G, int i, int j){
```
//广度优先判断有向图 G 中顶点 vi 到顶点 vj 是否有路径,是则返回 1,否则返回 0
```
  InitQueue(Q); EnQueue(Q,i);              //顶点 i 入队
  while(!isEmpty(Q)){                      //非空循环
    DeQueue(Q,u);                          //队头顶点出队
    visited[u]=1;                          //置访问标记
  if(u==j)  return 1;
  for(int p=FirstNeighbor(G,i);p;p=NextNeighbor(G,u,p)){
                                           //检查所有邻接点
    if(p==j)                               //若 p==j,则查找成功
      return 1;
    if(!visited[p]){                       //否则,顶点 p 入队
    EnQueue(Q,p);
    visited[p]=1;
    }
  } //for
 } //while
 return  0;
}
```

本题也可以这样解答：调用以 i 为参数的 DFS(G,i)或 BFS(G,i)，执行结束后判断 visited[j]是否为 TRUE,若是,则说明 v_j 已被遍历,图中必存在由 v_i 到 v_j 的路径。但此种解法每次都耗费最坏时间复杂度对应的时间,需要遍历与 v_i 连通的所有顶点。

13.【解答】 本题采用基于递归的深度优先遍历算法,从结点 u 出发,递归深度优先遍历图中结点,若访问到结点 v,则输出该搜索路径上的结点。为此,设置一个 path 数组来存放路径上的结点(初始为空),d 表示路径长度(初始为−1)。查找从顶点 u 到 v 的简单路径过程说明如下(假设查找函数名为 FindPath( )):

1)FindPath(G,u,v, path,d):d++;path[d]=u;若找到 u 的未访问过的相邻结点 u_1,则继续下去,否则置 visited[u]=0 并返回。

2)FindPath(G,u_1,v, path,d):d++;path[d]=u_2;若找到 u_1 的未访问过的相邻结点 u_2,则继续下去, 否则置 visited[u_1]=0。

3)以此类推,继续上述递归过程,直到u_i=v,输出 path。

算法实现如下：
```
void FindPath(AGraph *G, int u, int v, int path[], int d){
  int w,i;
  ArcNode *p;
  d++;                                     //路径长度增1
  path[d]=u;                               //将当前顶点添加到路径中
  visited[u]=1;                            //置已访问标记
  if(u==v)                                 //找到一条路径则输出
    print(path[]);                         //输出路径上的结点
```

```
p=G->adjlist[u].firstarc;        //p 指向 u 的第一个相邻点
while(p!=NULL){
  w=p->adjvex;                    //若顶点 w 未访问,递归访问它
    if(visited[w]==0)
      FindPath(G,w, v, path,d);
  p=p->nextarc;                   //p 指向 u 的下一个相邻点
}
visited[u]=0;                     //恢复环境,使该顶点可重新使用
}
```

14.【解答】 这种方法是正确的。

由于经过"破圈法"之后,最终没有回路,故一定可以构造出一棵生成树。下面证明这棵生成树是最小生成树。记"破圈法"生成的树为 T,假设 T 不是最小生成树,则必然存在最小生成树 T_0,使得它与 T 的公共边尽可能地多,则将 T_0 与 T 取并集,得到一个图,此图中必然存在回路,由于"破圈法"的定义就是从回路中去除权最大的边,此时生成的 T 的权必然是最小的,这与原假设 T 不是最小生成树矛盾,从而 T 是最小生成树。下图说明了"破圈法"的过程:

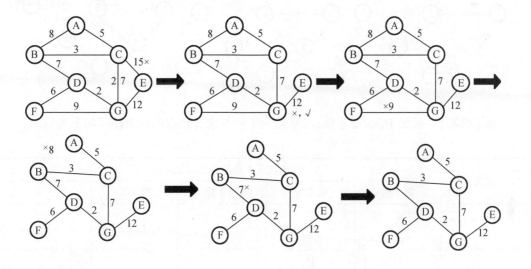

15.【解答】 1)该图的邻接矩阵为

$$
A = 4
\begin{array}{c}
 \\1\\2\\3\\4\\5\\6\\7
\end{array}
\begin{bmatrix}
0 & 3 & 3 & 6 & \infty & \infty & \infty \\
\infty & 0 & 4 & \infty & 5 & \infty & \infty \\
\infty & \infty & 0 & \infty & 4 & \infty & \infty \\
\infty & \infty & \infty & 0 & \infty & 5 & \infty \\
\infty & \infty & \infty & \infty & 0 & \infty & 3 \\
\infty & \infty & 3 & \infty & \infty & 0 & 7 \\
\infty & \infty & \infty & \infty & \infty & \infty & 0
\end{bmatrix}
\begin{array}{c}
1\\2\\3\\4\\5\\6\\7
\end{array}
$$

得到的深度优先遍历序列为 1,2,3,5,7,4,6。

2)解题思路:当某个顶点只有出弧而没有入弧时,其他顶点无法到达这个顶点,不可能与其他顶点和边构成强连通分量(这个单独的顶点构成一个强连通分量)。

①顶点 1 无入弧构成第一个强连通分量。删除顶点 1 及所有以之为尾的弧。

②顶点 2 无入弧构成一个强连通分量。删除顶点 2 及所有以之为尾的弧。

......

以此类推,最后得到每个顶点都是一个强连通分量,故强连通分量数目为 7。

3)该图的两个拓扑序列如下:

①1,2,4,6,3,5,7

②1,4,2,6,3,5,7

4)若视该图为无向图,用 Prim 算法生成最小生成树的过程如下:

1-2,1-3,3-6,3-5,5-7, 6-4(图略)。

用 Kruskal 算法生成最小生成树的过程如下图所示。

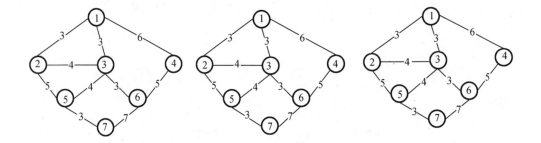

16.【解答】 根据 Dijkstra 算法,求从顶点 1 到其余各顶点的最短路径如下表所示。

顶点	从顶点 1 到各终点的 dist 值				
	第 1 轮	第 2 轮	第 3 轮	第 4 轮	
2	7 v_1,v_2				
3	11 v_1,v_3	11 v_1,v_3			
4	∞	16 v_1,v_2,v_4	16 v_1,v_2,v_4		
5	∞	∞	18 v_1,v_3,v_5	18 v_1,v_3,v_5	
6	∞	∞	19 v_1,v_3,v_6	19 v_1,v_3,v_6	19 v_1,v_3,v_6
集合 S	{1,2}	{1,2,3}	{1,2,3,4}	{1,2,3,4,5}	{1,2,3,4,5.6}

17.【解答】 1)该图的邻接表表示如下图所示。

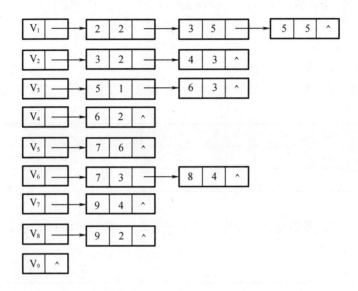

求关键路径的算法如下：

①输入 e 条弧<j,k>,建立 AOE 网的存储结构。

②从源点 v_1 出发,令 $v_e(1)=0$,求 $v_e(j)$, $2 \leqslant j \leqslant n$。

③从汇点 v_n 出发,令 $v_1(n)=v_e(n)$,求 $v_1(i)$, $1 \leqslant i \leqslant n-1$。

④根据各顶点的 v_e 和 v_1 值,求每条弧 s(活动)的最早开始时间 e(s)和最晚开始时间 l(s),其中 e(s)=l(s)为关键活动。

2)根据以上算法可以得到至少需要时间 16。

3)关键路径为 $(V_1, V_3, V_5, V_7, V_9)$。

4)活动 a_2, a_6, a_9, a_{12} 加速,可以缩短工程所需的时间。

18.【解答】 1)根据题表可以画出 AOE 网如下图所示。

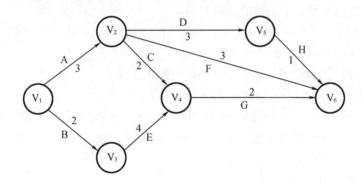

求解各事件和活动的最早发生时间与最迟发生时间公式分别如下：

① v_e(源点)$=0$, $v_e(k)=Max\{v_e(j)+Weight(v_j,v_k)\}$, $Weight(v_j,v_k)$ 表示从 v_j 指向 v_k 的弧的权值。

② v_1(汇点)$= v_e$(汇点), $v_1(j)=Min\{v_1(k)-Weight(v_j,v_k)\}$, $Weight(v_j,v_k)$ 表示从 v_j

指向 v_k 的弧的权值。

③若边$<v_k,v_j>$表示活动 a_i,则有 $e(i)=v_e(k)$。

④若边$<v_k,v_j>$表示活动 a_i,则有 $l(i)=v_1(j)-Weight(v_kv_j)$。

⑤$d(i)=l(i)-e(i)$。

关键路径即由 $d(i)=0$ 的 i 构成。

2)根据上述公式,各事件的最早发生时间 v_e 和最迟发生时间 v_1 如下表所示。

	v_1	v_2	v_3	v_4	v_5	v_6
$v_e(i)$	0	3	2	6	6	8
$v_1(i)$	0	4	2	6	7	8

3)根据上述公式,各活动最早发生时间 e、最迟发生时间 l 和时间余量 $d(i)=l(i)-e(i)$ 如下表所示。

	A	B	C	D	E	F	G	H
$e(i)$	0	0	3	3	2	3	6	6
$l(i)$	1	0	4	4	2	5	6	7
$l(i)-e(i)$	1	0	1	1	0	2	0	1

所以关键路径为 B、E、G,完成该工程最少需要 8(单位依题意而定)。

19.【解答】 对于有向无环图 G 中的任意结点 u,v,它们之间的关系必然是下列三种之一:

1)假设结点 u 是结点 v 的祖先,则在调用 DFS 访问 u 的过程中,必然会在这个过程结束之前递归地对 v 调用 DFS 访问,即 v 的 DFS 函数结束时间先于 u 的 DFS 结束时间。从而可以考虑在 DFS 调用过程中设定一个时间标记,在 DFS 调用结束时,对各结点计时。因此,祖先的结束时间必然大于子孙的结束时间。

2)若 u 是结点 v 的子孙,则 v 为 u 的祖先,按上述思路,v 的结束时间大于 u 的结束时间。

3)若 u 和 v 没有关系,则 u 和 v 在拓扑序列的关系任意。

从而按结束时间从大到小,可以得到一个拓扑序列。

下面给出利用 DFS 求各结点结束时间的代码。至于拓扑序列,将结束时间从大到小排序即可得到(实际上和深度优先遍历算法完全相同,只不过加入了 time 变量)。

```
bool visited[MAX_VERTEX_NUM];          //访问标记数组
void DFSTraverse(Graph G){
//对图 G 进行遍历,访问函数为 visit()
  for(v=0;v<G.vexnum;++v)
    visited[v]=FALSE;                  //初始化访问标记数组
  time=0;
for(v=0;v<G.vexnum;++v)                //本代码中是从 v=0 开始遍历
```

```
    if(!visited[v]) DFS(G,v);
}
void DFS(Graph G, int v){
  visited[v]=TRUE;
  visit(v);
  for(w=FirstNeighbor(G,v);w>=0;w=NextNeighbor(G,v,w))
    if(!visited[w]){                    //w 为 u 的尚未访问的邻接顶点
      DFS(G,w);
    }//if
  time=time+1;finishTime[v]=time;
}
```

20.【解答】　Dijkstra 算法每一步都会贪婪地选择与源点 v_0 最近的下一条边,直到 v_0 连接到图中所有顶点。Prim 算法(已知是最小生成树算法)与 Dijkstra 算法高度相似,但是在每个阶段,它贪婪地选择与该阶段已加入 MST 中任一顶点最近的下一条边。显然,Dijkstra 算法可以产生一棵生成树,但该树不一定是最小生成树,只需要举出一个反例即可,以下图 G 为例(将 a 作为源点)。

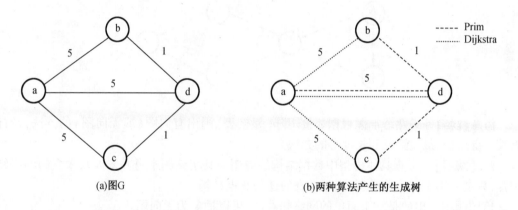

(a)图G　　　　　　(b)两种算法产生的生成树

Dijkstra 算法得到的路径集合为{(a,b),(a,c),(a,d)},该生成树总权值为 5+5+5=15。
Prim 算法得到的边集合为{(a,d),(b,d),(c,d)},该最小生成树总权值为 5+1+1=7。
显然,Dijkstra 算法得到的生成树不一定是最小生成树。

21.【解答】　该方法不一定能(或不能)求得最短路径。

例如,对于下图所示的带权图,若按照题中的原则,从 A 到 C 的最短路径是 A→B→C,事实上其最短路径是 A→D→C。

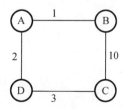

22.【解答】　1)图 G 的邻接矩阵 A 为

$$A = \begin{bmatrix} 0 & 4 & 6 & \infty & \infty & \infty \\ \infty & 0 & 5 & \infty & \infty & \infty \\ \infty & \infty & 0 & 4 & 3 & \infty \\ \infty & \infty & \infty & 0 & \infty & 3 \\ \infty & \infty & \infty & \infty & 0 & 3 \\ \infty & \infty & \infty & \infty & \infty & 0 \end{bmatrix}$$

2) 有向带权图 G 如下图所示。

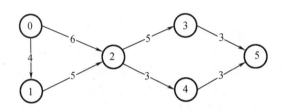

3) 关键路径为 0→1→2-→3→5，长度为 4+5+4+3=16。

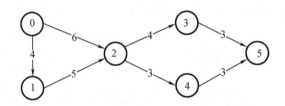

注意：读者务必熟练掌握根据邻接矩阵(邻接表)画出有向图(或无向图)的方法，及计算其关键路径、最短路径和长度等的方法。

23.【解答】 考查具体模型中数据结构的应用。其实该题本身并未涉及太多的网络知识点，只是应用了网络的模型，实际考查的还是数据结构。

1) 图题中给出的是一个简单的网络拓扑图，可以抽象为无向图。

2) 链式存储结构如下图所示。

其数据类型定义如下：

```
typedef struct{
unsigned int ID, IP;
}LinkNode;                          //Link 的结构
typedef struct{
unsigned int Prefix, Mask;
}NetNode;                          //Net 的结构
```

```
typedef struct Node{
int Flag;                              //Flag=1 为 Link;Flag=2 为 Net
union{
  LinkNode Lnode;
  NetNode Nnode;
}LinkORNet;
Unsigned int Metric;
struct Node *next;
}ArcNode;                              //弧结点
typedef struct hNode{
unsigned int RouterID;
ArcNode *LN_link;
struct hNode *next;
}HNODE;                                //表头结点
```

对应表的链式存储结构示意图如下所示。

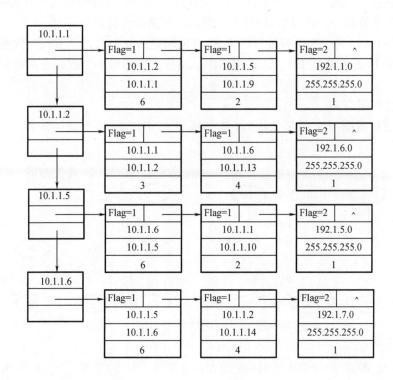

3)计算结果如下表所示。

	目的网络	路径	代价(费用)
步骤 1	192.1.1.0/24	直接到达	1
步骤 2	192.1.5.0/24	R1→R3→192.1.5.0/24	3
步骤 3	192.1.6.0/24	R1→R2→192.1.6.0/24	4
步骤 4	192.1.7.0/24	R1→R2→R4→192.1.7.0/24	8

24.【解答】 1)Prim 算法属于贪心策略。算法从任意一个顶点开始,一直长大到覆盖图中的所有顶点为止。算法的每一步在连接树集合 S 的顶点和其他顶点的边中,选择一条使得树的总权重增加最小的边加入集合 S。当算法终止时,S 就是最小生成树。

①S 中顶点为 A, 候选边为(A,D),(A,B),(A,E), 选择(A,D)加入 S。

②S 中顶点为 A,D,候选边为(A,B),(A,E),(D,E),(C,D), 选择(D,E), 加入 S。

③S 中顶点为 A,D,E, 候选边为(A,B),(C,D),(C,E), 选择(C,E)加入 S。

④ S 中顶点为 A,D,E,C, 候选边为(A,B),(B,C),选择(B,C)加入 S。

⑤S 就是最小生成树。

依次选出的边为

$$(A,D),(D,E),(C,E),(B,C)$$

2)图 G 的 MST 是唯一的。第一小题的最小生成树包括了图中权值最小的 4 条边,其他边除(A,E)外都比这 4 条边大,但若用(A,E)替换同权值的(C,E),A,D,E 三个顶点构成了回路,因此不能替换,所以此图的 MST 唯一。

3)当带权连通图的任意一个环中所包含的边的权值均不相同时,其 MST 是唯一的。此题不要求回答充分必要条件,所以回答一个限制边权值的充分条件即可。

25.【解答】 1)为了求最经济的方案,可把问题抽象为求无向带权图的最小生成树。可以采用手动 Prim 算法或 Kruskal 算法作图。注意本题的最小生成树有两种构造,如下图所示。

方案的总费用为 16。

2)存储题中的图可采用邻接矩阵(或邻接表)。构造最小生成树采用 Prim 算法(或 Kruskal 算法)。

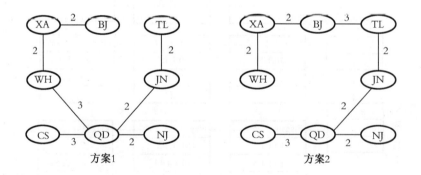

方案1　　　　　　　　方案2

3)TTL=5,即 IP 分组的生存时间(最大传递距离)为 5,方案 1 中 TL 和 BJ 的距离过远,TTL=5 不足以让 IP 分组从 H1 传送到 H2,因此 H2 不能收到 IP 分组。而方案 2 中 TL 和 BJ 邻近,H2 可以收到 IP 分组。

第6章 查 找

6.1 本章导学

<table>
<tr><td rowspan="2">本章概述</td><td colspan="5">在日常生活中,人们几乎每天都要进行查找工作,例如,在字典中查找某个字的语音和含义,在通讯录中查找某人的电话号码,等等。在数据处理领域,查找是使用最频繁的一种基本操作,例如,编译器对源程序中变量名的管理、数据库系统的信息维护等都涉及查找操作。查找以集合为数据模型,以查找为核心操作,同时也可能包括插入和删除等其他操作。本章以静态查找和动态查找为主线,讨论基本的查找技术,包括线性表的查找技术、树表的查找技术以及散列表的查找技术,其中二叉排序树本质上是二叉树的应用,散列技术本质上是数组和单链表的应用</td></tr>
</table>

<table>
<tr><td>教学重点</td><td colspan="5">折半查找算法及性能分析;二叉排序树的构造及查找;平衡二叉树的调整;散列表的构造和查找;B 树的定义</td></tr>
<tr><td>教学难点</td><td colspan="5">二叉排序树的删除操作;平衡二叉树的调整;B 树的插入和删除操作</td></tr>
<tr><td rowspan="16">教学内容和教学目标</td><td rowspan="2">知识点</td><td colspan="4">教学要求</td></tr>
<tr><td>了解</td><td>理解</td><td>掌握</td><td>熟练掌握</td></tr>
<tr><td>查找的基本概念</td><td></td><td>√</td><td></td><td></td></tr>
<tr><td>查找算法的性能</td><td></td><td>√</td><td></td><td></td></tr>
<tr><td>顺序查找算法</td><td></td><td></td><td>√</td><td></td></tr>
<tr><td>折半查找</td><td></td><td></td><td></td><td>√</td></tr>
<tr><td>折半查找判定树</td><td></td><td>√</td><td></td><td></td></tr>
<tr><td>二叉排序树的插入</td><td></td><td></td><td></td><td>√</td></tr>
<tr><td>二叉排序树的删除</td><td></td><td></td><td>√</td><td></td></tr>
<tr><td>二叉排序树的查找及性能分析</td><td></td><td></td><td>√</td><td></td></tr>
<tr><td>平衡二叉树的调整</td><td></td><td></td><td>√</td><td></td></tr>
<tr><td>B 树的定义</td><td></td><td></td><td>√</td><td></td></tr>
<tr><td>B 树的查找</td><td></td><td></td><td>√</td><td></td></tr>
<tr><td>B 树的插入和删除</td><td></td><td>√</td><td></td><td></td></tr>
<tr><td>常见的散列函数</td><td></td><td>√</td><td></td><td></td></tr>
<tr><td>散列表的构造和查找</td><td></td><td></td><td></td><td>√</td></tr>
<tr><td>散列查找的性能分析</td><td></td><td>√</td><td></td><td></td></tr>
<tr><td>各种查找技术的比较</td><td></td><td></td><td>√</td><td></td></tr>
</table>

6.2 重难点解析

1.查找的依据是什么？

【解析】 查找的依据是每个被查找元素中的关键码,它是根据问题需要而确定的标识元素的数据项(或称属性)。

2.衡量查找性能的标准是什么？

【解析】 衡量查找性能的标准是平均查找长度,分查找成功和查找不成功两种:

查找成功的平均查找长度: $ASL_{suc} = \sum_{i=1}^{n} p_i c_i$

查找不成功的平均查找长度: $ASL_{fai} = \sum_{j=0}^{n} q_j c_j$

3.平均查找长度描述了什么样的查找性能？

【解析】 平均查找长度描述了某一种查找算法在某一种查找表中整体的查找性能。查找成功的平均查找长度是找到表中每一个元素的可能比较次数的总和,查找不成功的平均查找长度是查找在表中没有的元素的可能比较次数的总和。它们属于期望值。

4.某一特定查找算法的查找成功的平均查找长度 ASL_{suc} 与查找不成功的平均查找长度 ASL_{fai} 是综合考虑还是分开考虑？

【解析】 若设一个查找集合中已有 n 个数据元素,每个元素的查找概率为 p_i,查找成功的数据比较次数为 $c_i(i=1,2,\cdots,n)$;而不在此集合中的数据元素要多得多,分布在 n+1 个子集合内,这些子集合插在 n 个已有元素取值的间隔内,若设查找每个子集合元素的查找概率为 q_j,查找失败的数据比较次数为 $c_j(j=0,1,\cdots,n)$。如果综合考虑,则有

$$\sum_{i=1}^{n} p_i + \sum_{j=0}^{n} q_j = 1, ASL_{suc} = \sum_{i=1}^{n} p_i c_i, ASL_{fai} = \sum_{j=0}^{n} q_j c_j$$

若所有元素的查找概率相等,则有

$$p_i = q_j = \frac{1}{2n+1}, ASL_{suc} = \frac{1}{2n+1} c_i, ASL_{fai} = \frac{1}{2n+1} \sum_{j=0}^{n} c_j$$

如果分开考虑,则有

$$\sum_{i=1}^{n} p_i = 1, \sum_{j=0}^{n} q_j = 1, ASL_{suc} = \sum_{i=1}^{n} p_i c_i, ASL_{fai} = \sum_{j=0}^{n} q_j c_j$$

若所有元素的查找概率相等,则有

$$p_i = \frac{1}{n}, q_j = \frac{1}{n+1}, ASL_{suc} = \frac{1}{n} \sum_{i=1}^{n} c_i, ASL_{fai} = \frac{1}{n+1} \sum_{j=0}^{n} c_j$$

虽然综合考虑更理想,但从实用角度,多数情况是分开考虑的。因为对于查找不成功的情况,很多场合下没有明确给出,往往被忽略掉。

5.基于顺序表和有序顺序表的顺序查找在性能上有什么差别？

【解析】 基于一般顺序表的顺序查找与基于有序顺序表的顺序查找在相等查找概率情况下查找成功的平均查找长度相等,都是(n+1)/2;但在查找不成功时的平均查找长度不同,基于一般顺序表的顺序查找的查找不成功的平均查找长度为 n(不设监视哨)或 n+1(设监视哨)。基于有序顺序表的顺序查找算法要快,只要查找执行到比给定值大的就可确定

查找失败。查找不成功的平均查找长度为 $n/2+n/(n+1)$。

6. 在顺序表上的顺序查找与在单链表上的顺序查找有什么异同？

【解析】 从逐个结点做关键码比较上来看,两者是相同的,其平均查找长度也相同。但具体的操作有差别。在顺序表上可以从前端向后继方向顺序查找,也可以从后端向前趋方向顺序查找,而单链表只能从表的前端向后继方向顺序查找。如果扩展到双向链表,可以实现从前向后或从后向前的顺序查找,但结构上要占用更多的存储空间。从操作指令上看,在顺序表上可以用游标(位置指示器)加 1 或减 1 的方法向后继或前趋方向移动,因为表中各个元素是相继存放的;而在链表中要靠结点中的链接指针寻找逻辑上的下一个或前一个,因为表中各个元素不一定在物理上相继存放。

7. 某一特定查找算法的查找成功的平均查找长度 ASL_{suc} 与查找不成功的平均查找长度 ASL_{fai} 是综合考虑好,还是分开各自计算好？

【解析】 分开考虑好。如果没有特别指明各个元素的查找概率,以及查找集合外各个元素的查找概率,通常没有这样的可能:即查找成功和不成功的机会各占一半。此时,应分别考虑查找成功的平均查找长度和查找不成功的平均查找长度。

8. 如果一个长度为 n 的顺序表分成每段长度为 k 的 $\lfloor n/k \rfloor$ 个子表,对每个子表做顺序查找,可否设"监视哨"？

【解析】 没有空间可用于"监视哨",所以不应设置"监视哨"。

9. 顺序查找的二叉判定树是否相当于一个高度达到最大的二叉查找树？

【解析】 是。反过来考虑,二叉查找树最坏情况下的查找就相当于顺序查找。

10. 顺序查找的递归算法在最坏情况下的递归深度是多少？

【解析】 若设表中有 n 个元素,从顺序查找的二叉判定树可知,每判定一次,就递归调用一次,最坏情况下内部递归调用 n 次,加上 1 次外部调用,递归深度为 n+1。

11. 如何改进顺序查找的时间效率？

【解析】 如果把表中所有元素按各自的查找概率从高到低排列,可以降低平均查找长度,提高查找效率。联想一下搜狗、紫光、微软等汉字输入处理,可有 3 种办法进行调整(称为自组织)。一是计数方式:为每个元素附加一个访问计数器,每访问一个元素,对其访问计数器加 1,再把它按访问计数器的值前移。二是移向表头方式:每次访问一个元素后,把它移到表头,下次可以先查找它。三是互换位置方式:每次访问一个元素后,把它与前一个元素互换位置,这样可把访问频率高的元素逐渐调到表的前面。

12. 折半查找的限制是什么？衡量折半查找性能的标准是什么？

【解析】 折半查找只能用于有序顺序表。衡量折半查找性能的标准是平均查找长度。在相等查找概率的情况下,查找成功的平均查找长度为

$$ASL_{suc} = \sum_{i=1}^{n} p_i c_i = \frac{1}{n} \sum_{k=1}^{h} (2^{k-1}k) = \frac{n+1}{n}\log_2(n+1) - 1 \approx \log_2(n+1) - 1$$

查找不成功的平均查找长度为

$$ASL_{fai} = \sum_{j=0}^{n} q_j c_j = \frac{1}{n+1} \sum_{j=0}^{n} h = \frac{1}{n+1}(n+1)h = \log_2 n$$

这是在假定相应的二叉判定树每一层结点都是满的情况下得到的计算结果。如果相应二叉判定树的结点数没有达到 $n = 2^h - 1$,则计算结果要比上述结果小一些。

13. 折半查找对应的二叉判定树是否相当于一棵高度达到最小的二叉查找树?

【解析】 它相当于相等查找概率情形的最小高度的二叉查找树。

14. 在相等查找概率的情形,折半查找具有很好的查找性能,但在不相等查找概率情形,如何构造二叉判定树才能得到较好的查找性能?

【解析】 参照构造 Huffman 树的方法,让查找概率高的元素离根最近。

15. 次优查找树与最优查找树的区别在哪里?

【解析】 次优查找树又称重量平衡的二叉查找树,它是按照根结点的左、右子树的权重相等或近似相等的原则自顶向下逐步构造出来的。最优查找树综合考虑了有序顺序表中各个数据元素的查找概率和各个失败区间的查找概率,自底向上逐步构造总的平均查找长度达到最小的二叉查找树。它们都是基于有序顺序表构造出的静态的查找树(判定树)。

16. 平衡的 m 叉查找树的平衡化指的是什么?

【解析】 在 AVL 树中,平衡化就是指每个结点的左右子树高度差的绝对值不超过 1。推广到 m 叉查找树,是指每个关键码的左子树与右子树的高度差的绝对值不超过 1。

17. 平衡的 m 叉查找树的每个结点的构造是什么?

【解析】 每个结点是定长的,其构造为 $(n, P_0, K_1, P_1, K_2, P_2, \cdots, K_n, P_n)$ 其中,n 是结点内关键码的实际个数,P_i 是指向子树的指针,$0 \leq i \leq n < m$;K_i 是关键码,$1 \leq i \leq n < m$,$K_i < K_{i+1}$,$1 \leq i < n$。其实 B 树就是继承了结点的这种构造。

18. B 树的根结点为什么最少有 2 棵子树?

【解析】 B 树的非根结点至少有 $\lfloor m/2 \rfloor$ 棵子树;根结点至少有 2 棵子树,这是因为 B 树是从空树开始构建的,最初插入时 B 树仅有 1 个根结点兼叶结点,应允许根结点仅有 1 个关键码。

19. 一棵 m 阶 B 树是高度平衡的 m 叉查找树,那么,高度平衡的 m 叉查找树是否一定是 m 阶 B 树?如高度平衡的二叉查找树即为 AVL 树,它是 2 阶 B 树吗?

【解析】 高度平衡的 m 叉查找树不一定是 m 阶 B 树,因为没有限制叶结点必须在同一层。例如 2 阶 B 树是 AVL 树,但 AVL 树不一定是 2 阶 B 树。

20. 对于任意的 n≥0 和 m>2,B 树的失败结点个数是否一定是 n+1?

【解析】 每个失败结点代表树上某两个数据之间的间隔(B 树中不存在的数据)。从数轴上看,n 个数据之间的间隔有 n+1 个(包括两端外侧),所以 B 树包括 n 个关键码,就应有 n-1 个失败结点。

21. B 树允许关键码相等吗?

【解析】 B 树中存储的是关键码集合,关键码是唯一标识数据元素的,所以 B 树中的关键码不允许相等。

22. 在向已满的结点插入新关键码时将发生溢出,是否唯一的调整途径就是结点"分裂"?是否可以向其兄弟结点转移溢出的关键码?

【解析】 结点溢出时唯一的调整途径就是做结点分裂,不可以向其兄弟结点转移溢出的关键码。因为向兄弟结点转移关键码比单纯结点分裂需要更多的读写盘操作,下一次再向这个已满的结点插入新关键码时又会溢出,又需要读写盘,使得插入效率低下。如果结点分裂,使结点保持一定的预留空间,下一次插入比较方便,插入效率比较高。

23. B⁺树的叶结点和非叶结点的关系是什么?

【解析】 B⁺树是作索引用的,叶结点上存储了所有的关键码,这些关键码连同指示数据记录的指针组成了对数据记录的索引,它们是按关键码值有序排列的,实际上是对数据记录的稠密索引。而非叶结点上每一索引项存储的是下一层某一(索引)结点的最大关键码值和结点指针,构成针对下一层索引块的稀疏索引。

24.有 n 个关键码的 m 阶 B⁺树的高度是多少?

【解析】　让每一叶结点中关键码个数达到最多,叶结点有 $S = \lceil n/m \rceil$ 个,可得最小高度 $h_{min} = \lceil \log_{\lceil m/2 \rceil} S \rceil + 1$;让每一叶结点中关键码个数达到最少,叶结点有 $S = \lceil n/\lceil m/2 \rceil \rceil$ 个,可得最大高度 $h_{max} = \lfloor \log_{\lceil m/2 \rceil} S \rfloor + 1$。

25.为何散列表可以在常数级的平均时间内执行查找、插入和删除?

【解析】　散列法在元素的关键码与其存储地址之间建立了直接的函数映射关系,避免逐个元素的比较,以 $O(1)$ 的时间复杂性直接寻址,从而实现查找、插入和删除。

26.为何散列法不支持元素之间的顺序查找?

【解析】　如前所述,散列法是直接存取表中元素的,无须做元素之间的顺序查找,也没有提供顺序查找的机制。

27.是否散列法计算出的地址可以不发生冲突?如果可行,其代价有多大?

【解析】　因为散列表地址空间大小远小于关键码集合,使得不同关键码通过函数计算,得到相同地址,产生冲突。如果不想让它冲突,必须设置与关键码集合同样大小的存储空间,需要付出很大代价。

28.散列函数选择的原则是什么?直接定址法、数字分析法、平方取中法、折叠法和除留余数法的适用范围是什么?

【解析】　散列函数选择的原则有3个。首先,函数必须是简单的;其次,函数自变量的定义域必须包括关键码集合中所有关键码,值域必须在表的地址范围之内;最后,函数计算出的地址分布应是均匀的。

直接定址法要求表的大小与关键码集合一样大,适合于关键码集合不大的场合;数字分析法针对每一个特定关键码集合都要具体分析,找出取值分布比较均匀的若干位作为其计算法结构;平方取中法针对标识符集合计算散列地址;折叠法针对长关键码来计算散列地址;除留余数法针对数字集合计算散列地址,它没有对地址空间大小加以限制。

29.在所有的散列函数中,哪种散列函数的地址分布最均匀?

【解析】　除留余数法计算出的地址分布最均匀。注意,除数是一个小于或等于但最接近于表的大小 m 的质数。其次是数字分析法。最不好的是折叠法。

30.用开地址法造表,其装填因子为何不能超过1?用链地址法造表,其装填因子为何可以超过1?

【解析】　用开地址法造表,所有元素都放在同一个表内,无论是否发生冲突,因此表的空间要设计得足够大,绝对不能装满,装填因子必须小于1。用链地址法造表,每个散列地址是一个链接表的表头指针,所有元素另开辟空间存放,并未占用基本空间,表中元素个数可能大大超过表的大小,其装填因子会超过1。

31.解决冲突的开地址法和链地址法两者中哪一种在表的装填因子增大时能控制平均查找长度不致增长过快?

【解析】　链地址法。因为它另外开辟存放冲突元素的空间,不会占用表的基本空间,从而控制了表中冲突的增多,使得平均查找长度不致增长过快。

32. 在何种情况下线性探测法接近于顺序查找？

【解析】 用线性探测法解决冲突，寻找下一个"空位"的距离太小，使得局部区域聚集过多元素，不同探测序列交织在一起，导致某一探测序列拉长。这就是堆积（又称聚集）。如果堆积情况严重，每次查找某个元素都要逐个位置比较，就退化为顺序查找。

33. 用线性探测法解决冲突，会产生堆积（聚集），如何减少堆积？

【解析】 用线性探测法解决冲突会产生堆积，是因为寻找"下一个"空位距离太小，使得表中某个区域密密麻麻聚集了很多元素。如果采用二次探测或双散列等方法，拉大寻找"下一个"空位的距离，使得冲突元素分散到表中各个角落，就可减少堆积。

34. 在用开地址法造表的情形，为何删除一个元素时不能做物理删除，而只能做删除标记？如果插入新元素时，在寻找插入位置的探测过程中遇到已做删除标记的记录，可否在此位置插入？

【解析】 如果物理删除一个元素，会导致其他元素的探测序列中断，当查找那些元素时会造成"没有此元素"的误判，所以不能真正物理删除一个表中元素，只可做删除标记。在插入新元素时在其探测序列中遇到已做逻辑删除标记的记录，不应在此位置插入。因为后面有可能存在与新元素相同的元素。这样做会使表中可用空间越来越少，应定期对表重构，把做过逻辑删除的元素从各元素的探测序列中摘出来，物理删除掉。

35. 在开地址法造表的情形中，每个元素可以具有哪些状态？每种状态下可做什么处理？

【解析】 每个元素有 3 种状态：已用（Active）、空闲（Empty）和删除（Deleted）。处于 Active 状态的元素就是表中已有元素，可以使用它。处于 Empty 状态的元素位置是空闲位置，可以插入新元素。处于 Deleted 状态的元素是已做逻辑删除的元素，它不可用，但也不能把它视为空闲。

36. 线性探测法对表的大小是否有限制？一旦发生溢出，即表已装满又要插入新记录，应如何处理？

【解析】 线性探测法对表的大小没有限制，如果可以预估可能存放的记录数，应按照表的装填因子为 0.75 的要求设置表的大小，以保持较高的查找效率。一旦表已装满，需要做一次表的重构，把表的大小扩大一倍。

37. 用二次探测再散列解决冲突，表的大小如何设置？在什么情况下用该方法能探测到表中所有位置？

【解析】 表的大小应是满足 $4k+3$ 的质数，k 是正整数。当表的装填因子 α 小于 0.5 时，用该方法能探测到表中所有位置。

38. 双散列法设计的再散列函数计算出来的值为何必须与表的大小互质？如果计算出来的值为 0 会出现什么情形？

【解析】 再散列函数 $h_2(key)$ 计算出来的值 p 是在发生冲突时作为寻找"下一个"空位的移位量使用的。如果它与表的大小不互质，不能检测到表中每一个位置。例如表大小 $m=10$，$p=5$，在 $h_0=0$ 号位置冲突，$h_1=(h_0+p)\%m=5$，$h_2=(h_1+p)\%m=0$，只有两个位置可以检测到。如果 $m=10$，$p=7$，在 $h_0=0$ 号位置冲突，探测序列可以是 0,7,4,1,8,5,2,9,6,3,0，可检测到表中所有位置。

另外，$h_2(key)$ 计算出来的值 p 不能是 0。如果是 0，等于每次探测窝在原地不动，会造成死循环。

39. 使用双散列法,为何主张把表的大小设为素数?这对设计再散列函数有何作用?

【解析】 表的大小设置为质数 m,第 2 个函数用 $h_2(key) = key\%(m-2)+1$。它计算的任何值,除 1 外都与 m 互质,一定可探测到表中所有位置。

40. 设有一个含 200 个元素的散列表,用二次探测法解决冲突,按关键码查询时找到一个新元素插入位置的平均探测次数不超过 1.5,则散列表应设计多大?

【解析】 查表可知,适合二次探测法的查找不成功的平均查找长度为 $U_n = 1/(1-\alpha)$,其中 α 为装填因子。因表中元素个数 n=200,则 $U_n = 1/(1-\alpha) \leqslant 1.5$,可计算得 $\alpha \leqslant 1/3$。又由 α 定义得 $n/m = 200/m = \alpha \leqslant 1/3$,解得 $m \geqslant 600$。但不能取 m=600,二次探测法要求 m 是一个满足 4k+3 的质数,可取 m=607。

41. 链地址使用单链表把基桶和溢出桶链接起来,这种情形下可否直接删除元素?

【解析】 可以直接在链表中删除元素。

42. 散列表的平均查找长度是否与装填因子 α 直接相关?是否与 n 或 m 直接相关?

【解析】 散列表的平均查找长度与装填因子 α 直接相关。与 n 或 m 不直接相关。

43. 散列表的查找成功的平均查找长度是查找到表中已有元素的平均查找长度,那么查找不成功的平均查找长度又是什么意思?

【解析】 查找不成功的平均查找长度是指在表中已有 n 个元素,现要插入第 n+1 个(应是表中原来没有的)元素时找到插入位置时的探测次数的期望值。

44. 在散列表中计算查找成功的平均查找长度的式子中,除数应选什么数字?在计算查找不成功的平均查找长度的式子中,除数应选什么数字?

【解析】 在计算查找成功的平均查找长度的式子中,除数应选表中已有元素个数。在计算查找不成功的平均查找长度的式子中,除数应选散列函数可能计算到的散列地址数。

45. 一棵有 n 个结点的二叉查找树有多少种不同形态?

【解析】 二叉查找树的中序排列一定,不同的前序序列得到不同的二叉查找树,不同二叉查找树的总数服从 Catalan 函数 $\frac{1}{n+1}C_{2n}^n$。

46. 若想把二叉查找树上所有结点的数据从小到大排列,采用何种遍历算法?从大到小排列,又采用何种算法?

【解析】 采用中序遍历算法:若想得到从小到大排列的遍历结果,采用先左后右的 LNR 遍历方式,若想得到从大到小的遍历结果,采用先右后左的 RNL 遍历方式。

47. 树的高度决定了二叉查找树的查找性能,那么树的高度如何估计?

【解析】 同样的一组数据,输入顺序不同,可得到不同的二叉查找树。设树中有 n 个结点,高度最小的情形是形如完全二叉树或理想平衡树的二叉查找树,高度 $h = \lceil \log_2(n+1) \rceil$,高度最大的情形是形如单支树的二叉查找树,高度 h=n。

48. 衡量一棵二叉查找树的查找性能要计算其查找成功的平均查找长度和查找不成功的平均查找长度,此时可借助的辅助结构是什么?

【解析】 借助扩充二叉判定树。内结点代表二叉查找树原有的数据,查找成功时查找指针停留在内结点上;外结点代表二叉查找树原来没有的数据,查找失败时查找指针走到外结点。

49. 对图 1.6.1(a)所示的二叉查找树,查找成功和查找不成功的平均查找长度是多少?

【解析】 图 1.6.1(a)对应的用于分析查找性能的判定树如图 1.6.1(b)所示。

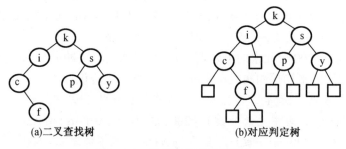

(a)二叉查找树　　　　　　(b)对应判定树

图 1.6.1　计算平均查找长度

查找成功的平均查找长度为

$$\mathrm{ASL_{suc}} = \frac{1}{7}(1\times1+2\times2+3\times3+4\times1) = \frac{18}{7}$$

查找不成功的平均查找长度为

$$\mathrm{ASL_{fai}} = \frac{1}{8}(2\times1+3\times5+4\times2) = \frac{25}{8}$$

判定树内结点的度为 2,外结点的度为 0。由 $n_0 = n_2 + 1$ 可知,内结点有 7 个的话,外结点应有 7+1=8 个。

50. 从二叉查找树中删除一个结点后再把它插入,所得的新二叉查找树与原来的相同吗?

【解析】　如果删除的是二叉查找树中的叶结点,再插入后得到的新二叉查找树相同,因为它不影响树中其他结点的相互关系,它删除前在何处,重新插入后还在该处。如果删除的是二叉查找树的非叶结点,删除后树中相关结点的关系有了调整,该结点作为叶结点重新插入后所得新二叉查找树与删除前的二叉查找树一般是不同的。

51. 在二叉查找树中删除结点时如何才能保证删除后二叉查找树的高度不增加?

【解析】　因为二叉查找树的高度与查找效率直接相关,必须控制在删除时不要增加二叉查找树的高度。在做二叉查找树的删除时,要区分叶结点、单子女非叶结点和双子女非叶结点 3 种情况。叶结点可直接删除,树的高度不会增加;删除单子女非叶结点时可用其子女顶替它接续在它的父结点下面,树的高度也不会增加;删除双子女非叶结点时为控制树的高度不会增加,可用其左子树上中序最后一个结点,或其右子树上中序第一个结点顶替它,再去删除那个顶替它的结点。

52. 如果被删结点是非叶结点,为何不能直接删除?

【解析】　如果直接删除非叶结点,会导致二叉查找树的分裂。

53. 为何在二叉查找树的插入和删除算法中,子树的根指针定义为引用型参数?

【解析】　在空树上插入新结点会变成非空树,在只有一个结点的非空树中删除会变成空树,根指针的值会变化。为把根指针的这种变化自动带给实参,根指针一般在形参表中定义成引用型参数。这样定义的另一好处是在函数体内可以像普通变量那样使用。

54. 在二叉查找树中,从根结点到任一结点的路径长度的平均值是多少?

【解析】　设二叉查找树有 n 个结点,根到结点 i 的路径长度为 l_i,则从根结点到任一结点的路径长度的平均值为 $\dfrac{1}{n}\sum\limits_{i=1}^{n} l_i$。注意,若结点 i 在第 k 层,则 $l_i = k-1$,即路径上的分支数。

55. 二叉树、二叉查找树和 AVL 树之间是何关系？

【解析】 二叉查找树是二叉树的特殊情形；AVL 树又是二叉查找树的特殊情形，AVL 树是高度平衡的二叉查找树。

56. 完全二叉树或理想平衡树是平衡二叉树吗？

【解析】 平衡二叉树是高度平衡的，就是说，树中每个结点的左、右子树的高度差的绝对值不超过 1。如果不限定树中结点中数据的分布必须满足二叉查找树的定义，完全二叉树和理想平衡树是平衡二叉树。但很多书中所称平衡二叉树即为 AVL 树，即高度平衡的二叉查找树，如果是这样，完全二叉树和理想平衡树不一定是平衡二叉树，除非它们满足二叉查找树的要求。

57. 有 n 个结点的 AVL 树的最小高度和最大高度是多少？

【解析】 设 AVL 树的高度为 h，让 AVL 树每层结点达到最大数目：$n \leq 2^h - 1$，就得到它的最小高度：$h \geq \lceil \log_2(n+1) \rceil$；若让根的左、右子树的结点个数达到最少，可得最大高度。设高度为 h 的 AVL 树的最少结点数为 N_h，则有 $N_0 = 0, N_1 = 1, N_h = N_{h-1} + N_{h-2} + 1, h > 1$。由此推出 $N_2 = 2, N_3 = 4, N_4 = 7, N_5 = 12, \cdots$ 对照斐波那契数 $F_0 = 0, F_1 = 1, F_2 = 1, F_3 = 2, F_4 = 3, F_5 = 5, F_6 = 8, F_7 = 13, \cdots$ 有 $N_h = F_{h+2} - 1$。

另外，斐波那契数满足渐近公式：

$$F_n \approx \frac{\Phi^n}{\sqrt{5}}, \Phi = \frac{1 + \sqrt{5}}{2}$$

由此可得

$$\Phi^{h+2} \approx \sqrt{5}(N_h + 1)$$

两边取对数

$$h + 2 \approx \log_\Phi \sqrt{5} + \log_\Phi(N_h + 1)$$

由换底公式

$$\log_\Phi X = \log_2 X / \log_2 \Phi \text{ 及 } \log_2 \Phi = 0.694 \text{ 和 } \log_2 \sqrt{5} \approx 1.161$$

可得

$$h \approx 1.44 \log_2(NA + 1) - 0.33 < 1.44 \log_2(n+1)$$

此即 AVL 树的最大高度。

58. 在高度为 h 的 AVL 树中离根最近的叶结点在第几层？

【解析】 计算 AVL 树离根最近的叶结点所在层次的方法与推导高度为 h 的 AVL 树最少结点个数的过程类似。设高度为 h 的 AVL 树的离根最近的叶结点所在层次为 L_h，则有 $L_1 = 1, L_2 = 2, L_h = \min\{L_{h-1}, L_{h-2}\} + 1 = L_{h-2} + 1, h > 2$。这是递推公式，如果直接计算，有 $L_h = \lfloor h/2 \rfloor + 1$，如图 1.6.2 所示。

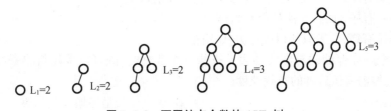

图 1.6.2　不同结点个数的 AVL 树

59. 平衡化旋转的目的是什么?

【解析】 一般是因在某结点的较高的子树上插入新结点,使得该子树的高度更高,造成了不平衡。平衡化旋转的目的是降低以该结点为根的子树的高度,使之恢复平衡。另一方面,在 AVL 树中删除某一结点后,有可能使以该结点为根的子树的高度降低,导致其祖先结点失去平衡,也需要自下而上对其失去平衡的祖先结点做平衡化旋转。

60. AVL 树插入新结点后可能失去平衡。如果在从插入新结点处到根的路径上有多个失去平衡的祖先结点,为何要选择离插入结点最近的失去平衡的祖先结点,对以它为根的子树做平衡化旋转?

【解析】 选这个祖先结点为根的子树,通过平衡化旋转把该子树的高度降低,更上层的祖先结点都能恢复平衡。如果选上层的失衡的祖先结点,对以它为根的子树做平衡化旋转,它下层的失去平衡的祖先结点不能恢复平衡,需要多次平衡化旋转。

6.3 习 题 指 导

一、单项选择题

1. 顺序查找适合于存储结构为(　　)的线性表。
   A. 顺序存储结构或链式存储结构　　　　B. 散列存储结构
   C. 索引存储结构　　　　　　　　　　　D. 压缩存储结构

2. 由 n 个数据元素组成的两个表:一个递增有序,一个无序。采用顺序查找算法,对有序表从头开始查找,发现当前元素已不小于待查元素时,停止查找,确定查找不成功,已知查找任一元素的概率是相同的,则在两种表中成功查找(　　)。
   A. 平均时间后者小　　　　　　　　　　B. 平均时间两者相同
   C. 平均时间前者小　　　　　　　　　　D. 无法确定

3. 对长度为 n 的有序单链表,若查找每个元素的概率相等,则顺序查找表中任一元素的查找成功的平均查找长度为(　　)。
   A. n/2　　　　　　B. (n+1)/2　　　　　C. (n-1)/2　　　　　D. n/4

4. 对长度为 3 的顺序表进行查找,若查找第一个元素的概率为 1/2,查找第二个元素的概率为 1/3,查找第三个元素的概率为 1/6,则查找任一元素的平均查找长度为 (　　)。
   A. 5/3　　　　　　B. 2　　　　　　　　C. 7/3　　　　　　D. 4/3

5. 下列关于二分查找的叙述中, 正确的是(　　)。
   A. 表必须有序,表可以顺序方式存储,也可以链表方式存储
   B. 表必须有序且表中数据必须是整型、实型或字符型
   C. 表必须有序, 而且只能从小到大排列
   D. 表必须有序,且表只能以顺序方式存储

6. 在一个顺序存储的有序线性表上查找一个数据时,既可以采用折半查找,也可以采用顺序查找,但前者比后者的查找速度(　　)。
   A. 必然快　　　　　　　　　　　　　　B. 取决于表是递增还是递减
   C. 在大部分情况下要快　　　　　　　　D. 必然不快

7. 折半查找过程所对应的判定树是一棵(　　　)。

A. 最小生成树　　　　B. 平衡二叉树　　　　C. 完全二叉树　　　　D. 满二叉树

8. 折半查找和二叉排序树的时间性能(　　　)。

A. 相同　　　　B. 有时不相同　　　　C. 完全不同　　　　D. 无法比较

9. 在有 11 个元素的有序表 A[1,2,…,11]中进行折半查找($\lfloor$(low+high)/2$\rfloor$),查找元素 A[11]时,被比较的元素下标依次是(　　　)。

A. 6,8,10,11　　　　B. 6,9,10,11　　　　C. 6,7,9,11　　　　D. 6,8,9,11

10. 已知有序表(13,18,24,35,47,50,62,83,90,115,134),当二分查找值为 90 的元素时,查找成功的比较次数为(　　　)。

A. 1　　　　B. 2　　　　C. 4　　　　D. 6

11. 对表长为 n 的有序表进行折半查找,其判定树的高度为(　　　)。

A. $\lceil \log_2(n+1) \rceil$　　　　B. $\lfloor \log_2(n+1) \rfloor-1$　　　　C. $\lceil \log_2 n \rceil$　　　　D. $\lfloor \log_2 n \rfloor-1$

12. 已知一个长度为 16 的顺序表,其元素按关键字有序排列,若采用折半查找算法查找一个不存在的元素,则比较的次数至少是(　　　),至多是(　　　)。

A. 4　　　　B. 5　　　　C. 6　　　　D. 7

13. 具有 12 个关键字的有序表中,对每个关键字的查找概率相同,折半查找算法查找成功的平均查找长度为(　　　),折半查找查找失败的平均查找长度为(　　　)。

A. 37/12　　　　B. 35/12　　　　C. 39/13　　　　D. 49/13

14. 采用分块查找时,数据的组织方式为(　　　)。

A. 数据分成若干块,每块内数据有序

B. 数据分成若干块,每块内数据不必有序,但块间必须有序,每块内最大(或最小)的数据组成索引块

C. 数据分成若干块,每块内数据有序,每块内最大(或最小)的数据组成索引块

D. 数据分成若干块,每块(除最后一块外)中数据个数需相同

15. 对有 2500 个记录的索引顺序表(分块表)进行查找,最理想的块长为(　　　)。

A. 50　　　　B. 125　　　　C. 500　　　　D. $\lfloor \log_2 2500 \rfloor$

16. 设顺序存储的某线性表共有 123 个元素,按分块查找的要求等分为 3 块。若对索引表采用顺序查找法来确定子块,且在确定的子块中也采用顺序查找法,则在等概率情况下,分块查找成功的平均查找长度为(　　　)。

A. 21　　　　B. 23　　　　C. 41　　　　D. 62

17. 为提高查找效率,对有 65 025 个元素的有序顺序表建立索引顺序结构,在最好情况下查找到表中已有元素最多需要执行(　　　)次关键字比较。

A. 10　　　　B. 14　　　　C. 16　　　　D. 21

18.【2010 统考真题】已知一个长度为 16 的顺序表 L,其元素按关键字有序排列,若采用折半查找法查找一个 L 中不存在的元素,则关键字的比较次数最多是(　　　)。

A. 4　　　　B. 5　　　　C. 6　　　　D. 7

19.【2015 统考真题】下列选项中,不能构成折半查找中关键字比较序列的是(　　　)。

A. 500,200,450, 180　　　　　　　　B. 500,450,200, 180

C. 180, 500,200,450　　　　　　　　D. 180,200,500,450

20.【2016 统考真题】在有 n(n>1 000)个元素的升序数组 A 中查找关键字 x。查找算法的伪代码如下所示。

```
k=0;
while(k<n 且 A[k]<x) k=k+3;
if(k<n 且 A[k]==x) 查找成功;
else if(k-1<n 且 A[k-1]==x) 查找成功;
  else if(k-2<n 且 A[k-2]==x) 查找成功;
    else 查找失败;
```

本算法与折半查找算法相比,有可能具有更少比较次数的情形是 (　　　)。

A. 当 x 不在数组中　　　　　　　　　　B. 当 x 接近数组开头处

C. 当 x 接近数组结尾处　　　　　　　　D. 当 x 位于数组中间位置

21.【2017 统考真题】下列二叉树中,可能成为折半查找判定树(不含外部结点)的是 (　　　)。

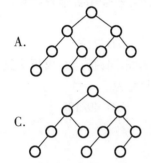

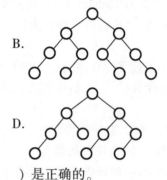

22. 对于二叉排序树,下面的说法中,(　　　) 是正确的。

A. 二叉排序树是动态树表,查找失败时插入新结点,会引起树的重新分裂和组合

B. 对二叉排序树进行层序遍历可得到有序序列

C. 用逐点插入法构造二叉排序树,若先后插入的关键字有序,二叉排序树的深度最大

D. 在二叉排序树中进行查找,关键字的比较次数不超过结点数的 1/2

23. 按(　　　)遍历二叉排序树得到的序列是一个有序序列。

A. 先序　　　　　　B. 中序　　　　　　C. 后序　　　　　　D. 层次

24. 在二叉排序树中进行查找的效率与(　　　)有关。

A. 二叉排序树的深度　　　　　　　　　B. 二叉排序树的结点的个数

C. 被查找结点的度　　　　　　　　　　D. 二叉排序树的存储结构

25. 在常用的描述二叉排序树的存储结构中,关键字值最大的结点(　　　)。

A. 左指针一定为空　　　　　　　　　　B. 右指针一定为空

C. 左右指针均为空　　　　　　　　　　D. 左右指针均不为空

26. 设二叉排序树中关键字由 1 到 1000 的整数构成,现要查找关键字为 363 的结点,下述关键字序列中,不可能是在二叉排序树上查找的序列是(　　　)。

A. 2,252,401,398,330,344,397,363

B. 924,220,911,244,898,258,362,363

C. 925,202,911,240,912,245,363

D. 2,399,387,219,266,382,381,278,363

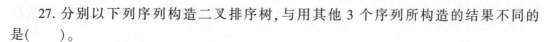

27. 分别以下列序列构造二叉排序树,与用其他 3 个序列所构造的结果不同的是( )。

A.(100,80,90,60,120,110,130) B.(100,120,110,130,80,60,90)

C.(100,60,80,90,120,110,130) D.(100,80,60,90,120,130,110)

28. 从空树开始,依次插入元素 52,26,14,32,71,60,93,58,24 和 41 后构成了一棵二叉排序树。在该树查找 60 要进行比较的次数为( )。

A.3 B.4 C.5 D.6

29. 在含有 n 个结点的二叉排序树中查找某个关键字的结点时,最多进行( )次比较。

A.n/2 B.log₂n C.log₂n+1 D.n

30. 构造一棵具有 n 个结点的二叉排序树时,最理想情况下的深度为( )。

A.n/2 B.n C.⌊log₂(n+1)⌋ D.⌈log₂(n+1)⌉

31. 不可能生成如下图所示的二叉排序树的关键字序列是( )。

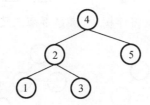

A.{4,2,1,3,5} B.{4,2,5,3,1} C.{4,5,2,1,3} D.{4,5,1,2,3}

32. 含有 20 个结点的平衡二叉树的最大深度为( )。

A.4 B.5 C.6 D.7

33. 具有 5 层结点的 AVL 至少有( )个结点。

A.10 B.12 C.15 D.17

34. 下列关于红黑树的说法中,不正确的是( )。

A.一棵含有 n 个结点的红黑树的高度至多为 2log₂(n+1)

B.如果一个结点是红色的,则它的父结点和孩子结点都是黑色的

C.从一个结点到其叶子结点的所有简单路径上包含相同数量的黑结点

D.红黑树的查询效率一般要优于含有相同结点数的 AVL 树

35. 下列关于红黑树和 AVL 树的描述中,不正确的是( )。

A.两者都属于自平衡的二叉树

B.两者查找、插入、删除的时间复杂度都相同

C.红黑树插入和删除过程至多有 2 次旋转操作

D.红黑树的任一结点的左右子树高度之差不超过 2 倍

36. 下列关于红黑树的说法中,正确的是( )。

A.红黑树是一种特殊的平衡二叉树

B.如果红黑树的所有结点都是黑色的,那么它一定是一棵满二叉树

C.红黑树的任何一个分支结点都有两个非空孩子结点

D.红黑树的子树也一定是红黑树

37. 将关键字 1,2,3,4,5,6,7 依次插入初始为空的红黑树 T, 则 T 中红结点的个数是（　　）。

A. 1　　　　　　B. 2　　　　　　C. 3　　　　　　D. 4

38. 将关键字 5,4,3,2,1 依次插入初始为空的红黑树 T, 则 T 的最终形态是（　　）。

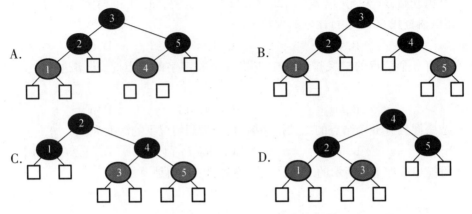

39.【2009 统考真题】下列二叉排序树中,满足平衡二叉树定义的是（　　）。

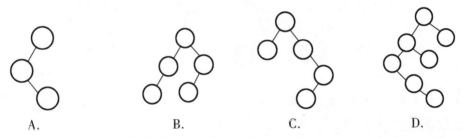

A.　　　　　　　　B.　　　　　　　　C.　　　　　　　　D.

40.【2010 统考真题】在下图所示的平衡二叉树中插入关键字 48 后得到一棵新平衡二叉树,在新平衡二叉树中,关键字 37 所在结点的左、右子结点中保存的关键字分别是（　　）。

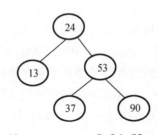

A. 13,48　　　　　B. 24,48　　　　　C. 24,53　　　　　D. 24,90

41.【2011 统考真题】对下列关键字序列,不可能构成某二叉排序树中一条查找路径的是（　　）。

A. 95,22,91,24,94,71　　　　　　　B. 92,20,91,34,88,35

C. 21,89,77,29,36,38　　　　　　　D. 12,25,71,68,33,34

42.【2012 统考真题】若平衡二叉树的高度为 6,且所有非叶子结点的平衡因子均为 1,则该平衡二叉树的结点总数为（　　）。

A. 12　　　　　　B. 20　　　　　　C. 32　　　　　　D. 33

43.【2013 统考真题】在任意一棵非空二叉排序树 T_1 中,删除某结点 v 之后形成二叉排序树 T_2,再将 v 插入 T_2 形成二叉排序树 T_3。下列关于 T_1 与 T_3 的叙述中,正确的是(　　)。

Ⅰ. 若 v 是 T_1 的叶结点,则 T_1 与 T_3 不同

Ⅱ. 若 v 是 T_1 的叶结点,则 T_1 与 T_3 相同

Ⅲ. 若 v 不是 T_1 的叶结点,则 T_1 与 T_3 不同

Ⅳ. 若 v 不是 T_1 的叶结点,则 T_1 与 T_3 相同

A. 仅Ⅰ、Ⅲ　　　　　B. 仅Ⅰ、Ⅳ　　　　　C. 仅Ⅱ、Ⅲ　　　　　D. 仅Ⅱ、Ⅳ

44.【2013 统考真题】若将关键字 1,2,3,4,5,6,7 依次插入初始为空的平衡二叉树 T,则 T 中平衡因子为 0 的分支结点的个数是(　　)。

A. 0　　　　　　　B. 1　　　　　　　C. 2　　　　　　　D. 3

45.【2015 统考真题】现有一棵无重复关键字的平衡二叉树(AVL),对其进行中序遍历可得到一个降序序列。下列关于该平衡二叉树的叙述中,正确的是(　　)。

A. 根结点的度一定为 2　　　　　　　B. 树中最小元素一定是叶结点

C. 最后插入的元素一定是叶结点　　　D. 树中最大元素一定是无左子树

46.【2018 统考真题】已知二叉排序树如下图所示,元素之间应满足的大小关系是(　　)。

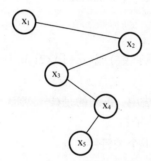

A. $x_1 < x_2 < x_5$　　　B. $x_1 < x_4 < x_5$　　　C. $x_3 < x_5 < x_4$　　　D. $x_4 < x_3 < x_5$

47.【2019 统考真题】在任意一棵非空平衡二叉树(AVL 树)T_1 中,删除某结点 v 之后形成平衡二叉树 T_2,再将 v 插入 T_2 形成平衡二叉树 T_3。下列关于 T_1 与 T_3 的叙述中,正确的是(　　)。

Ⅰ. 若 v 是 T_1 的叶结点,则 T_1 与 T_3 可能不相同

Ⅱ. 若 v 不是 T_1 的叶结点,则 T_1 与 T_3 一定不相同

Ⅲ. 若 v 不是 T_1 的叶结点,则 T_1 与 T_3 一定相同

A. 仅Ⅰ　　　　　　B. 仅Ⅱ　　　　　　C. 仅Ⅰ、Ⅱ　　　　　D. 仅Ⅰ、Ⅲ

48.【2020 统考真题】下列给定的关键字输入序列中,不能生成下边二叉排序树的是(　　)。

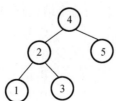

A. 4,5,2,1,3　　　B. 4,5,1,2,3　　　C. 4,2,5,3,1　　　D. 4,2,1,3,5

49.【2021统考真题】给定平衡二叉树如下图所示,插入关键字 23 后,根中的关键字是(   )。

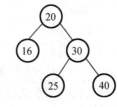

A. 16   B. 20   C. 23   D. 25

50. 下图所示是一棵(   )。

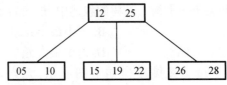

A. 4 阶 B 树   B. 4 阶 B+树   C. 3 阶 B 树   D. 3 阶 B+树

51. 下列关于 m 阶 B 树的说法中,错误的是(   )。

A. 根结点至多有 m 棵子树

B. 所有叶结点都在同一层次上

C. 非叶结点至少有 m/2(m 为偶数)或(m+1)/2(m 为奇数)棵子树

D. 根结点中的数据是有序的

52. 以下关于 m 阶 B 树的说法中, 正确的是(   )。

Ⅰ. 每个结点至少有两棵非空子树

Ⅱ. 树中每个结点至多有 m-1 个关键字

Ⅲ. 所有叶结点在同一层

Ⅳ. 插入一个元素引起 B 树结点分裂后,树长高一层

A. Ⅰ、Ⅱ   B. Ⅱ、Ⅲ   C. Ⅲ、Ⅳ   D. Ⅰ、Ⅱ、Ⅳ

53. 在一棵 m 阶 B 树中做插入操作前,若一个结点中的关键字个数等于(   ),则必须分裂成两个结点;向一棵 m 阶的 B 树做删除操作前,若一个结点中的关键字个数等于(   ),则可能需要同它的左兄弟或右兄弟结点合并成一个结点。

A. m,$\lceil m/2 \rceil$-2   B. m-1,$\lceil m/2 \rceil$-1

C. m+1,$\lceil m/2 \rceil$ D. m/2,$\lceil m/2 \rceil$+1

54. 具有 n 个关键字的 m 阶 B 树,应有(   )个叶结点。

A. n+1   B. n-1   C. mn   D. nm/2

55. 高度为 5 的 3 阶 B 树至少有(   )个结点,至多有(   )个结点。

A. 32   B. 31   C. 120   D. 121

56. 含有 n 个非叶结点的 m 阶 B 树中至少包含(   )个关键字。

A. n(m+1)   B. n

C. n($\lceil m/2 \rceil$-1)   D. (n-1)($\lceil m/2 \rceil$-1)+1

57. 已知一棵 5 阶 B 树中共有 53 个关键字,则树的最大高度为(　　),最小高度为(　　)。

　　A. 2　　　　　　　B. 3　　　　　　　C. 4　　　　　　　D. 5

58. 已知一棵 3 阶 B 树中有 2047 个关键字,则此 B 树的最大高度为(　　),最小高度为(　　)。

　　A. 11　　　　　　B. 10　　　　　　C. 8　　　　　　D. 7

59. 下列关于 B 树和 B+树的叙述中,不正确的是(　　)。

　　A. B 树和 B+树都能有效地支持顺序查找

　　B. B 树和 B+树都能有效地支持随机查找

　　C. B 树和 B+树都是平衡的多叉树

　　D. B 树和 B+树都可以用于文件索引结构

60. 【2009 统考真题】下列叙述中,不符合 m 阶 B 树定义要求的是(　　)。

　　A. 根结点至多有 m 棵子树　　　　　　B. 所有叶结点都在同一层上

　　C. 各结点内关键字均升序或降序排列　　D. 叶结点之间通过指针链接

61. 【2012 统考真题】已知一棵 3 阶 B 树,如下图所示。删除关键字 78 得到一棵新 B 树,其最右叶结点中的关键字是(　　)。

　　A. 60　　　　　　B. 60,62　　　　　　C. 62,65　　　　　　D. 65

62. 【2013 统考真题】在一棵高度为 2 的 5 阶 B 树中,所含关键字的个数至少是(　　)。

　　A. 5　　　　　　B. 7　　　　　　C. 8　　　　　　D. 14

63. 【2014 统考真题】在一棵有 15 个关键字的 4 阶 B 树中,含关键字的结点个数最多是(　　)。

　　A. 5　　　　　　B. 6　　　　　　C. 10　　　　　　D. 15

64. 【2016 统考真题】B+树不同于 B 树的特点之一是(　　)。

　　A. 能支持顺序查找　　　　　　B. 结点中含有关键字

　　C. 根结点至少有两个分支　　　D. 所有叶结点都在同一层上

65. 【2017 统考真题】下列应用中,适合使用 B+树的是(　　)。

　　A. 编译器中的词法分析　　　　B. 关系数据库系统中的索引

　　C. 网络中的路由表快速查找　　D. 操作系统的磁盘空闲块管理

66. 【2018 统考真题】高度为 5 的 3 阶 B 树含有的关键字个数至少是(　　)。

　　A. 15　　　　　　B. 31　　　　　　C. 62　　　　　　D. 242

67. 【2020 统考真题】依次将关键字 5,6,9,13,8,2,12,15 插入初始为空的 4 阶 B 树后,根结点中包含的关键字是(　　)。

　　A. 8　　　　　　B. 6,9　　　　　　C. 8,13　　　　　　D. 9,12

68. 【2021 统考真题】在一棵高度为 3 的 3 阶 B 树中,根为第 1 层,若第 2 层中有 4 个关键字,则该树的结点数最多是(   )。

    A. 11   B. 10   C. 9   D. 8

69. 只能在顺序存储结构上进行的查找方法是(   )。

    A. 顺序查找法   B. 折半查找法   C. 树型查找法   D. 散列查找法

70. 散列查找一般适用于 (   ) 的情况下的查找。

    A. 查找表为链表

    B. 查找表为有序表

    C. 关键字集合比地址集合大得多

    D. 关键字集合与地址集合之间存在对应关系

71. 下列关于散列表的说法中,正确的是(   )。

    Ⅰ. 若散列表的填装因子 α<1,则可避免碰撞的产生

    Ⅱ. 散列查找中不需要任何关键字的比较

    Ⅲ. 散列表在查找成功时平均查找长度与表长有关

    Ⅳ. 若在散列表中删除一个元素,不能简单地将该元素删除

    A. Ⅰ和Ⅳ   B. Ⅱ和Ⅲ   C. Ⅲ   D. Ⅳ

72. 在开放定址法中散列到同一个地址而引起的"堆积"问题是由于(   )引起的。

    A. 同义词之间发生冲突   B. 非同义词之间发生冲突

    C. 同义词之间或非同义词之间发生冲突   D. 散列表"溢出"

73. 下列关于散列冲突处理方法的说法中,正确的有(   )。

    Ⅰ. 采用再散列法处理冲突时不易产生聚集

    Ⅱ. 采用线性探测法处理冲突时,所有同义词在散列表中 一定相邻

    Ⅲ. 采用链地址法处理冲突时,若限定在链首插入,则插入任一个元素的时间是相同的

    Ⅳ. 采用链地址法处理冲突易引起聚集现象

    A. Ⅰ和Ⅲ   B. Ⅰ、Ⅱ和Ⅲ   C. Ⅲ和Ⅳ   D. Ⅰ和Ⅳ

74. 设有一个含有 200 个表项的散列表,用线性探测法解决冲突,按关键字查询时找到一个表项的平均探测次数不超过 1.5,则散列表项应能够容纳(   )个表项(设查找成功的平均查找长度为 $ASL=[1+1/(1-α)]/2$,其中 α 为装填因子)。

    A. 400   B. 526   C. 624   D. 676

75. 假定有 K 个关键字互为同义词,若用线性探测法把这 K 个关键字填入散列表,至少要进行(   )次探测。

    A. K−1   B. K   C. K+1   D. K(K+1)/2

76. 对包含 n 个元素的散列表进行查找,平均查找长度(   )。

    A. 为 $O(\log_2 n)$ B. 为 $O(1)$ C. 不直接依赖于 n   D. 直接依赖于表长 m

77. 采用开放定址法解决冲突的散列查找中,发生聚集的原因主要是(   )。

    A. 数据元素过多   B. 负载因子过大

    C. 散列函数选择不当   D. 解决冲突的方法选择不当

78. 一组记录的关键字为{19,14,23,1,68,20,84,27,55,11,10,79},用链地址法构造散列表,散列函数为 H(key)= key MOD 13,散列地址为 1 的链中有(   )个记录。

    A. 1   B. 2   C. 3   D. 4

79. 在采用链地址法处理冲突所构成的散列表上查找某一关键字,则在查找成功的情况下,所探测的这些位置上的键值( );若采用线性探测法,则( )。

A. 一定都是同义词   B. 不一定都是同义词

C. 都相同   D. 一定都不是同义词

80. 若采用链地址法构造散列表,散列函数为 H(key) = key MOD 17,则需(①)个链表。这些链的链首指针构成一个指针数组,数组的下标范围为(②)。

①A. 17   B. 13   C. 16   D. 任意

②A. 0~17   B. 1~17   C. 0~16   D. 1~16

81. 设散列表长 m = 14,散列函数为 H(key) = key%11,表中仅有 4 个结点 H(15) = 4, H(38) = 5, H(61) = 6, H(84) = 7,若采用线性探测法处理冲突,则关键字为 49 的结点地址是( )。

A. 8   B. 3   C. 5   D. 9

82. 将 10 个元素散列到 100000 个单元的散列表中,则( )产生冲突。

A. 一定会   B. 一定不会   C. 仍可能会   D. 不确定

83. 【2011 统考真题】为提高散列表的查找效率,可以采取的正确措施是( )。

Ⅰ. 增大装填(载)因子

Ⅱ. 设计冲突(碰撞)少的散列函数

Ⅲ. 处理冲突(碰撞)时避免产生聚集(堆积)现象

A. 仅Ⅰ   B. 仅Ⅱ   C. 仅Ⅰ、Ⅱ   D. 仅Ⅱ、Ⅲ

84. 【2014 统考真题】用哈希(散列)方法处理冲突(碰撞)时可能出现堆积(聚集)现象,下列选项中,会受堆积现象直接影响的是( )。

A. 存储效率   B. 散列函数

C. 装填(装载)因子   D. 平均查找长度

85. 【2018 统考真题】现有长度为 7、初始为空的散列表 HT,散列函数 H(k) = k%7,用线性探测再散列法解决冲突。将关键字 22,43,15 依次插入 HT 后,查找成功的平均查找长度是( )。

A. 1.5   B. 1.6   C. 2   D. 3

86. 【2019 统考真题】现有长度为 11 且初始为空的散列表 HT,散列函数是 H(key) = key%7,采用线性探查(线性探测再散列)法解决冲突。将关键字序列 87,40,30,6,11,22,98,20 依次插入 HT 后,HT 查找失败的平均查找长度是( )。

A. 4   B. 5.25   C. 6   D. 6.29

二、综合应用题

1. 若对有 n 个元素的有序顺序表和无序顺序表进行顺序查找,试就下列三种情况分别讨论两者在相等查找概率时的平均查找长度是否相同。

1)查找失败。

2)查找成功,且表中只有一个关键字等于给定值 k 的元素。

3)查找成功,且表中有若干关键字等于给定值 k 的元素,要求一次查找能找出所有元素。

2. 有序顺序表中的元素依次为 017,094,154,170,275,503,509,512,553,612,677,765, 897,908。

1) 试画出对其进行折半查找的判定树。

2) 若查找 275 或 684 的元素，将依次与表中的哪些元素比较？

3) 计算查找成功的平均查找长度和查找不成功的平均查找长度。

3. 类比二分查找算法，设计 k 分查找算法（k 为大于 2 的整数）如下：首先检查 n/k 处（n 为查找表的长度）的元素是否等于要搜索的值，然后检查 2n/k 处的元素……这样，或者找到要查找的元素，或者把集合缩小到原来的 1/k，若未找到要查找的元素，则继续在得到的集合上进行 k 分查找；如此进行，直到找到要查找的元素或查找失败。试求查找成功和查找失败的时间复杂度。

4. 已知一个有序顺序表 $A[0,\cdots,8n-1]$ 的表长为 8n，并且表中没有关键字相同的数据元素。假设按下述方法查找一个关键字值等于给定值 X 的数据元素：先在 $A[7]$，$A[15]$，$A[23]$，…，$A[8k-1]$，…，$A[8n-1]$ 中进行顺序查找，若查找成功，则算法报告成功位置并返回；若不成功，当 $A[8K-1]<X<A[8\times(k+1)-1]$ 时，则可确定一个缩小的查找范围 $A[8k]\sim A[8\times(k+1)-2]$，然后可在这个范围内执行折半查找。特殊情况：若 $X>A[8n-1]$ 的关键字，则查找失败。

1) 画出描述上述查找过程的判定树。

2) 计算相等查找概率下查找成功的平均查找长度。

5. 写出折半查找的递归算法。初始调用时，low 为 1，high 为 ST. length。

6. 线性表中各结点的检索概率不等时，可用如下策略提高顺序检索的效率：若找到指定的结点，则将该结点和其前驱结点（若存在）交换，使得经常被检索的结点尽量位于表的前端。试设计在顺序结构和链式结构的线性表上实现上述策略的顺序检索算法。

7. 【2013 统考真题】设包含 4 个数据元素的集合 S = {'do','for','repeat','while'}，各元素的查找概率依次为 $p_1=0.35$，$p_2=0.15$，$p_3=0.15$，$p_4=0.35$。将 S 保存在一个长度为 4 的顺序表中，采用折半查找法，查找成功时的平均查找长度为 2.2。

1) 若采用顺序存储结构保存 S，且要求平均查找长度更短，则元素应如何排列？应使用何种查找方法？查找成功时的平均查找长度是多少？

2) 若采用链式存储结构保存 S，且要求平均查找长度更短，则元素应如何排列？应使用何种查找方法？查找成功时的平均查找长度是多少？

8. 一棵二叉排序树按先序遍历得到的序列为 (50,38,30,45,40,48,70,60,75,80)，试画出该二叉排序树，并求出等概率下查找成功和查找失败的平均查找长度。

9. 按照序列 (40,72,38,35,67,51,90,8,55,21) 建立一棵二叉排序树，画出该树，并求出在等概率的情况下，查找成功的平均查找长度。

10. 依次把结点 (34,23,15,98,115,28,107) 插入初始状态为空的平衡二叉排序树，使得在每次插入后保持该树仍然是平衡二叉树。请依次画出每次插入后所形成的平衡二叉排序树。

11. 给定一个关键字集合 {25,18,34,9,14,27,42,51,38}，假定查找各关键字的概率相同，请画出其最佳二叉排序树。

12. 画出一个二叉树，使得它既满足大根堆的要求又满足二叉排序树的要求。

13. 试编写一个算法，判断给定的二叉树是否是二叉排序树。

14. 设计一个算法,求出指定结点在给定二叉排序树中的层次。

15. 利用二叉树遍历的思想编写一个判断二叉树是否是平衡二叉树的算法。

16. 设计一个算法,求出给定二叉排序树中最小和最大的关键字。

17. 设计一个算法,从大到小输出二叉排序树中所有值不小于 k 的关键字。

18. 编写一个递归算法,在一棵有 n 个结点的、随机建立起来的二叉排序树上查找第 k(1≤ k≤n) 小的元素,并返回指向该结点的指针。要求算法的平均时间复杂度为 $O(\log_2 n)$。二叉排序树的每个结点中除 data,lchild,rchild 等数据成员外,增加一个 count 成员,保存以该结点为根的子树上的结点个数。

19. 给定一组关键字{20,30,50,52,60,68,70},给出创建一棵 3 阶 B 树的过程。

20. 对如下图所示的 3 阶 B 树,依次执行下列操作,画出各步操作的结果。

1)插入 90;2)插入 25;3)插入 45;4)删除 60;5)删除 80。

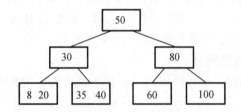

21. 利用 B 树做文件索引时,若假设磁盘页块的大小是4000B(实际应是 2 的次幂,此处是为了计算方便),指示磁盘地址的指针需要 5B。现有 20000000 个记录构成的文件,每个记录为 200B,其中包括关键字 5B。

试问在这个采用 B 树作索引的文件中,B 树的阶数应为多少? 假定文件数据部分未按关键字有序排列,则索引部分需要占用多少磁盘页块?

22. 若要在散列表中删除一个记录,应如何操作? 为什么?

23. 假定把关键字 key 散列到有 n 个表项(从 0 到 n-1 编址)的散列表中。对于下面的每个函数 H(key) (key 为整数),这些函数能够当作散列函数吗? 若能,它是一个好的散列函数吗? 说明理由。设函数 random(n)返回一个 0 到 n-1 之间的随机整数(包括 0 与 n-1 在内)。

1)H(key) = key/n。

2)H(key) = 1。

3)H(key) = (key+random(n))%n。

4)H(key) = key%p(n);其中 p(n)是不大于 n 的最大素数。

24. 使用散列函数 H(key) = key%11,把一个整数值转换成散列表下标,现在要把数据{1,13,12,34,38,33,27,22}依次插入散列表。

1)使用线性探测法来构造散列表。

2)使用链地址法构造散列表。

试针对这两种情况,分别确定查找成功所需的平均查找长度,及查找不成功所需的平均查找长度。

25. 已知一组关键字为{26,36,41,38,44,15,68,12,6,51,25},用链地址法解决冲突,假设装填因子 α=0.75,散列函数的形式为 H(key) = key%P,回答以下问题:

1)构造出散列函数。

2)分别计算出等概率情况下查找成功和查找失败的平均查找长度(查找失败的计算中只将与关键字的比较次数计算在内即可)。

26. 设散列表为 HT[0,…,12],即表的大小为 m=13。现采用双散列法解决冲突,散列函数和再散列函数分别为:

$H_0(key) = key\%13$　　　　　注:%是求余数运算(=MOD)

$H_i = (H_{i-1} + REV(key+1)\%11+1)\%13; i = 1, 2, 3, \cdots, m-1$

其中,函数 REV(x) 表示颠倒十进制数 x 的各位,如 REV(37) = 73,REV(7) = 7 等。若插入的关键码序列为(2,8,31,20,19,18,53,27),请回答:

1)画出插入这 8 个关键码后的散列表。

2)计算查找成功的平均查找长度 ASL。

27.【2010 统考真题】将关键字序列(7,8,30,11,18,9,14)散列存储到散列表中。散列表的存储空间是一个下标从 0 开始的一维数组,散列函数为 H(key) = (key×3) MOD 7,处理冲突采用线性探测再散列法,要求装填(载)因子为 0.7。

1)请画出所构造的散列表。

2)分别计算等概率情况下,查找成功和查找不成功的平均查找长度。

三、答案与解析

【单项选择题】

1. A　顺序查找是指从表的一端开始向另一端查找。它不要求查找表具有随机存取的特性,可以是顺序存储结构或链式存储结构。

2. B　对于顺序查找,不管线性表是有序的还是无序的,成功查找第一个元素的比较次数为 1,成功查找第二个元素的比较次数为 2,以此类推,即每个元素查找成功的比较次数只与其位置有关(与是否有序无关),因此查找成功的平均时间两者相同。

3. B　在有序单链表上做顺序查找,查找成功的平均查找长度与在无序顺序表或有序顺序表上做顺序查找的平均查找长度相同,都是(n+1)/2。

4. A　在长度为 3 的顺序表中,查找第一个元素的查找长度为 1,查找第二个元素的查找长度为 2,查找第三个元素的查找长度为 3,故有

$$ASL_{suc} = \frac{1}{2} \times 1 + \frac{1}{3} \times 2 + \frac{1}{6} \times 3 = \frac{5}{3}$$

5. D　二分查找通过下标来定位中间位置元素,故应采用顺序存储,且二分查找能够进行的前提是查找表是有序的,但具体是从大到小还是从小到大的顺序则不做要求。

6. C　折半查找的快体现在一般情况下,在大部分情况下要快,但是对于某些特殊情况,顺序查找可能会快于折半查找。例如,查找一个含 1000 个元素的有序表中的第一个元素时,顺序查找的比较次数为 1 次,而折半查找的比较次数却将近 10 次。

7. B　A 显然排除。对于选项 C,判定树就不是完全二叉树。由选项 C 也可排除选项 D,且满二叉树对结点数有要求。只可能选 B。事实上,由折半查找的定义不难看出,每次把一个数组从中间结点分割时,总是把数组分为结点数相差最多不超过 1 的两个子数组,从而使得对应的判定树的两棵子树高度差的绝对值不超过 1,所以应是平衡二叉树。

8. B　折半查找的性能分析可以用二叉判定树来衡量,平均查找长度和最大查找长度都是 $O(\log_2 n)$;二叉排序树的查找性能与数据的输入顺序有关,最好情况下的平均查找长度与折半查找相同,但最坏情况即形成单支树时,其查找长度为 $O(n)$ 。

9. B　依据折半查找算法的思想,第一次 $mid = \lfloor (1+11)/2 \rfloor = 6$,第二次 $mid = \lfloor [(6+1)+11]/2 \rfloor = 9$,第三次 $mid = \lfloor [(9+1)+11]/2 \rfloor = 10$,第四次 $mid = 11$ 。

10. B　开始时 low 指向 13, high 指向 134, mid 指向 50, 比较第一次 90>50, 所以将 low 指向 62, high 指向 134, mid 指向 90,第二次比较找到 90。

11. A　对 n 个结点的判定树,设结点总数 $n = 2^h - 1$,则 $h = \lceil \log_2(n+1) \rceil$ 。

【另解】　特殊值代入法。直接将 n=1 和 n=2 的情况代入,仅有 A 满足要求。

12. A、B　对于此类题,有两种做法:一种方法是,画出查找过程中构成的判定树,让最小的分支高度对应于最少的比较次数,让最大的分支高度对应于最多的比较次数,出现类似于长度为 15 的顺序表时,判定树刚好是一棵满树,此时最多比较次数与最少比较次数相等;另一种方法是,直接用公式求出最小的分支高度和最大分支高度,从前面的讲解不难看出最大分支高度为 $H = \lceil \log_2(n+1) \rceil = 5$,这对应的就是最多比较次数,然后由于判定树不是一棵满树,所以至少应该是 4(由判定树的各分支高度最多相差 1 得出)。

注意:若是求查找成功或查找失败的平均查找长度,则需要画出判定树进行求解。此外,对长度为 n 的有序表,采用折半查找时,查找成功和查找失败的最多比较次数相同,均为 $\lceil \log_2(n+1) \rceil$ 。

13. A、D　假设有序表中元素为 $A[0, \cdots, 11]$,不难画出对它进行折半查找的判定树,如下图所示,圆圈是查找成功结点,方形是虚构的查找失败结点。从而可以求出查找成功的 $ASL = (1+2\times2+3\times4+4\times5)/12 = 37/12$,查找失败的 $ASL = (3\times3+4\times10)/13$ 。

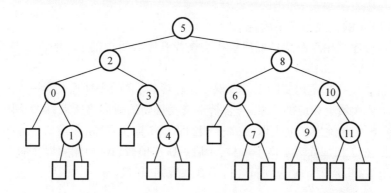

注意:对于本类题目,应先根据所给 n 的值,画出如上图的折半查找判定树。另外,查找失败结点的 ASL 不是图中的方形结点,而是方形结点上一层的圆形结点。

14. B　通常情况下,在分块查找的结构中,不要求每个索引块中的元素个数都相等。

15. A　设块长为 b,索引表包含 n/b 项,索引表的 $ASL = (n/b+1)/2$,块内的 $ASL = (b+1)/2$,总 $ASL = $ 索引表的 $ASL + $ 块内的 $ASL = (b+n/b+2)/2$,其中对于 $b+n/b$,由均值不等式知 $b = n/b$ 时有最小值,此时 $b = \sqrt{n}$ 。则最理想块长为 $\sqrt{2500} = 50$ 。

16. B　根据公式 $ASL = L_I + L_s = \frac{b+1}{2} + \frac{s+1}{2} = \frac{s^2+2s+n}{2s}$,其中 $b = n/s, s = 123/3, n = 123$,代入不难得出 ASL 为 23。故选 B。另一方面,可根据穷举法来一步步模拟。对于 A 块中的元

素,查找过程的第一步是先找到 A 块,由于是顺序查找,找到 A 块只需要 1 步,然后在 A 块中顺序查找。因此,A 块内各元素查找长度分别为 2,3,4,…,42。对于 B 块,采用类似的方法,但查找到 B 块要比查找到 A 块多 1 步,因此 B 块内各元素查找长度为 3,4,5,…,43。同理,C 块中各个元素查找长度为 4,5,6,…,44。所以平均查找长度为 $(2+3+4+…+42+3+4+5+…+43+4+5+6+…+44)/123=23$。

17.C 为使查找效率最高,每个索引块的大小应是 $\sqrt{65025}=255$,为每个块建立索引,则索引表中索引项的个数为 255。若对索引项和索引块内部都采用折半查找,则查找效率最高,为 $\lceil \log_2(255+1) \rceil + \lceil \log_2(255+1) \rceil=16$。

18.B 折半查找法在查找不成功时和给定值进行关键字的比较次数最多为树的高度,即 $\lfloor \log_2 n \rfloor+1$ 或 $\lceil \log_2(n+1) \rceil$。在本题中,n=16,故比较次数最多为 5。

注意:在折半查找判定树中的方形结点是虚构的,它并不计入比较的次数中。

19.A 如下图所示,画出查找路径图,因为折半查找的判定树是一棵二叉排序树,因此看其是否满足二叉排序树的要求。

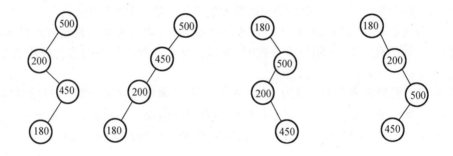

显然,选项 A 的查找路径不满足。

20.B 该程序采用跳跃式的顺序查找法查找升序数组中的 x。显然,x 越靠前,比较次数越少。

21.A 折半查找判定树实际上是一棵二叉排序树,它的中序序列是一个有序序列。可以在树结点上依次填上相应的元素,符合折半查找规则的树即为所求,如下图所示。

B 选项 4、5 相加除以 2 向上取整,7、8 相加除以 2 向下取整,矛盾。C 选项,3、4 相加除以 2 向上取整,6、7 相加除以 2 向下取整,矛盾。D 选项,1、10 相加除以 2 向下取整,6、7 相加除以 2 向上取整,矛盾。A 选项符合折半查找规则,正确。

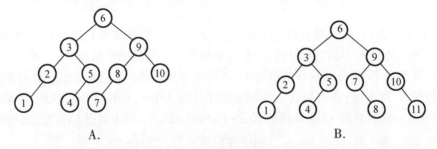

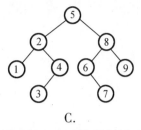

C.

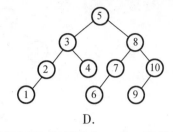

D.

22. C 二叉排序树插入新结点时不会引起树的分裂组合。对二叉排序树进行中序遍历可得到有序序列。当插入的关键字有序时,二叉排序树会形成一个长链,此时深度最大。在此种情况下进行查找,有可能需要比较每个结点的关键字,超过总结点数的 1/2。

23. B 由二叉排序树的定义不难得出中序遍历二叉树得到的序列是一个有序序列。

24. A 二叉排序树的查找路径是自顶向下的,其平均查找长度主要取决于树的高度。

25. B 在二叉排序树的存储结构中,每个结点由三部分构成,其中左(或右)指针指向比该结点的关键字值小(或大)的结点。关键字值最大的结点位于二叉排序树的最右位置,因此它的右指针一定为空(有可能不是叶子结点)。还可用反证法,若右指针不为空,则右指针上的关键字肯定比原关键字大,所以原关键字结点一定不是值最大的,与条件矛盾,所以右指针一定为空。

26. C 在二叉排序树上查找时,先与根结点值进行比较,若相同,则查找结束,否则根据比较结果,沿着左子树或右子树向下继续查找。根据二叉排序树的定义,有左子树结点值≤根结点值≤右子树结点值。C 序列中,比较 911 关键字后,应转向其左子树比较 240,左子树中不应出现比 911 更大的数值,但 240 竟有一个右孩子结点值为 912,所以不可能是正确的序列。

27. C 按照二叉排序树的构造方法,不难得到 A,B,D 序列的构造结果相同。

28. A 以第一个元素为根结点,依次将元素插入树,生成的二叉排序树如下图所示。进行查找时,先与根结点比较,然后根据比较结果,继续在左子树或右子树上进行查找。比较的结点依次为 52,71,60。

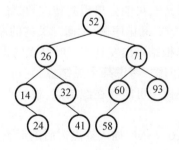

29. D 当输入序列是一个有序序列时,构造的二叉排序树是一个单支树,当查找一个不存在的关键字值或最后一个结点的关键字值时,需要 n 次比较。

30. D 当二叉排序树的叶子结点全部都在相邻的两层内时,深度最小。理想情况是从第一层到倒数第二层为满二叉树。类比完全二叉树,可得深度为 $\lceil \log_2(n+1) \rceil$。

31. D 选项 D 中,插入 1 后,再插入 2,2 应作为 1 的右孩子结点,再插入 3,3 应作为 2 的右孩子结点。故选 D。选项 D 对应的二叉排序树如下图所示。

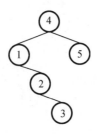

32. C 平衡二叉树结点数的递推公式为 $n_0=0, n_1=1, n_2=2, n_h=1+n_{h-1}+n_{h-2}$（h 为平衡二叉树高度，$n_h$ 为构造此高度的平衡二叉树所需的最少结点数）。通过递推公式可得，构造 5 层平衡二叉树至少需 12 个结点，构造 6 层至少需要 20 个结点。

33. B 设 nn 表示高度为 h 的平衡二叉树中含有的最少结点数，则有 $n_1=1$, $n_2=2$, $n_h=n_{h-1}+n_{h-2}+1$，由此求出 $n_5=12$，对应的 AVL 如下图所示。

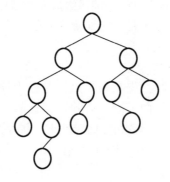

34. D 选项 A、B 和 C 都是红黑树的性质。AVL 是高度平衡的二叉查找树，红黑树是适度平衡的二叉查找树，从这一点也可以看出 AVL 的查询效率往往更优。

35. C 自平衡的二叉排序树是指在插入和删除时能自动调整以保持其所定义的平衡性，红黑树和 AVL 都属于自平衡二叉树，A 正确。在红黑树中删除结点时，情况 1 可能变为情况 2、3 或 4，情况 2 会变为情况 3，可能会出现旋转次数超过 2 次的情况，C 错误。

36. B 红黑树是一种特殊的二叉排序树，平衡二叉树的左右子树的高度差小于等于 1，红黑树显然不满足，A 错误。从根结点出发到所有叶结点的黑结点数是相同的，若所有结点都是黑色，则一定是满叉树，B 正确。考虑某个黑结点，它可以有一个空叶结点孩子和一个非空红结点孩子，C 错误。红黑树中可能存在红结点，根结点为红结点的子树不是红黑树，D 错误。

37. C 关键字 1,2,3,4,5,6,7 依次插入红黑树后的形态变化如下图所示：

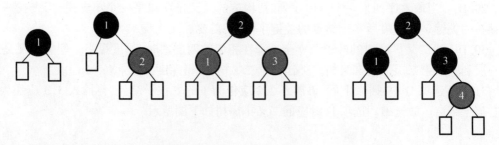

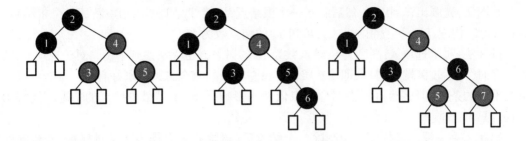

38. D 关键字 5,4,3,2,1 依次插入红黑树后的形态变化如下图所示：

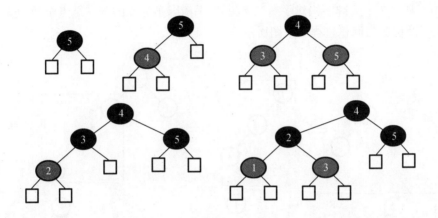

39. B 根据平衡二叉树的定义有,任意结点的左、右子树高度差的绝对值不超过 1。而其余 3 个答案均可以找到不满足条件的结点。

40. C 插入 48 后,该二叉树根结点的平衡因子由 -1 变为 -2,失去平衡,需要进行两次旋转(先右旋后左旋)操作。

41. A 在二叉排序树中,左子树结点值小于根结点,右子树结点值大于根结点。在选项 A 中,当查找到 91 后再向 24 查找,说明这一条路径(左子树)之后查找的数都要比 91 小,而后面却查找到了 94,因此错误,故选 A。

42. B 所有非叶结点的平衡因子均为 1,即平衡二叉树满足平衡的最少结点情况,如下图所示。对于高度为 n、左右子树的高度分别为 n−1 和 n−2,所有非叶结点的平衡因子均为 1 的平衡二叉树,计算总结点数的公式为 $C_n = C_{n-1} + C_{n-2} + 1$, $C_1 = 1$, $C_2 = 2$, $C_3 = 2+1+1 = 4$,可推出 $C_6 = 20$。

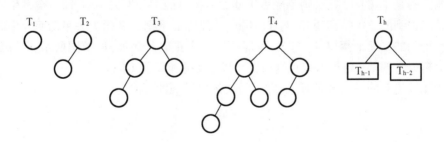

画图法:先画出 T_1 和 T_2;然后新建一个根结点,连接 T_2、T_1 构成 T_3;新建一个根结点,连接 T_3、T_2 构成 T_4……直到画出 T_6,可知 T_6 的结点数为 20。

排除法:对于选项 A,高度为 6、结点数为 12 的树怎么也无法达到平衡。对于选项 C,结点较多时,考虑较极端的情形,即第 6 层只有最左叶子的完全二叉树刚好有 32 个结点,虽然满足平衡的条件,但显然再删去部分结点依然不影响平衡,不是最少结点的情况。同理 D 错误。只可能选 B。

43. C 在一棵二叉排序树中删除一个结点后,再将此结点插入二叉排序树,若删除的是叶子结点,则插入结点后的二叉排序树与删除之前的相同。若删除的不是叶子结点,则在插入结点后的二叉排序树会发生变化,不完全相同。

44. D 利用 7 个关键字构建平衡二叉树 T,平衡因子为 0 的分支结点个数为 3,构建的平衡二叉树及构造与调整过程如下图所示。

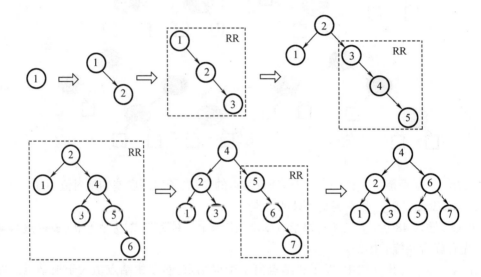

45. D 只有两个结点的平衡二叉树的根结点的度为 1,A 错误。中序遍历后可以得到一个降序序列,树中最小元素一定无左子树(可能有右子树),因此不一定是叶结点,B 错误。最后插入的结点可能会导致平衡调整,而不一定是叶结点,C 错误。

46. C 根据二叉排序树的特性:中序遍历(LNR)得到的是一个递增序列。图中二叉排序树的中序遍历序列为 x_1, x_3, x_5, x_4, x_2,可知 $x_3 < x_5 < x_4$。

47. A 在非空平衡二叉树中插入结点,在失去平衡调整前,一定插入在叶结点的位置。

若删除的是 T_1 的叶结点,则删除后平衡二叉树可能不会失去平衡,即不会发生调整,再插入此结点得到的二叉平衡树 T_1 与 T_3 相同;若删除后平衡二叉树失去平衡而发生调整,再插入结点得到的二叉平衡树 T_3 与 T_1 可能不同。Ⅰ 正确。例如,如下图所示,删除结点 0,平衡二叉树失衡调整,再插入结点 0 后,平衡二叉树和以前不同。

对于比较绝对的说法 Ⅱ 和 Ⅲ,通常只需要举出反例即可。

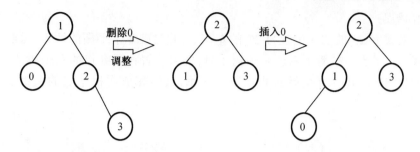

若删除的是 T_1 的非叶结点,且删除和插入操作均没有导致平衡二叉树的调整(这时可以首先想到删除的结点只有一个孩子的情况),则该结点从非叶结点变成了叶结点,T_1 与 T_3 显然不同。例如,如下图所示,删除结点 2,用右孩子结点 3 填补,再插入结点 2,平衡二叉树和以前不同。

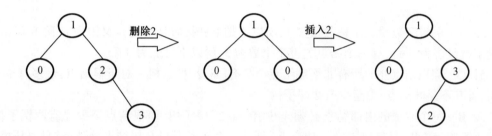

若删除的是 T_1 的非叶结点,且删除和插入操作后导致了平衡二叉树的调整,则该结点有可能通过旋转后继续变成非叶结点,T_1 与 T_3 相同。例如,如下图所示,删除结点 2,用右孩子结点 3 填补,再插入结点 2,平衡二叉树失衡调整,调整后的平衡二叉树和以前相同。

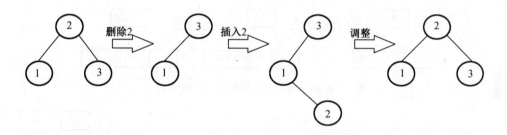

48. B 每个选项都逐一验证,选项 B 生成二叉排序树的过程如下图所示:

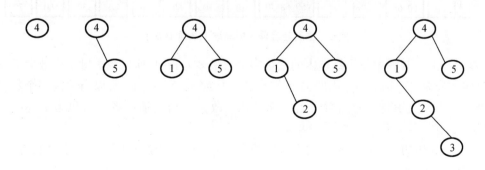

显然 B 错误。

49. D   关键字 23 的插入位置为 25 的左孩子,此时破坏了平衡的性质,需要对平衡二叉树进行调整。最小不平衡子树就是该树本身,插入位置在根结点的右子树的左子树上,因此需要进行 RL 旋转,RL 旋转过程如下图所示,旋转完成后根结点的关键字为 25,故选 D。

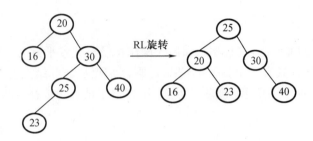

50. A   关键字数量比子树数量少 1,所以不是 B+树,而是 B 树。又因为 m 阶 B 树结点关键字数最多为 m-1,有一个结点关键字个数为 3,所以不可能为 3 阶。

51. C   除根结点外的所有非终端结点至少有⌈m/2⌉棵子树。对于根结点,最多有 m 棵子树,若其不是叶结点,则至少有 2 棵子树。

52. B   每个非根的内部结点必须至少有⌈m/2⌉棵子树,而根结点至少要有两棵子树,所以 Ⅰ 不正确。Ⅱ、Ⅲ 显然正确。对于 Ⅳ,插入一个元素引起 B 树结点分裂后,只要从根结点到该元素插入位置的路径上至少有一个结点未满,B 树就不会长高,如图 1 所示;只有当结点的分裂传到根结点,并使根结点也分裂时,才会导致树高增 1,如图 2 所示,因此 Ⅳ 错误。

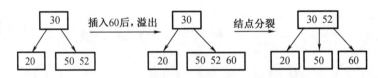

图 1   结点分裂不导致树高增 1(3 阶 B 树)

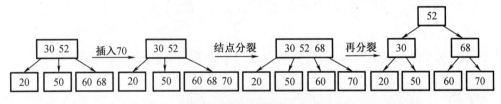

图 2   结点分裂导致树高增 1(3 阶 B 树)

53. B   由于 B 树中每个结点内的关键字个数最多为 m-1,所以当关键字个数大于 m-1 时,就应该分裂。而每个结点内的关键字个数至少为⌈m/2⌉-1 个,所以当关键字个数少于⌈m/2⌉-1 时,应与其他结点合并。若将本题题干改为 B+树,请读者自行思考上述问题的解答。

54. A   B 树的叶结点对应查找失败的情况,对有 n 个关键字的查找集合进行查找,失败可能性有 n+1 种。

55. B、D 由 m 阶 B 树的性质可知，根结点至少有 2 棵子树；根结点外的所有非终端结点至少有 $\lceil m/2 \rceil$ 棵子树，结点数最少时，3 阶 B 树形状至少类似于一棵满二叉树，即高度为 5 的 B 树至少有 $2^5-1=31$ 个结点。由于每个结点最多有 m 棵子树，所以当结点数最多时，3 阶 B 树形状类似于满三叉树，结点数为 $(3^5-1)/2=121$（注意，这里求的是结点数而非关键字数，若求的是关键字数，则还应把每个结点中关键字数的上下界确定出来）。

56. D 除根结点外，m 阶 B 树中的每个非叶结点至少有 $\lceil m/2 \rceil -1$ 个关键字，根结点至少有一个关键字，所以总共包含的关键字最少个数 $=(n-1)(\lceil m/2 \rceil -1)+1$。

注意：由以上题目可知 B 树和 B+树的定义与性质尤为重要，需要熟练掌握。

57. C、B 5 阶 B 树中共有 53 个关键字，由最大高度公式 $H \leqslant \log_{\lceil m/2 \rceil}\left(\dfrac{n+1}{2}\right)+1$ 得最大高度 $H \leqslant \log_3[(53+1)/2]+1=4$，即最大高度为 4；由最小高度公式 $h \geqslant \log_3(n+1)$ 得最小高度 $h \geqslant \log_5 54 = 2.5$，从而最小高度为 3。

58. A、D 利用前面的公式，即最小高度 $h \geqslant \log_m(n+1)$ 和最大高度 $H \leqslant \log_{\lceil m/2 \rceil}\left(\dfrac{n+1}{2}\right)+1$，易算出最大高度 $H \leqslant \log_2[(2047+1)/2]+1=11$，最小高度 $h \geqslant \log_3 2048 = 6.9$，从而最小高度取 7（注意，有些辅导书针对本题算出的高度要比这里给出的答案多 1，因为它们在对 B 树的高度定义中，把最低层不包含任何关键字的叶结点也算进去了）。

59. A B 树和 B+树的差异主要体现在：①结点关键字和子树的个数；②B+树非叶结点仅起索引作用；③B 树叶结点关键字和其他结点包含的关键字是不重复的；④B+树支持顺序查找和随机查找，而 B 树仅支持随机查找。由于 B+树的所有叶结点中包含了全部的关键字信息，且叶结点本身依关键字从小到大顺序链接，因此可以进行顺序查找，而 B 树不支持顺序查找。

60. D m 阶 B 树不要求将各叶结点之间用指针链接。选项 D 描述的实际上是 B+树。

61. D 对于图中所示的 3 阶 B 树，被删关键字 78 所在的结点在删除前的关键字个数 $=1=\lceil 3/2 \rceil -1$，且其左兄弟结点的关键字个数 $=2 \geqslant \lceil 3/2 \rceil$，属于"兄弟够借"的情况，因此要把该结点的左兄弟结点中的最大关键字上移到双亲结点中，同时把双亲结点中大于上移关键字的关键字下移到要删除关键字的结点中，这样就达到了新的平衡，如下图所示。

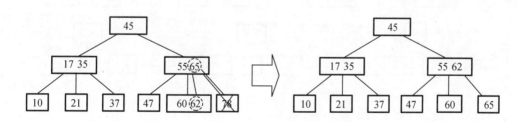

62. A 对于 5 阶 B 树，根结点只有达到 5 个关键字时才能产生分裂，成为高度为 2 的 B 树，因此高度为 2 的 5 阶 B 树所含关键字的个数最少是 5。

注意：要与第 50 题相区别，有同学对此题的理解存在偏差。第 50 题要根据图示给出阶数并指出属于哪种树。对于该题所述的 5 阶 B 树，不要误认为"存在至少有一个含关键字的结点中的关键字达到 4"才符合 5 阶 B 树的要求，因为 5 阶 B 树中的各个结点包含的关键字个数最少为 2，最多为 4（5-1=4）。当 5 阶 B 树各个结点包含的关键字个数为 2 时，也满足 5 阶 B 树的要求,存在至少有一个含关键字的结点中的关键字达到 4,同样也符合 5 阶 B 树的要求[此时若题目给定了关键字个数(如第 59 题),则可计算出该树的含关键字结点个数将达到最多:若各结点的关键字个数达到 4,则该树的总关键字个数在一定条件下可以计算出含关键字结点最少的情况。这与"当树高一定的情况下,求含关键字的最多(或最少)个数"(或相反"给定关键字个数求树高")的思路(如 61 题)都是一样的。重中之重是对 B 树和 B+树的定义及特性一定要透彻理解。如此,相信读者方可在解答第 57~62 题时感到游刃有余。对此存在疑问的读者请回看 B 树的结构及特性,不要将二者混淆]。

63. D 关键字数量不变,要求结点数量最多,即要求每个结点中含关键字的数量最少。根据 4 阶 B 树的定义,根结点最少含 1 个关键字,非根结点中最少含 $\lceil 4/2 \rceil - 1 = 1$ 个关键字,所以每个结点中关键字数量最少都为 1 个,即每个结点都有 2 个分支,类似于排序二叉树,而 15 个结点正好可以构造一个 4 层的 4 阶 B 树,使得终端结点全在第四层,符合 B 树的定义,因此选 D。

64. A 由于 B+树的所有叶结点中包含了全部的关键字信息,且叶结点本身依关键字从小到大顺序链接,因此可以进行顺序查找,而 B 树不支持顺序查找(只支持多路查找)。

65. B B+树是应文件系统所需而产生的 B 树的变形,前者比后者更加适用于实际应用中的操作系统的文件索引和数据库索引,因为前者的磁盘读写代价更低,查询效率更加稳定。编译器中的词法分析使用有穷自动机和语法树。网络中的路由表快速查找主要靠高速缓存、路由表压缩技术和快速查找算法。系统一般使用空闲空间链表管理磁盘空闲块。所以选项 B 正确。

66. B m 阶 B 树的基本性质:根结点以外的非叶结点最少含有 $\lceil m/2 \rceil - 1$ 个关键字,代入 m=3 得到每个非叶结点中最少包含 1 个关键字,而根结点含有 1 个关键字,因此所有非叶结点都有两个孩子。此时其树形与 h=5 的满二叉树相同,可求得关键字最少为 31 个。

67. B 一个 4 阶 B 树的任意非叶结点至多含有 m-1=3 个关键字,在关键字依次插入的过程中,会导致结点的不断分裂,插入过程如下图所示。

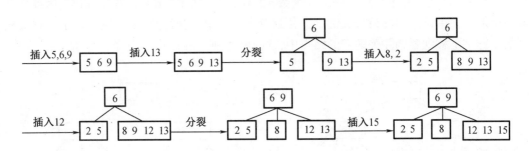

得到根结点包含的关键字为 6,9。

68. A 在阶为 3 的 B 树中,每个结点至多含有 2 个关键字(至少 1 个),至多有 3 棵子树。本题规定第二层有 4 个关键字,欲使 B 树的结点数达到最多,则这 4 个关键字包含在 3 个结点中,B 树树形如下图所示,其中 A,B,C,…,M 表示关键字,最多有 11 个结点,故选 A。

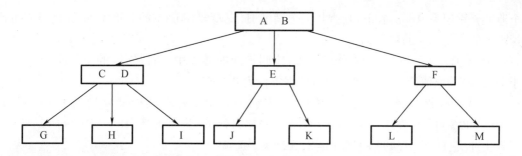

69. B 顺序查找可以是顺序存储或链式存储;折半查找只能是顺序存储且要求关键字有序;树形查找法要求采用树的存储结构,既可以采用顺序存储也可以采用链式存储;散列查找中的链地址法解决冲突时,采用的是顺序存储与链式存储相结合的方式。

70. D 关键字集合与地址集合之间存在对应关系时,通过散列函数表示这种关系。这样,查找以计算散列函数而非比较的方式进行查找。

71. D 冲突(碰撞)是不可避免的,与装填因子无关,因此需要设计处理冲突的方法,Ⅰ错误。散列查找的思想是计算出散列地址来进行查找,然后比较关键字以确定是否查找成功,Ⅱ错误。散列查找成功的平均查找长度与装填因子有关,与表长无关,Ⅲ错误。在开放定址的情形下,不能随便删除散列表中的某个元素,否则可能会导致搜索路径被中断(因此通常的做法是在要删除的地方做删除标记,而不是直接删除),Ⅳ正确。

72. C 在开放定址法中散列到同一个地址而产生的"堆积"问题,是同义词冲突的探查序列和非同义词之间不同的探查序列交织在一起,导致关键字查询需要经过较长的探测距离,降低了散列的效率。因此要选择好的处理冲突的方法来避免"堆积"。

73. A 利用再散列法处理冲突时,按一定的距离,跳跃式地寻找"下一个"空闲位置,减少了发生聚集的可能,Ⅰ正确。散列地址 i 的关键字,和为解决冲突形成的某次探测地址为 i 的关键字,都争夺地址 i,i+1,…,因此不一定相邻,Ⅱ错误。Ⅲ正确。同义词冲突不等于聚集,链地址法处理冲突时将同义词放在同一个链表中,不会引起聚集现象,Ⅳ错误。

74. A 若有 200 个表项要放入散列表,采用线性探测法解决冲突,限定查找成功的平均查找长度不超过 1.5, 则

$$AS\left(1+\frac{1}{1-\alpha}\right)\leqslant1.5\Rightarrow\alpha=\frac{200}{m}\leqslant\frac{1}{2}\Rightarrow m\geqslant400$$

75. D K 个关键字在依次填入的过程,只有第一个不会发生冲突,故探测次数为 (1+2+3+…+K)=K(K+1)/2, 即选 D。

76. C 在散列表中,平均查找长度与装填因子 α 直接相关,表的查找效率不直接依赖于表中已有表项个数 n 或表长 m。若散列表中存放的记录全部是某个地址的同义词,则平均查找长度为 O(n) 而非 O(1)。

77. D 聚集是因选取不当的处理冲突的方法,而导致不同关键字的元素对同一散列地址进行争夺的现象。用线性再探测法时,容易引发聚集现象。

78. D 由散列函数计算可知,14,1,27,79 散列后的地址都是 1,所以有 4 个记录。

79. A,B 因为在链地址法中,映射到同一地址的关键字都会链到与此地址相对应的链表上,所以探测过程一定是在此链表上进行的,从而这些位置上的关键字均为同义词;但在线性探测法中出现两个同义关键字时,会把该关键字对应地址的下一个地址也占用掉,两

个地址分别记为 Addr、Addr+1，查找一个满足 H(key) = Addr+1 的关键字 key 时，显然首次探测到的不是 key 的同义词。

80. A、C　H 的取值有 17 种可能，对应到不同的链表中，所以链表的个数应为 17。由于 H(key)的取值范围是 0~16，所以数组下标为 0~16。

81. A　线性探测法的公式为 $H_i = (H(key) + d_i) \% m$，其中 $d_i = 1, 2, 3, \cdots, m-1$。$H(49) = 49\%11 = 5$，发生冲突；$H_1 = (H(49)+1)\%14 = 6$，发生冲突；$H_2 = (H(49)+2)\%14 = 7$，发生冲突；$H_3 = (H(49)+3)\%14 = 8$，无冲突。选 A。

82. C　由于散列函数的选取，仍然有可能产生地址冲突，冲突不能绝对地避免。

83. D　散列表的查找效率取决于：散列函数、处理冲突的方法和装填因子。显然，冲突的产生概率与装填因子(即表中记录数与表长之比)的大小成正比，Ⅰ 与题意相反。Ⅱ 显然正确。采用合适的冲突处理方法可避免聚集现象，也将提高查找效率，Ⅲ 正确。例如，用链地址法处理冲突时不存在聚集现象，用线性探测法处理冲突时易引起聚集现象。

84. D　产生堆积现象，即产生了冲突，它对存储效率、散列函数和装填因子均不会有影响，而平均查找长度会因为堆积现象而增大，选 D。

85. C　根据题意，得到的 HT 如下表所示。

0	1	2	3	4	5	6
	22	43	15			

$$ASL_{suc} = (1+2+3)/3 = 2$$

86. C　采用线性探查法计算每个关键字的存放情况如下表所示。

散列地址	0	1	2	3	4	5	6	7	8	9	10
关键字	98	22	30	87	11	40	6	20			

由于 H(key) = 0~6，查找失败时可能对应的地址有 7 个，对于计算出地址为 0 的关键字 key0，只有比较完 0~8 号地址后才能确定该关键字不在表中，比较次数为 9；对于计算出地址为 1 的关键字 key1，只有比较完 1~8 号地址后才能确定该关键字不在表中，比较次数为 8；以此类推。需要特别注意的是，散列函数不可能计算出地址 7，因此有

$$ASL_{fai} = (9+8+7+6+5+4+3)/7 = 6$$

【综合应用题】

1.【解答】 1)平均查找长度不同。因为有序顺序表查找到其关键字值比要查找值大的元素时就停止查找，并报告失败信息，不必查找到表尾；而无序顺序表必须查找到表尾才能确定查找失败。

2)平均查找长度相同。两者查找到表中元素的关键字值等于给定值时就停止查找。

3)平均查找长度不同。有序顺序表中关键字相等的元素相继排列在一起，只要查找到第一个就可以连续查找到其他关键字相同的元素。而无序顺序表必须查找全部表中的元素才能找出相同关键字的元素，因此所需的时间不同。

2.【解答】　1)判定树如下图所示。

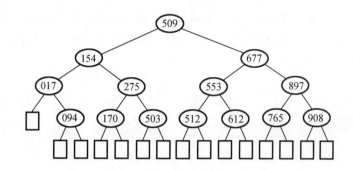

2)若查找275,依次与表中元素509,154,275进行比较,共比较3次。若查找684,依次与表中元素509,677,897,765进行比较,共比较4次。

3)在查找成功时,会找到图中的某个圆形结点,其平均查找长度为

$$\sum_{i=1}^{14} C_i = \frac{1}{14}(1 + 2 \times 2 + 3 \times 4 + 4 \times 7) = \frac{45}{14}$$

在查找失败时,会找到图中的某个方形结点,但这个结点是虚构的,最后一次的比较元素为其父结点(圆形结点),故其平均查找长度为

$$ASL_{fai} = \sum_{i=0}^{14} C'_i = \frac{1}{15}(3 \times 1 + 4 \times 14) = \frac{59}{15}$$

3.【解答】　与二分查找类似,k分查找法可用k叉树来描述。在最坏情况下,从第2层开始每层都比较k-1次,具有n个结点的k叉树的深度为$\lfloor \log_k n \rfloor + 1$,所以k分查找法在查找成功时和给定关键字进行比较的次数至多为$(k-1) \times \lfloor \log_k n \rfloor$,即时间复杂度为$O(\log_k n)$。同理,查找不成功时,和给定关键字进行比较的次数也至多为$(k-1) \times \lfloor \log_k n \rfloor$,故时间复杂度也为$O(\log_k n)$。

4.【解答】　1)先在A[7],A[15],…,A[8n-1]内顺序查找,再在区间内折半查找。相应的判定树如下图所示。其中,每个关键字下的数字为其查找成功时的关键字比较次数。

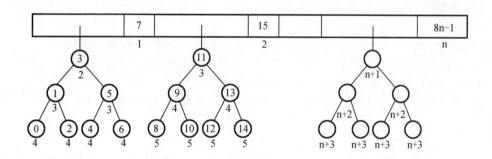

2)等查找概率下,平均每个关键字查找成功的概率为1/8n;0~7之间的关键字,顺序比较1次后,进行折半查找,查找成功的平均查找长度为2+3×2+4×4;8~15之间的关键字,先顺序比较2次后,再进入折半查找;以此类推,8(n-1)~8n-1之间的关键字,先顺序比较n次,再进入折半查找,如上图所示。故查找成功的平均查找长度为

$$\text{ASL}_{suc} = \sum_{i=0}^{8n-1} C_i = \frac{1}{8n}(\sum_{i=1}^{n} i + \sum_{i=2}^{n+1} i + 2\sum_{i=3}^{n+2} i + 4\sum_{i=4}^{n+3} i)$$

5.【解答】 算法的基本思想:根据查找的起始位置和终止位置,将查找序列一分为二,判断所查找的关键字在哪一部分,然后用新的序列的起始位置和终止位置递归求解。

算法代码如下:

```
typedef struct{                              //查找表的数据结构
ElemType  *elem;                             //存储空间基址,建表时按实际长度分配,0号留空
int     length;                              //表的长度
} SSTable;
int BinSearchRec(SSTable ST,ElemType key,int low,int high){
//在有序表中递归折半查找其关键字为 key 的元素,返回其在表中序号
if(low>high)
return 0;
mid=(low+high)/2;                            //取中间位置
if(key>ST.elem[mid])                         //向后半部分查找
Search(ST,key,mid+1,high);
else if(key<ST.elem[mid])                    //向前半部分查找
Search(ST, key, low, mid-1);
else                                         //查找成功
return mid;
}
```

算法把规模为 n 的复杂问题经过多次递归调用转化为规模减半的子问题求解。时间复杂度为 $O(\log_2 n)$,算法中用到了一个递归工作栈,其规模与递归深度有关,也是 $O(\log_2 n)$。

6.【解答】 算法的基本思想:检索时可先从表头开始向后顺序扫描,若找到指定的结点,则将该结点和其前趋结点(若存在)交换。采用顺序表存储结构的算法实现如下:

```
int SeqSrch(RcdType R[],ElemType k){
//顺序查找线性表,找到后和其前面的元素交换
int i=0;
while((R[i].key!=k)&&(i<n))
i++;                                         //从前向后顺序查找指定结点
if(i<n&&i>0){                                //若找到,则交换
temp=R[i];R[i]=R[i-1];R[i-1]=temp;
return --i;                                  //交换成功,返回交换后的位置
}
else return -1;                              //交换失败
```

链表的实现方式请读者自行思考。注意,链表方式实现的基本思想与上述思想相似,但要注意用链表实现时,在交换两个结点之前需要保存指向前一结点的指针。

7.【解答】 1)折半查找要求元素有序顺序存储,若各个元素的查找概率不同,折半查找的性能不一定优于顺序查找。采用顺序查找时,元素按其查找概率的降序排列时查找长度最小。采用顺序存储结构,数据元素按其查找概率降序排列。采用顺序查找方法。

查找成功时的平均查找长度=0.35×1+0.35×2+0.15×3+0.15×4=2.1。

此时,显然查找长度比折半查找的更短。

2)答案一:采用链式存储结构时,只能采用顺序查找,其性能和顺序表一样,类似于上题。数据元素按其查找概率降序排列,构成单链表。采用顺序查找方法。

查找成功时的平均查找长度 $=0.35×1+0.35×2+0.15×3+0.15×4=2.1$。

答案二:还可以构造成二叉排序树的形式。采用二叉链表的存储结构,构造二叉排序树,元素的存储方式见下图。采用二叉排序树的查找方法。

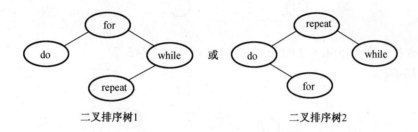

二叉排序树1　　　　　　　　　　二叉排序树2

查找成功时的平均查找长度 $=0.15×1+0.35×2+0.35×2+0.15×3=2.0$。

8.【解答】　先序序列为(50,38,30,45,40,48,70,60,75,80),二叉树的中序序列是一个有序序列,故为(30,38,40,45,48,50,60,70,75,80),由先序序列和中序序列可以构造出对应的二叉树,如下图所示。

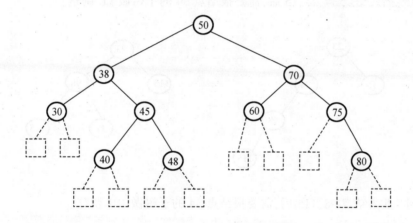

查找成功的平均查找长度为
$$ASL=(1×1+2×2+3×4+4×3)/10=2.9$$

图中的方块结点为虚构的查找失败结点,其查找路径为从根结点到其父结点(圆形结点)的结点序列,故对应的查找失败平均长度为
$$ASL=(3×5+4×6)/11=39/11$$

9.【解答】　根据二叉排序树的定义,该序列所对应的二叉排序树如下图所示。

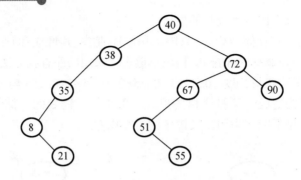

平均查找长度为 ASL＝(1+2×2+3×3+4×2+5×2)/10＝3.2。

10.【解答】

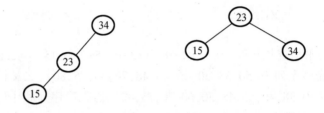

第一步:插入结点 34,23,15 后,需要根结点 34 的子树做 LL 调整。

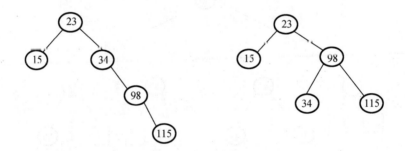

第二步:插入结点 98,115 后,需要根结点 34 的子树做 RR 调整。

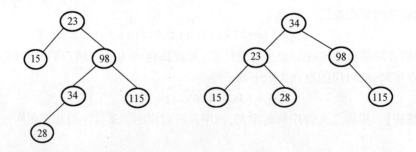

第三步:插入结点 28 后,需要根结点 23 的子树做 RL 调整。

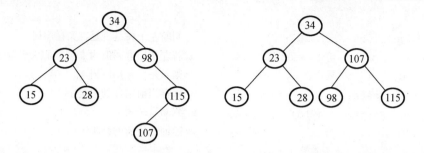

第四步:插入结点 107 后,需要根结点 98 的子树做 RL 调整。

11.【解答】　当各关键字的查找概率相等时,最佳二叉排序树应是高度最小的二叉排序树。构造过程分两步走:首先对各关键字按值从小到大排序,然后仿照折半查找的判定树的构造方法构造二叉排序树。这样得到的就是最佳二叉排序树,结果如下图所示。

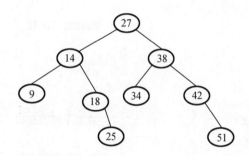

12.【解答】　大根堆要求根结点的关键字值既大于等于左子女的关键字值,又大于等于右子女的关键字值。二叉排序树要求根结点的关键字值大于左子女的关键字值,同时小于右子女的关键字值。两者的交集是:根结点的关键字值大于左子女的关键字值。这意味着它是一棵左斜单支树,但大根堆要求是完全二叉树,因此最后得到的只能是如下图所示的两个结点的二叉树。

读者可能会注意到,当只有一个结点时,显然是满足题意的,但我们不举一个结点的例子是为了体现出排序树与大根堆的区别。

13.【解答】　对二叉排序树来说,其中序遍历序列为一个递增有序序列。因此,对给定的二叉树进行中序遍历,若始终能保持前一个值比后一个值小,则说明该二叉树是一棵二叉排序树。算法实现如下:

```
KeyType predt=-32767;  //predt 为全局变量,保存当前结点中序前驱的值, 初值为-∞
int JudgeBST(BiTree bt){
int b1,b2;
if(bt==NULL)                   //空树
return 1;
```

```
else{
b1=JudgeBST(bt->1child);          //判断左子树是否是二叉排序树
if(b1==0||predt>=bt->data)        //若左子树返回值为 0 或前驱大于等于当前结点
return 0;                         //则不是二叉排序树
predt=bt->data;                   //保存当前结点的关键字
b2=JudgeBST(bt->rchild);          //判断右子树
return b2;                        //返回右子树的结果
}
}
```

14.【解答】 算法思想:设二叉树采用二叉链表存储结构。在二叉排序树中,查找一次就下降一层。因此,查找该结点所用的次数就是该结点在二叉排序树中的层次。采用二叉排序树非递归查找算法,用 n 保存查找层次,每查找一次,n 就加 1,直到找到相应的结点。

算法代码如下:

```
int level(BiTree bt,BSTNode *p){
int n=0;                          //统计查找次数
BiTree t=bt;
if(bt!=NULL){
n++;
while(t->data!=p->data){
if(p->data<t->data)           //在左子树中查找
t=t->lchild;
else                          //在右子树中查找
t=t->rchild;
n++;                          //层次加 1
}
}
return n;
}
```

15.【解答】 设置二叉树的平衡标记 balance,以标记返回二叉树 bt 是否为平衡二叉树,若为平衡二叉树,则返回 1,否则返回 0;h 为二叉树 bt 的高度。采用后序遍历的递归算法:

1)若 bt 为空,则高度为 0, balance=1。

2)若 bt 仅有根结点,则高度为 1, balance=1。

3)否则,对 bt 的左、右子树执行递归运算,返回左、右子树的高度和平衡标记,bt 的高度为最高子树的高度加 1。若左、右子树的高度差大于 1, 则 balance=0;若左、右子树的高度差小于等于 1, 且左、右子树都平衡时, balance=1, 否则 balance=0。

算法如下:

```
void Judge_AVL(BiTree bt, int &balance, int &h){
int bl=0, br=0,h1=0, hr=0;        //左、右子树的平衡标记和高度
if(bt==NULL){                     //空树,高度为 0
h=0;
balance=1;
}
```

```
else if(bt->lchild==NULL&&bt->rchild==NULL){    //仅有根结点,则高度为1
h=1;
balance=1;
}
else{
Judge_AVL(bt->lchild, bl, hl);         //递归判断左子树
Judge_AVL(bt->rchild, br, hr);         //递归判断右子树
h=(hl>hr? hl:hr)+1;
if(abs(hl-hr)<2)     //若子树高度差的绝对值<2,则看左、右子树是否都平衡
balance=bl&&br;      //&& 为逻辑与,即左、右子树都平衡时,二叉树平衡
else
balance=0;
}
}
```

16.【解答】 在一棵二叉排序树中,最左下结点即为关键字最小的结点,最右下结点即为关键字最大的结点,本算法只要找出这两个结点即可,而不需要比较关键字。

算法如下:

```
KeyType MinKey(BSTNode * bt){
while(bt->lchild!=NULL)
bt=bt->lchild;
return bt->data;
}
KeyType MaxKey(BSTNode *bt){
//求出二叉排序树中最大关键字结点
while(bt->rchild!=NULL)
bt=bt->rchild;
return bt->data;
}
```

17.【解答】 由二叉排序树的性质可知,右子树中所有的结点值均大于根结点值,左子树中所有的结点值均小于根结点值。为了从大到小输出,先遍历右子树,再访问根结点,后遍历左子树。

算法如下:

```
void OutPut(BSTNode *bt, KeyType k)
{//本算法从大到小输出二叉排序树中所有值不小于 k 的关键字
if(bt==NULL)
return;
if(bt->rchild!=NULL)
OutPut(bt->rchild,k);          //递归输出右子树结点
if(bt->data>=k)
printf("% d", bt->data);       //只输出大于等于 k 的结点值
if(bt->lchild!=NULL)
OutPut(bt->lchild,k);          //递归输出左子树的结点
}
```

本题也可采用中序遍历加辅助栈的方法实现。

18.【解答】 设二叉排序树的根结点为 *t,根据结点存储的信息,有以下几种情况:

t->lchild 为空时, 情况如下:

1)若 t->rchild 非空且 k==1, 则 *t 即为第 k 小的元素, 查找成功。

2)若 t->rchild 非空且 k!=1, 则第 k 小的元素必在 *t 的右子树。

若 t->lchild 非空时, 情况如下:

1)t->lchild->count==k-1, *t 即为第 k 小的元素, 查找成功

2)t->lchild->count>k-1, 第 k 小的元素必在 *t 的左子树, 继续到 *t 的左子树中查找。

3)t->lchild->count<k-1,第 k 小的元素必在右子树, 继续搜索右子树, 寻找第 k-(t->lchild-> count+1)小的元素。

对左右子树的搜索采用相同的规则,递归实现的算法描述如下:

```
BSTNode * Search_Small(BSTNode * t, int k){
//在以 t 为根的子树上寻找第 k 小的元素,返回其所在结点的指针。k 从 11 开始计算
//在树结点中增加一个 count 数据成员,存储以该结点为根的子树的结点个数
if(k<1||k>t->count) return NULL;
if(t->lchild==NULL) {
if(k==1) return t;
else return Search_Small(t->rchild,k-1);
}
else{
if(t->lchild->count==k-1) return t;
if(t->lchild->count>k-1) return Search_Small(t->lchild,k);
if(t->lchild->count<k-1)
return Search_Small(t->rchild, k-(t->lchild->count+1));
}
}
```

最大查找长度取决于树的高度。由于二叉排序树是随机生成的,其高度应是 $O(\log_2 n)$,算法的时间复杂度为 $O(\log_2 n)$。

19.【解答】 m=3,因此除根结点外,非叶子结点关键字个数为 1~2。

如下图所示, 首先插入 20,30,结点内关键字个数不超过 $\lfloor m/2 \rfloor = 2$,不会引起分裂;插入 50,插入 20,30 所在的结点, 引起分裂,结点内第 $\lfloor m/2 \rfloor$ 个关键字 30 上升为父结点。

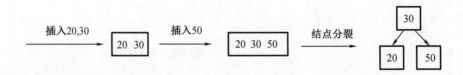

如下图所示,插入 52,插入 50 所在的结点,不会引起分裂;继续插入 60,插入 50,52 所在的结点,引起分裂,52 上升到父结点中,不会引起父结点的分裂。

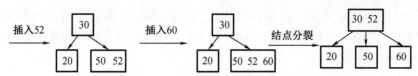

如下图所示,插入 68,插入 60 所在的结点,不会引起分裂;继续插入 70,插入 60,68 所在的结点,引起分裂,68 上升为新的父结点,68 上升到 30,52 所在的结点后,会继续引起该结点的分裂,故 52 上升为新的根结点。

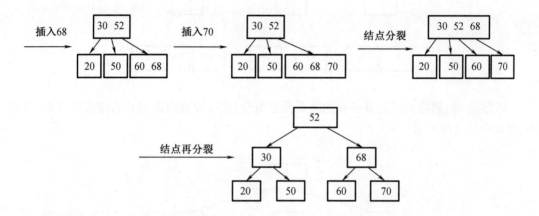

最后得到的 B 树如下图所示。

20.【解答】　1)插入 90：将 90 插入 100 所在的结点,插入 90 后该结点中的元素个数不超过 $\lceil 3/2 \rceil = 2$,不会引起结点的分裂,插入后的 B 树如下图所示。

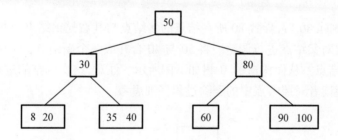

2)插入 25：将 25 插入 8,20 所在的结点,插入后结点内的元素个数为 3,引起分裂。故将结点内的中间元素 20 上升到父结点中,此时父结点中的元素个数为 2(元素 20 和 30),不会引起继续分裂,插入 25 后的 B 树如下图所示。

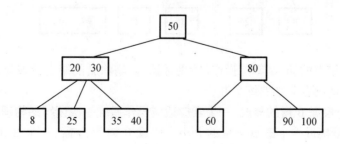

3）插入 45：将 45 插入 35，40 所在的结点，引起分裂，中间元素 40 上升到父结点（20，30 所在的结点）中，引起父结点分裂，中间元素 30 上升到父结点（50 所在的结点）中，两次分裂后的 B 树如下图所示。

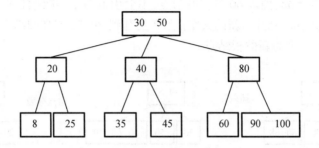

4）删除 60：删除 60 后，其所在的结点元素为空，从而导致借用右兄弟结点的元素，调整后的 B 树如下图所示。

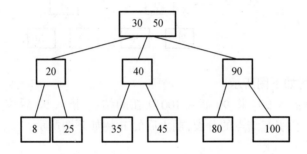

5）删除 80：删除 80 后，导致 80 所在结点的父结点与其右兄弟结点合并，这时父结点元素个数为 0，再次对父结点进行调整。将 50 与 40 合并成一个新结点，则 90,100 所在结点为这个结点的子结点。从而构造的 B 树如下图所示。注意，这次调整的过程实际上包含多次调整过程，希望读者对照考点中的删除过程仔细思考。

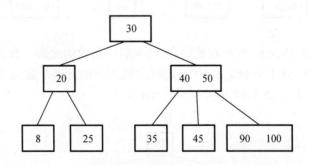

注意：B 树中结点的插入、删除操作（特别是插入、删除后的结点分裂与合并）是本节的重点，也是难点，请读者务必熟练掌握。

21. 【解答】　根据 B 树的概念，一个索应适应操作系统一次读写的物理记录大小，其大小应取不超过但最接近一个磁盘页块的大小。假设 B 树为 m 阶，一个 B 树结点最多存放 m-1 个关键字（5B）和对应的记录地址（5B）、m 个子树指针（5B）和 1 个指示结点中的实际

关键字个数的整数(2B),则有

$$(2 \times (m-1) + m) \times 5 + 2 \leqslant 4000$$

计算结果为 m≤267。

一个索引结点最多可以存放 m-1 = 266 个索引项,最少可以存放 $\lceil m/2 \rceil - 1 = 133$ 个索引项。全部有 n = 20000000 个记录,每个记录占用空间 200B,每个页块可以存放 4000/200 = 20 个记录,则全部记录分布在 20000000/20 = 1000000 个页块中,最多需要占用 1000000/133 = 7519 个磁盘页块作为 B 树索引,最少需要占用 1000000/266 = 3760 个磁盘页块作为 B 树索引(注意 B 树与 B+树的不同,B 树所有对数据记录的索引项分布在各个层次的结点中,B+树所有对数据记录的索引项都在叶结点中)。

22.【解答】　在散列表中删除一个记录,在拉链法情况下可以物理地删除。但在开放定址法情况下,不能物理地删除,只能做删除标记。该地址可能是该记录的同义词查找路径上的地址,物理地删除就中断了查找路径,因为查找时碰到空地址就认为是查找失败。

23.【解答】　1)不能作为散列函数,因为 key/n 可能大于 n,这样就无法找到适合的位置。

2)能够作为散列函数,但不是一个好的散列函数,因为所有关键字都映射到同一位置,造成大量的冲突机会。

3)不能当作散列函数,因为该函数的返回值不确定,这样无法进行正常的查找。

4)能够作为散列函数,且是一个好的散列函数。

24.【解答】　由散列函数可知散列地址的范围为 0~10。

采用线性探测法构造散列表时,首先应计算出关键字对应的散列地址,然后检查散列表中对应的地址是否已经有元素。若没有元素,则直接将该关键字放入散列表对应的地址中;若有元素,则采用线性探测的方法查找下一个地址,从而决定该关键字的存放位置。

采用链地址法构造散列表时,在直接计算出关键字对应的散列地址后,将关键字结点插入此散列地址所在的链表。

具体解答如下。

1)线性探测法。

H(1) = 1,无冲突,地址 1 存放关键字 1。H(13) = 2,无冲突,地址 2 存放关键字 13。H(12) = 1,发生冲突,根据线性探测法:$H_1 = 2$,发生冲突,继续探测 $H_2 = 3$,无冲突,于是 12 存放在地址为 3 的表项中。H(34) = 1,发生冲突,根据线性探测法:$H_1 = 2$,发生冲突,$H_2 = 3$,发生冲突,$H_3 = 4$,没有冲突,于是 34 存放在地址为 4 的表项中。

同理,可以计算其他的数据存放情况,最后结果如下表所示。

散列地址	0	1	2	3	4	5	6	7	8	9	10
关键字	33	1	13	12	34	38	27	22			
冲突次数	0	0	0	2	3	0	1	7			

下面计算平均查找长度:

查找成功时,显然查找每个元素的概率都是 1/8。对于 33,由于冲突次数为 0,所以仅需 1 次比较便可查找成功;对于 22,由于计算出的地址为 0,但需要 8 次比较才能查找成功,

所以 22 的查找长度为 8；其他元素的分析类似。因此有

$$ASL_{suc} = (1+1+1+3+4+1+2+8)/8 = 21/8$$

查找失败时，由于 H(key)=0~10，因此对每个位置查找的概率都是 1/11，对于计算出的地址为 0 的关键字 key0，只有探测完 0~8 号地址后才能确定该元素不在表中，比较次数为 9；对于计算出的地址为 1 的关键字 key1，只有探测完 1~8 号地址后，才能确定该元素不在表中，比较次数为 8，以此类推。而对于计算出的地址为 8,9,10 的关键字，这些单元中没有存放元素，所以只需比较 1 次便可确定查找失败，因此有

$$ASL_{suc} = (9+8+7+6+5+4+3+2+1+1+1)/11 = 47/11$$

2）链地址法构造的表如下：

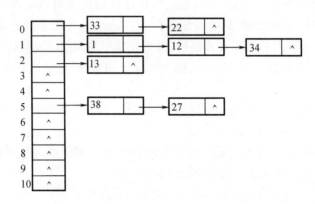

在链地址表中查找成功时，查找关键字为 33 的记录需进行 1 次比较，查找关键字为 22 的记录需进行 2 次比较，以此类推。因此有

$$ASL_{suc} = (1×4+2×3+3)/8 = 13/8$$

查找失败时，对于地址 0，比较 3 次后确定元素不在表中（空指针算 1 次），所以其查找长度为 3；对于地址 1，其查找长度为 4；对于地址 2，查找长度为 2；以此类推。因此有

$$ASL_{fai} = (3+4+2+1+1+3+1+1+1+1+1)/11 = 19/11$$

值得注意的是，求查找失败的平均查找长度有两种观点：其一，认为比较到空结点才算失败，所以比较次数等于冲突次数加 1；其二，认为只有与关键字的比较才算比较次数。

25.【解答】 由装填因子的计算公式 α=n/N（n 为关键字个数，N 为表长），不难得出表长，而根据散列函数的选择要求，P 应该取不大于表长的最大素数，从而可以确定 P 的大小，也就构造出了散列函数。这里采用链地址法解决冲突，两种情况下的平均查找长度的计算过程与上一题完全相似。

具体解答如下。

1）由 α=n/N 得 N=n/α，由于 N 为整数，故应该向上取整，即 N=⌈n/α⌉=15，从而 P=13。因此散列函数为 H(key)=key%13。

2）由 1）求出的散列函数，计算各关键字对应的散列地址如下表所示。

关键字	26	36	41	38	44	15	68	12	6	51	25
散列地址	0	10	2	12	5	2	3	12	6	12	12

由此构造的链地址法处理冲突的散列表为

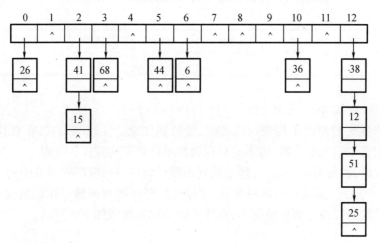

由上图不难计算出

$$ASL_{suc} = (1\times7+2\times2+3\times1+4\times1)/11 = 18/11$$
$$ASL_{fai} = (1+0+2+1+0+1+1+0+0+0+1+0+4)/13 = 11/13$$

26.【解答】 1)$H_0(2)=2, H_0(8)=8, H_0(31)=5, H_0(20)=7, H_0(19)=6$,没有冲突。$H_0(18)=5$,发生冲突,$H_1(18)=(H_0(18)+REV(18+1)\%11+1)\%13=(5+3+1)\%13=9$,没有冲突。$H_0(53)=1$,没有冲突。$H_0(27)=1$,发生冲突,$H_1(27)=(H_0(27)+REV(27+1)\%11+1)\%13=(1+5+1)\%13=7$,发生冲突,$H_2(27)=(H_1(27)+REV(27+1)\%11+1)\%13=0$,没有冲突。构造的散列表如下:

散列地址	0	1	2	3	4	5	6	7	8	9	10	11	12
关键字	27	53	2			31	19	20	8	18			
比较次数	3	1	1			1	1	1	1	2			

2)由1)中散列表的构造过程,各个关键字查找成功的比较次数如上表所示,故有
$$ASL_{suc}=(3+1+1+1+1+1+1+2)/8=11/8$$

27.【解答】 1)由装填因子0.7和数据总数7,得一维数组大小为7/0.7 = 10,数组下标为0~9。所构造的散列函数值如下表所示。

key	7	8	30	11	18	9	14
H(key)	0	3	6	5	5	6	0

采用线性探测再散列法处理冲突,所构造的散列表如下表所示。

地址	0	1	2	3	4	5	6	7	8	9
关键字	7	14		8		11	30	18	9	

2)查找成功时,在等概率情况下,查找每个表中元素的概率是相等的。因此,根据表中元素的个数来计算平均查找长度,各关键字的比较次数如下表所示。

key	7	8	30	11	18	9	14
次数	1	1	1	1	3	3	2

故 ASL_{suc} = 查找次数/元素个数 = (1+2+1+1+1+3+3)/7 = 12/7。

在计算查找失败时的平均查找长度时,要特别注意防止思维定式,在查找失败的情况下既不是根据表中的元素个数,也不是根据表长来计算平均查找长度的。

查找失败时,在等概率情况下,经过散列函数计算后只可能映射到表中的0~6位置,且映射到0~6中任一位置的概率是相等的。因此,是根据散列函数(MOD 后面的数字)来计算平均查找长度的。在等概率情况下,查找失败的比较次数如下表所示。

H(key)	0	1	2	3	4	5	6
次数	3	2	1	2	1	5	4

故 ASL_{fai} =查找次数/散列后的地址个数 = (3+2+1+2+1+5+4)/7 = 18/7。

第7章 排　　序

7.1 本 章 导 学

本章概述	排序是数据处理领域经常使用的一种操作,其主要目的是便于查找。在日常生活中,通过排序提高查找性能的例子屡见不鲜,例如,电话号码簿、书的目录、字典等。排序性能与数据集合的各种特性相关,例如随机排列、基本有序、数据规模特别大等,为此人们研究了各种排序技术。从算法设计角度看,排序算法体现了算法设计的某些重要方法和技巧;从算法分析角度看,对排序算法时间性能的分析应用了某些重要的算法分析技术;有关程序设计的岗位招聘也大量出现有关排序的内容,因此,认真学习和掌握排序算法是非常重要的。本章介绍插入排序、交换排序、选择排序、归并排序等四类基于比较的内排序技术以及不基于比较的基数排序,每类排序技术分别介绍一个最简单的排序算法和一个改进的排序算法,请仔细体会并掌握排序算法的设计过程以及改进算法的基本方法
教学重点	各种排序算法的基本思想;各种排序算法的执行过程;各种排序算法及时间复杂度分析;各种排序算法之间的比较
教学难点	快速排序、堆排序、归并排序等算法及时间复杂度分析

	知识点	教学要求			
		了解	理解	掌握	熟练掌握
教学内容和教学目标	排序的基本概念		√		
	排序算法的性能			√	
	直接插入排序				√
	希尔排序		√		
	起泡排序				√
	快速排序			√	
	快速排序的一次划分算法				√
	简单选择排序				√
	堆排序			√	
	筛选法调整堆算法	√			
	二路归并排序的非递归实现			√	
	二路归并排序的递归实现			√	
	基数排序			√	
	各种排序方法的比较				√

7.2 重难点解析

1.分析排序方法的时间代价的标准是什么?

【解析】 排序方法的时间代价包括排序码的比较次数和元素的移动次数。估计排序算法的时间代价时还有几点需要注意:

1)选用元素中不同的数据项做排序码,会影响比较时间。譬如是复合项还是简单项,是整数还是字符串等。为简化问题起见,通常在做时间估计时,不加区分。

2)待排序元素的初始排列对某些排序方法是有影响的。在这种情况下,要区分最好情况、最坏情况或平均情况,分别给予估计。

3)待排序元素个数 n 也影响排序算法的估计。当 n 很大时,可以使用 O 表示法估计时间代价,但当 n 很小时,譬如 n≤50,需要精确估计语句的执行频度。

2.为什么元素的移动次数比排序码比较次数更费时间?

【解析】 一般地,在系统做数据处理时元素的体积较大,存取时间比单纯提取排序码耗费的时间多得多。不同的排序算法,即使排序码比较次数相同,但元素的移动次数大多不同,在做时间代价分析时要注意这个细节。

3.元素的移动次数与哪些因素有关?

【解析】 元素的移动次数与排序方法的选择和待排序元素的初始排列有关。静态链表排序避免了数据移动,代价是增加了指针空间。

4.排序方法的稳定性受哪些因素影响?哪些排序算法不稳定?

【解析】 有 2 个判断:

1)如果需要把所有元素按排序码的升序排列,在每趟从前向后比较选小时把排序码相等的视为更小者,或从后向前比较选大时把排序码相等的视为更大者,使得原本正序的元素被视为逆序,一旦交换将导致两个排序码相等的元素发生相对位置的前后颠倒。

2)在排序过程中,需要以一个较大的间隔互换数据,或把数据隔空搬运一段较大距离时,排序方法一定不稳定,它可能会把原先排在前面的元素搬到具有相同排序码的另一元素的后面,颠倒了具有相同排序码的不同元素的相对前后位置。

典型的具有不稳定性的排序算法有 4 种:Shell 排序、简单选择排序、快速排序和堆排序。

5.稳定的排序方法为什么不一定比不稳定的排序方法好?

【解析】 稳定的排序方法让原来排在前面的元素在排序后仍然排在具有相同排序码的其他元素前面,体现了"先到者优先"的原则,但大多数稳定的排序方法时间代价或空间代价较高。譬如插入排序、起泡排序的空间代价较低但时间代价较高;归并排序的时间代价较低但空间代价较高。而不稳定的排序方法如快速排序、堆排序和希尔排序的时间和空间代价都较低。所以,要视使用场合选用排序方法。

6.非原地排序的方法有哪些?

【解析】 典型非原地排序算法是快速排序和归并排序。它们都是基于分治法的排序方法,一般采用递归方法求解。需要使用一递归工作栈,所需附加空间为 $O(\log_2 n) \sim O(n)$。

7. 当元素的初始排列全部正序、全部逆序和元素全部相等时,直接插入排序的排序时间代价如何分析?

【解析】 当元素的初始排列全部正序,算法每一趟只比较一次 a[i]<a[i-1],不进入内层循环,总共 n-1 趟,排序码比较次数 KCN=n-1,元素移动次数 RMN=0。当元素的初始排列全部逆序,每一趟比较 a[i]<a[i-1] 都满足,进入内层循环,还要执行 n-i 次排序码比较(1≤i≤n-1),移动 n-i+2 个数据,总共 n-1 趟,排序码比较次数为(n-1)+(n-2)+…+1=n(n-1)/2,元素移动次数为(n+1)+n+…+3=(n+4)(n-1)/2。当数据全部相等时,排序码比较次数和元素移动次数与全部正序的情况相同。

8. 直接插入排序算法为什么是稳定的?

【解析】 因为算法每次比较,发生逆序即把大者后移。如果排序码值相等,不执行这种移动,所以不会发生原来在后面的反而移动到相等元素前面的现象。

9. 在直接插入算法的实现中,如果 a[i]<a[i-1] 中的"<"错写为"<=",或者 temp<a[j] 中的"<"错写为"<=",会出现什么现象?

【解析】 原来在后面的元素移动到排序码相等的原来排在前面的元素的前面,即把一个稳定的算法变成了不稳定的算法。

10. 在用直接插入算法进行排序的过程中,每次向一个有序子序列插入一个新元素并形成一个新的更大的有序子序列,那么新元素插入的位置是否是它最终应在的位置?

【解析】 不是。后面可能还有更小的元素会插入到它的前面。

11. 当元素的初始排列全部正序、全部逆序和数据全部相等时,折半插入排序的排序时间代价如何分析?

【解析】 当元素的初始排列全部正序时,折半插入排序算法有一个判断:a[i-1]>a[i],因为正序,此条件不满足,循环体不执行,总的排序码比较次数 KCN=n-1,元素移动次数 RMN=0。当元素的初始排列全部逆序时,排序码比较数为

$$KCM = \sum_{i=1}^{n-1} \lfloor \log_2(i+1) \rfloor$$

元素移动次数为

$$RMN = (n+4)(n-1)/2$$

当元素全部相等时,排序码比较次数与元素移动次数等同于全部正序的情形。

12. 当待排序序列的初始排列是逆序的情况时,排序码比较次数是否最糟?

【解析】 否。假若数据的初始排列是{9,8,7,6,5,4,3,2,1}时,排序码比较次数是 KCN=1+1+2+2+2+2+3+3=16。如果数据的初始排列是{9,1,2,3,4,5,6,7,8}时,排序码比较次数是 KCN=1+2+2+3+3+3+3+4=21。原因是每次缩小区间时保留了长的区间。

13. 折半插入排序算法为什么是稳定的?

【解析】 这要看在每次插入新元素时在有序表中是如何查找插入位置的。因为每次比较时,如果插入元素的排序码小于插入区间的中间元素的排序码,则把插入区间缩小到左半部分,否则把插入区间缩小到右半部分。如果插入元素的排序码等于插入区间的中间元素的排序码,则插入元素要插入到中间元素的右边。因此排序算法是稳定的。

14. 在折半插入排序算法中,若设 x 是插入元素,如果把在有序子序列中用折半查找法查找插入位置的判断 x<a[mid] 中的"<"错写成"<=",算法会出现什么现象?

【解析】 在折半插入排序算法中,用一个循环不断折半缩小有序子序列的区间。如果

插入元素 x 小于中间点的值,则向左缩小一半区间,否则向右缩小一半区间,直到区间缩到一个点,就找到了插入位置。若把 x<a[mid]改成 x<=a[mid],就会把 x 插入到 a[mid]的左半区间中,就是说,把 a 插入到 a[mid]前面去了,算法变成不稳定的了。

15. 如何根据增量序列分析希尔排序的时间代价和空间代价?

【解析】 在希尔排序的排序过程中,每一趟按照 gap 间隔划分为 gap 个子序列,对每一个子序列可按照直接插入排序进行分析,统计其排序码比较次数和元素移动次数,然后把所有子序列的统计结果加起来,得到一趟的排序码比较次数和元素移动次数。所有各趟的排序码比较次数和元素移动次数相加,得到最后的结果。

16. 当元素的初始排列全部正序、全部逆序和数据全部相等时,希尔排序的排序时间代价如何分析?

【解析】 假设待排序元素序列有 n 个元素,$n=2^k$,并按 $gap=n\times 2^{-1}, n\times 2^{-2}, \cdots, 1$ 划分子序列。当元素的初始排列全部正序时,希尔排序算法第 i 趟($i=1,2,\cdots,k$)的 $gap=n\times 2^{-i}=2^{k-i}$,每个子序列有 n/gap 个元素,排序码比较次数为 2^i-1,第 i 趟的 gap 个子序列的排序码比较次数为 $gap\times(n/gap-1)=n-gap=2^k-2^{k-i}$,总排序码比较次数 KCN 为

$$\sum_{i=1}^{k}(2^k2^{k-i})=k\times 2^k-\sum_{i=1}^{k}2^k=(k-1)\times 2^k+1=n(\log_2 n-1)+1$$

元素移动次数 $RMN=0$。当元素全部相等时,排序码比较次数与元素移动次数等同于基本正序的情形。

当元素的初始排列全部逆序时,先看一个 $n=8$ 的例子,如图 1.7.1 所示。

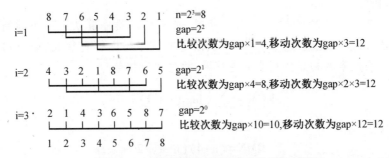

图 1.7.1 全部逆序时希尔排序的执行过程

观察图 1.7.1 例可知,当 i=2 时有 2 个子序列,每个子序列有 2 组逆序元素,第 1 组比较 1 次,第 2 组比较 2 次,与其他没有发生逆序的元素交错,排序码比较次数为 1+1+2=4,元素移动次数为 2×3=6;i=3 时仅 1 个子序列,有 4 组逆序元素,第 1 组比较 1 次,其他 3 组比较 2 次,与其他没有发生逆序的元素交错,排序码比较次数为 1+1+2+1+2+1+2=10,元素移动次数为 4×3=12。

一般地,假设 $n=2^k$,$gap=2^{k-1}, 2^{k-2}, \cdots, 1$,第 i 趟 $gap=2^{k-i}$,有 2^{k-i} 个子序列,每个子序列长度为 $\dfrac{n}{gap}=\dfrac{2^k}{2^{k-i}}=2^i$,其中发生逆序的有 $n/gap/2=2^{i-1}$ 组。除了第 1 组做 1 次排序码比较外,其他 $2^{i-1}-1$ 组都做 2 次排序码比较。每个子序列中没有发生逆序的元素还有 $2^i-2^{i-1}-1$ 次排序码比较,每趟总的排序码比较次数为

$$gap\times(2^i-2^{i-1}-1+1+2\times(2^{i-1}-1))=2^{k-i}\times(2^i+2^{i-1}-2)=3\times 2^{k-1}-2^{k-i+1}$$

总的排序码比较次数为

$$KCN = \sum_{i=1}^{k}(3 \times 2^{k-1} - 2^{k-i+1}) = 3k \times 2^{k-1} - 2^{k+1} + 2 = (3k - 4) \times 2^{k-1} + 2$$

$$= n \times (3\log_2 n - 4)/2 + 2 \quad （用\ n = 2^k, k = \log_2 n\ 代换）$$

当 n＝8 时，KCN＝8×(3log₂8－4)/2+2＝22，与图 1.7.1 所示的例子结果相符。

每个子序列没有连续发元素，每次逆转发生逆序的元素要做 3 次移动，所以第 i 趟移动元素个数为 gap×n/gap/2×3＝n/2×3，总的元素移动次数为

$$RMN = \sum_{i=1}^{k} n/2 \times 3 = nk/2 \times 3 = 1.5n\log_2^n$$

当 n＝8 时，RMN＝1.5×8log₂8＝36，与图 1.7.1 所示的例子结果相符。

17. 希尔排序算法为什么是不稳定的？

【解析】　希尔排序算法每趟把待排序序列按间隔 gap 划分为 gap 个子序列，分别执行直接插入排序。如果有两个排序码相等的不同元素分别处于前后不同的两个子序列中，又恰好是前一个子序列中的那个元素被调动到后面去了，这就可能造成不稳定。

18. 当数据的初始排列全部正序、全部逆序和数据全部相等时，起泡排序的排序时间代价如何分析？

【解析】　当数据的初始排列全部正序时，起泡排序的排序码比较次数为 n－1，元素移动次数为 0。当数据的初始排列全部逆序时，起泡排序的排序码比较次数为 n(n－1)/2，元素移动次数为 3n(n－1)/2。当数据全部相等时，排序码比较次数与元素移动次数等同于全部正序的情形。

19. 起泡排序算法为什么是稳定的？

【解析】　起泡排序算法是从后向前依次比较相邻元素的排序码，如果发生逆序，前者大于后者即交换；如果前后两个元素的排序码相等不交换，所以起泡排序算法是稳定的。注意，如果把"<"错写成"<="，算法就不稳定了。

20. 在执行起泡排序的过程中，出现了排序码朝着最终排序序列位置相反方向移动的情况，这能说明起泡排序算法是不稳定的吗？

【解析】　不能说明起泡排序算法的稳定性，例如对序列 4,3,3*,2,1 做起泡排序，各趟起泡的结果是 1,4,3,3*,2→1,2,4,3,3*→1,2,3,4,3*→1,2,3,3*,4。显然结果是稳定的，但排序过程中 3,3*,2 都曾经向与最终位置相反的方向移动。

21. 在所有待排序元素基本有序的情况下，起泡排序和直接插入排序到底哪个更好些？

【解析】　如果所有待排序元素的排列完全有序，起泡排序和直接插入排序的排序码比较次数和元素移动次数都相等。但基本有序包括个别元素间有逆序，这时直接插入排序比起泡排序更好，差别主要在元素移动次数上，起泡排序交换数据更费时间。

22. 当数据的初始排列全部正序、全部逆序和随机排列时，快速排序的排序时间代价如何分析？如何改进？

【解析】　假设待排序序列有 n 个元素，当数据的初始排列全部正序或全部逆序时，快速排序算法第一次划分，会得到一个空子序列和一个有 n－1 个元素的子序列。当对这个有 n－1 个元素的子序列进行划分后，又会得到一个空子序列和一个有 n－2 个元素的子序列，如此重复，快速排序将做 n－1 趟，排序码比较次数达(n－1)+(n－2)+…+1＝n(n－1)/2，比简单排序还慢。改进办法是先取序列第一个、最后一个和中间一个元素，三者中选排序码值居中的元素，把它交换到序列第一个位置作为轴点，再执行快速排序。随机排列时快速排

序的时间性能很好,如果每次划分都能把待排序序列分为等长的两个子序列,排序码比较次数和元素移动次数都达到 $O(nlog_2n)$。

23.快速排序算法为什么是不稳定的?

【解析】 如果在一趟划分前序列中有两个排序码相等的不同元素,它们的排序码值都比轴点元素的排序码值大,前一个正好处于指针 i 的位置,一旦把它移动到后面指针 j 的位置,就会使这两个元素的相对位置发生颠倒,造成不稳定。同样地,如果它们的排序码值都比轴点元素的排序码值小,后一个正好处于指针 j 的位置,一旦把它移动到前面指针 i 的位置,也会造成不稳定。

24.能否修改快速排序一趟划分的算法,使得快速排序成为稳定的排序算法?

【解析】 快速排序算法之所以不稳定,是因为它隔空交换数据,所以它不可能成为稳定的算法。

25.为什么快速-直接插入排序算法比单纯的快速排序算法更有效?

【解析】 快速排序适合于 n 很大的情形,但当 n 很小时它的时间效率很低。如果做快速排序递归到很小的区间后,改做直接插入排序能充分发挥简单排序的长处,提高排序的时间效率。

26.当数据的初始排列全部正序、全部逆序和数据全部相等时,简单选择排序的排序时间代价如何分析?

【解析】 简单选择排序的排序码比较次数不受数据初始排列影响,第 i 趟(i=0,1,…,n-2)从前向后选择最小元素需要执行 n-i-1 次,总的排序码比较次数为 $(n-1)+(n-2)+…+1 = n(n-1)/2$。但元素移动次数受数据的初始排列影响,当数据的初始排列全部正序时,第 i 趟选出的最小排序码元素就是第 i 个,不用移动元素,因此元素移动次数为 0。当数据的初始排列全部逆序时,每一趟要交换一次数据,总共做 3(n-1) 次元素移动。当数据全部相等时情况与全部正序相同。

27.简单选择排序算法为什么是不稳定的?

【解析】 简单选择排序算法每趟从序列中选到一个排序码最小的元素,并与序列的第一个进行交换,如果交换前在此序列中最小排序码元素前面有两个排序码相等的不同元素,其中前一个恰恰位于序列的第一个位置,一经交换把这个元素交换到另一个元素的后面去了,从而造成不稳定。

28.堆与二叉查找树有何不同?

【解析】 不同之处在于:

1)二叉查找树是查找树,用于组织小型目录,堆不是查找树,用于实现优先队列。

2)二叉查找树从根结点起,逐层向左子树方向遍历,结点的值越来越小,逐层向右子树方向遍历,结点的值越来越大。大根堆从根结点起,向子树方向逐层遍历,不论是左子树方向还是右子树方向,所经历结点的值越来越小;小根堆正好相反。

3)堆用完全二叉树的顺序存储实现,二叉查找树一般用二叉链表实现。

29.堆用数组作为其存储结构,那么它是线性结构还是非线性结构?

【解析】 即使使用数组作为存储结构,它也是非线性结构。逻辑结构才区分线性还是非线性。因为堆是用完全二叉树组织,可以利用完全二叉树的性质很容易地找某结点的父结点、子女和兄弟。

30.使用 siftDown( )从结点 r 开始向下筛选局部形成堆的前提条件是什么?

【解析】　前提条件是 r 的左、右子树(如果非空)都已经是堆。

31. 使用 siftDown( ) 对从结点 r 到结点 e 的子树进行筛选以形成堆,当 r>e 或 r=e 时筛选结果如何?

【解析】　r 或 e 是完全二叉树结点的编号。当 r<e 时,利用 siftDown( ) 运算可将从 r 到 e 的子树调整为堆。如果 r=e 或 r>e,siftDown( ) 不做关键码比较即退出,但要移动 2 个元素,这与工作单元保留 r 结点数据有关。

32. 建堆算法有几种?

【解析】　有两种,一是先填数后调整,二是边插入边调整。

33. 对于先填数后调整的建堆算法,如何分析它的时间复杂度?

【解析】　假设堆中有 $n=2^h-1$ 个元素,它的高度为 h,是满二叉树。结合筛选算法,总的关键码比较次数为 $2\sum_{i=1}^{h-1}2^{i-1}(h-i)$。公式可以这样解释:i 是层号,从第 1 层到第 h-1 层是非叶结点,是可以比较和调整的层。第 i 层有 2^{i-1} 个结点,最多向下比较 h-i 次(就到了底层叶结点),每一层比较有两次:两个子女横向比较一次,要调整元素与小的子女再纵向比较一次。$2×2^{i-1}(h-i)$ 是第 i 层总的关键码比较次数,各层比较次数累加,就得到以上的公式。用 j=h-i 对以上公式作一代换,得到:

$$2\sum_{i=1}^{h-1}2^{i-1}(h-i)=\sum_{j=1}^{h-1}2^{h-j}j=(n+1)\sum_{j=1}^{h-1}\frac{j}{2^j}<2(n+1)$$

例如,当 n=15 时,$h=\log_2(n+1)=4$。关键码比较次数为 $16×(1/2^1+2/2^2+3/2^3)=22$。这是所有 4 层全满时的最大估计。

34. 堆是 AVL 树吗?

【解析】　堆虽然是二叉树,但不是二叉查找树,显然不是 AVL 树,因为 AVL 树是高度平衡的二叉查找树。

35. 当数据的初始排列全部正序、全部逆序和数据全部相等时堆排序的排序时间代价如何分析?

【解析】　当数据的初始排列全部正序时,它是个小根堆,算法要求把它调整为大根堆,再做堆排序。假设 n=11,其高度 $h=\lceil \log_2 n+1\rceil=4$,如图 1.7.2 所示。

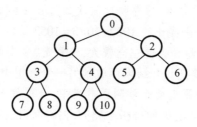

图 1.7.2　堆

建立大根堆的排序码比较次数为 $2×1+2×1+2×1+2×2×1+2×3×1=16<2n$,

元素移动次数为 $3×1+3×1+3×1+4×1+5×1=18<2n$。

堆排序时对调 n-1 次,元素移动次数为 3(n-1)。重新调整为大根堆也需 n-1 次,以图 1.7.2 所示的堆为例,按重新调整为堆的范围逐步缩小的顺序,得到的排序码比较次数和元素移动次数的估计数据如表 1.7.1 所示。

这是给出的最大估计。一般地,排序码比较次数的时间代价为 $O(n\log_2 n)$。当 $n=11$ 时时间代价约为 $11\times\log_2 11=11\times3.46=38$。

表 1.7.1　堆排序分析

交换元素	$0\leftrightarrow10$	$0\leftrightarrow9$	$0\leftrightarrow8$	$0\leftrightarrow7$	$0\leftrightarrow6$	$0\leftrightarrow5$	$0\leftrightarrow4$	$0\leftrightarrow3$	$0\leftrightarrow2$	$0\leftrightarrow1$	总计
堆最后位置	9	8	7	6	5	4	3	2	1	0	
排序码比较次数	5	6	5	4	3	4	3	2	1	0	33
元素移动次数	5	5	5	4	4	4	4	3	3	2	39

当数据的初始排列全部逆序时,它是个大根堆,形成初始堆时做 $\lfloor n/2 \rfloor$ 次 siftDown 算法,需要 $2\times\lfloor n/2 \rfloor$ 次排序码比较和同样次数的元素移动。每次对调和重新调整为大根堆的排序码比较次数和元素移动次数与表 1.7.1 的估计相符。待排序序列所有元素都相等的情况与全部逆序情况相同。

36. 在堆排序中将待排序的数据组织成完全二叉树的顺序存储,是否堆就是线性结构了? 当用 C 语言或 C++组织堆时,根结点放在 0 号元素位置,如何计算结点的父结点和子女结点的位置?

【解析】　堆中各个元素之间的关系可以用完全二叉树描述,其存储结构是一维数组。注意,存储结构与逻辑结构是两回事。堆是非线性结构。用 C 语言或 C++组织堆时,根结点在 0 号位置,按照分层编号的原则,若设全部元素个数为 n,第 i 号元素($i>0$)的父结点是 $\lfloor (i-1)/2 \rfloor$,其左子女是 $2i+1$(如果 $2i+1<n$),右子女是 $2i+2$(如果 $2i+2<n$)。

37. 如果想从 $2^{10}-1$ 个元素中选最小的 4 个,简单选择排序、堆排序与锦标赛排序哪个更有效?

【解析】　使用简单选择排序,从 $2^{10}-1$ 个元素中选最小的 4 个元素,需要比较 $4\times(2^{10}-1)-(1+2+3+4)=4082$ 次。使用堆排序,堆高度为 $h=\lceil \log_2(n+1) \rceil=\lceil \log_2(2^{10}-1+1) \rceil=10$,为选出最小排序码元素,需形成小根堆,比较 $2\times(2^0\times9+2^1\times8+2^2\times7+2^3\times6+2^4\times5+2^5\times4+2^6\times3+2^7\times2+2^8\times1)=2026$ 次,以后每次选小,各比较 $2\times(h-1)=18$ 次,总共需要比较 $2026+18\times3=2080$ 次。使用锦标赛排序,胜者树有 $n=2^{10}-1=1023$ 个外结点,高度 $h=\lceil \log_2 n \rceil+1=11$,为生成胜者树,选出最小排序码元素,排序码比较次数为 $n-1=1022$,以后每次选小,排序码比较次数最多为 $h-1=10$,总共需要比较 $1022+10\times3=1052$ 次。因此,采用锦标赛排序速度最快。不过锦标赛排序花费的附加存储空间较大,这就是"以空间换时间"。

38. 为什么归并排序需要把归并结果存放到另一个数组中? 是否可以存于原数组?

【解析】　如果把归并结果直接存放到原数组中,会覆盖未归并的元素。

39. 设待排序元素个数为 n,如何分析二路归并排序算法的时间代价和空间代价?

【解析】　设元素个数为 $n=2^s$,s 是正整数。则二路归并趟数为 $\lceil \log_2 n \rceil=\lceil \log_2 2^s \rceil=s$。各趟有序表长度、每一趟调用二路归并算法次数及每一趟排序码比较次数如表 1.7.2 所示。

表 1.7.2　二路归并排序算法各趟分析

趟数	有序表长度 len	每趟归并次数	每次归并比较次数 2×len-1	每趟总比较次数
1	$2^0=1$	2^{s-1}	$2×2^0-1=2^1-1$	2^s-2^{s-1}
2	$2^1=2$	2^{s-2}	$2×2^1-1=2^2-1$	2^s-2^{s-2}
⋮	⋮	⋮	⋮	⋮
s	2^{s-1}	$2^0=1$	$2×2^{s-1}-1=2^s-1$	2^s-2^0

可以计算出总的排序码比较次数为

$$(2^s-2^{s-1})+(2^s-2^{s-2})+\cdots+(2^s-2^0)=s×2^s-(2^{s-1}+2^{s-2}+\cdots+2^0)$$

$$=(s-1)×2^s+1=\log_2 n-n+1=n\log_2 n-1$$

每趟归并元素移动次数为 n,总共 $s=\lceil \log_2 n\rceil$ 趟,总的元素移动次数为 $n\log_2 n$,算法使用的附加存储有 n 个。

40. 当数据的初始排列全部正序、全部逆序和数据全部相等时,归并排序的排序时间代价如何分析?

【解析】 当数据的初始排列全部正序、全部逆序和数据全部相等时,二路归并算法的时间代价都是 $O(n\log_2 n)$,它对数据的初始排列不敏感。

41. 二路归并的空间代价为 $O(n)$,可否让两路归并的空间代价降低到 $O(1)$?

【解析】 有具体的算法都可以实现空间代价为 $O(1)$ 的二路归并,算法的时间复杂度稍高些,并受数据的初始排列影响。

42. 归并排序为什么是稳定的?

【解析】 每一趟归并,数据是逐个比较,如果有相同排序码的不同元素,谁在前就先复制谁,所以不会出现相同排序码的不同元素在排序前后其相对先后次序发生颠倒的现象,所以归并排序是一种稳定的排序算法。

43. 归并排序与快速排序一样,都可以用分治法来解决排序问题。在二路排序算法中如何体现分治法?

【解析】 如同快速排序,二路归并排序用分治法来编写算法时一般采用递归法,其算法的一般描述为:

```
void MergeSort(DataList& L, int left, int right){
//两路归并排序的递归算法。left 和 right 是当前参加归并的区间
if(left<right){
int mid=(left+right)/2;          //从中间划分为两个子序列
MergeSort(L, left, mid);         //对 L 的左侧子序列做递归并排序
MergeSort(L, mid+1, right);      //对 L 的右侧子序列做递归并排序
Merge(L, left, mid, right);      //两路合并
}
};
```

但此时必须修改 Merge 算法,把参数表中的 L1 去掉,在算法中增加一个与原数组等长的辅助数组 L1。在把 L 中两个有序表归并到 L1 后,还要把 L1 复制回 L 中。

递归算法所花费的时间代价也是 $O(n\log_2 n)$,但实际上比非递归算法花费的时间多 1 倍。因为每次归并从 L→L1,再从 L1→L,比非递归算法多移动了 1 倍的元素。

44.基数排序通常要求待排序序列采用什么结构存储? 为什么?

【解析】 待排序序列采用链表方式存储。因为该排序方法需要使用多个队列作为桶来辅助实现按位分配与收集,把这些队列设置成链式队列,可巧妙地利用数据序列的链表指针。

45.基数排序适合什么场合? 它的性能如何?

【解析】 基数排序适合于多排序码排序。可把排序码分段,逐段进行排序。当 n 很大,基数 rd 与位数 d 不大时,它的时间复杂度为 $O(n(rd+d)) \approx O(n)$。

46.希尔排序、快速排序、简单选择排序和堆排序是不稳定的排序方法,请举例说明。

【解析】 1)希尔排序:相等排序码值的元素出现在不同的子序列中,且在前一个子序列中该元素后面有比它小的元素:

$\{512 \quad 275 \quad 275^* \quad 061\}$ 增量为 2

$\{275^* \quad 061 \quad 512 \quad 275\}$ 增量为 1

$\{061 \quad 275^* \quad 275 \quad 512\}$

2)简单选择排序:相距较远处选到一个具有最小排序码值的元素,对调时把前面的元素调换到后面与它排序码值相等的元素后面。

$\{275 \quad 275^* \quad 512 \quad 061\}$ i=1

$\{061 \quad 275^* \quad 512 \quad 275\}$ i=2

$\{061 \quad 275^* \quad 512 \quad 275\}$ i=3

$\{061 \quad 275^* \quad 275 \quad 512\}$

3)快速排序:一趟划分,一旦发现后面有比基准数据小的元素就交换到前面,正好把排序码值相同的元素中前一个对调到后面去了。

$\{184 \quad 275 \quad 275^* \quad 061\}$ 一趟划分

$\{061 \quad 184 \quad 275^* \quad 275\}$

(4)堆排序

$\{275 \quad 275^* \quad 061 \quad 170\}$ 大根堆,交换 275 与 170

$\{170 \quad 275^* \quad 061 \quad 275\}$ 对前 3 个调整

$\{275^* \quad 170 \quad 061 \quad 275\}$ 大根堆,交换 275* 与 061

$\{061 \quad 170 \quad 275^* \quad 275\}$ 对前 2 个调整

$\{170 \quad 061 \quad 275^* \quad 275\}$ 大根堆,交换 170 与 061

$\{061 \quad 170 \quad 275^* \quad 275\}$

47.排序码比较次数受待排序元素初始排列影响的排序方法有哪些?

【解析】 有直接插入排序、起泡排序和快速排序。前两个当数据的初始排列已经有序时性能显著变好,最后一个正好相反。

48.元素移动次数受待排序元素初始排列影响的排序方法有哪些?

【解析】 有直接插入排序、折半插入排序、起泡排序、简单选择排序和快速排序。前 4 个当数据的初始排列已经有序时性能显著变好,最后一个正好相反。

49.需要较多附加存储的排序方法有哪些?

【解析】 归并排序需要最多,一个与原来待排序数据数组同样大的数组;基数排序需要为每个元素附加一个指针,还需要为 rd(基数)个队列设置队头和队尾指针;锦标赛排序需要 n-1 个存放元素下标的胜者树内结点;快速排序需要一个栈以实现递归,最坏情况下需要 n(元素个数)个单元。

50.顺序比较元素的排序码值从而实现排序的排序方法有哪些?

【解析】 有直接插入排序、起泡排序和归并排序。其中归并排序最整齐,每趟都是全部顺序比较存入另一个序列,所以外排序常使用它。

7.3 习题指导

一、单项选择题

1.下述排序方法中, 不属于内部排序方法的是(　　)。

A.插入排序　　　　　B.选择排序　　　　　C.拓扑排序　　　　　D.冒泡排序

2.排序算法的稳定性是指(　　)。

A.经过排序后,能使关键字相同的元素保持原顺序中的相对位置不变

B.经过排序后,能使关键字相同的元素保持原顺序中的绝对位置不变

C.排序算法的性能与被排序元素个数关系不大

D.排序算法的性能与被排序元素的个数关系密切

3.下列关于排序的叙述中, 正确的是(　　)。

A.稳定的排序方法优于不稳定的排序方法

B.对同一线性表使用不同的排序方法进行排序,得到的排序结果可能不同

C.排序方法都是在顺序表上实现的,在链表上无法实现排序方法

D.在顺序表实现的排序方法在链表上也可以实现

4.对任意7个关键字进行基于比较的排序,至少要进行(　　)次关键字之间的两两比较。

A.13　　　　　　　B.14　　　　　　　C.15　　　　　　　D.6

5.对5个不同的数据元素进行直接插入排序,最多需要进行的比较次数是(　　)。

A.8　　　　　　　　B.10　　　　　　　C.15　　　　　　　D.25

6.在待排序的元素序列基本有序的前提下,效率最高的排序方法是(　　)。

A.直接插入排序　　B.简单选择排序　　C.快速排序　　　　D.归并排序

7.对有 n 个元素的顺序表采用直接插入排序算法进行排序,在最坏情况下所需的比较次数是(　　);在最好情况下所需的比较次数是(　　)。

A.n−1　　　　　　B.n+1　　　　　　C.n/2　　　　　　D.n(n−1)/2

8.数据序列{8,10,13,4,6,7,22,2,3}只能是(　　) 两趟排序后的结果。

A.简单选择排序　　B.起泡排序　　　　C.直接插入排序　　D.堆排序

9.用直接插入排序算法对下列 4 个表进行排序 (从小到大),比较次数最少的是(　　)。

A.94,32,40,90,80,46,21,69

B.21,32,46,40,80,69,90,94

C.32,40,21,46,69,94,90,80

D.90,69,80,46,21,32,94,40

10. 在下列算法中,(   )算法可能出现下列情况:在最后一趟开始之前,所有元素都不在最终位置上。

  A. 堆排序   B. 冒泡排序   C. 直接插入排序   D. 快速排序

11. 希尔排序属于(   )。

  A. 插入排序   B. 交换排序   C. 选择排序   D. 归并排序

12. 对序列 {15,9,7,8,20,-1,4} 用希尔排序方法排序,经一趟后序列变为 {15,-1,4,8,20,9,7},则该次采用的增量是(   )。

  A. 1   B. 4   C. 3   D. 2

13. 若对于上题中的序列,经一趟排序后序列变成 {9,15,7,8,20,-1,4},则采用的是(   )。

  A. 选择排序   B. 快速排序   C. 直接插入排序   D. 冒泡排序

14. 对序列 {98,36,-9,0,47,23,1,8,10,7} 采用希尔排序,下列序列(   )是增量为4的一趟排序结果。

  A. {10,7,-9,0,47,23,1,8,98,36}   B. {-9,0,36,98,1,8,23,47,7,10}

  C. {36,98,-9,0,23,47,1,8,7,10}   D. 以上都不对

15. 折半插入排序算法的时间复杂度为(   )。

  A. $O(n)$ B. $O(n\log_2 n)$ C. $O(n^2)$ D. $O(n^3)$

16. 有些排序算法在每趟排序过程中,都会有一个元素被放置到其最终位置上,(   )算法不会出现此种情况。

  A. 希尔排序   B. 堆排序   C. 冒泡排序   D. 快速排序

17. 以下排序算法中,不稳定的是(   )。

  A 冒泡排序   B. 直接插入排序   C. 希尔排序   D. 归并排序

18. 以下排序算法中,稳定的是(   )。

  A. 快速排序   B. 堆排序   C. 直接插入排序   D. 简单选择排序

19.【2009 统考真题】若数据元素序列 {11,12,13,7,8,9,23,4,5} 是采用下列排序方法之一得到的第二趟排序后的结果,则该排序算法只能是(   )。

  A. 冒泡排序   B. 插入排序   C. 选择排序   D. 2 路归并排序

20.【2012 统考真题】对同一待排序序列分别进行折半插入排序和直接插入排序,两者之间可能的不同之处是(   )。

  A. 排序的总趟数   B. 元素的移动次数

  C. 使用辅助空间的数量   D. 元素之间的比较次数

21.【2014 统考真题】用希尔排序方法对一个数据序列进行排序时,若第 1 趟排序结果为 9,1,4,13,7,8,20,23,15,则该趟排序采用的增量(间隔)可能是(   )。

  A. 2   B. 3   C. 4   D. 5

22.【2015 统考真题】希尔排序的组内排序采用的是(   )。

  A. 直接插入排序   B. 折半插入排序   C. 快速排序   D. 归并排序

23.【2018 统考真题】对初始数据序列 (8,3,9,11,2,1,4,7,5,10,6) 进行希尔排序。若第一趟排序结果为 (1,3,7,5,2,6,4,9,11,10,8),第二趟排序结果为 (1,2,6,4,3,7,5,8,11,10,9),则两趟排序采用的增量(间隔)依次是(   )。

  A. 3,1   B. 3,2   C. 5,2   D. 5,3

24. 对 n 个不同的元素利用冒泡法从小到大排序,在( )情况下元素交换的次数最多。

A. 从大到小排列好的   B. 从小到大排列好的

C. 元素无序   D. 元素基本有序

25. 若用冒泡排序算法对序列$\{10,14,26,29,41,52\}$从大到小排序,则需进行( )次比较。

A. 3   B. 10   C. 15   D. 25

26. 用某种排序方法对线性表$\{25,84,21,47,15,27,68,35,20\}$进行排序时,元素序列的变化情况如下:

1)$25,84,21,47,15,27,68,35,20$

2)$20,15,21,25,47,27,68,35,84$

3)$15,20,21,25,35,27,47,68,84$

4)$15,20,21,25,27,35,47,68,84$

则所采用的排序方法是( )。

A. 选择排序   B. 插入排序   C. 2 路归并排序   D. 快速排序

27. 一组记录的关键码为$(46,79,56,38,40,84)$,则利用快速排序的方法,以第一个记录为基准,从小到大得到的一次划分结果为( )。

A. $(38,40,46,56,79,84)$ B. $(40,38,46,79,56,84)$

C. $(40,38,46,56,79,84)$ D. $(40,38,46,84,56,79)$

28. 快速排序算法在( )情况下最不利于发挥其长处。

A. 要排序的数据量太大   B. 要排序的数据中含有多个相同值

C. 要排序的数据个数为奇数   D. 要排序的数据已基本有序

29. 就平均性能而言,目前最好的内部排序方法是( )。

A. 冒泡排序   B. 直接插入排序   C. 希尔排序   D. 快速排序

30. 数据序列 $F=\{2,1,4,9,8,10,6,20\}$ 只能是下列排序算法中的( )两趟排序后的结果。

A. 快速排序   B. 冒泡排序   C. 选择排序   D. 插入排序

31. 对数据序列$\{8,9,10,4,5,6,20,1,2\}$采用冒泡排序(从后向前次序进行,要求升序),需要进行的趟数至少是( )。

A. 3   B. 4   C. 5   D. 8

32. 对下列关键字序列用快排进行排序时,速度最快的情形是( ),速度最慢的情形是( )。

A. $\{21,25,5,17,9,23,30\}$ B. $\{25,23,30,17,21,5,9\}$

C. $\{21,9,17,30,25,23,5\}$ D. $\{5,9,17,21,23,25,30\}$

33. 对下列 4 个序列,以第一个关键字为基准用快速排序算法进行排序,在第一趟过程中移动记录次数最多的是( )。

A. $92,96,88,42,30,35,110,100$ B. $92,96,100,110,42,35,30,88$

C. $100,96,92,35,30,110,88,42$ D. $42,30,35,92,100,96,88,110$

34. 下列序列中,( )可能是执行第一趟快速排序后所得到的序列。

Ⅰ.$\{68,11,18,69,23,93,73\}$ Ⅱ.$\{68,11,69,23,18,93,73\}$

Ⅲ. {93,73,68,11,69,23,18} Ⅳ. {68,11,69,23,18,73,93}

A. Ⅰ、Ⅳ B. Ⅱ、Ⅲ C. Ⅲ、Ⅳ D. 只有Ⅳ

35. 对 n 个关键字进行快速排序,最大递归深度为( ),最小递归深度为( )。

A. 1 B. n C. $\log_2 n$ D. $n\log_2 n$

36.【2010 统考真题】对一组数据(2,12,16,88,5,10)进行排序,若前三趟排序结果如下:

第一趟排序结果:2,12,16,5,10,88

第二趟排序结果:2,12,5,10,16,88

第三趟排序结果:2,5,10,12,16,88

则采用的排序方法可能是( )。

A. 冒泡排序 B. 希尔排序 C. 归并排序 D. 基数排序

37.【2010 统考真题】采用递归方式对顺序表进行快速排序。下列关于递归次数的叙述中,正确的是( )。

A. 递归次数与初始数据的排列次序无关

B. 每次划分后,先处理较长的分区可以减少递归次数

C. 每次划分后,先处理较短的分区可以减少递归次数

D. 递归次数与每次划分后得到的分区的处理顺序无关

38.【2011 统考真题】为实现快速排序算法,待排序序列宜采用的存储方式是( )。

A. 顺序存储 B. 散列存储 C. 链式存储 D. 索引存储

39.【2014 统考真题】下列选项中,不可能是快速排序第二趟的排序结果是( )。

A. 2,3,5,4,6,7,9 B. 2,7,5,6,4,3,9

C. 3,2,5,4,7,6,9 D. 4,2,3,5,7,6,9

40.【2019 统考真题】排序过程中,对尚未确定最终位置的所有元素进行一遍处理称为一"趟"。下列序列中,不可能是快速排序第二趟结果的是( )。

A. 5,2,16,12,28,60,32,72 B. 2,16,5,28,12,60,32,72

C. 2,12,16,5,28,32,72,60 D. 5,2,12,28,16,32,72,60

41. 在以下排序算法中,每次从未排序的记录中选取最小关键字的记录,加入已排序记录的末尾,该排序方法是( )。

A. 简单选择排序 B. 冒泡排序 C. 堆排序 D. 直接插入排序

42. 简单选择排序算法的比较次数和移动次数分别为( )。

A. $O(n)$,$O(\log_2 n)$ B. $O(\log_2 n)$,$O(n^2)$

C. $O(n^2)$,$O(n)$ D. $O(n\log_2 n)$,$O(n)$

43. 设线性表中每个元素有两个数据项 k_1 和 k_2,现对线性表按以下规则进行排序:先看数据项 k_1,k_1 值小的元素在前,大的元素在后;在 k_1 值相同的情况下,再看 k_2,k_2 值小的元素在前,大的元素在后。满足这种要求的排序方法是( )。

A. 先按 k_1 进行直接插入排序,再按 k_2 进行简单选择排序

B. 先按 k_2 进行直接插入排序,再按 k_1 进行简单选择排序

C. 先按 k_1 进行简单选择排序,再按 k_2 进行直接插入排序

D. 先按 k_2 进行简单选择排序,再按 k_1 进行直接插入排序

44.若只想得到由1000个元素组成的序列中第10个最小元素之前的部分排序的序列,用( )方法最快。

A.冒泡排序　　　　B.快速排序　　　　C.希尔排序　　　　D.堆排序

45.下列序列中( )是一个堆。

A.19,75,34,26,97,56　　　　　　B.97,26,34,75,19,56

C.19,56,26,97,34,75　　　　　　D.19,34,26,97,56,75

46.有一组数据(15,9,7,8,20,-1,7,4),用堆排序的筛选方法建立的初始小根堆为( )。

A.-1,4,8,9,20,7,15,7　　　　　　B.-1,7,15,7,4,8,20,9

C.-1,4,7,8,20,15,7,9　　　　　　D.A、B、C均不对

47.在含有n个关键字的小根堆中,关键字最大的记录有可能存储在( )位置。

A.n/2　　　　B.n/2+2　　　　C.1　　　　D.n/2-1

48.向具有n个结点的堆中插入一个新元素的时间复杂度为( ),删除一个元素的时间复杂度为( )。

A.O(1)　　　　B.O(n)　　　　C.O($\log_2 n$)　　　　D.O($n\log_2 n$)

49.构建n个记录的初始堆,其时间复杂度为( );对n个记录进行堆排序,最坏情况下其时间复杂度为( )。

A.O(n)　　　　B.O(n^2)　　　　C.O($\log_2 n$)　　　　D.O($n\log_2 n$)

50.对关键码序列{23,17,72,60,25,8,68,71,52}进行堆排序,输出两个最小关键码后的剩余堆是( )。

A.{23,72,60,25,68,71,52}　　　　B.{23,25,52,60,71,72,68}

C.{71,25,23,52,60,72,68}　　　　D.{23,25,68,52,60,72,71}

51.【2009统考真题】已知关键字序列5,8,12,19,28,20,15,22是小根堆,插入关键字3,调整好后得到的小根堆是( )。

A.3,5,12,8,28,20,15,22,19　　　　B.3,5,12,19,20,15,22,8,28

C.3,8,12,5,20,15,22,28,19　　　　D.3,12,5,8,28,20,15,22,19

52.【2011统考真题】已知序列25,13,10,12,9是大根堆,在序列尾部插入新元素18,将其再调整为大根堆,调整过程中元素之间进行的比较次数是( )。

A.1　　　　B.2　　　　C.4　　　　D.5

53.下列4种排序方法中,排序过程中的比较次数与序列初始状态无关的是( )。

A.选择排序法　　　B.插入排序法　　　C.快速排序法　　　D.冒泡排序法

54.【2015统考真题】已知小根堆为8,15,10,21,34,16,12,删除关键字8之后需要重建堆,在此过程中,关键字之间的比较次数是( )。

A.1　　　　B.2　　　　C.3　　　　D.4

55.【2018统考真题】在将序列(6,1,5,9,8,4,7)建成大根堆时,正确的序列变化过程是( )。

A.6,1,7,9,8,4,5→6,9,7,1,8,4,5→9,6,7,1,8,4,5→9,8,7,1,6,4,5

B.6,9,5,1,8,4,7→6,9,7,1,8,4,5→9,6,7,1,8,4,5→9,8,7,1,6,4,5

C.6,9,5,1,8,4,7→9,6,5,1,8,4,7→9,6,7,1,8,4,5→9,8,7,1,6,4,5

D.6,1,7,9,8,4,5→7,1,6,9,8,4,5→7,9,6,1,8,4,5→9,7,6,1,8,4,5→9,8,6,1,7,4,5

56.【2020 统考真题】下列关于大根堆(至少含 2 个元素)的叙述中,正确的是(　　)。

Ⅰ.可以将堆视为一棵完全二叉树

Ⅱ.可以采用顺序存储方式保存堆

Ⅲ.可以将堆视为一棵二叉排序树

Ⅳ.堆中的次大值一定在根的下一层

A. 仅Ⅰ、Ⅱ　　　　B. 仅Ⅱ、Ⅲ　　　　C. 仅Ⅰ、Ⅱ和Ⅳ　　　　D. Ⅰ、Ⅲ和Ⅳ

57.【2021 统考真题】将关键字 6,9,1,5,8,4,7 依次插入初始为空的大根堆 H 中,得到的 H 是(　　)。

A. 9,8,7,6,5,4,1　　　　　　　　　　B. 9,8,7,5,6,1,4

C. 9,8,7,5,6,4,1　　　　　　　　　　D. 9,6,7,5,8,4,1

58.以下排序方法中,(　　)在一趟结束后不一定能选出一个元素放在其最终位置上。

A. 简单选择排序　　B. 冒泡排序　　　C. 归并排序　　　D. 堆排序

59.以下排序算法中,(　　)不需要进行关键字的比较。

A. 快速排序　　　　B. 归并排序　　　C. 基数排序　　　D. 堆排序

60.在下列排序算法中,平均情况下空间复杂度为 $O(n)$ 的是(　　);最坏情况下空间复杂度为 $O(n)$ 的是(　　)。

Ⅰ.希尔排序　　　　　Ⅱ.堆排序　　　　　Ⅲ.冒泡排序　　　　Ⅳ.归并排序

Ⅴ.快速排序　　　　　Ⅵ.基数排序

A. Ⅰ、Ⅳ、Ⅵ　　　B. Ⅱ、Ⅴ　　　　　C. Ⅳ、Ⅴ　　　　　D. Ⅳ

61.下列排序方法中,排序过程中比较次数的数量级与序列初始状态无关的是(　　)。

A. 归并排序　　　　B. 插入排序　　　　C. 快速排序　　　　D. 冒泡排序

62.若对 27 个元素只进行三趟多路归并排序,则选取的归并路数最少为(　　)。

A. 2　　　　　　　　B. 3　　　　　　　　C. 4　　　　　　　　D. 5

63.2 路归并排序中,归并趟数的数量级是(　　)。

A. $O(n)$　　　　　B. $O(\log_2 n)$　　　　C. $O(n\log_2 n)$　　　　D. $O(n^2)$

64.将两个各有 N 个元素的有序表合并成一个有序表,最少的比较次数是(　　),最多的比较次数是(　　)。

A. N　　　　　　　B. 2N－1　　　　　　C. 2N　　　　　　　D. N－1

65.一组经过第一趟 2 路归并排序后的记录的关键字为{25,50,15,35,80,85,20,40,36,70},其中包含 5 个长度为 2 的有序表,用 2 路归并排序方法对该序列进行第二趟归并后的结果为(　　)。

A. 15,25,35,50,80,20,85,40,70,36　　　　B. 15,25,35,50,20,40,80,85,36,70

C. 15,25,50,35,80,85,20,36,40,70　　　　D. 15,25,35,50,80,20,36,40,70,85

66.若将中国人按照生日(不考虑年份,只考虑月、日)来排序,则使用下列排序算法时,最快的是(　　)。

A. 归并排序　　　　B. 希尔排序　　　　C. 快速排序　　　　D. 基数排序

67.对{05,46,13,55,94,17,42}进行基数排序,一趟排序的结果是(　　)。

A. 05,46,13,55,94,17,42　　　　　　　B. 05,13,17,42,46,55,94

C. 42,13,94,05,55,46,17　　　　　　　D. 05,13,46,55,17,42,94

68.【2013 统考真题】对给定的关键字序列 110,119,007,911,114,120,122 进行基数排序,第 2 趟分配收集后得到的关键字序列是(　　)。

　　A.007,110,119,114,911,120,122　　　　B.007,110,119,114,911,122,120

　　C.007,110,911,114,119,120,122　　　　D.110,120,911,122,114,007,119

69.【2016 统考真题】对 10TB 的数据文件进行排序,应使用的方法是(　　)。

　　A.希尔排序　　　　B.堆排序　　　　C.快速排序　　　　D.归并排序

70.【2017 统考真题】在内部排序时,若选择了归并排序而未选择插入排序,则可能的理由是(　　)。

　　Ⅰ.归并排序的程序代码更短

　　Ⅱ.归并排序的占用空间更少

　　Ⅲ.归并排序的运行效率更高

　　A.仅Ⅱ　　　　B.仅Ⅲ　　　　C.仅Ⅰ、Ⅱ　　　　D.仅Ⅰ、Ⅲ

71.【2021 统考真题】设数组 S[ ] = {93,946,372,9, 146,151,301,485,236,327,43, 892},采用最低位优先(LSD)基数排序将 S 排列成升序序列。第一趟分配、收集后,元素 372 之前、之后紧邻的元素分别是(　　)。

　　A.43,892　　　　B.236,301　　　　C.301,892　　　　D.485,301

72.若要求排序是稳定的,且关键字为实数,则在下列排序方法中应选(　　)。

　　A.直接插入排序　　B.选择排序　　　　C.基数排序　　　　D.快速排序

73.以下排序方法中时间复杂度为 $O(n\log_2 n)$ 且稳定的是(　　)。

　　A.堆排序　　　　B.快速排序　　　　C.归并排序　　　　D.直接插入排序

74.设被排序的结点序列共有 N 个结点,在该序列中的结点已十分接近有序的情况下,用直接插入排序、归并排序和快速排序对其进行排序,算法的时间复杂度分别应为(　　)。

　　A.$O(N)$,$O(N)$,$O(N)$　　　　　　　B.$O(N)$,$O(N\log_2 N)$,$O(N\log_2 N)$

　　C.$O(N)$,$O(N\log_2 N)$,$O(N^2)$　　　D.$O(N^2)$,$O(N\log_2 N)$,$O(N^2)$

75.下列排序算法中属于稳定排序的是(①),平均时间复杂度为 $O(n\log_2 n)$ 的是(②),在最好的情况下,时间复杂度可以达到线性时间的有(③)。

　　Ⅰ.冒泡排序　　Ⅱ.堆排序　　　　Ⅲ.选择排序　　Ⅳ.直接插入排序

　　Ⅴ.希尔排序　　Ⅵ.归并排序　　　Ⅶ.快速排序

76.就排序算法所用的辅助空间而言,堆排序、快速排序和归并排序的关系是(　　)。

　　A.堆排序<快速排序<归并排序　　　　B.堆排序<归并排序<快速排序

　　C.堆排序>归并排序>快速排序　　　　D.堆排序>快速排序>归并排序

77.排序趟数与序列的原始状态无关的排序方法是(　　)。

　　Ⅰ.直接插入排序　　Ⅱ.简单选择排序　　Ⅲ.冒泡排序　　Ⅳ.基数排序

　　A.Ⅰ、Ⅲ　　　　B.Ⅰ、Ⅱ、Ⅳ　　　　C.Ⅰ、Ⅱ、Ⅲ　　　　D.Ⅰ、Ⅳ

78.若序列的原始状态为{1,2,3,4,5,10,6,7,8,9},要想使得排序过程中的元素比较次数最少,则应该采用(　　)方法。

　　A.插入排序　　　　B.选择排序　　　　C.希尔排序　　　　D.冒泡排序

79.一般情况下,以下查找效率最低的数据结构是(　　)。

　　A.有序顺序表　　B.二叉排序树　　　　C.堆　　　　　　D.平衡二叉树

80. 排序趟数与序列的原始状态有关的排序方法是(　　)排序法。

　　A. 插入　　　　　B. 选择　　　　　　C. 冒泡　　　　　　D. 基数

81. 【2012 统考真题】在内部排序过程中,对尚未确定最终位置的所有元素进行一遍处理称为一趟排序。下列排序方法中,每趟排序结束都至少能够确定一个元素最终位置的方法是(　　)。

　　Ⅰ. 简单选择排序　　Ⅱ. 希尔排序　　Ⅲ. 快速排序　　Ⅳ. 堆排序　　Ⅴ. 2 路归并排序

　　A. 仅Ⅰ、Ⅲ、Ⅳ　　B. 仅Ⅰ、Ⅲ、Ⅴ　　C. 仅Ⅱ、Ⅲ、Ⅳ　　D. 仅Ⅲ、Ⅳ、Ⅴ

82. 【2015 统考真题】下列排序算法中,元素的移动次数与关键字的初始排列次序无关的是(　　)。

　　A. 直接插入排序　　B. 起泡排序　　　　C. 基数排序　　　　D. 快速排序

83. 【2017 统考真题】下列排序方法中,若将顺序存储更换为链式存储,则算法的时间效率会降低的是(　　)。

　　Ⅰ. 插入排序　　Ⅱ. 选择排序　　Ⅲ. 起泡排序　　Ⅳ. 希尔排序　　Ⅴ. 堆排序

　　A. 仅Ⅰ、Ⅱ　　　　B. 仅Ⅱ、Ⅲ　　　　C. 仅Ⅲ、Ⅳ　　　　D. 仅Ⅳ、Ⅴ

84. 【2019 统考真题】选择一个排序算法时,除算法的时空效率外,下列因素中,还需要考虑的是(　　)。

　　Ⅰ. 数据的规模　　Ⅱ. 数据的存储方式　　Ⅲ. 算法的稳定性　　Ⅳ. 数据的初始状态

　　A. 仅Ⅲ　　　　　　B. 仅Ⅰ、Ⅱ　　　　C. 仅Ⅱ、Ⅲ、Ⅳ　　D. Ⅰ、Ⅱ、Ⅲ、Ⅳ

85. 【2020 统考真题】对大部分元素已有序的数组排序时,直接插入排序比简单选择排序效率更高,其原因是(　　)。

　　Ⅰ. 直接插入排序过程中元素之间的比较次数更少

　　Ⅱ. 直接插入排序过程中所需的辅助空间更少

　　Ⅲ. 直接插入排序过程中元素的移动次数更少

　　A. 仅Ⅰ　　　　　　B. 仅Ⅲ　　　　　　C. 仅Ⅰ、Ⅱ　　　　D. Ⅰ、Ⅱ和Ⅲ

二、综合应用题

1. 给出关键字序列{4,5,1,2,6,3}的直接插入排序过程。

2. 给出关键字序列{50,26,38,80,70,90,8,30,40,20}的希尔排序过程(取增量序列为 d={5,3,1},排序结果为从小到大排列)。

3. 在使用非递归方法实现快速排序时,通常要利用一个栈记忆待排序区间的两个端点。能否用队列来实现这个栈? 为什么?

4. 编写双向冒泡排序算法,在正反两个方向交替进行扫描,即第一趟把关键字最大的元素放在序列的最后面,第二趟把关键字最小的元素放在序列的最前面,如此反复进行。

5. 已知线性表按顺序存储,且每个元素都是不相同的整数型元素,设计把所有奇数移动到所有偶数前边的算法(要求时间最少,辅助空间最少)。

6. 试重新编写快速排序的划分算法,使之每次选取的枢轴值都是随机地从当前子表中选择的。

7. 试编写一个算法,使之能够在数组 L[1,…,n]中找出第 k 小的元素(即从小到大排序后处于第 k 个位置的元素)。

8. 荷兰国旗问题:设有一个仅由红、白、蓝三种颜色的条块组成的条块序列,请编写一个时间复杂度为 O(n) 的算法,使得这些条块按红、白、蓝的顺序排好,即排成荷兰国旗图案。

9.【2016 统考真题】已知由 n(n≥2)个正整数构成的集合 A = {a_k|0≤k<n},将其划分为两个不相交的子集 A_1 和 A_2,元素个数分别是 n_1 和 n_2,A_1 和 A_2 中的元素之和分别为 S_1 和 S_2。设计一个尽可能高效的划分算法,满足 $|n_1-n_2|$ 最小且 $|S_1-S_2|$ 最大。要求:

1)给出算法的基本设计思想。

2)根据设计思想,采用 C 或 C++语言描述算法,关键之处给出注释。

3)说明你所设计算法的平均时间复杂度和空间复杂度。

10. 指出堆和二叉排序树的区别?

11. 若只想得到一个序列中第 k(k≥5)个最小元素之前的部分排序序列,则最好采用什么排序方法?

12. 有 n 个元素已构成一个小根堆,现在要增加一个元素 k_{n+1},请用文字简要说明如何在 $\log_2 n$ 的时间内将其重新调整为一个堆。

13. 编写一个算法,在基于单链表表示的待排序关键字序列上进行简单选择排序。

14. 试设计一个算法,判断一个数据序列是否构成一个小根堆。

15. 已知序列{503,87,512,61,908,170,897,275,653,462},采用 2 路归并排序法对该序列做升序排序时需要几趟排序?给出每一趟的结果。

16. 设待排序的排序码序列为{12,2,16,30,28,10,16*,20,6,18},试写出使用基数排序方法每趟排序后的结果,并说明做了多少次排序码比较。

17. 设关键字序列为{3,7,6,9,7,1,4,5,20},对其进行排序的最小交换次数是多少?

18. 设顺序表用数组 A[ ]表示,表中元素存储在数组下标 1~m+n 的范围内,前 m 个元素递增有序,后 n 个元素递增有序,设计一个算法,使得整个顺序表有序。

1) 给出算法的基本设计思想。

2)根据设计思想,采用 C/C++描述算法,关键之处给出注释。

3)说明你所设计算法的时间复杂度与空间复杂度。

19. 有一种简单的排序算法,称为计数排序(count sorting)。这种排序算法对一个待排序的表(用数组表示)进行排序,并将排序结果存放到另一个新的表中。必须注意的是,表中所有待排序的关键码互不相同,计数排序算法针对表中的每个记录,扫描待排序的表一趟,统计表中有多少个记录的关键码比该记录的关键码小,假设针对某个记录统计出的计数值为 c,则这个记录在新有序表中的合适存放位置即为 c。

1)设计实现计数排序的算法。

2)对于有 n 个记录的表,关键码比较次数是多少?

3)与简单选择排序相比较,这种方法是否更好?为什么?

20. 设有一个数组中存放了一个无序的关键序列 K_1,K_2,…,K_n。现要求将 K_n 放在将元素排序后的正确位置上,试编写实现该功能的算法,要求比较关键字的次数不超过 n。

21.【2021 统考真题】已知某排序算法如下:

```
void cmpCountSort(int a[], int b[], int n){
int i,j, * count;
count =(int * )malloc(sizeof(int) * n);
```

```
for(i=0;i<n;i++) count[i]=0;
for(i=0;i<n-1;i++)
for(j=i+1;j<n;j++)
if(a[i]<a[j]) count[j]++;
else          count[i]++;
for(i=0;i<n;i++) b[count[i]]=a[i];
free(count);
}
```

请回答下列问题。

1)若有 int a[ ] = {25,-10,25,10,11,19},b[6];,则调用 cmpCountSort(a,b,6)后数组 b 中的内容是什么?

2)若 a 中含有 n 个元素,则算法执行过程中,元素之间的比较次数是多少?

3)该算法是稳定的吗? 若是,阐述理由;否则,修改为稳定排序算法。

三、答案与解析

【单项选择题】

1. C 拓扑排序是将有向图中排成一个线性序列,虽然也是在内存中进行的,但它不属于我们这里所提到的内部排序范畴,也不满足前面排序的定义。

2. A 注意,这里的绝对位置是指若在排序前元素 R 在位置 i,则绝对位置就是 i,即排序后 R 的位置不发生变化,显然 B 是不对的。C、D 与题目要求无关。

3. B 算法的稳定性与算法优劣无关,A 排除。使用链表也可以进行排序,只是有些排序算法不再适用,因为这时定位元素只能顺序逐链查找,如折半插入排序。

4. A 对于任意序列进行基于宁,求最少的比较次数应考虑最坏情况。对任意 n 个关键字排序的比较次数至少为⌈$\log_2(n!)$⌉。将 n=7 代入公式,答案为 13。

上述公式证明如下(仅供感兴趣的同学参考):在基于比较的排序方法中,每次比较两个关键字后,仅出现两种可能的转移。假设整个排序过程至少需要做 t 次比较,则显然会有 2^t 种情况。由于 n 个记录共有 n! 种不同的排列,因而必须有 n! 种不同的比较路径,于是有 $2^t \geq n!$,即 $t \geq \log_2(n!)$。考虑到 t 为整数,故为⌈$\log_2(n!)$⌉。

5. B 直接插入排序在最坏的情况下要做 n(n-1)/2 次关键字的比较,当 n=5 时,关键字的比较次数为 10(未考虑与哨兵的比较)。

6. A 由于这里的序列基本有序,使用直接插入排序算法的时间复杂度接近 O(n),而使用其他算法的时间复杂度均大于 O(n)。

7. D、A 待排序表为反序时,直接插入排序需要进行 n(n-1)/2 次比较(从前往后依次需要比较 1,2,…,n-1 次);待排序表为正序时,只需要进行 n-1 次比较。

8. C 冒泡排序和选择排序经过两趟排序后,应该有两个最大(或最小)元素放在其最终位置;插入排序经过两趟排序后,前 3 个元素应该是局部有序的。只有可能是插入排序。

注意:在排序过程中,每趟都能确定一个元素在其最终位置的有冒泡排序、简单选择排序、堆排序、快速排序,其中前三者能形成全局有序的子序列,最后者能确定枢轴元素的最终位置。

9. B 首先,越接近正序的序列,比较次数应是越少的;而越接近逆序,比较次数越多。不难得出 B 和 C 是比较接近正序的,然后分别判断两个序列的比较次数,以 B 为例:第一趟,插入 32,比较 1 次;第二趟,插入 46,比较 1 次;第三趟,插入 40,由于 40 比 46 小但比 32 大,所以比较 2 次;第四趟,插入 80,比较 1 次;第五趟,插入 69,比较 2 次……共比较 9 次。同理求出 C 的比较次数为 11 次。故选 B。

10. C　在直接插入排序中,若待排序列中的最后一个元素应插入表中的第一个位置,则前面的有序子序列中的所有元素都不在最终位置上。

11. A　希尔排序是对直接插入排序算法改进后提出来的,本质上仍属于插入排序的范畴。

12. B　希尔排序将序列分成若干组,记录只在组内进行交换。由观察可知,经过一趟后 9 和 -1 交换,7 和 4 交换,可知增量为 4。

13. C　前两个元素局部已经有序,很明显一趟直接插入排序算法有效。再排除其他算法即可。

14. A　增量为 4 意味着所有相距为 4 的记录构成一组,然后在组内进行直接插入排序,经观察,只有选项 A 满足要求。

15. C　虽然折半插入排序是对直接插入排序的改进,但它改进的只是比较的次数,而移动次数未发生变化,时间复杂度仍为 $O(n^2)$。

16. A　由于希尔排序是基于插入排序算法而提出的,它不一定在每趟排序过程后将某一元素放置到最终位置上。

17. C　希尔排序是一种复杂的插入排序方法,它是一种不稳定的排序方法。

18. C　基于插入、交换、选择的三类排序方法中,通常简单方法是稳定的(直接插入、折半插入、冒泡),但有一个例外就是简单选择,复杂方法都是不稳定的(希尔、快排、堆排)。

19. B　每趟冒泡和选择排序后,总会有一个元素被放置在最终位置上。显然,这里 {11,12} 和 {4,5} 所处的位置并不是最终位置,因此不可能是冒泡和选择排序。2 路归并算法经过第二趟后应该是每 4 个元素有序的,但 {11,12,13,7} 并非有序,因此也不可能是 2 路归并排序。

20. D　折半插入排序与直接插入排序都将待插入元素插入前面的有序子表,区别是:确定当前记录在前面有序子表中的位置时,直接插入排序采用顺序查找法,而折半插入排序采用折半查找法。排序的总趟数取决于元素个数 n,两者都是 n-1 趟。元素的移动次数都取决于初始序列,两者相同。使用辅助空间的数量也都是 $O(1)$。折半插入排序的比较次数与序列初态无关,为 $O(n\log_2 n)$;而直接插入排序的比较次数与序列初态有关,为 $O(n) \sim O(n^2)$。

21. B　首先,第二个元素为 1,是整个序列中的最小元素,因此可知该希尔排序为从小到大排序。然后考虑增量问题,若增量为 2,则第 1+2 个元素 4 明显比第 1 个元素 9 要小,A 排除;若增量为 3,则第 i,i+3,i+6(i=1,2,3) 个元素都为有序序列,符合希尔排序的定义;若增量为 4,则第 1 个元素 9 比第 1+4 个元素 7 要大,C 排除;若增量为 5,则第 1 个元素 9 比第 1+5 个元素 8 要大,D 排除,选 B。

22. A　希尔排序的思想是:先将待排元素序列分割成若干子序列(由相隔某个"增量"的元素组成),分别进行直接插入排序,然后依次缩减增量再进行排序,待整个序列中的元素基本有序(增量足够小)时,再对全体元素进行一次直接插入排序。

23. D　第一趟分组:8,1,6; 3,4; 9,7; 11,5; 2,10; 间隔为 5,排序后组内递增。
第二趟分组:1,5,4,10; 3,2,9,8; 7,6,11; 间隔为 3,排序后组内递增。

故答案选 D。

24. A 通常情况下,冒泡排序最少进行 1 次冒泡,最多进行 n−1 次冒泡。初始序列为逆序时,需进行 n−1 次冒泡,并且需要交换的次数最多。初始序列为正序时,进行 1 次冒泡(无交换)就可以终止算法。

25. C 冒泡排序始终在调整"逆序",因此交换次数为排列中逆序的个数。对逆序序列进行冒泡排序,每个元素向后调整时都需要进行比较,因此共需要比较 5+4+3+2+1=15 次。

26. D 选择排序在每趟结束后可以确定一个元素的最终位置,不对。插入排序,第 i 趟后前 i+1 个元素应该是有序的,不对。第 2 趟{20,15}和{21,25}是反序的,因此不是归并排序。快速排序每趟都将基准元素放在其最终位置,然后以它为基准将序列划分为两个子序列。观察题中的排序过程,可知是快速排序。

27. C 以 46 为基准元素,首先从后向前扫描比 46 小的元素,并与之进行交换,而后从前向后扫描比 46 大的元素并将 46 与该元素交换,得到(40,46,56,38,79,84)。此后,继续重复从后向前扫描与从前往后扫描的操作,直到 46 处于最终位置,答案选 C。

28. D 当待排序数据为基本有序时,每次选取第 n 个元素为基准,会导致划分区间分配不均匀,不利于发挥快速排序算法的优势。相反,当待排序数据分布较为随机时,基准元素能将序列划分为两个长度大致相等的序列,这时才能发挥快速排序的优势。

29. D 这里问的是平均性能,A、B 的平均性能都会达到 O(n²),而希尔排序虽然大大降低了直接插入排序的时间复杂度,但其平均性能不如快速排序。另外,虽然众多排序算法的平均时间复杂度也是 O(nlog₂n),但快速排序算法的常数因子是最小的。

30. A 若为插入排序,则前三个元素应该是有序的,显然不对。而冒泡排序和选择排序经过两趟排序后应该有两个元素处于最终位置(最左/右端),无论是按从小到大还是从大到小排序,数据序列中都没有两个满足这样的条件的元素,因此只可能选 A。

【另解】 先写出排好序的序列,并和题中的序列做对比。

题中序列:2 1 4 9 8 10 6 20

已排好序序列:1 2 4 6 8 9 10 20

在已排好序的序列中,与题中序列相同元素的有 4、8 和 20,最左和最右两个元素与题中的序列不同,故不可能是冒泡排序、选择排序或插入排序。

31. C 从后向前"冒泡"的过程为,第 1 趟{1,8,9,10,4,5,6,20,2},第 2 趟{1,2,8,9,10,4,5,6,20},第 3 趟{1,2,4,8,9,10,5,6,20},第 4 趟{1,2,4,5,8,9,10,6,20},第 5 趟{1,2,4,5,6,8,9,10,20},经过第 5 趟冒泡后,序列已经全局有序,故选 C。实际每趟冒泡发生交换后可以判断是否会导致新的逆序对,如果不会产生,则本趟冒泡之后序列全局有序,所以最少 5 趟即可。

32. A,D 由考点可知,当每次的枢轴都把表等分为长度相近的两个子表时,速度是最快的;当表本身已经有序或逆序时,速度最慢。选项 D 中的序列已按关键字排好序,因此它是最慢的,而 A 中第一趟枢轴值 21 将表划分为两个子表{9,17,5}和{25,23,30},而后对两个子表划分时,枢轴值再次将它们等分,所以该序列是快速排序最优的情况,速度最快。其他选项可以类似分析。

33. B 对各序列分别执行一趟快速排序,可做如下分析(以 A 为例):由于枢轴值为 92,因此 35 移动到第一个位置,96 移动到第六个位置,30 移动到第二个位置,再将枢轴值移动到 30 所在的单元,即第五个位置,所以 A 中序列移动的次数为 4。同样,可以分析出 B

中序列的移动次数为 8,C 中序列的移动次数为 4,D 中序列的移动次数为 2。

34. C　显然,若按从小到大排序,则最终有序的序列是 $\{11,18,23,68,69,73,93\}$;若按从大到小排序,则最终有序的序列是 $\{93,73,69,68,23,18,11\}$。对比可知 Ⅰ、Ⅱ 中没有处于最终位置的元素,故 Ⅰ、Ⅱ 都不可能。Ⅲ 中 73 和 93 处于从大到小排序后的最终位置,而且 73 将序列分割成大于 73 和小于 73 的两部分,故 Ⅲ 是有可能的。Ⅳ 中 73 和 93 处于从小到大排列后的最终位置,73 也将序列分割成大于 73 和小于 73 的两部分。

35. B,C　快速排序过程构成一个递归树,递归深度即递归树的高度。枢轴值每次都将子表等分时,递归树的高为 $\log_2 n$;枢轴值每次都是子表的最大值或最小值时,递归树退化为单链表,树高为 n。

36. A　分别用其他 3 种排序算法执行数据,归并排序第一趟后的结果为 $(2,12,16,88,5,10)$,基数排序第一趟后的结果为 $(10,2,12,5,16,88)$,希尔排序显然是不符合的。只有冒泡排序符合条件。

【另解】　由题干可以看出每趟都产生一个最大的数排在后面,可直接定位冒泡排序。

37. D　递归次数与各元素的初始排列有关。若每次划分后分区比较平衡,则递归次数少;若分区不平衡,递归次数多。递归次数与处理顺序是没有关系的。

38. A　绝大部分内部排序只适用于顺序存储结构。快速排序在排序的过程中,既要从后向前查找,又要从前向后查找,因此宜采用顺序存储。

39. C　快排的阶段性排序结果的特点是,第 i 趟完成时,会有 i 个以上的数出现在它最终将要出现的位置,即它左边的数都比它小,它右边的数都比它大。题目问第二趟排序的结果,即要找不存在两个这样数的选项。A 选项中 2,3,6,7,9 均符合,所以 A 排除;B 选项中,2,9 均符合,所以 B 排除;D 选项中 5,9 均符合,所以 D 排除;最后看 C 选项,只有 9 一个数符合,所以 C 不可能是快速排序第二趟的结果。

40. D　要理解清楚排序过程中一“趟”的含义,题干也进行了解释,即对尚未确定最终位置的所有元素都处理一遍才是一趟,所以此时要对前后两块子表各做一次快速排序才是一“趟”快速排序,如一果只对一块子表进行子排序,而未处理另一块子表,就不能算是完整的一趟。

选项 A,第一趟匹配 72,只余一块无序序列,第二趟匹配 28,A 可能。选项 B,第一趟匹配 2,第二趟匹配 72,B 可能。选项 C,第一趟匹配 2,第二趟匹配 28 或 32,C 可能。选项 D,无论是先匹配 12 还是先匹配 32,都会将序列分成两块,那么第二趟必须有两个元素匹配,所以不可能,故选 D。

41. A

42. C　注意:读者应熟练掌握各种排序算法的思想、过程和特点。

43. D　本题思路来自基数排序的 LSD,首先应确定 k_1、k_2 的排序顺序,若先排 k_1 再排 k_2,则排序结果不符合题意,排除 A 和 C。再考虑算法的稳定性,当 k_2 排好序后,再对 k_1 排序,若对 k_1 排序采用的算法是不稳定的,则对于 k_1 相同而 k_2 不同的元素可能会改变相对次序,从而不一定能满足题设要求。直接插入排序算法是稳定的,而简单选择排序算法是不稳定的,故只能选 D。

44. D　希尔排序和快速排序要等排序全部完成之后才能确定最小的 10 个元素。冒泡排序需要从后向前执行 10 趟冒泡才能得到 10 个最小的元素,而堆排序只需调整 10 次小根堆,调整时间与树高成正比。显然堆排序所需的时间更短。

通常,取一大堆数据中的 k 个最大(最小)的元素时,都优先采用堆排序。

45.D 可将每个选项中的序列表示成完全二叉树,再看父结点与子结点的关系是否全部满足堆的定义。例如,选项 A 中序列对应的完全二叉树如下图所示。显然,最小元素 19 在根结点,因此可能是小根堆,但 75 与 26 的关系却不满足小根堆的定义,所以选项 A 中的序列不是一个堆。其他选项采用类似的过程分析。

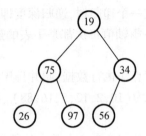

46.C 从 $\lfloor n/2 \rfloor \sim 1$ 依次筛选堆的过程如下图所示,显然选 C。

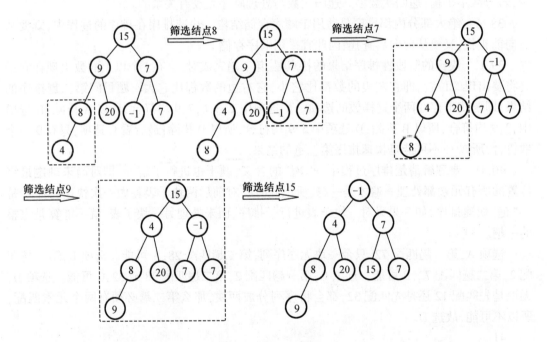

47.B 这是小根堆,关键字最大的记录一定存储在这个堆所对应的完全二叉树的叶子结点中;又因为二叉树中的最后一个非叶子结点存储在 $\lfloor n/2 \rfloor$ 中,所以关键字最大记录的存储范围为 $\lfloor n/2 \rfloor + 1 \sim n$,所以应该选 B。

48.C,C 在向有 n 个元素的堆中插入一个新元素时,需要调用一个向上调整的算法,比较次数最多等于树的高度减 1,由于树的高度为 $\lfloor \log_2 n \rfloor + 1$,所以堆的向上调整算法的比较次数最多等于 $\lfloor \log_2 n \rfloor$。此处需要注意,调整堆和建初始堆的时间复杂度是不一样的,读者可以仔细分析两个算法的具体执行过程。

49.A,D 建堆过程中,向下调整的时间与树高 h 有关,为 O(h)。每次向下调整时,大部分结点的高度都较小。因此,可以证明在元素个数为 n 的序列上建堆,其时间复杂度为

O(n)。无论是在最好还是最坏情况下,堆排序的时间复杂度均为 O(nlog₂n)。

$O(n)$。无论是在最好还是最坏情况下,堆排序的时间复杂度均为 $O(n\log_2 n)$。

50. D　筛选法初始建堆为{8,17,23,52,25,72,68,71,60},输出 8 后重建的堆为{17,25,23,52,60,72,68,71},输出 17 后重建的堆为{23,25,68,52,60,72,71}。

51. A　插入关键字 3 后,堆的变化过程如下图所示。

(a)原始堆　　　　　　　(b)插入3　　　　　　　(c)调整结束

52. B　首先 18 与 10 比较,交换位置,再与 25 比较,不交换位置。共比较了 2 次,调整的过程如下图所示。

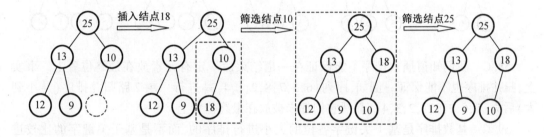

53. A　选择排序算法的比较次数始终为 n(n-1)/2,与序列状态无关。

54. C　删除 8 后,将 12 移动到堆顶,第一次是 15 和 10 比较,第二次是 10 和 12 比较并交换,第三次还需比较 12 和 16,故比较次数为 3。

55. A　要熟练掌握建堆和调整堆的方法,从序列末尾开始向前遍历,变换过程如下图所示。

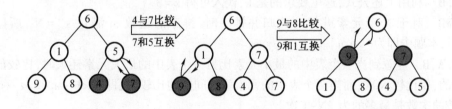

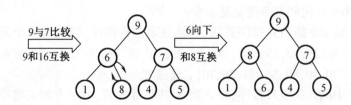

56. C　这是一道简单的概念题。堆是一棵完全树,采用一维数组存储,故Ⅰ正确,Ⅱ正确。大根堆只要求根结点值大于左右孩子值,并不要求左右孩子值有序,Ⅲ错误。堆的定义是递归的,所以其左右子树也是大根堆,所以堆的次大值一定是其左孩子或右孩子,Ⅳ正确。

57. B　要熟练掌握调整堆的方法,建堆的过程如下图所示,故答案选 B。

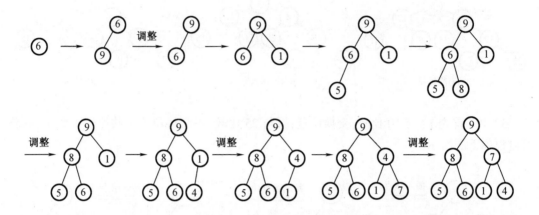

58. C　我们知道插入排序不能保证在一趟结束后一定有元素放在最终位置上。事实上,归并排序也不能保证。例如,序列$\{6,5,7,8,2,1,4,3\}$进行一趟 2 路归并排序(从小到大)后为$\{5,6,7,8,1,2,3,4\}$,显然它们都未被放在最终位置上。

59. C　基数排序是基于关键字各位的大小进行排序的,而不是基于关键字的比较进行的。

60. D,C　归并排序算法在平均情况下和最坏情况下的空间复杂度都会达到 $O(n)$,快速排序只在最坏情况下才会达到 $O(n)$,平均情况下为 $O(\log_2 n)$。所以归并排序算法可视为本章所有算法中占用辅助空间最多的排序算法。

61. A　选择排序的比较次数与序列初始状态无关,归并排序也与序列的初始状态无关,读者还应能从算法的原理方面来考虑为什么和初始状态无关。

62. B　利用上述公式,这里要求的是 k,代入可得 $k=3$。

63. B　对于 N 个元素进行 k 路归并排序时,排序的趟数 m 满足 $k^m = N$,所以 $m = \lceil \log_k N \rceil$,本题中即为 $\lceil \log_2 n \rceil$。

64. A,B　注意到当一个表中的最小元素比另一个表中的最大元素还大时,比较的次数是最少的,仅比较 N 次;而当两个表中的元素依次间隔地比较时,即 $a_1 < b_1 < a_2 < b_2 < \cdots < a_n < b_n$ 时,比较的次数是最多的为 $2N-1$ 次。

建议读者对此举一反三:若将本题中的两个有序表的长度分别设为 M 和 N,则最多(或最少)的比较次数是多少? 时间复杂度又是多少?

65. B　由于这里采用 2 路归并排序算法,而且是第二趟排序,因此每 4 个元素放在一起归并,可将序列划分为$\{25,50,15,35\}$、$\{80,85,20,40\}$和$\{36,70\}$,分别对它们进行排序后有$\{15,25,35,50\}$、$\{20,40,80,85\}$和$\{36,70\}$,故选 B。

66. D　按照所有中国人的生日排序,一方面 N 是非常大的,另一方面关键字所含的排序码数为 2,且一个排序码的基数为 12,另一个排序码的基数为 31,都是较小的常数值,因此采用基数排序可以在 $O(N)$ 内完成排序过程。

67. C　基数排序有 MSD 和 LSD 两种,且基数排序是稳定的。对于 A,不符合 LSD 和 MSD;对于 B,符合 MSD,但关键字 4,42,46 的相对位置发生了变化;对于 D,不符合 LSD 和 MSD。

68. C　基数排序的第 1 趟排序是按照个位数字的大小来进行的,第 2 趟排序是按照十位数字的大小来进行的,排序的过程如下图所示。

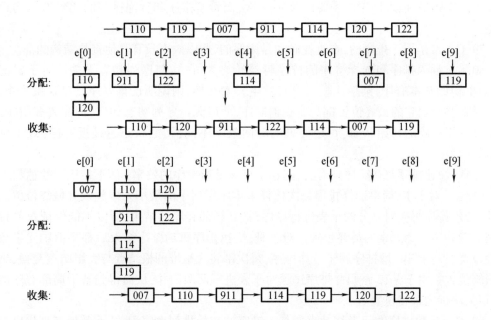

69. D　外部排序指待排序文件较大,内存一次性放不下,需存放在外部介质中。外部排序通常采用归并排序法。选项 A、B、C 都是内部排序的方法。

70. B　归并排序代码比选择插入排序更复杂,前者的空间复杂度是 $O(n)$,后者的空间复杂度是 $O(1)$。但前者的时间复杂度是 $O(n\log n)$,后者的时间复杂度是 $O(n^2)$。所以 B 正确。

71. C　基数排序是一种稳定的排序方法。由于采用最低位优先(LSD)的基数排序,即第一趟对个位进行分配和收集操作,因此第一趟分配和收集后的结果是⎰151,301,372,892,93,43,485,946,146,236,327,9⎱,元素 372 之前、之后紧邻的元素分别是 301 和 892。

72. A　采用排除法。由于题目要求是稳定排序,排除选项 B 和 D,又由于基数排序不能对 float 和 double 类型的实数进行排序,故排除选项 C。

73. C　堆排序和快速排序不是稳定排序方法,而直接插入排序算法的时间复杂度为 $O(n^2)$。

74. C　读者应熟练掌握各种排序算法的时间和空间复杂度、稳定性等.。

75. ① Ⅰ、Ⅳ、Ⅵ　② Ⅱ、Ⅵ、Ⅶ　③ Ⅰ、Ⅳ　读者应能从算法的原理上理解算法的稳定性情况。堆排序和归并排序在最坏情况下的时间复杂度与最好情况下的时间复杂度是同一数量级的,都是 $O(n\log_2 n)$。

76. A　由于堆排序的空间复杂度为 $O(1)$,快速排序的空间复杂度在最坏情况下为 $O(n)$,平均空间复杂度 $O(\log_2 n)$,归并排序的空间复杂度为 $O(n)$,所以不难得出正确选项是 A。

77. B 交换类的排序,其趟数和原始序列状态有关,故冒泡排序与初始序列有关。直接插入排序:每趟排序都插入一个元素,所以排序趟数固定为 n−1;简单选择排序:每趟排序都选出一个最小(或最大)的元素,所以排序趟数固定为 n−1;基数排序:每趟排序都要进行“分配”和“收集”,排序趟数固定为 d。

78. A 选择排序和序列初态无关,直接排除。初始序列基本有序时,插入排序比较次数较少。本题中,插入排序仅需要比较 n+4 次,而希尔排序和冒泡排序的比较次数均远大于此。

79. C 堆是用于排序的,在查找时它是无序的,所以效率没有其他查找结构的高。

80. C 插入排序和选择排序的排序趟数始终为 n−1,与序列初态无关。对于冒泡排序,如果初始基本有序,某趟比较后没有发生元素交换,则说明已排好序。对于快速排序,每个元素要确定它的最终位置都需要一趟排序,所以无论序列初态如何,都需要 n 趟排序,只不过对于不同的初始状态,每趟处理的时间效率不同,初始状态越接近有序,效率反而越低。

注意:快速排序与初始序列有关,但这个有关是指排序的效率,而不是排序的趟数。

81. A 对于 I,简单选择排序每次选择未排序序列中的最小元素放入其最终位置。对于 II,希尔排序每次对划分的子表进行排序,得到局部有序的结果,所以不能保证每趟排序结束都能确定一个元素的最终位置。对于 III,快速排序每趟排序结束后都将枢轴元素放到最终位置。对于 IV,堆排序属于选择排序,每次都将大根堆的根结点与表尾结点交换,确定其最终位置。对于 V,2 路归并排序每趟对子表进行两两归并,从而得到若干局部有序的结果,但无法确定最终位置。

82. C 基数排序的元素移动次数与关键字的初始排列次序无关,而其他三种排序都与关键字的初始排列明显相关。

83. D 插入排序、选择排序、起泡排序的原本时间复杂度是 $O(n^2)$,更换为链式存储后的时间复杂度还是 $O(n^2)$。希尔排序和堆排序都利用了顺序存储的随机访问特性,而链式存储不支持这种性质,所以时间复杂度会增加,因此选 D。

84. D 当数据规模较小时可选择复杂度为 $O(n^2)$ 的简单排序方法,当数据规模较大时应选择复杂度为 $O(n\log_2 n)$ 的排序方法,当数据规模大到内存无法放下时需选择外部排序方法,I 正确。数据的存储方式主要分为顺序存储和链式存储,有些排序方法(如堆排序)只能用于顺序存储方式,II 正确。若对数据稳定性有要求,则不能选择不稳定的排序方法,III 显然正确。当数据初始基本有序时,直接插入排序的效率最高,冒泡排序和直接插入排序的时间复杂度都是 $O(n)$,而归并排序的时间复杂度依旧是 $O(n\log_2 n)$,IV 正确。所以选 D。

85. A 考虑较极端的情况,对于有序数组,直接插入排序的比较次数为 n−1,简单选择排序的比较次数始终为 $1+2+\cdots+n-1=n(n-1)/2$,I 正确。两种排序方法的辅助空间都是 $O(1)$,无差别,II 错误。初始有序时,移动次数均为 0;对于通常情况,直接插入排序每趟插入都需要依次向后挪位,而简单选择排序只需与找到的最小元素交换位置,后者的移动次数少很多,III 错误。

【综合应用题】

1.**【解答】** 直接插入排序过程如下。

初始序列:4,5,1,2,6,3

第一趟:4,5,1,2,6,3　　（将5插入{4}）

第二趟:1,4,5,2,6,3　　（将1插入{4,5}）

第三趟:1,2,4,5,6,3　　（将2插入{1,4,5}）

第四趟:1,2,4,5,6,3　　（将6插入{1,2,4,5}）

第五趟:1,2,3,4,5,6　　（将3插入{1,2,4,5,6}）

2.【解答】　原始序列:50,26,38,80,70,90,8,30,40,20

第一趟(增量5):50,8,30,40,20,90,26,38,80,70

第二趟(增量3):26,8,30,40,20,80,50,38,90,70

第三趟(增量1):8,20,26,30,38,40,50,70,80,90

3.【解答】　可以用队列来代替栈。在快速排序的过程中,通过一趟划分,可以把一个待排序区间分为两个子区间,然后分别对这两个子区间施行同样的划分。栈的作用是在处理一个子区间时,保存另一个子区间的上界和下界(排序过程中可能产生新的左、右子区间),待该区间处理完后再从栈中取出另一子区间的边界,对其进行处理。这个功能用队列也可以实现,只不过处理子区间的顺序有所变动而已。

4.【解答】　这种排序方法又称双向起泡。奇数趟时,从前向后比较相邻元素的关键字,遇到逆序即交换,直到把序列中关键字最大的元素移动到序列尾部。偶数趟时,从后往前比较相邻元素的关键字,遇到逆序即交换,直到把序列中关键字最小的元素移动到序列前端。程序代码如下:

```
void BubbleSort(ElemType A[], int n){
//双向起泡排序,交替进行正反两个方向的起泡过程
int low=0, high=n-1;
bool flag=true;                    //一趟冒泡后记录元素是否交换标志
while(low<high&&flag){             //循环跳出条件,当flag为false说明已没有逆序
flag=false;                        //每趟初始置flag为false
for(i=low;i<high;i++)              //从前向后起泡
if(a[i]>a[i+1]){                   //发生逆序
swap(a[i],a[i+1]);                 //交换
flag=true;                         //置flag
}
high--;                            //更新上界
for(i=high;i>low;i--)              //从后往前起泡
if(a[i]<a[i-1]){                   //发生逆序
swap(a[i],a[i-1]); //交换
flag=true;                         //置flag
}
low++;                             //修改下界
}
}
```

5.【解答】　本题可采用基于快速排序的划分思想来设计算法,只需要遍历一次即可,其时间复杂度为 $O(n)$,空间复杂度为 $O(1)$。假设表为 $L[1,\cdots,n]$,基本思想是:先从前向后找到一个偶数元素 $L(i)$,再从后向前找到一个奇数元素 $L(j)$,将二者交换;重复上述过程直到 i 大于 j。

算法的实现如下：

```
void move(ElemType A[], int len){
//对表A按奇偶进行一趟划分
int i=0,j=len-1;        //i表示左端偶数元素的下标；j表示右端奇数元素的下标
while(i<j){
while(i<j&&A[i]%2!=0) i++;        //从前向后找到一个偶数元素
while(i<j&&A[j]%2!=1) j--;        //从后向前找到一个奇数元素
if (i<j){
Swap(A[i],A[j]);                //交换这两个元素
i++; j--;
}
}
}
```

6.【解答】　这类题目比较简单，为方便起见，可直接先随机地求出枢轴的下标，然后将枢轴值与 A[low]交换，而后的思想就与前面的划分算法一样。算法的实现如下：

```
int Partition2(ElemType A[], int low, int high) {
int rand_Index=low+rand()%(high-low+1);
Swap(A[rand_Index],A[low]);        //将枢轴值交换到第一个元素
ElemType pivot=A[low];             //置当前表中的第一个元素为枢轴值
int i=low;        //使得表A[low..i]中的所有元素小于pivot,初始为空表
for(int j=low+1;j<=high;j++)       //从第二个元素开始寻找小于基准的元素
if(A[j]<pivot)                     //找到后,交换到前面
swap(A[++i],A[j]);
swap(A[i],A[low]);                 //将基准元素插入最终位置
return i;                          //返回基准元素的位置
}
```

注意：本题代码中的比较方法和考点中的两种方法均不相同，请读者仔细模拟各种划分算法的执行步骤，做到真正掌握。对于下一题，读者可以尝试采用这三种比较方法来分别解决。

7.【解答】　显然，本题最直接的做法是用排序算法对数组先进行从小到大的排序，然后直接提取 L(k)便得到了第 k 小元素，但其平均时间复杂度将达到 $O(n\log_2 n)$ 以上。此外，还可采用小顶堆的方法，每次堆顶元素都是最小值元素，时间复杂度为 $O(n+k\log_2 n)$。下面介绍一个算法，它基于快速排序的划分操作。

这个算法的主要思想如下：从数组 L[1,…,n]中选择枢轴 pivot（随机或直接取第一个）进行和快速排序一样的划分操作后，表 L[1,…,n] 被划分为 L[1,…,m-1] 和 L[m+1,…,n]，其中 L(m)= pivot。

讨论 m 与 k 的大小关系：

1）当 m=k 时，显然 pivot 就是所要寻找的元素，直接返回 pivot 即可。

2）当 m<k 时，所要寻找的元素一定落在 L[m+1,…,n]中，因此可对 L[m+1,…,n]递归地查找第 k-m 小的元素。

3）当 m>k 时，所要寻找的元素一定落在 L[1,…,m-1]中，因此可对 L[1,…,m-1]递归地查找第 k 小的元素。

该算法的时间复杂度在平均情况下可以达到 O(n),而所占空间的复杂度则取决于划分的方法。算法的实现如下:

```
int kth_elem(int a[], int low, int high, int k){
int pivot=a[low];
int low_temp=low;              //由于下面会修改 low 与 high,在递归时又要用到它们
int high_temp=high;
while(low<high){
while(low<high&&a[high]>=pivot)
--high;
a[low]=a[high];
while(low<high&&a[low]<=pivot)
++low;
a[high]=a[low];
}
a[low]=pivot;
//上面即为快速排序中的划分算法
//以下就是本算法思想中所述的内容
if(low==k)                       //由于与 k 相同,直接返回 pivot 元素
return a[low];
else if(low>k)                   //在前一部分表中递归寻找
return kth_elem(a, low_temp, low-1,k);
else                             //在后一部分表中递归寻找
return kth_elem(a, low+1, high_temp,k);
}
```

8.【解答】　算法思想:顺序扫描线性表,将红色条块交换到线性表的最前面,蓝色条块交换到线性表的最后面。为此,设立三个指针,其中,j 为工作指针,表示当前扫描的元素,i 以前的元素全部为红色,k 以后的元素全部为蓝色。根据 j 所指示元素的颜色,决定将其交换到序列的前部或尾部。初始时 i=0, k=n-1, 算法的实现如下:

```
typedef enum{RED,WHITE,BLUE} color;    //设置枚举数组
void Flag_Arrange(color a[], int n){
int i=0,j=0,k=n-1;
while(j<=k)
switch(a[j]){                         //判断条块的颜色
case RED: Swap(a[i],a[j]);i++;j++;break;
//红色,则和 i 交换
case WHITE: j++;break;
case BLUE: Swap(a[j],a[k]);k--;
//蓝色,则和 k 交换
//这里没有 j++语句以防止交换后 a[j]仍为蓝色的情况
}
}
```

例如,将元素值正数、负数排序为前面都是负数,接着是 0,最后是正数,也用同样的方法。思考:为什么 case RED 时不用考虑交换后 a[j]仍为红色,而 case BLUE 却需要考虑交

换后 a[j]仍为蓝色?

9.【解答】 1)算法的基本设计思想

由题意知,将最小的$\lfloor n/2 \rfloor$个元素放在 A_1 中,其余的元素放在 A_2 中,分组结果即可满足题目要求。仿照快速排序的思想,基于枢轴将 n 个整数划分为两个子集。根据划分后枢轴所处的位置 i 分别处理:

①若 $i=\lfloor n/2 \rfloor$,则分组完成,算法结束。

②若 $i<\lfloor n/2 \rfloor$,则枢轴及之前的所有元素均属于 A_1,继续对 i 之后的元素进行划分。

③若 $i>\lfloor n/2 \rfloor$,则枢轴及之后的所有元素均属于 A_2,继续对 i 之前的元素进行划分。

基于该设计思想实现的算法,无须对全部元素进行全排序,其平均时间复杂度是 $O(n)$,空间复杂度是 $O(1)$。

2)算法实现

```
int setPartition(int a[], int n){
int pivotkey, low=0,low0=0, high=n-1,high0=n-1, flag=1,k=n/2,i;
int s1=0,s2=0;
while(flag) {
piovtkey=a[low];                        //选择枢轴
while(low<high) {                        //基于枢轴对数据进行划分
while(low<high && a[high]>=pivotkey) --high;
if(low!=high) a[low]=a[high];
while(low<high && a[low]<=pivotkey) ++low;
if(low!=high) a[high]=a[low];
}                                        //end of while(low<high)
a[low]=pivotkey;
if(low==k-1)                             //若枢轴是第 n/2 小元素,划分成功
flag=0;
else{                                    //是否继续划分
if(low<k-1){
low0=++low;
high=high0;
}
else{
high0=--high;
low=low0;
}
}
}
for(i=0;i<k;i++) s1+=a[i];
for(i=k;i<n;i++) s2+=a[i];
return s2-s1;
}
```

3)本答案给出的算法平均时间复杂度是 $O(n)$,空间复杂度是 $O(1)$。

10.【解答】 以小根堆为例,堆的特点是双亲结点的关键字必然小于等于该孩子结点的关键字,而两个孩子结点的关键字没有次序规定。在二叉排序树中,每个双亲结点的关

键字均大于左子树结点的关键字,均小于右子树结点的关键字,也就是说,每个双亲结点的左、右孩子的关键字有次序关系。这样,当对两种树执行中序遍历后,二叉排序树会得到一个有序的序列,而堆则不一定能得到一个有序的序列。

11.【解答】　在基于比较的排序方法中,插入排序、快速排序和归并排序只有在将元素全部排完序后,才能得到前 k 小的元素序列,算法的效率不高。

冒泡排序、堆排序和简单选择排序可以,因为它们在每一趟中都可以确定一个最小的元素。采用堆排序最合适,对于 n 个元素的序列,建立初始堆的时间不超过 4n,取得第 k 个最小元素之前的排序序列所花的时间为 $k\log_2 n$,总时间为 $4n+k\log_2 n$;冒泡和简单选择排序完成此功能所花时间为 kn,当 $k \geq 5$ 时,通过比较可以得出堆排序最优。

注意:从本题可以得出结论,只需要得到前 k 小元素的顺序排列可采用的排序算法有冒泡排序、堆排序和简单选择排序。

12.【解答】　将 k_{n+1} 插入数组的第 n+1 个位置(即作为一个树叶插入),然后将其与双亲比较,若它大于其双亲则停止调整,否则将 k_{n+1} 与其双亲交换,重复地将 k_{n+1} 与其新的双亲比较,算法终止于 k_{n+1} 大于等于其双亲或 k_{n+1} 本身已上升为根。

13.【解答】　算法的思想是:每趟在原始链表中摘下关键字最大的结点,把它插入结果链表的最前端。由于在原始链表中摘下的关键字越来越小,在结果链表前端插入的关键字也越来越小,因此最后形成的结果链表中的结点将按关键字非递减的顺序有序链接。

单链表的定义如第 2 章所述,假设它不带表头结点。

```
void selectSort (LinkedList& L){          //对不带表头结点的单链表 L 执行简单选择排序
LinkNode *h=L, *p, *q, *r, *s;
L=NULL;
while(h!=NULL) {                          //持续扫描原链表
p=s=h;q=r=NULL;
//指针 s 和 r 记忆最大结点和其前驱;p 为工作指针,q 为其前驱
while(p!=NULL){                           //扫描原链表寻找最大结点 s
if(p->data>s->data) {s=p;r=q;}           //找到更大的,记忆它和它的前驱
q=p;p=p->link;                           //继续寻找
}
if(s==h)
h=h->link;                               //最大结点在原链表前端
else
r->link=s->link;                         //最大结点在原链表表内
s->link=L;L=s;                           //结点 s 插入结果链前端
}
}
```

14.【解答】　将顺序表 L[1…n]视为一个完全二叉树,扫描所有分支结点,遇到孩子结点的关键字小于根结点的关键字时返回 false,扫描完后返回 true。算法的实现如下:

```
bool IsMinHeap(ElemType A[], int len) {
if(len%2==0){                            //len 为偶数,有一个单分支结点
if(A[len/2]>A[len])                      //判断单分支结点
return false;
for(i=len/2-1;i>=1;i--)                  //判断所有双分支结点
```

```
if(A[i]>A[2*i]||A[i]>A[2*i+1])
return false;
}
else{                              //len 为奇数时，没有单分支结点
for(i=len/2;i>=1;i--)              //判断所有双分支结点
if(A[i]>A[2*i]||A[i]>A[2*i+1])
return false;
}
return true;
}
```

15.【解答】 $n=10$，需要排序的趟数 $=\lceil\log_2 10\rceil=4$，各趟的排序结果如下：

初始序列：503,87,512,61,908,170,897,275,653,462

第一趟：87,503,61,512,170,908,275,897,462,653（长度为 2）

第二趟：61,87,503,512,170,275,897,908,462,653（长度为 4）

第三趟：61,87,170,275,503,512,897,908,462,653（长度为 8）

第四趟：61,87,170,275,462,503,512,653,897,908（长度为 10）

16.【解答】 使用链式队列的基数排序的排序过程如下图所示。

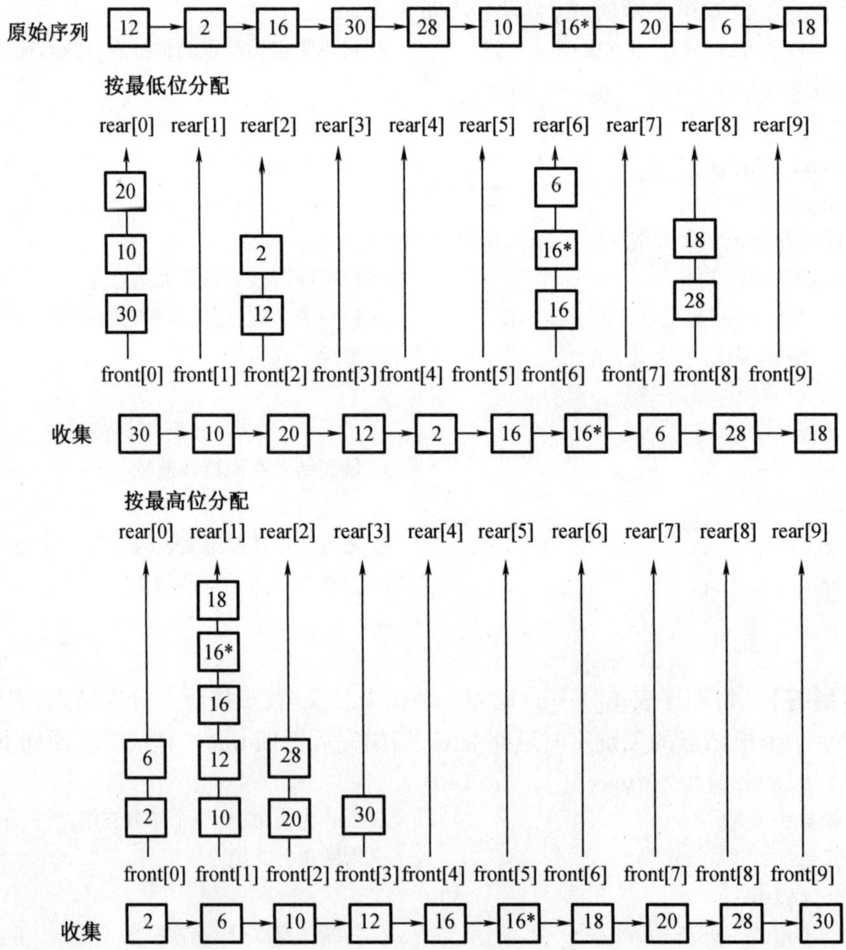

需要通过 2 次"分配"和"收集"完成排序。

17.【解答】　由于关键字序列数较小,采用直接插入排序或简单选择排序,又因直接插入排序的交换次数更多,故选择简单选择排序。

初始序列：3,7,6,9,7,1,4,5,20

第一次：1,7,6,9,7,3,4,5,20　　交换 1,3

第二次：1,3,6,9,7,7,4,5,20　　交换 3,7

第三次：1,3,4,9,7,7,6,5,20　　交换 4,6

第四次：1,3,4,5,7,7,6,9,20　　交换 5,9

第五次：1,3,4,5,6,7,7,9,20　　交换 6,7

所以最小交换次数为 5(注意这里是交换次数,不是移动次数或比较次数)。

18.【解答】

1)算法的基本设计思想如下:将数组 A[1…m+n]视为一个已经过 m 趟插入排序的表,则从 m+1 趟开始,将后 n 个元素依次插入前面的有序表中。

2)算法的实现如下:

```
void Insert_Sort(ElemType A[], int m, int n){
int i,j;
for(i=m+1;i<=m+n;i++){          //依次将 A[m+1…m+n]插入有序表
A[0]=A[i];                      //复制为哨兵
for(j=i-1;A[j]>A[0];j--)        //从后往前插入
A[j+1]=A[j];                    //元素后移
A[j+1]=A[0];                    //插入
}
}
```

3)时间复杂度由 m 和 n 共同决定,从上面的算法不难看出,在最坏情况下元素的比较次数为 O(mn),而元素移动的次数为 O(mn),所以时间复杂度为 O(mn)。

由于算法只用到了常数个辅助空间,所以空间复杂度为 O(1)。

此外,本题也可采用归并排序,将 A[1…m]和 A[m+1…m+n]视为两个待归并的有序子序列,算法的时间复杂度为 O(m+n),空间复杂度为 O(m+n)。

19.【解答】　1)算法的思想:对每个元素,统计关键字比它小的元素个数,然后把它放入另一个数组对应的位置上。

算法的实现如下:

```
void CountSort(RecType A[],RecType B[], int n){
//计数排序算法,将 A 中记录排序放入 B 中
int cnt;                        //计数变量
for(i=0;i<n;i++){               //对每个元素
for(j=0,cnt=0;j<n;j++)
if(A[j].key<A[i].key)
cnt++;                         //统计关键字比它小的元素个数
B[cnt]=A[i];                    //放入对应的位置
}
}
```

2)对于有 n 个记录的表,每个关键码都要与 n 个记录(含自身)进行比较,因此关键码

的比较次数为 n^2。

3)简单选择排序算法比本算法好。简单选择排序的比较次数是 $n(n-1)/2$,且只用一个交换记录的空间;而这种方法的比较次数是 n^2,且需要另一数组空间。另外,因题目要求"针对表中的每个记录,扫描待排序的表一趟",所以比较次数是 n^2。若限制"对任意两个记录之间只进行一次比较",则可把以上算法中的比较语句改为

```
for(i=0;i<n;i++)
a[i].count=0;                           //各元素再增加一个计数域,初始化为0
for(i=0;i<n;i++)
for(j=i+1;j<n;j++){
if(a[i].key<a[j].key)
a[j].count++;
else
a[i].count++;
}
```

20.【解答】 基本思想:以 K_n 为枢轴进行一趟快速排序。将快速排序算法改为以最后一个为枢轴先从前向后再从后向前。算法的代码如下:

```
int Partition(ElemType K[], int n){
                                        //交换序列K[1…n]中的记录,使枢轴到位,并返
                                          回其所在位置
int i=1,j=n;                            //设置两个交替变量初值分别为1和n
ElemType pivot=K[j];                    //枢轴
while(i<j){                             //循环跳出条件
while(i<j&&K[i]<=pivot)
i++;                                   //从前往后找比枢轴大的元素
if(i<j)
K[j]=K[i];                             //移动到右端
while(i<j&&K[j]>=pivot)
j--;                                   //从后往前找比枢轴小的元素
if(i<j)
K[i]=K[j];                             //移动到左端
} //while
K[i]=pivot;                            //枢轴存放在最终位置
return i;                               //返回存放枢轴的位置
}
```

21.【解答】 cmpCountSort 算法基于计数排序的思想,对序列进行排序。cmpCountSort算法遍历数组中的元素,count 数组记录比对应待排序数组元素下标大的元素个数,例如,count[1]=3 的意思是数组 a 中有 3 个元素比 a[1]大,即 a[1]是第 4 大元素,a[1]的正确位置应是 b[3]。

1)排序结果为 b[6]={-10,10,11,19,25,25}。

2)由代码 for(i=0;i<n-1;i++)和 for(j=i+1;j<n;j++)可知,在循环过程中,每个元素都与它后面的所有元素比较一次(即所有元素都两两比较一次),比较次数之和为 $(n-1)+(n-2)+\cdots+1$,故总比较次数是 $n(n-1)/2$。

3) 不是。需要将程序中的 if 语句修改如下：

```
if(a[i]<=a[j]) count[j]++;
else count[i]++;
```

如果不加等号，两个相等的元素比较时，前面元素的 count 值会加 1，导致原序列中靠前的元素在排序后的序列中处于靠后的位置。

第2篇 实践指导

实践指导包括课内实验指导和课程设计。

课内实验分为基础实验、应用实验和扩展实验3类。

(1)基础实验:主要验证教材中提到的基础类,深化理解和掌握理论知识。

(2)应用实验:主要目标是应用教材中教授的某一个知识点,设计方案解决实际的问题,培养学生简单的应用能力。

(3)扩展实验:该类实验逻辑结构较为复杂,需要将多个知识点融会贯通,设计较为复杂的方案,以解决实际的问题并具备扩展到"数据结构"课程设计的功能。该类实验代码实现量较大,一般可两人合作完成。

课程设计这一实践环节的主要任务是让学生根据实验题目的要求,依据课堂讲授的相关知识,通过分析、设计、编程、调试等环节独立完成一个较大的实际应用项目,进而加深对数据结构相关概念的理解,以及关键技术的应用技巧,最终使学生具备利用计算机解决中等规模实际问题的能力。在这个实践过程中学生们熟悉了软件开发的基本过程,初步掌握了软件开发过程各阶段的基本任务和技能方法;培养学生的算法设计和算法分析能力,提高综合运用所学的理论知识和方法独立分析和解决问题的能力;训练用系统的观点和软件开发一般规范进行软件开发,培养学生具备软件工作者所应具备的科学的工作方法、作风和相互合作的精神。

第 1 部分　实　验　题　目

1.1　实验一　线性表

一、实验目的

1. 学习指针、模板类、异常处理的使用；

2. 掌握线性表的操作的实现方法；

3. 学习使用线性表解决实际问题。

二、实验内容

1. 题目 1——基础实验

根据线性表的抽象数据类型的定义，选择下面任意一种链式结构实现线性表，并完成线性表的基本功能。

线性表存储结构（五选一）：

（1）头结点的单链表；

（2）不带头结点的单链表；

（3）循环链表；

（4）双链表；

（5）静态链表。

线性表的基本功能：

（1）构造（使用头插法、尾插法两种方法）；

（2）插入（要求建立的链表按照关键字从小到大有序）；

（3）删除；

（4）查找；

（5）获取链表长度；

（6）销毁；

（7）其他（可自行定义）。

编写 main( ) 函数测试线性表的正确性。

2. 题目 2——基础实验

有序链表合并问题的求解。

设有两条有序链表（即 data 域元素的关键字由前往后不断增大），试设计算法将这两条链表合并为一条新的有序链表，原链表不变。两条链表中 data 域关键字相同的元素只选取一个存储到新的有序链表中，不同的元素都存储到新的有序链表中。

要求：

（1）直接编写链表的友元函数完成该功能；

（2）链表的 data 域可存储用户自定义类对象；

（3）编写 main( ) 函数测试线性表的正确性。

3. 题目 3——应用实验

利用线性表实现一个通讯录管理，通讯录的数据格式如下：

```
struct DataType
{
    int ID;                              //编号
    char name[10];                       //姓名
    char ch;                             //性别
    char phone[13];                      //电话
    char addr[31];                       //地址
};
```

要求：

（1）实现通讯录的建立、增加、删除、修改、查询等功能；

（2）能够实现简单的菜单交互，即可以根据用户输入的命令，选择不同的操作；

（3）能够保存每次更新的数据（选做）；

（4）能够进行通讯录分类，比如班级类、好友类、黑名单等（选做）；

（5）编写 main( )函数测试线性表的正确性。

4.题目 4——应用实验

利用线性表实现一个一元多项式 Polynomial

$$f(x) = a_0 + a_1 x + a_2 x^2 + a_3 x^3 + \cdots + a_n x^n$$

提示：Polynomial 的结点结构如下。

```
struct term
{
    float coef;                          //系数
    int expn;                            //指数
};
```

可以使用链表实现，也可以使用顺序表实现。

要求：

（1）能够实现一元多项式的输入和输出；

（2）能够进行一元多项式相加；

（3）能够进行一元多项式相减；

（4）能够计算一元多项式在 x 处的值；

（5）能够计算一元多项式的导数（选做）；

（6）能够进行一元多项式相乘（选做）；

（7）编写 main( )函数测试线性表的正确性。

5.题目 5——应用实验

用链表实现大整数加减法操作：

32 位机器直接操作的数据最大为 32 bit，若超过 32 bit，则需要单独设计算法。在这里可以用链表，每个结点存储大整数的每一位的十进制数字，则可以进行大整数的算数运算，该实验仅实现加减法操作。

要求：

（1）随机产生 2 个 1~50 位的数字串，并存储到 2 个链表中；

（2）进行加法或减法操作，结果存储到新的链表中；

（3）打印运算结果。

6. 题目6——应用实验

动态内存管理是操作系统的基本功能之一,用于响应用户程序对内存的申请和释放请求。初始化时,系统只有一块连续的空闲内存;然后,当不断有用户申请内存时,系统会根据某种策略选择一块合适的连续内存供用户程序使用;当用户程序释放内存时,系统将其回收,供以后重新分配,释放时需要计算该内存块的左右是否也为空闲块,若是,则需要合并变成更大的空闲块。

试设计用于模拟动态内存管理的内存池类。

要求:

(1)实现内存池 MemoryPool(int size)的初始化;

(2)实现 Allocate(int size)接口;

(3)实现 Free(void * p)接口;

(4)实现内存池的析构;

(5)在分配内存空间时,可选择不同的内存分配策略,即最佳拟合策略、最差拟合策略或最先拟合策略,实现其中至少两种分配策略。

编写测试 main()函数对类中各个接口和各种分配策略进行测试,并实时显示内存池中的占用块和空闲块的变化情况。

三、代码要求

1. 注意异常处理的使用,比如删除空链表时需要抛出异常。

2. 注意内存的动态申请和释放,是否存在内存泄漏。

3. 优化程序的时间性能。

4. 保持良好的编程风格:

(1)代码要简洁;

(2)代码段与段之间要有空行和缩进;

(3)标识符名称应该与其代表的意义一致;

(4)函数名之前应该添加注释说明该函数的功能;

(5)关键代码应说明其功能。

1.2　实验二　栈和队列

一、实验目的

1. 进一步掌握指针、模板类、异常处理的使用;

2. 掌握栈操作的实现方法;

3. 掌握队列操作的实现方法;

4. 学习使用栈解决实际问题;

5. 学习使用队列解决实际问题;

6. 学习使用多维数组解决实际问题。

二、实验内容

1. 题目1——基础实验

根据栈和队列的抽象数据类型的定义,按要求实现一个栈或一个队列的基本功能(四选一)。

要求：

(1)实现一个共享栈；

(2)实现一个链栈；

(3)实现一个循环队列；

(4)实现一个链队列。

编写 main( )函数测试栈或队列的正确性。

2. 题目2——基础实验

根据三元组的抽象数据类型的定义,使用三元组表实现一个稀疏矩阵。三元组的基本功能：

(1)三元组的建立；

(2)三元组转置；

(3)三元组相乘；

(4)其他(自定义操作)。

编写测试 main( )函数测试三元组的正确性。

测试数据如图2.1.1所示。

$$
\begin{bmatrix}
0 & 12 & 9 & 0 & 0 & 0 & 0 \\
0 & 0 & 0 & 0 & 5 & 0 & 0 \\
-3 & 0 & 0 & 0 & 0 & 14 & 0 \\
0 & 0 & 13 & 0 & 0 & 0 & 0 \\
0 & 18 & 0 & 0 & 0 & 0 & 0 \\
15 & 0 & 0 & 0 & 0 & 0 & 0
\end{bmatrix}
$$

图 2.1.1　测试数据

3. 题目3——应用实验

利用栈结构实现八皇后问题。

八皇后问题是著名的数学家高斯于1850年提出的。他的问题是:在8×8的棋盘上放置8个皇后,使其不能互相攻击,即任意两个皇后都不能处于同一行、同一列、同一斜线上。请设计算法打印所有可能的摆放方法。

提示：

(1)可以使用递归或非递归两种方法实现；

(2)实现一个关键算法——判断任意两个皇后是否在同一行、同一列和同一斜线上。

4. 题目4——应用实验

利用栈结构实现迷宫求解问题。迷宫求解问题如下:心理学家把一只老鼠从一个无顶盖的大盒子的入口赶进迷宫,迷宫中设置很多隔壁,对前进方向形成了多处障碍,心理学家在迷宫的唯一出口放置了一块奶酪,吸引老鼠在迷宫中寻找通路以到达出口,测试算法的迷宫如图2.1.2所示。

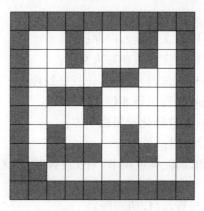

图 2.1.2 迷宫地图示例

提示：

(1)使用递归或非递归两种方法实现；

(2)老鼠能够记住已经走过的路，不会反复走重复的路径；

(3)自己任意设置迷宫的大小和障碍；

(4)用"穷举求解"的方法。

5. 题目5——应用实验

表达式求值是程序设计语言编译中最基本的问题，它要求把一个表达式翻译成能够直接求值的序列。例如，用户输入字符串"14+((13-2)*2-11*5)*2"，程序可以自动计算得到最终的结果。在这里，我们将问题简化，假定算数表达式的值均为非负整数常数，不包含变量、小数和字符常量。

试设计一个算术四则运算表达式求值的简单计算器。

基本要求：

(1)操作数均为非负整数常数，操作符仅为+、-、*、╱、(和)；

(2)编写 main()函数进行测试。

6. 题目6——应用实验

利用队列结构实现车厢重排问题。

车厢重排问题如下：

一列货车共有 n 节车厢，每个车厢都有自己的编号，编号范围从1~n。给定任意次序的车厢，通过转轨站将车厢编号按顺序重新排成1~n。转轨站共有 k 个缓冲轨，缓冲轨位于入轨和出轨之间。开始时，车厢从入轨进入缓冲轨，经过缓冲轨的重排后，按1~n 的顺序进入出轨。按照先进先出方式，编写一个算法，将任意次序的车厢进行重排，输出每个缓冲轨中的车厢编号。

提示：

一列火车的每个车厢按顺序从入轨进入不同缓冲轨，缓冲轨重排后的进入出轨，重新编排成一列货车。例如，编号为3的车厢进入缓冲轨1，则下一个编号小于3的车厢则必须进入一个缓冲轨2，而编号大于3的车厢则进入缓冲轨1，排在3号车厢的后面，这样，出轨的时候才可以按照从小到大的顺序重新编排。

7. 题目7——扩展实验

实现一个识别 bmp 文件的图像类，能够进行以下图像处理。

基本要求：

（1）能够将 24 位真彩色 bmp 文件读入内存；

（2）能够将 24 位真彩色 bmp 文件重新写入文件；

（3）能够将 24 位真彩色 bmp 文件进行 24 位灰度处理；

（4）能够将 24 位灰度 bmp 文件进行 8 位灰度处理；

（5）能够将 8 位灰度 bmp 文件转化成黑白图像；

（6）能够将图像进行平滑处理；

（7）其他（自定义操作，如翻转、亮度调节、对比度调节、24 位真彩色转 256 色等）。

提示：

（1）参考教材《数据结构与算法（C 语言版）》。

（2）灰度处理的转换公式：

$$Grey = 0.3 * Red + 0.59 * Blue + 0.11 * Green$$

（3）平滑处理采用邻域平均法进行，分成 4 邻域和 8 邻域平滑，基本原理就是将每一个像素点的值设置为其周围各点像素值的平均值。

（4）亮度调节公式（a 为亮度调节参数，0<a<1，越接近 0，变化越大）：

$$R = pow(R, a) * pow(255, 1-a)$$
$$G = pow(G, a) * pow(255, 1-a)$$
$$B = pow(B, a) * pow(255, 1-a)$$

（5）比度调节公式（a 为对比度调节参数，-1<a<1，中间值一般为 128）：

$$R = 中间值 + (R-中间值) * (1+a)$$
$$G = 中间值 + (G-中间值) * (1+a)$$
$$B = 中间值 + (B-中间值) * (1+a)$$

注意：调整对比度的时候容易发生越界，需要进行边界处理。

（6）24 位真彩色转 256 色，需要手动添加颜色表在 bmp 头结构中，可以使用位截断法、流行色算法、中位切分算法、八叉树算法等方法实现。

三、代码要求

1. 注意内存的动态申请和释放，是否存在内存泄漏。

2. 优化程序的时间性能。

3. 递归程序注意调用的过程，防止栈溢出。

4. 保持良好的编程风格：

（1）代码要简洁；

（2）代码段与段之间要有空行和缩进；

（3）标识符名称应该与其代表的意义一致；

（4）函数名之前应该添加注释说明该函数的功能；

（5）关键代码应说明其功能。

1.3 实验三 树

一、实验目的

1. 掌握二叉树基本操作的实现方法；

2. 了解哈夫曼树的思想和相关概念；

3.学习使用二叉树解决实际问题。

二、实验内容

1.题目1——基础实验

根据二叉树的抽象数据类型的定义,使用二叉链表实现一个二叉树。

二叉树的基本功能:

(1)二叉树的建立;(2)前序遍历二叉树;(3)中序遍历二叉树;(4)后序遍历二叉树;(5)层序遍历二叉树;(6)求二叉树的深度;(7)求指定结点到根的路径;(8)二叉树的销毁;(9)其他(可自定义操作)。

编写 main()函数测试二叉树的正确性。

思考问题(选做):

(1)数据量非常大,如何使得构造二叉树时栈不溢出?使用非递归方式编写新的二叉树的构造函数、建立二叉树。提示:可以使用 STL 中的 stack 来辅助实现。

(2)若二叉树的每一个结点具有数值,如何搜索二叉树,找到指定值的叶子结点?

(3)若已知叶子结点的指针,如何输出从根到该叶子的路径。

2.题目2——应用实验

利用二叉树结构实现哈夫曼编/解码器。

基本要求:

(1)初始化(Init)。能够对输入的任意长度的字符串 s 进行统计,统计每个字符的频度,并建立哈夫曼树。

(2)建立编码表(CreateTable)。利用已经建好的哈夫曼树进行编码,并将每个字符的编码输出。

(3)编码(Encoding)。根据编码表对输入的字符串进行编码,并将编码后的字符串输出。

(4)译码(Decoding)。利用已经建好的哈夫曼树对编码后的字符串进行译码,并输出译码结果。

(5)打印(Print)。以直观的方式打印哈夫曼树(选做)。

(6)计算输入的字符串编码前和编码后的长度,并进行分析,讨论哈夫曼编码的压缩效果。

(7)采用二进制编码方式(选做)。

测试数据:

I love data Structure,I love Computer. I will try my best to study data Structure.

提示:

(1)户界面可以设计为"菜单"方式,即能够进行交互。

(2)根据输入的字符串中每个字符出现的次数统计频度,对没有出现的字符一律不用编码。

三、代码要求

1.注意内存的动态申请和释放,是否存在内存泄漏。

2.优化程序的时间性能。

3.保持良好的编程风格:

(1)代码要简洁;

(2)代码段与段之间要有空行和缩进;

(3)标识符名称应该与其代表的意义一致;

(4)函数名之前应该添加注释说明该函数的功能;

(5)关键代码应说明其功能。

1.4 实验四 图

一、实验目的

1.掌握图基本操作的实现方法；

2.了解最小生成树的思想和相关概念；

3.了解最短路径的思想和相关概念；

4.学习使用图解决实际问题。

二、实验内容

1.题目1——基础实验

根据图的抽象数据类型的定义,使用邻接矩阵或邻接表实现一个图。

图的基本功能：

(1)图的建立；

(2)图的销毁；

(3)深度优先遍历图；

(4)广度优先遍历图；

(5)其他(比如连通性判断等自定义操作)。

编写 main( )函数测试图的正确性。

思考问题(选做)：

若测试数据量较大,如何使得栈不溢出？使用非递归方式编写新的深度优先遍历函数。提示:可以使用 STL 中的 stack 来辅助实现。

2.题目2—— 应用实验

根据图的抽象数据类型的定义,使用邻接矩阵实现图的下列算法(三选一)：

(1)使用普里姆算法生成最小生成树；

(2)使用克鲁斯卡尔算法生成最小生成树；

(3)求指定顶点到其他各顶点的最短路径。

编写 main( )函数测试算法的正确性。

思考问题(选做)：

最短路径 D 算法,是否可以优化？请写出优化的思路并计算时间复杂度,同时实现一个新的优化的最短路径算法。

3.题目3——应用实验

对图2.1.3所示的地图进行染色,要求使用尽可能少的颜色完成该算法。

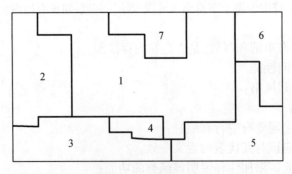

图 2.1.3 地图示例

提示：

利用图的着色思想解决该问题。图的着色方法指的是利用图的顶点存储地图上需要染色的区域,利用图的边表示图上区域之间是否相邻的关系,比如区域 1 和区域 2 相邻,则图中顶点 1 和顶点 2 之间就画一条边,这是地图的储存。然后将相邻的顶点使用不同颜色进行着色,不相邻的顶点使用相同的颜色进行着色,即可完成该算法。

4. 题目 4——应用实验

问题：设某个田径运动会共有 7 个项目的比赛,分别为 100 m、200 m、跳高、跳远、铅球、铁饼和标枪。每个选手最多参加 3 个项目,现有 6 名选手参赛,他们选择的项目如表 2.1.1 所示。每个选手参加的各个项目不能同时进行,如何设计合理的比赛日程,使运动会在尽可能短的时间内完成?

表 2.1.1　参赛选手选择的项目

姓名	项目 1	项目 2	项目 3
张凯	跳高	跳远	
王刚	100 m	200 m	铁饼
李四	跳高	铅球	
张三	跳远	标枪	
王峰	铅球	标枪	铁饼
李杰	100 m	跳远	

提示：

(1)利用图的着色思想解决该问题;

(2)可以使用 STL 相关内容辅助解决该问题。

5. 题目 5——扩展实验

问题：多叉路口交通灯的问题。假如一个如图 2.1.4 所示的五叉路口,其中 C、E 是箭头所示的单行道,如何设置路口的交通灯,使得车辆之间既不相互碰撞,又使交通流量最大?

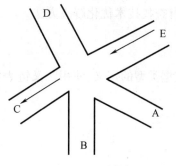

图 2.1.4　五叉路口

提示：

(1)13 种行驶路线 AB、AC、AD、BA、BC、BD、DA、DB、DC、EA、EB、EC、ED,不能同时行

驶的路线,比如 AB、BC 等,借助图的顶点表示行驶路线,图中的边表示不能同时行驶的路线,则可以画出如图 2.1.5 所示的逻辑示意图。

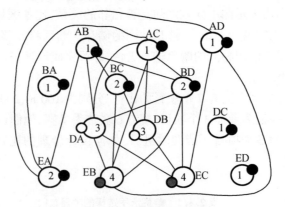

图 2.1.5　五叉路口建模

(2)用图的着色问题求解方法,使用最少的颜色则是最优结果。

三、代码要求

1.注意内存的动态申请和释放,是否存在内存泄漏。

2.优化程序的时间性能。

3.保持良好的编程风格:

(1)代码要简洁;

(2)代码段与段之间要有空行和缩进;

(3)标识符名称应该与其代表的意义一致;

(4)函数名之前应该添加注释说明该函数的功能;

(5)关键代码应说明其功能。

1.5　实验五　查找

一、实验目的

1.掌握树表查找的相关操作和技术优缺点;

2.学习使用树表解决实际查找问题;

3.学习掌握使用散列技术解决实际问题;

4.举一反三,提升扩展现有查找技术优化解决方法。

二、实验内容

1.题目 1——基础实验

根据二叉排序树的抽象数据类型的定义,使用二叉链表实现一个二叉排序树。二叉排序树的基本功能:

(1)二叉排序树的建立;

(2)二叉排序树的查找;

(3)二叉排序树的插入;

(4)二叉排序树的删除;

(5)二叉排序树的销毁;

(6)其他(可自定义操作)。

编写 main( )函数测试二叉排序树的正确性。

2. 题目2——扩展实验

根据平衡二叉树的抽象数据类型的定义,使用二叉链表实现一个平衡二叉树。

二叉树的基本功能:

(1)平衡二叉树的建立;

(2)平衡二叉树的查找;

(3)平衡二叉树的插入;

(4)平衡二叉树的删除;

(5)平衡二叉树的销毁;

(6)其他(可自定义操作)。

编写 main( )函数测试平衡二叉树的正确性。

3. 题目3——扩展实验

中文分词。

在对中文文本进行信息处理时,常常需要应用中文分词(Chinese Word Segmentation)技术。所谓中文分词,是指将一个汉字序列切分成一个一个单独的词。中文分词是自然语言处理、文本挖掘等研究领域的基础。对于输入的一段中文,成功地进行中文分词,使计算机确认哪些是词,哪些不是词,便可将中文文本转换为由词构成的向量,从而进一步抽取特征,实现文本自动分析处理。

中文分词有多种方法,其中基于字符串匹配的分词方法是最简单的。它按照一定的策略将待分析的汉字串与一个"充分大的"中文词典中的词条进行匹配,若在词典中找到某个字符串,则匹配成功(识别出一个词)。按照扫描方向的不同,串匹配方法可以是正向匹配或逆向匹配;按照不同长度优先匹配的情况,可以分为最大(最长)匹配和最小(最短)匹配;按照是否与词性标注过程相结合,又可以分为单纯分词方法和分词与标注相结合的一体化方法。以上无论哪种方法,判断一个汉字串是否是词典中的词都是必需的,如何实现其快速匹配呢?

本题目要求采用散列技术实现基于字典的中文分词。学习设计合理的 Hash 函数构建 Hash 表是完成题目要求的关键,编写测试 main( )函数测试算法的正确性。

提示:

(1)在网上查找并获取一个最小词典;

(2)了解《信息交换用汉字编码字符集 基本集》(GB/T 2312—1980)技术。

三、代码要求

1. 注意内存的动态申请和释放,是否存在内存泄漏。

2. 优化程序的时间性能。

3. 保持良好的编程风格:

(1)代码段与段之间要有空行和缩进;

(2)标识符名称应该与其代表的意义一致;

(3)函数名之前应该添加注释说明该函数的功能;

(4)关键代码应说明其功能。

1.6 实验六 排序

一、实验目的

1. 掌握各种排序算法的实现方法和算法优劣；

2. 学习使用排序算法解决实际问题；

3. 举一反三,提升扩展现有排序技术优化解决方法。

二、实验内容

1. 题目1——基础实验

使用简单数组实现下面各种排序算法,并进行比较。

排序算法:(1)插入排序;(2)希尔排序;(3)冒泡排序;(4)快速排序;(5)简单选择排序;(6)堆排序(选做);(7)归并排序(选做);(8)基数排序(选做);(9)其他。

要求:

(1)测试数据分成三类:正序、逆序和随机数据。

(2)对于这三类数据,比较上述排序算法中关键字的比较次数和移动次数(其中关键字交换计为3次移动)。

(3)对于这三类数据,比较上述排序算法中不同算法的执行时间,精确到微秒(选做)。

(4)对(2)和(3)的结果进行分析,验证上述各种算法的时间复杂度。

编写 main( )函数测试排序算法的正确性。

2. 题目2——应用实验

使用链表实现下面各种排序算法,并进行比较。

排序算法:(1)插入排序;(2)冒泡排序;(3)快速排序;(4)简单选择排序;(5)其他。

要求:

(1)测试数据分成三类:正序、逆序和随机数据。

(2)对于这三类数据,比较上述排序算法中关键字的比较次数和移动次数(其中关键字交换计为3次移动)。

(3)对于这三类数据,比较上述排序算法中不同算法的执行时间,精确到微秒(选做)。

(4)对(2)和(3)的结果进行分析,验证上述各种算法的时间复杂度。

编写 main( )函数测试排序算法的正确性。

3. 题目3——应用实验

基于散列技术的排序。

假设一个文件包含至多1亿条数据,如图2.1.6所示,每条数据都是一个7位的整数,每个整数至多出现一次,如何用最小的内存和无限大的硬盘空间,基于散列表技术来实现快速排序？

提示:

(1)用类似位图的方法;

(2)可采用 STL 进行辅助实现。

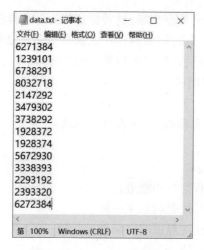

图 2.1.6　data.txt 文件格式

4. 题目 4——扩展实验

机器调度问题。

有 m 台机器处理 n 个作业,设作业 i 的处理时间为 t_i,则对 n 个作业进行机器分配,使得:

（1）一台机器在同一时间内只能处理一个作业;

（2）一个作业不能同时在两台机器上处理;

（3）作业 i 一旦运行,需要连续 t_i 个时间单位。

设计算法进行合理调度,使得 m 台机器上处理处理 n 个作业所需要的总时间最短。

测试数据:7 个作业,所需时间分别为 $\{2,14,4,16,6,5,3\}$,有三台机器,编号为 m_1,m_2 和 m_3。

其中一种可能的调度方案如图 2.1.7 所示。

时间分配:

（1）m_1 机器:16

（2）m_2 机器:14+3＝17

（3）m_3 机器:6+5+4+2＝17

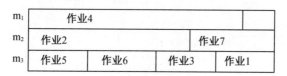

图 2.1.7　调度方案示例

总的处理时间是 17。

5. 题目 5——扩展实验

大数据排序问题。

大数据排序问题一般也称为外部排序问题,通常我们将整个排序过程中不涉及数据的内外存交换,待排序的记录可以全部存放在内存中的排序方法称为内部排序。但对于一个大型文件中的海量数据,显然是不可能将所有待排序数据一次装入有限的内存中,因此在排序过程中需要频繁地进行内外存交换,这种排序称为外部排序。

假设一文件含10000个记录,按照内存一次最多可装入2000个记录作为约束,编写算法实现这10000个记录的排序,并测试排序算法的正确性。

提示:10000条记录可以随机产生。

三、代码要求

1. 注意内存的动态申请和释放,是否存在内存泄漏。

2. 优化程序的时间性能。

3. 保持良好的编程风格:

(1)代码段与段之间要有空行和缩进;

(2)标识符名称应该与其代表的意义一致;

(3)函数名之前应该添加注释说明该函数的功能;

(4)关键代码应说明其功能。

第2部分　实验讲解

2.1　有序链表合并问题的求解

【实验一　题目2】

设有两条有序链表(即 data 域元素的关键字由前往后不断增大),试设计算法,将这两条链表合并为一条新的有序链表,原链表不变。两条链表中 data 域关键字相同的元素只选取一个存储到新的有序链表中,不同的元素都存储到新的有序链表中。

要求:

1. 直接编写链表的友元函数完成该功能。

2. 试将链表的 data 域存储用户自定义类对象。

3. 编写测试 main( )函数测试线性表的正确性。

【实验讲解】

设 A 链表和 B 链表为2条有序链表,则只需要从前往后比较 A 和 B 的结点元素大小即可。具体算法描述如下:

1. 设活动指针 p 和 q 分别指向 A 链表和 B 链表的第一个元素的结点。

2. 建立空的新链表。

3. 若 p 和 q 都不为空,则进行如下循环:

(1)若 p->data == q->data,则

1)在新链表最后加入新结点,其 data 域的值为 p 结点的 data,

2)p 和 q 分别指向后一个结点。

(2)否则,若 p->data > q->data,则

1)在新链表最后加入新结点,其 data 域的值为 q 结点的 data,

2)q 指向后一个结点。

(3)否则:

1)在新链表最后加入新结点,其 data 域的值为 p 结点的 data,

2)p 指向后一个结点。

(4)若 p 不为空,则进行如下循环:

1)在新链表最后加入新结点,其 data 域的值为 p 结点的 data,

2)p 指向后一个结点。

(5)若 q 不为空,则进行如下循环:

1)在新链表最后加入新结点,其 data 域的值为 q 结点的 data,

2)q 指向后一个结点。

(6)返回新链表。

根据要求,直接编写链表的友元函数完成上述分析,因此,可直接通过对象访问链表的私有成员 front。下面给出具体代码。

```
template<class T>
LinkList<T>MergeList (LinkList<T>&A ,LinkList<T>&B)
```

```
{
    Node<T>* p = A.front->next;
    Node<T>* q = B.front->next;
    LinkList<T>N;
    Node<T>* x = N.front;

    while(p && q){
        if(p-> data==q-> data){
            x->next = new Node<T>;
            x = x->next;
            x->data = p->data;
            p = p->next;
            q = q->next;
        }
        else if(p->data>q-> data){
            x->next = new Node<T>;
            x = x->next;
            x->data = q->data;
            q = q->next;
        }
        else{
            x->next = new Node<T>;
            x = x->next;
            x->data = p->data;
            p = p->next;
        }
    }
    while(p){
        x->next = new Node<T>;
        x = x->next;
        x->data = p->data;
        p = p->next;
    }
    while(q){
        x->next = new Node<T>;
        x = x->next;
        x->data = q->data;
        q = q->next;
    }
    x->next = NULL;
    return N;
}
```

下面给出简单类型数据的测试代码：

```
int a[10]={1,2,3,4,15,16,17,18,19,20};
```

```
int b[5]={2,4,6,8,9};
LinkList<int> A(a, sizeof(b)/sizeof(int));
LinkList<int> B(b, sizeof(b)/sizeof(int));
LinkList<int> C = MergeList(A,B);
```

若 Node 结点需要存储用户自定义类的对象,考虑到要进行对象之间的比较,因此在用户自定义类中需要对关系操作符进行重载。例如,用户自定义类如下:

```
class A{
    public:
        A(int x):a(x){}
        bool operator == (A & x){return a == x.a;}
        bool operator > (A & x){return a > x.a;}
        bool operator < (A & x){return a< x.a;}
    private:
        int a;
};
```

测试代码如下:

```
A a[10] = {A(1),A(2),A(3),A(4),A(15),A(16),A(17),A(18),A(19),A(20)};
A b[5] = {A(2),A(4),A(6),A(8),A(9)};
LinkList<A> A1(a, sizeof(b)/sizeof(A));
LinkList<A> B1(b, sizeof(b)/sizeof(A));
LinkList<A> C = MergeList(A1, B1);
```

2.2 八皇后问题求解

【实验二 题目3】

利用栈结构实现八皇后问题。

八皇后问题是著名的数学家高斯于 1850 年提出的。他的问题是:在 8×8 的棋盘上放置 8 个皇后,使其不能互相攻击,即任意两个皇后都不能处于同一行、同一列、同一斜线上,请设计算法打印所有可能的摆放方法。

【实验讲解】

八皇后问题是一个经典的应用回溯算法求解的案例。该问题最初是由国际西洋棋棋手马克斯·贝瑟尔于 1848 年提出的:在 8×8 格的国际象棋上摆放 8 个皇后,使其不能互相攻击,即任意两个皇后都不能处于同一行、同一列或同一斜线上,问有多少种摆法。高斯认为有 76 种方案。1854 年在柏林的象棋杂志上不同的作者发表了 40 种不同的解,后来有人用图论的方法解出全部的 92 种结果。计算机发明后,有多种方法可以解决此问题。

首先采用递归方法求解该问题。设 Queens(row)表示计算从第 row(0≤row< N)行到第 N-1 行所有皇后的位置,则其递推描述为:

1. 若 row == N,则打印结果,返回。

2. 循环探测第 row 行每一 col 列是否可放置皇后。

若 col 列可放置皇后,则:

(1)设置其为皇后位置;

(2)执行 Queens(row+1),即计算从第 row+1 行到第 N-1 行所有皇后的位置。

3. 若所有列全部探测完毕,则执行 row--,返回。

下面给出采用递归方法求解该问题的代码。

```cpp
#include<iostream>
using namespace std;
#define N 8
int kk = 0;
/* 判断第 row 行,第 col 列是否可以放置皇后 */
bool check(int *a, int row, int col)
{
    for(int k = 0; k < row; k++){
        if(a[k] == col || row + col == k + a[k] || row - col == k - a[k]) return false;
    }
    return true;
}

/* 打印 8 个皇后的位置 */
void printMatrix(int *a){
    cout<< endl << ++kk << endl;
    for(int i = 0; i < N; i++){
        for(int j = 0; j<N; j++){
            if(j == a[i]) cout<<"o";
            else cout<<".";
        }
        cout<<endl;
    }
}

/* 计算从第 row 行到第 N-1 行放置皇后的位置 */
void Queens(int *a, int row){
    if(row == N){                           //若所有行全部放置了皇后,则打印
        printMatrix(a);
        return;
    }
    for(int col = 0; col < N; col++){
        if(check(a, row, col)){             //若第 row 行,第 col 列可以放置
            a[row] = col;
            Queens(a, 1 + row);
        }
    }
}

/* * 八皇后主程序 * */
int main(){
    int *a = new int[N];                    //用于存储皇后在各行的位置
    int row = 0;
    Queens(a, row);                         //计算从第 0 行到第 N-1 行放置皇后的位置
    delete []a;
```

```
    return 0;
}
```

下面分析采用非递归方法求解该问题。设用数组 a 存储皇后在各行的位置,则操作过程如下:

1. 初始化 k = 0,a[0] = -1。

2. 若 k≥0,则进行循环处理,对于第 k 行:

(1)循环判断可以放置皇后的位置,并保存到 a[k]中。

(2)若找到放置的位置且 k == N-1,则打印结果。

(3)否则,若找到放置的位置且 k < N-1,则 k++,令 a[k] = -1。

(4)否则,若没有找到放置的位置,k--。

下面给出采用非递归方法求解该问题的代码。

```c
#define N 8
int kk = 0;
/* 判断第 row 行,第 col 列是否可以放置皇后 */
bool check(int * a, int row, int col)
{
    for(int k = 0; k < row; k++){
        if(a[k] == col || row + col == k + a[k] || row - col == k - a[k]) return false;
    }
    return true;
}
/* 打印 8 个皇后的位置 */
void printMatrix(int * a){
    cout<< endl << ++kk << endl;
    for(int i = 0; i < N; i++){
        for(int j = 0; j<N; j++){
            if(j == a[i]) cout<<"o";
            else cout<<".";
        }
    cout<< endl;
    }
}
/* 八皇后非递归算法 */
void Queens(int * a)
{
    int k = 0;
    a[0] = -1;
    while(k >= 0){
        a[k]++;
        while((a[k] < N) && !(check(a, k, a[k])))
            a[k]++;
        if(a[k] < N){
```

```
        if(k == N-1){
            printMatrix(a);
        }
        else{
            k++;
            a[k] = -1;
        }
    }
    else
        k--;
    }
}
/* * 八皇后主程序 * * /
    int main(){
    int * a = new int[N];
    Queens(a);
    delete []a;
    return 0;
}
```

2.3 算术表达式计算问题

【实验二 题目5】

表达式求值是程序设计语言编译中最基本的问题,它要求把一个表达式翻译成能够直接求值的序列。例如,用户输入字符串"14+((13-2) * 2-11 * 5) * 2",程序可以自动计算得到最终的结果。在这里,我们将问题简化,假定算数表达式的值均为非负整数常数,不包含变量、小数和字符常量。

试设计一个算术四则运算表达式求值的简单计算器。

基本要求:

(1)操作数均为非负整数常数,操作符仅为+、-、* 、/、(和);

(2)编写 main( )函数进行测试。

【实验讲解】

包含加减乘除四则运算的算术表达式求值是一个基本的问题。例如,用户输入字符串"14+((13-2) * 2-11 * 5) * 2",程序如何自动计算得到最终的结果?在这里,我们将问题简化,假定算术表达式的值均为非负整数常数,不包含变量、小数和字符常量。

首先考虑如何存储算法表达式,通常可设置两个栈,一个称为运算符栈,存储表达式中的运算符,一个称为操作数栈,存储表达式中的操作数。从运算符栈弹出一个运算符,从操作数栈中弹出两个操作数,可进行一次计算,计算结果应再次压入操作数栈。

设运算符栈为 s,操作数栈为 v,对于 a * b+c 形式的表达式,操作如下:

遍历字符 a,入栈 v,s 为[ ],v 为[a]。

遍历字符 *,入栈 s,s 为[*],v 为[a]。

遍历字符 b,入栈 v,s 为[*],v 为[a,b]。

遍历字符+,此时其运算优先级小于等于 s 栈顶元素优先级,则需要 s 弹栈 1 次,v 弹栈

2 次进行运算,设结果为 x(x=a * b),最后将 x 入栈 v,+入栈 s。此时 s 为[+],v 为[x]。

遍历字符 c,入栈 v,s 为[+],v 为[x,c]。

扫描结束,接下来继续进行出栈操作:s 弹栈 1 次,v 弹栈 2 次进行运算,设结果为 y(y=x+c),最后将 y 入栈 v。此时 s 为空栈,v 中只存储一个值,栈顶元素为[y],即为最后的计算结果。

操作中需要考虑算术表达式中操作符的优先级问题,主要有加减操作、乘除操作和左括号的优先级。右括号不需要设置优先级,在扫描算术表达式时若碰到右括号,应开始弹栈操作,进行计算,直到碰到对应的左括号。因此可设置枚举类型,利用枚举类型的值代表其优先级的大小。例如:

```
enum PRIO {NONE = 0, ADD_SUB, MUL_DEV, LEFT_BR};    //枚举所有优先级
```

显然,左括号的优先级大于乘除的优先级,乘除的优先级大于加减的优先级。可以按如下方法设置各种运算符的优先级:

```
char x[255] = {0};                    //存储优先级
//设置运算符的优先级
void SetOper()
{
    x['+'] = ADD_SUB;
    x['-'] = ADD_SUB;
    x['*'] = MUL_DEV;
    x['/'] = MUL_DEV;
    x['('] = LEFT_BR;
}
```

该方法虽然多占用了一些存储空间,但判断符号的优先级是直接利用下标得到,加快了查找速度。

由于表达式中的数字可能有多位,因此在遍历时获取真正的数值的时刻是在下一个字符为非数字时。可使用枚举类型给出扫描到某位时可能的状态:

```
enum PRE {START, NUM, OPER};                //枚举扫描表达式时可能的所有状态
```

当前一个字符为数字,其状态为 NUM,此时的操作数值为 value。若当前字符为数字符号 x,则需要更新操作数为 value * 10+x-'0'。若当前字符为操作符,则需要将最终的操作数 value 压入操作数栈。

当前一个字符为非数字,其状态为 OPER。若当前字符为数字字符 x,则需要设置操作数 value 为 x-'0',并修改状态为 NUM。

下面给出整个操作的处理过程。

1. 循环取算数表达式的字符:

(1)若是数字:

1)若前一个也是数字,计算新操作数。

2)若前一个不是数字,为操作数赋新值,设置状态为 NUM。

(2)否则:

1)若前一个是数字,将操作数入操作数栈,

2)设置状态为 OPER。

3)若当前字符是右括号:

·重复进行计算直到遇到对应的左括号。一次计算为从运算符栈弹出一个运算符,从操作数栈中弹出两个操作数,进行计算,计算结果再次压入操作数栈。

4)否则:

·若栈不空,且栈顶不是左括号,且当前运算符优先级比小于等于运算符栈的栈顶元素,则进行一次计算。

· 运算符入栈。

2.循环结束后,若最后的状态为 NUM,应将其压入操作数栈。

3.循环进行计算,直到操作数栈高度为 1 且运算符栈为空。此时操作数栈的栈顶元素即为整个表达式的运算结果。

代码如下:

```cpp
# include "stack"
using namespace std;
enum PRIO {NONE = 0, ADD_SUB, MUL_DEV, LEFT_BR};       //枚举所有优先级
enum PRE {START, NUM, OPER};                 //枚举扫描表达式时可能的所有状态
char x[255] = {0};                     //存储优先级
//设置运算符的优先级
void SetOper()
{
    x['+'] = ADD_SUB;
    x['-'] = ADD_SUB;
    x['*'] = MUL_DEV;
    x['/'] = MUL_DEV;
    x['('] = LEFT_BR;
}
//判断是否为数字
bool isDigital(char c)
{
    return(c >= '0' && c <='9');
}
//判断是否为操作符
bool isOper(char c)
{
    return x[c];
}
//弹出一个操作符和两个操作数进行计算,计算结果压入操作数栈
void Run(stack<char>&s, stack<float>&v)
{
    if(s.empty()) throw "Error";
    if(v.empty()) throw "Error";
    char o = s.top();
    s.pop();
    float x[2];
    x[0] = v.top();
```

```
            v.pop();
            if(v.empty()) throw "Error";
            x[1] = v.top();
            v.pop();
            switch(o){
                case '+':
                    v.push(x[1] + x[0]);
                    break;
                case '-':
                    v.push(x[1] - x[0]);
                    break;
                case '*':
                    v.push(x[1] * x[0]);
                    break;
                case '/':
                    v.push(x[1] /x[0]);
                    break;
                default:
                    throw "Error";
            }
        }
//遍历表达式字符串,返回计算结果
float calc(char * k)
{
        stack<char> s;                    //运算符栈
        stack<float> v;                   //操作数栈
        int i = 0;
        int value = 0;                    //存储遍历表达式时的当前操作数
        char c;                           //存储遍历表达式时的当前字符
        PRE status = START;               //存储扫描表达式前一个字符时的状态
            while(c = k[i]){
                if(isDigital(c)){         //若为数字,得到新的操作数
                    if(status == NUM){
                        value = value * 10 + c - '0';
                    }
                    else{
                        status = NUM;
                        value = c - '0';
                    }
                }
                else{
                    if(status == NUM){
                        v.push(value);
                    }
```

```
            status = OPER;
            if(c == ')'){ //若为右括号,则不断弹出运算符进行计算,直到弹出对应的'('
                while(!s.empty() && s.top() != '('){
                    Run(s, v);
                }
                if(s.empty()) throw "Error";
                s.pop();
            }
            else if(isOper(c)){          //若为操作符,入栈或弹栈计算
                if(!s.empty() && s.top() != '(' && x[c] <= x[s.top()]){
                    Run(s, v);
                }
                s.push(c);
            }
        }
        i++;
    }
    if(status == NUM) v.push(value);
    while(v.size() != 1 || s.size() != 0) Run(s, v);
    return v.top();
}


int main()
{
    SetOper();
    char s[1000];
    while(1){
    try{
        cout<<"input express:"<<endl;
        cin>>s;
            cout<<"="<<calc(s)<<endl;
        }
        catch(char * s){
            cout<<s<<endl;
        }
    }
    return 0;
}
```

除了算法表达式之外,逻辑表达式的计算也可以按此方法进行。例如"a&&b||c&&(!d||!(x&&a))",读者可以自行编写相应算法。

2.4 哈夫曼编码问题

【实验三 题目2】

利用二叉树结构实现哈夫曼编/解码器。

基本要求:

1. 初始化(Init):能够对输入的任意长度的字符串 s 进行统计,统计每个字符的频度,并建立哈夫曼树。

2. 建立编码表(CreateTable):利用已经建好的哈夫曼树进行编码,并将每个字符的编码输出。

3. 编码(Encoding):根据编码表对输入的字符串进行编码,并将编码后的字符串输出。

4. 译码(Decoding):利用已经建好的哈夫曼树对编码后的字符串进行译码,并输出译码结果。

5. 打印(Print):以直观的方式打印哈夫曼树(选做)。

6. 计算输入的字符串编码前和编码后的长度,并进行分析,讨论哈夫曼编码的压缩效果。

7. 可采用二进制编码方式(选做)。

测试数据:

I love data Structure,I love Computer. I will try my best to study data Structure.

【实验讲解】

哈夫曼编解码的实验按照模块划分,可以划分成如下部分:

1. 统计输入的字符串中字符频率;

2. 创建哈夫曼树;

3. 打印哈夫曼树;

4. 创建哈夫曼编码表;

5. 对输入的字符串进行编码并输出编码结果;

6. 对编码结果进行解码,并输出解码后的字符串;

7. 最后编写测试函数,测试上述步骤的正确性。

根据模块划分,设计哈夫曼的存储结构如下:

1. 哈夫曼树的结点结构

```
struct HNode
{
    int weight;                    //结点权值
    int parent;                    //双亲指针
    int LChild;                    //左孩子指针
    int RChild;                    //右孩子指针
};
```

2. 编码表结点结构(图 2.2.1)

```
struct HCode
{
    char data;
    char code[100];
```

```
};
```

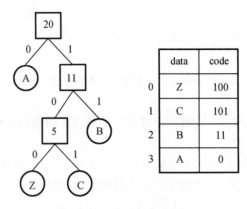

图 2.2.1　哈夫曼树编码结构

3.哈夫曼类结构

```
class Huffman
{
private:
    HNode * HTree;                              //哈夫曼树
    HCode * HCodeTable;                         //哈夫曼编码表
    char str[1024];                             //输入的原始字符串
    char leaf[256];                             //叶子结点对应的字符
    int a[256];                                 //记录每个出现字符的个数
public:
    int n;                                      //叶子结点数
    void init();                                //初始化
    void CreateHTree();                         //创建哈夫曼树
    void SelectMin(int &x, int &y, int s, int e);
    void CreateCodeTable();                     //创建编码表
    void Encode(char * d);                      //编码
    void Decode(char * s, char * d);            //解码
    void print(int i, int m);                   //打印哈夫曼树
    ~Huffman();
};
```

根据实验要求,分步骤实现哈夫曼编/解码,如下。

步骤1:统计输入的字符串中字符的频率

哈夫曼编码的第一步需要使用字符出现的频率作为输入,本实验采用从键盘输入的方式,需要解决的问题有两个:一是输入的字符串中间有空格如何处理? 二是如何使统计效率更高?

例如:

```
char str[1024];

cin>>str;
```

上述代码运行后输入字符串,但 cin>>str 遇到空格就停止本次读取,所以我们需要使用其他的方法来进行输入,即需要使用 cin. get( )函数进行字符串读取。get( )方法每调用一次,读取一个字符,该字符的 ASCII 码作为返回值返回,换行回车等控制字符也当作普通字符进行读取,因此需要指定结束读取的标志字符,才能停止 get( )函数的循环调用。

本实验中可以将字符读取和统计结合在一起进行。示例代码如下:

```
(1) int nNum[256] = {0};          //记录每一个字符出现的次数
(2) int ch = cin.get();
(3) int i = 0;
(4) while((ch != '\r') && (ch != '\n'))
    {
(5)    nNum[ch]++;                //统计字符出现的次数
(6)    str[i++] = ch;             //记录原始字符串
(7)    ch=cin.get();              //读取下一个字符
    }
(8) str[i] = '\0';
```

其中,整型数组变量 nNum 用来记录每一个字符出现的次数(若该字符未出现,则对应的 nNum[ch]的值为 0),可以把读取的字符 ch 的 ASCII 码当成,当 ch 出现时,nNum[ch]自动加一。

当然,数组 nNum 中的等于零的字符会有很多,不方便后续哈夫曼树的创建,因此可以进行过滤,仅留下出现次数大于零的字符。因此,完整的初始化代码如下:

```
void Huffman::init()
{
    (1) ~ (8)
    n = 0;
    for(i = 0; i < 256; i++)
    {
        if(nNum[i] > 0)                 //若 nNum[i]==0 说明该字符未出现
        {
            leaf[n] = (char)i;
            a[n] = nNum[i];
            n++;
        }
    }
}
```

其中,数组 leaf 存储出现次数大于零的字符,相应的数组 a 存储该字符出现的次数,n 为字符数,作为步骤 2 创建哈夫曼树的输入。字符数组 str 存储用户输入的字符串,作为步骤 5 编码的输入。当然,也可以使用其他方法进行字符的统计,请读者自行思考。

步骤 2:创建哈夫曼树

该步骤在教材中进行了详细的讲解和实现,其中有一个选择权值之中最小的两个权值的函数,即函数 SelectMin(int &x, int &y, int s, int e);其中 x 为最小权值,y 为次小权值,s 为权值范围的起始下标,e 为结束下标。该函数如何实现呢?

分析:从所有未使用过的权值表中选择两个最小的权值,可以有多种方法,比如一次选择一个最小的,选择两遍;或者进行迭代,一次选择出两个。显然,后者的时间效率较高,因此我们采用后者进行实现。迭代选择两个最小值的基本思想是：

（1）从权值表 HTree[s…e]中选取第一个未使用结点下标为 x，并设 y=x。

（2）从剩下的未使用的权值中依次遍历：

若当前结点 i 的权值<结点 x 的权值，则迭代，即 y=x；x=i；

否则，若此时 y=x（即 y 还未赋值），则 y=i；

若此时当前结点 i 的权值<y 结点的权值，则 y=i。

具体实现如下：

```
void Huffman::SelectMin(int &x, int &y, int s, int e)
{
    int i;
    for(i = s; i <= e; i++)
        if(HTree[i].parent == -1)
        {
            x = y = i; break;                //找出第一个有效权值x,并令y=x
        }
    for(; i < e; i++)
        if(HTree[i].parent == -1)            //该权值未使用过
        {
            if(HTree[i].weight < HTree[x].weight)
            {
                y = x;x = i;                 //迭代,依次找出前两个最小值
            }
            else if((x == y) ||(HTree[i].weight < HTree[y].weight))
                y = i;                       //找出第2个有效权值y
        }
}
```

特别说明，本例中叶子结点数 n 作为成员变量，因此，哈夫曼类的成员函数的参数中不必再添加 int n 这个参数，直接使用 n 即可。

步骤 3：打印哈夫曼树

哈夫曼树的直观表示方式有多种，我们常见的树状结构如图 2.2.2 所示是其中的一种，此外还有如图 2.2.3（a）所示的嵌套集合表示法，如图 2.2.3（b）所示的广义表表示法和如图 2.2.3（c）所示的凹入表示法。

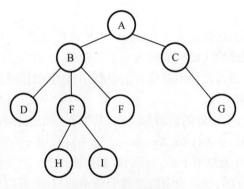

图 2.2.2 树型表示法

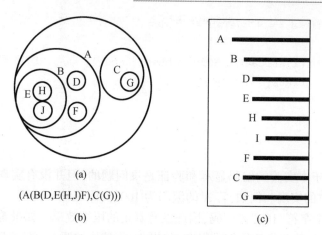

(a)

(A(B(D,E(H,J)F),C(G)))

(b)

(c)

图 2.2.3 其他表示法

树型表示法当结点很多的时候,不容易打印得非常合适,所以我们可以选择使用凹入表的方式打印任意形状的哈夫曼树。根结点空一格直接打印,第 2 层结点空 2 格打印,第 3 层结点空 3 格打印,依此类推,每个结点占用独立的一行。由于只有叶子结点是有对应字符的,所以其他结点可以打印该结点的权值。因此,我们可以尝试使用二叉树前序遍历的方式来进行直观打印。示例代码如下:

```
# define N 10                         //定义树的最大深度
void Huffman::print(int i, int m)
{
    if(HTree[i].LChild == -1)
    cout<<setfill(' ')<<setw(m + 1)<<leaf[i]<<setfill('-')<<setw(N - m)<<'\n';
    else{
cout<<setfill(' ')<<setw(m + 1)<<HTree[i].weight<<setfill('-')<<setw(N - m)<<'\n';
        print(HTree[i].LChild, m + 1);
        print(HTree[i].RChild, m + 1);
    }
}
```

其中,参数 i 表示哈夫曼树的下标为 i 的结点,m 表示该结点的层次。该函数是递归函数,所以在 main( ) 函数中第一次调用该函数时,实参为 i=2*n-2,m=1。

步骤 4:创建编码表

该步骤参考教材中的讲解和实现即可。

步骤 5:编码

编码表生成后,进行编码相对容易,实验要求只要能够显示出来编码后的字符串即可,也就是说,若 A 的编码为 0, B 的编码为 10,则字符串 AAB 的编码显示为"0010"即可。由于初始化函数中已经记录了输入的字符串 str,因此直接使用该变量作为输入即可。

```
void Huffman::Encode( char * d)
{
    char * s = str;
    while( *s !='\0')
    {
        for(int i = 0; i < n; i++)
```

```
    if( * s == HCodeTable[i].data)
    {
        (1)strcat(d, HCodeTable[i].code);        //d 为编码后的字符串
        break;
    }
    s++;
}
```

上述代码用于本实验的编码显示和验证是没问题的,但并没有实现真正的压缩效果,这是因为代码(1)的实现。例如,若 A 的编码为 100,实际压缩中使用 3 个 bit 代替字符 A,本例中使用了 3 个字符"100"来编码,因此没有真正的压缩效果。如果希望能够按照 bit 的方式进行编码,需要使用位运算符进行 bit 的操作,将编码按照 bit 的方式写入文件。

请自行思考,如何采用 bit 的方式使用哈夫曼编码压缩文件。

步骤 6:解码

该步骤参考教材中的讲解和实现即可。

步骤 7:测试

根据测试数据,编写如下 main( )函数进行测试:

```
int main( )
{
    Huffman HFCode;
    cout<<"请输入要编码的字符串:";
    HFCode.init( );

    cout<<"创建 Huffman 树:"<<endl;
    HFCode.CreateHTree( );
    HFCode.print(2 * HFCode.n - 2, 1);

    cout<<"创建 Huffman 编码表:"<<endl;
    HFCode.CreateCodeTable( );

    char d[1024] = {0};
    HFCode.Encode(d);
    cout<<"编码结果:"<<d<<endl;

    char s[1024] = {0};
    HFCode.Decode(d, s);
    cout<<"解码结果:"<<s<<endl;
    return 0;
}
```

最后,也是特别要注意的地方——内存泄漏。本实验中的主要数据结构 HTree 和 HCodeTable 都是动态内存,因此必须要在哈夫曼树的析构函数中进行内存清理,示例代码如下:

```
Huffman::~Huffman()
{
    delete []HTree;
    delete []HCodeTable;
}
```

本实验的运行效果如图 2.2.4 所示。

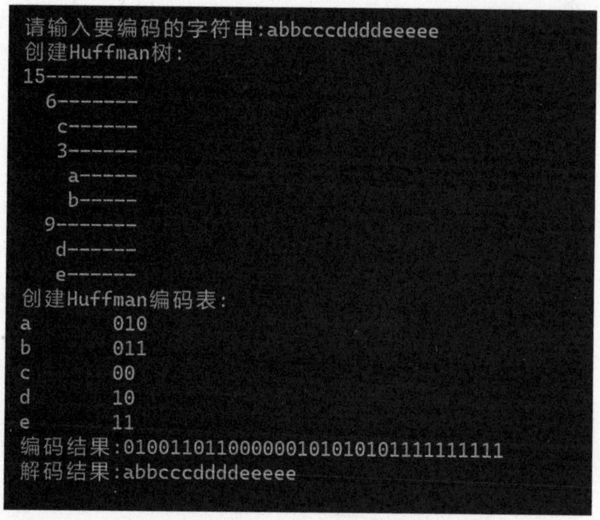

图 2.2.4 运行测试结果

下面讨论哈夫曼编码的压缩效果。数据压缩比(data compression ratio)是衡量数据压缩器压缩效率的质量指标,是指数据被压缩的比例,其计算公式如下:

压缩比=压缩前字节数/压缩后字节数

本实验为了方便显示和验证算法,采用字符串方式进行压缩,即若一个字符 A 的哈夫曼编码为"010",采用 3 个字符进行编码显示,也就是一个字节的字符 A 用了 3 个字节的字符编码。实际中应当采用 3 个 bit 进行压缩,才能有压缩效果。

因此,按照图中的测试数据,本实验哈夫曼编码的压缩比为:15/18=0.83;实际按照 bit 压缩的压缩比为:15×8/18=6.67。

哈夫曼编解码的实验是一个比较综合的实验,在实验过程中要体会如何进行程序结构设计,培养对大量代码的程序组织能力,从而为未来大项目的设计和实现奠定基础。

2.5 地图染色问题

【实验四 题目 3】

将图 2.2.5 所示的地图进行染色,最少使用多少种颜色可以使得染色后的地图相邻部分的颜色不相同?

【实验讲解】

这是一个典型的地图染色问题,解决的步骤如下:

(1)地图表示:将地图转化成图的表示方式,图由两种成员组成:顶点和边,即顶点表示什么,边表示什么?本题指的是利用图的顶点存储地图上需要的染色的区域,利用图的边表示图上区域之间是否相邻的关系,比如区域 1 和区域 2 相邻,则图中顶点 1 和顶点 2 之间就画一条边,这是地图的存储,如图 2.2.6 所示。

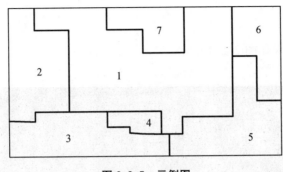

图 2.2.5　示例图

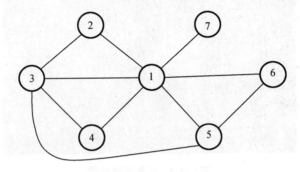

图 2.2.6　地图表示

(2)算法:遍历图中的各个顶点,将相邻的顶点使用不同颜色进行染色,不相邻的顶点使用相同的颜色进行着色,即可完成该算法。因此,我们有如下问题需要解决。

问题①:如何存储不同顶点的颜色?

问题②:如何判断该颜色是否可以使用?

问题③:如何判断染色方案是否是最优方案,即使用了最少的颜色?

1)对于问题①,如何存储顶点颜色?

可以附设 1 个顶点颜色数组 int x[N](N 为顶点数),用来保存每一个顶点的颜色,比如顶点 1 的颜色号为 3,则 x[0]等于 3。

2)对于问题②,如何判断颜色是否可用?

可以采用探测回溯的方法解决,具体步骤如下:

步骤 a. 按照序号 1…N,依次选择顶点;

步骤 b. 从已经分配的颜色中依次选取一个颜色号,将该颜色赋予当前的顶点;

步骤 c. 与该顶点相邻并且已经染色的顶点进行比较,若颜色相同,则说明该颜色号不合适,重新选取一个新的颜色,返回 b;若该颜色与所有相邻顶点的颜色都不相同,则该颜色选定,返回 a,选择下一个顶点。

反复上述步骤,直到所有顶点染色完毕。

3)对于问题③,如何确定最优解?

如果按照问题②的步骤,我们可以得出一种有效的染色方案,但该方案是否最优,即是否使用了最少的颜色,我们不能确定。因此,我们需要将问题②的解决步骤进行优化,即将步骤 a 进行修改,改为按照顶点度数从大到小的顺序进行染色,大量实践证明,该方法在大部分情况下可以得到一个最优解。

因此设计一个存储结构,存储顶点编号和链接数:

```
struct NODE
{
    int ID;
    int Links;
};
```

为了使染色算法更具通用性,我们实现了一个顶点排序的算法 SortNode(int b, NODE SN[]);b 为邻接矩阵,SN 为顶点信息数组。该算法为自动顶点排序算法,该数组应该由邻接矩阵计算每个顶点的度,然后再按度从大到小的顺序排序,得到排序后的顶点序号{0, 2, 4, 1, 3, 5, 6},示例代码如下:

```
void SortNode(int b[][N],NODE SN[])
{
    for(int i = 0; i < N; i++)
    {
        SN[i].ID = i;SN[i].Links = 0;    //初始化顶点信息
        for(int j = 0; j < N; j++)
            SN[i].Links += b[i][j];      //计算每个顶点的度
    }
    for(int i = 1; i < N; i++)            //冒泡排序
        for(int j = 0; j < N-i; j++)
            if(SN[j].Links < SN[j+1].Links)
            {
                NODE tmp = SN[j];
                SN[j] = SN[j+1];
                SN[j+1] = tmp;
            }
}
```

准备工作完成,然后规划一下程序的模块结构,从模块化的角度讲,本实验可以将程序分成 3 个模块,即 3 个函数,如下。

(1)主函数 main():用来进行数据初始化和测试染色算法,打印输出结果等。

(2)染色函数 Coloring():本实验的关键算法,遍历每一个结点,并为其染色。

(3)验证颜色函数 IsValid():为每个结点染色的时候进行判断,在染色函数中调用。

因此,整个程序的关键染色算法代码如下:

```
#include<iostream>
using namespace std;
const int N=7;
//判断该颜色是否可用,b 是邻接矩阵,k 是当前染色的顶点序号,x 是顶点颜色数组
bool IsValid(int b[N][N], int k, int x[], int n, NODE Node[])
{
    for(int i = 0; i < n; i++)
        if((b[k][Node[i].ID]) && (x[k] == x[Node[i].ID]))
```

```
            return false;                    //i 和 k 相邻,并且颜色相同,该颜色不合适
        return true;
    }
//染色函数,b 是邻接矩阵,x 是顶点颜色数组,n 是结点个数
void Coloring(int b[N][N], int x[], int n,NODE Node[])
{
    x[Node[0].ID] = 1;
    for(k = 1 ; k < N; k++)
    {
        x[Node[k].ID] = 1;
        while(!IsValid(b, Node[k].ID, x, k, Node))
                                //着色无效继续在当前层搜索有效的颜色
            x[Node[k].ID] = x[Node[k].ID] + 1;
    }
}

intmain()
{
    int x[N] = {0};                          //顶点颜色数组,用来保存最后的染色结果
    int b[N][N] = {0,1,1,1,1,1,1,             //图 2.2.6 所示的邻接矩阵
                   1,0,1,0,0,0,0,
                   1,1,0,1,1,0,0,
                   1,0,1,0,0,0,0,
                   1,0,1,0,0,1,0,
                   1,0,0,0,1,0,0,
                   1,0,0,0,0,0,0};
    NODE Node[N];
    SortNode(b, Node);                       //按度数排序的顶点序号
    Coloring(b, x, N, Node);
    for(int j = 0; j < N; ++j)               //输出
        cout<<"顶点"<<j + 1<<"色号:"<<x[j]<<endl;
    return 0;
}
```

程序运行结果如图 2.2.7 所示。地图表示的染色结果如图 2.2.8 所示。

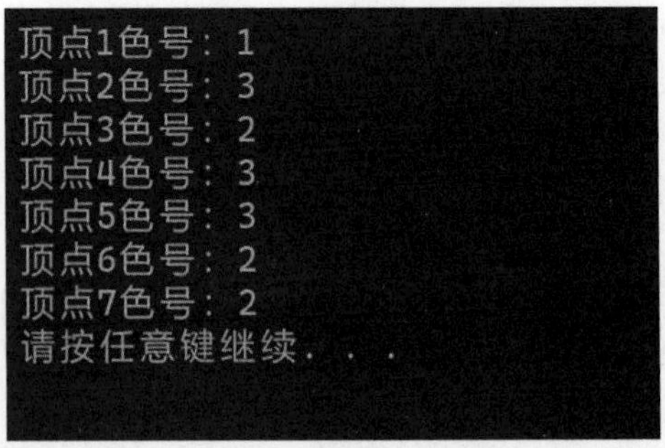

```
顶点1色号: 1
顶点2色号: 3
顶点3色号: 2
顶点4色号: 3
顶点5色号: 3
顶点6色号: 2
顶点7色号: 2
请按任意键继续. . .
```

图 2.2.7　染色运行结果

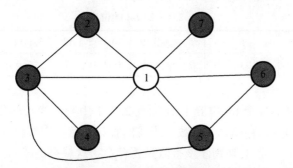

图 2.2.8 地图表示的染色结果

注:该方法中顶点排序 SortNode( ) 的时间复杂度为 $O(N*N)$,判断当前颜色是否可用 IsValid( ) 的时间复杂度为 $O(N)$,因此,最终染色算法的时间复杂度为 $O(N*N*m)$,m 为用于染色的颜色数。

2.6 散列查找问题

【实验六 题目3】

假设一个文件包含至多1亿条数据,如图 2.2.9 每条数据都是一个 7 位的整数,每个整数至多出现一次,如何用最小的内存和无限大的硬盘空间,基于散列表技术来实现快速查找?

图 2.2.9 data. txt 文件格式

提示:

(1)用类似位图的方法;

(2)可采用 STL 进行辅助实现。

【实验讲解】

首先介绍一下什么是位图的方法。

假设有一组小于 20 的非负整数集合,则可以使用一个 20 bit 的位串来表示。例如,集合{2,8,3,5,1,13},它的存储方式如表 2.2.1 所示。

表 2.2.1　20 bit 的位串

bit 位	0	1	2	3	4	5	6	7	8	9	10	11	12	13	14	15	16	17	18	19
位数值	0	1	1	1	0	1	0	0	1	0	0	0	0	1	0	0	0	0	0	0

其中,将代表数字的各个 bit 位置 1,比如表 2.2.1 中灰色背景部分,其他 bit 位全部置 0,就可以使用 20bit 的空间存储 6 个整数。当我们查找任意一个整数,可以通过查找该整数对应的 bit 位的值是 1 还是 0,来判断该整数是否存在。这就是位图的方法。

所以,根据本实验的数据特点:7 位整数[1000000…9999999]范围内且不重复,每一个整数使用 1 个 bit 存储,可以构造一个长度为 9000000/8 = 1125000 = 1.125MB 的整型散列表:unsigned char Hash[1125000] = {0},利用直接定址法的思想来构造散列函数 $H_1(x)$ 和 $H_2(x)$,其中 x 为待散列的 7 位整数,$H_1(x)$ 计算 x 在散列表 Hash 的下标,$H_2(x)$ 计算 x 在 Hash[$H_1(x)$]元素中的 bit 位置:

$$H_1(x) = (x-1000000)/8$$
$$H_2(x) = (x-1000000)\%8$$

因此,构造散列表时,按顺序遍历数据文件,计算每一个数据对应在散列表 Hash 的 bit 位,并置 1,即可构造好该散列表。

查找时,对任意待查找的整数 y,计算 $H_1(y)$ 和 $H_2(y)$,定位整数 y 对应在 Hash 中的 bit 位,若该位置为 1,则说明查找成功;否则 y 不存在。

根据上面的分析,我们可以把整个程序进行模块化划分,分成以下 4 个部分:

(1)构造一个空的散列表:

unsigned char Hash[1125000] = {0};

(2)在散列表中插入一个元素:

void insert_ele(unsigned charHash[ ], int x);

(3)读取文件,并调用函数(2)生成散列表:

void gen_hash();

(4)测试:输入任意一个 7 位整数,查找该整数是否存在。

以上 4 个步骤,只需要遍历一次所有数据,因此构造散列表的时间复杂度为 O(n),查找散列表的时间复杂度为 O(1)。该算法的关键是第(2)和第(3)部分的具体的 C++代码实现如下:

(1)在散列表中插入一个元素

每读出一个整型元素 x,需要根据散列函数 H_1 和 H_2 计算该元素在散列表中的位置,然后将该位置的 bit 位设置为 1。示例代码如下:

```cpp
void insert_ele(unsigned char Hash[], int x)    //x 为文件中读出的数据
{
    int H1 = (x - 1000000) /8;                  //计算对应 Bash 的下标
    int H2 = (x - 1000000) %8;                  //计算对应 bit 位
    Hash[H1] = Hash[H1] |(0x01 << H2);          //对应位置 1
}
```

(2)构造完整的升序散列表,时间复杂度 O(n);

读取 data.txt 文件,使用 getline( )函数一行一行读取(因为每一个整数占用单独的一

行),然后再将读出的字符串使用 atoi( )函数转换成相应的整数。

```
void gen_hash()
{
    char str[12];
    if stream in("data.txt");              //打开文件
    while(! in.eof())                      //文件不结束
    {
        in.getline(str, 12,'\n');          //读取1行
        int i = atoi(str);                 //字符串转化成整型
        if(i) insert_ele(Hash, i);         //每读取一个数据即插入
    }
    in.close();
}
```

(3)测试函数

该函数用来测试该散列函数的有效性。即输入任意的一位 7 位整数,通过 H_1 和 H_2 计算该整数在散列表中的位置,若该位置为 1,则成功找到该整数;否则,该整数不存在。

```
int Search(int x)
{
    int H1 = (x - 1000000) /8;            //计算对应 Hash 的下标
    int H2 = (x - 1000000) % 8;           //计算对应 bit 位
    if(Hash[H1] & (0x01 << H2) = = 1)     //对应位置 1
        return 1;
    else
        return 0;
}
```

最后,实现一个测试主函数,用来完整测试该方法。该方法时间复杂度 O(n),内存使用量为 1.125MB。

```
int main()
{
    int x;
    static unsigned char Hash[1125e3] = {0}; //声明并初始化散列表
    gen_hash();
    cin>>x;
    if(Search(x) = = 1)
        cout<<"查找成功!"<<endl;
    else
        cout<<"该整数不存在"<<endl;
    return 0;
}
```

注:

(1)函数 atoi( )实现由字符串到整型数的转换,包含在库 stdlib. h 中。

(2)位图的方法将数据散列到位串中,还可以达到对数据进行排序的功能,其排序的时间复杂度为 O(n)。有兴趣的读者,不妨自己尝试实现。

2.7 机器调度问题

【实验六 题目4】

有 m 台机器处理 n 个作业,设作业 i 的处理时间为 t_i,则对 n 个作业进行机器分配,使得:

1. 一台机器在同一时间内只能处理一个作业;

2. 一个作业不能同时在两台机器上处理;

3. 作业 i 一旦运行,需要连续 t_i 个时间单位。

设计算法进行合理调度,使得 m 台机器上处理 n 个作业所需要的总时间最短。

测试数据:7 个作业,所需时间分别为 $\{2,14,4,16,6,5,3\}$,有三台机器,编号为 m_1,m_2 和 m_3。

其中一种可能的调度方案如图 2.2.10 所示。

时间分配:

(1)m_1 机器:16

(2)m_2 机器:14+3 = 17

(3)m_3 机器:6+5+4+2 = 17

图 2.2.10 调度方案示例

总的处理时间是 17。

【实验讲解】

这是一个多机调度求最优解的问题。

(1)输入:n 个不同处理时间的作业。

(2)约束条件:m 台机器,隐含每台机器的处理能力相同。

(3)目标:处理这 n 个作业的总时间最短。

该问题属于 NP 问题,即非确定问题也称为难解问题,也就是说对于 n 个输入,我们可以很容易地给出一个解,但很难确定这个解是否是最优解。

因此,本实验我们使用一种简单的但有效的求解这类问题的算法——贪心算法进行求解。

首先介绍什么是贪心算法。贪心算法又称贪婪算法,指的是在对问题求解时,总是做出在当前看来是最好的选择。也就是说,不从整体最优上加以考虑,它所做出的仅是在某种意义上的局部最优解。贪心算法不是对所有问题都能得到整体最优解,但对于范围相当广泛的许多问题,它能产生整体最优解或者是整体最优解的近似解。

对本问题而言,使用贪心算法求解就是采用最长时间优先(LPT)的简单调度策略。即作业按其所需时间的递减顺序排列,在分配一个作业时,将其分配给最先变为空闲的机器。

首先,设计该算法的存储结构。

(1)为每个机器设计数据类型:

```
struct MachineNode
{
    int ID;                          //机器号
    int avail;                       //机器已用时刻
};
```

(2)为每个作业设计数据类型：

```
struct JobNode
{
    int ID;                          //作业号
    int time;                        //处理时间
};
```

其次,对机器调度算法的输入进行初始化：初始化 m 台机器的机器号和已用时间；以及初始化 n 个作业所需的时间。初始化分为两步：

步骤1：初始化 m 台机器。

```
void InitMachine(MachineNode * pMachine, int m)
{
    for(int i = 0; i < m; i++)       //初始化 m 台机器
    {
        pMachine[i].ID = i + 1;
        pMachine[i].avail = 0;
    }
}
```

步骤2：初始化 n 个作业。

```
void InitJobs(int jobs[ ], JobNode * pJob, int n)
{
    for(int i = 0; i < n; i++)       //初始化 n 个作业
    {
        pJob[i].ID = i + 1;
        pJob[i].time = jobs[i];
    }
}
```

最后,关键机器调度算法如何体现采用最长时间优先(LPT)的简单调度策略。算法思想如下：

(1)将 n 个作业 pJob[1…n]按处理时长从大到小排序。

(2)从 i=0 开始遍历这 n 个作业：

1)寻找当前第 1 台空闲机器 j；

2)将作业 pJob[i]分配给该机器；

3)i++。

(3)比较每一台机器的总处理时间,将用时最大的时间输出。

示例代码如下：

```
int Scheduling(MachineNode * pMachine, int m, JobNode * pJob, int n)
{
```

```
    int nMachineID;                      //记录当前最先空闲的机器 ID
    SortJobByTime(pJob, n);              //按作业时间从大到小排序
    for(int i = 0; i < n; i++)
    {
        nMachineID = 1;                  //记录当前最先空闲的机器 ID
        for(int j = 1; j < m; j++)
            if(pMachine[nMachineID - 1].avail > pMachine[j].avail)
                nMachineID = j + 1;
        pMachine[nMachineID - 1].avail + = pJob[i].time;
        cout<<"机器"<<nMachineID<<'\t'
            <<"处理作业"<<pJob[i].ID<<"处理时间"<<pJob[i].time<<endl;
    }
    nMachineID = 1;
    for(int j = 1; j < m; j++)
        if(pMachine[nMachineID - 1].avail < pMachine[j].avail)
                                         //寻找用时最长的机器
            nMachineID = j + 1;
    return pMachine[nMachineID - 1].avail;
}
```

注意:关于 SortJobByTime(pJob,n);按作业时间从大到小排序的算法,下面给出一个简单的使用冒泡排序实现的算法,请根据教材的排序知识使用不同的方法实现该函数,比如可以使用 STL 中的 sort( )函数实现。

```
void SortJobByTime(JobNode * pJob, int n)
{
    for(int i = 0; i < n-1; i++)
        for(int j = 0; j < n-i-1; j++)
        {
            if(pJob[j].time < pJob[j + 1].time)
            {
                JobNode t = pJob[j];
                pJob[j] = pJob[j + 1];
                pJob[j + 1] = t;
            }
        }
}
```

最后,编写测试函数测试机器调度算法。

```
int main()
{
    int m = 3, n = 7;
    int jobs[ ] = {2, 14, 4, 16, 6, 5, 3}; //测试数据
    MachineNode *pMachine = new MachineNode[m];
    JobNode *pJob = new JobNode[n];
    InitMachine(pMachine, m);
```

```
InitJob(jobs, pJob, n);
int time = Scheduling(pMachine, m, pJob, n);
cout<<"总调度时间为:"<<time<<endl;
delete []pMachine;                //释放机器内存
delete []pJob;                    //释放作业的内存
return 0;
}
```

运行结果如图 2.2.11 所示,可以看到每台机器所承担的作业号以及该作业的处理时间。运行结果的逻辑表示如图 2.2.12 所示。

图 2.2.11 运行结果

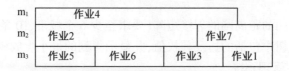

图 2.2.12 运行结果的逻辑表示

本实验中的关键机器调度算法 Scheduling 的时间复杂度由两部分组成:作业排序的最低时间复杂度 $O(n\log n)$;作业调度的时间复杂度 $O(n*m)$。这两部分中最大的那个就是机器调度算法的时间复杂度。

第3部分　课程设计

1. 题目1　排序综合

问题描述:利用随机函数产生 N 个随机整数(20000 以上),采用多种方法对这些数进行排序。

基本要求:

(1)至少采用 5 种方法实现上述问题的求解,并把排序后的结果保存在不同的文件中。提示:可采用的方法有插入排序、希尔排序、起泡排序、快速排序、选择排序、归并排序。

(2)统计每一种排序方法的性能(以上机运行程序所花费的时间为准进行对比),找出其中两种较快的方法。

2. 题目2　连接城市的最小生成树

问题描述:给定一个地区的 n 个城市间的距离网,用 Prim 算法或 Kruskal 算法建立最小生成树,并计算得到的最小生成树的代价。

基本要求:城市间的距离网采用邻接矩阵表示,邻接矩阵的存储结构定义采用教材中给出的定义,若两个城市之间不存在道路,则将相应边的权值设为自己定义的无穷大值。要求在屏幕上显示得到的最小生成树中包括了哪些城市间的道路,并显示得到的最小生成树的代价。

输入:表示城市间的距离网的邻接矩阵(要求至少 6 个城市、10 条边)。

输出:最小生成树中包括的边及其权值,并显示得到的最小生成树的代价。

3. 题目3　学生管理系统

问题描述:对某大学的学生进行管理,包括学生记录的新增、删除、查询、修改、排序等功能。

基本要求:学生对象包括学号、姓名、性别、出生年月、入学年月、住址、电话、成绩等信息。系统的主要功能如下。

(1)新增:将新增学生对象按姓名以字典方式存储在学生管理文件中。

(2)删除:从学生管理文件中删除一名学生对象。

(3)查询:从学生管理文件中查询符合某些条件的学生。

(4)修改:检索某个学生对象,对其某些属性进行修改。

(5)排序:按某种需要对学生对象文件进行排序。

4. 题目4　约瑟夫双向生死游戏

问题描述:约瑟夫双向生死游戏是在约瑟夫生者死者游戏的基础上,先正向计数后反向计数,然后再正向计数。具体描述如下:30 位旅客同乘一条船,因为严重超载,加上风大浪高,危险万分,因此船长告诉乘客,只有将全船一半的旅客投入海中,其余人才能幸免于难。无奈,大家只得同意,并议定 30 个人围成一圈,由第一个人开始,顺时针依次报数,数到第 9 人,便把他投入大海中,然后从他的下一个人数起,逆时针数到第 5 人,将他投入大海;然后从他逆时针的下一个人数起,顺时针数到第 9 人,再将他投入大海。如此循环,直到剩下 15 位乘客为止。问哪些位置的人将被扔下大海。

基本要求:本游戏的数学建模为,假设 n 位旅客排成一个环形,依次顺序编号 1,2,…,

n。从某个指定的第 1 号开始,沿环计数,数到第 m 个人就让其出列;然后从第 m+1 个人反向计数到 m-k+1 个人,让其出列;然后从 m-k 个人开始重新正向沿环计数,再数 m 个人,让其出列,然后再反向数 k 个人,让其出列。这个过程一直进行到剩下 q 名旅客为止。

输入要求:

(1)旅客的个数,也就是 n 的值;

(2)正向计数的间隔数,也就是 m 的值;

(3)反向计数的间隔数,也就是 k 的值;

(4)所有旅客的序号作为一组数据存放在某种数据结构中。

输出要求:

(1)离开旅客的序号;

(2)剩余旅客的序号。

5. 题目 5　实验室预约系统

问题描述:某学院实验室实行全天开放,学生可以根据自己的学习进度自行安排实验时间,但是每个实验有一个限定的时间,例如某实验要在近两周内完成。假设近期将要做的实验可以安排在周一下午、周三下午、周五下午三个时间(可以根据实际情况进行调整),不妨称为时间一、时间二、时间三,这三个时间做实验的学生可以用队列来存储。

基本要求:

(1)插入:将预约做实验的学生插入合适的时间队列中。

(2)删除:时间队列中前 5 位学生可以在该时间做实验。

(3)查询:教师可以随时查询某个时间队列中学生的预约情况。

(4)修改:没做实验之前,学生可以对预约的时间进行修改。

(5)输出:输出每个时间队列中预约的学生名单。

6. 题目 6　学生搭配问题

问题描述:一班有 m 个女生,n 个男生(m 不等于 n),现要开一个舞会,男女生分别编号坐在舞池两边的椅子上。每曲开始时,依次从男生和女生中各出一人配对跳舞,本曲没成功配对者坐着等待下一曲匹配舞伴。

基本要求:利用队列设计一个系统,动态模拟上述过程。

功能要求如下:

(1)输出每曲配对情况;

(2)计算出任何一个男生(编号为 X)和任意女生(编号为 Y),在第 K 曲配对跳舞的情况,至少求出 K 的两个值;

(3)尽量设计多种算法及程序,可视情况适当加分。

7. 题目 7　压缩器/解压器

问题描述:为了节省存储空间,常常需要把文本文件采用压缩编码的方式存储。例如,一个包含 1000 个 x 的字符串和 2000 个 y 的字符串的文本文件在不压缩时占用的空间为 3002 字节(每个 x 或每个 y 占用 1 个字节,2 个字节用来表示串的结尾)。如果这个文件采用游程长度编码(run-length coding)可以存储为字符串 1000x2000y,仅为 10 个字母,占用 12 个字节。若采用二进制表示游程长度(1000 和 2000)可以进一步节省空间。如果每个游程长度占用 2 个字节,则可以表示的最大游程长度为 $2 * pow(16)$,这样,该字符串只需要用 8 个字节来存储。读取编码文件时,需要对其进行解码。由压缩器(compressor)对文件进行编码,由解压器(decompressor)进行解码。

基本要求:

(1)采用长度-游程编码的压缩/解压;

(2)采用 LZW 压缩/解压(散列);

(3)采用哈夫曼编码压缩/解压(哈夫曼树)。

至少选用两种压缩/解压策略实现压缩器/解压器。输入的是文本文件(.txt),输出的是一种自定义的文件(.nz)。考虑当文本中的字符集合为{a,b,c,…,z,0,1,2,..,9}时,请用实例测试压缩器/解压器。测试压缩器会不会出现抖动,即压缩后的文件比原来的文件还要大。扩充文本中的字符集合以便使压缩器/解压器适应更一般的情况。

8. 题目 8   MD5 算法设计与实现

问题描述:设计一个实现 MD5 算法的程序。

基本要求:

(1)能够将任何文件和数据集合生成一个 MD5 的值。

(2)能够根据互联网下载的文件及其 MD5 值进行验证。

9. 题目 9   多校区交通管理系统

问题描述:设计一个程序实现多个校区交通车的管理,满足师生对交通的需求。

基本要求:

(1)必须能够满足上课教师的乘坐要求;

(2)实现学生和教师预约上车;

(3)司机和车辆的管理;

(4)临时停车点管理。

10. 题目 10   迷宫与栈问题

问题描述:以一个 mxn 的长方阵表示迷宫,0 和 1 分别表示迷宫中的通路和障碍。设计一个程序,对任意设定的迷宫,求出一条从入口到出口的通路,或得出没有通路的结论。

基本要求:

(1)首先实现一个以链表作为存储结构的栈类型,然后编写一个求解迷宫通路的非递归程序,求得的通路以三元组(i,j,d)的形式输出。其中,(i,j)指示迷宫中的一个坐标,d 表示走到下一坐标的方向。

(2)编写递归形式的算法,求得迷宫中所有可能的通路。

(3)以方阵形式输出迷宫及其通路。

11. 题目 11   算术表达式与二叉树

问题描述:一个表达式和一棵二叉树之间存在自然的对应关系。写一个程序,实现基于二叉树表示的算术表达式的操作。

基本要求:假设算术表达式 Expression 内可以含有变量(a~z)、常量(0~9)和二元运算符+、-、*、/、^(乘幂),实现以下操作。

(1)ReadExpre(E):以字符序列的形式输入语法正确的前缀表达式,并构造表达式 E。

(2)WriteExpre(E):用带括号的中缀表达式输出表达式 E。

(3)Assign(V,c):实现对变量 V 的赋值(V=c),变量的初值为 0。

(4)Value(E):对算术表达式 E 求值。

(5)CompoundExpr(P,E1,E2):构造一个新的复合表达式(E1)P(E2)。

12. 题目12　银行业务模拟与离散事件模拟

问题描述:假设某银行有4个窗口对外接待客户,从早晨银行开门(开门9:00am,关门5:00pm)起不断有客户进入银行。由于每个窗口在某个时刻只能接待一个客户,因此客户人数较多时需要在每个窗口前顺次排队,对于刚进入银行的客户(建议:客户进入时间使用随机函数产生),如果某个窗口的业务员正空闲,则客户可到该窗口办理业务;反之,若4个窗口均有客户,刚进入银行的客户便会排在人数最少的队伍后面。

基本要求:编制一个程序,模拟银行的业务活动并计算一天中客户在银行逗留的平均时间。

功能要求:

(1)客户到达时间随机产生,一天内客户的人数设定为100人;

(2)银行业务员处理业务的时间随机产生,平均处理时间10分钟;

(3)将一天的数据(包括业务员和客户的数据)以文件方式输出。

13. 题目13　文学研究助手与模式匹配算法KMP

问题描述:文学研究人员需要统计某篇英文小说中某些形容词的出现次数和位置。试写一个实现这一目标的文字统计系统。

基本要求:

(1)英文小说存于一个文本文件中。待统计的词汇集合要一次性输入完毕,即统计工作必须在程序的一次运行之后就全部完成。程序的输出结果是每个词的出现次数和出现位置所在行的行号,格式自行设计。待统计的单词在文本中不跨行出现,它可以从行首开始,或者前置一个空格符。

(2)模式匹配要基于KMP算法;

(3)推广到更一般的模式集匹配问题,并设置待统计的单词可以在文本中跨行出现。

14. 题目14　校园导游咨询与最短路径

问题描述:从某学院/大学的平面图中选取有代表性的景点(10~15个),抽象成一个无向带权图。以图中顶点表示景点,边上的权值表示两地之间距离。

基本要求:根据用户指定的始点和终点输出相应路径,或者根据用户的指定输出景点的信息,为用户提供路径咨询。

(1)从某学院/大学的平面图中选取有代表性的景点(10~15个),抽象成一个无向带权图,以图中顶点表示校内各景点,存放景点名称、代号、简介等信息;以边表示路径,存放路径长度等信息。

(2)为用户提供图中任意景点相关信息的查询。

(3)为用户提供图中任意景点的问路查询,即查询任意两个景点之间最短的简单路径。

(4)区分汽车线路与步行线路。

15. 题目15　哈夫曼编/译码器

问题描述:利用哈夫曼编码进行通信可以大大提高信道利用率,缩短信息传输时间,降低传输成本。但是,这要求在发送端通过一个编码系统对待传数据预先编码,在接收端将传来的数据进行译码(复原)。对于双工信道(即可以双向传输信息的信道),每端都需要一个完整的编/译码系统。试为这样的信息收发站写一个哈夫曼码的编/译码系统。

基本要求:

(1)I:初始化(initialization)。从终端读入字符集大小n,以及n个字符和n个权值,建立哈夫曼树,并将它存于文件 hfmTree 中。

(2)E:编码(encoding)。利用已建好的哈夫曼树(如果不在内存中,则从文件 hfmTree 中读入),对文件 ToBeTran 中的正文进行编码,然后将结果存入文件 CodeFile 中。

(3)D:译码(decoding)。利用已建好的哈夫曼树对文件 CodeFile 中的代码进行译码,结果存入文件 TextFile 中。

(4)P:打印代码文件(print)。将文件 CodeFile 以紧凑格式显示在终端上,每行 50 个代码。同时,将此字符形式的编码文件写入文件 CodePrin 中。

(5)T:打印哈夫曼树(tree printing)。将已在内存中的哈夫曼树以直观的方式(树或凹入表形式)显示在终端上,同时将此字符形式的哈夫曼树写入文件 TreePrint 中。

16. 题目 16 内部排序算法比较

问题描述:在很多教材中,各种内部排序算法的时间复杂度分析结果只给出了算法执行时间的阶或大概执行时间,试通过随机数据比较各种算法的关键字比较次数和关键字移动次数,以取得直观感受。

基本要求:对以下 7 种常用的内部排序算法进行比较,即冒泡排序、直接插入排序、简单选择排序、希尔排序、堆排序、归并排序、快速排序。

(1)待排序表的表长不小于 100;

(2)数据要用伪随机数程序产生;

(3)至少要用 5 组不同的输入数据做比较;

(4)比较的指标为有关键字参加的比较次数和关键字的移动次数(关键字交换计为 3 次移动);

(5)对结果做出简单分析,包括对各组数据得出结果波动大小的解释。

17. 题目 17 简单行编辑程序

问题描述:文本编辑器程序是利用计算机进行文字加工的基本软件工具,实现对文本文件的插入、删除等修改操作。限制这些操作以行为单位进行的编辑程序称为行编辑程序。

被编辑的文本文件可能很大,全部读入编辑程序的数据空间(内存)的做法既不经济,也不能总实现,一种解决办法是逐段地编辑,即任何时刻只把待编辑文件的一段放在内存中,作为活区。试按照这种方法实现一个简单的行编辑程序(设文件每行不超过 320 个字符)。

基本要求:该程序应实现以下 4 条基本编辑命令。

(1)行插入。格式为 i<行号><回车><文本><回车>,将<文本>插入活区中第<行号>行之后。

(2)行删除。格式为 d<行号 1>[<空格><行号 2>]<回车>,删除活区中第<行号 1>(到第<行号 2>行),例如"d10"和"d10 14"。

(3)活区切换。格式为 n<回车>,将活区写入输出文件,并从输入文件中读入下一段,作为新的活区。

(4)活区显示。格式为 p<回车>,逐页(每页 20 行)显示活区内容,每显示一页之后请用户决定是否继续显示以后各页(如果存在),印出的每一行要前置行号和一个空格符,行号固定占 4 位,增量为 1。

各条命令中的行号均须在活区中各行行号范围之内,只有插入命令的行号可以等于活区第一行行号减 1,表示插入当前屏幕中第一行之前,否则命令参数非法。

18. 题目 18　动态查找表

问题描述:利用二叉排序树完成动态查找表的建立、指定关键字的查找、指定关键字结点的插入与删除。

算法输入:指定一组数据。

算法输出:显示二叉排序树的中序遍历结果、查找成功与否的信息、插入和删除后的中序遍历结果(排序结果)。

算法要点:二叉排序树建立方法、动态查找方法,对树进行中序遍历。

19. 题目 19　学生成绩管理

问题描述:对学生的成绩管理进行简单的模拟,用菜单选择的方式完成下列功能:登记学生成绩、查询学生成绩、插入学生成绩、删除学生成绩。

算法输入:功能要求或学生信息。

算法输出:操作结果。

算法要点:把问题看成是对线性表的操作。将学生成绩组织成顺序表,则登记学生成绩,即建立顺序表操作;查询学生成绩、插入学生成绩、删除学生成绩,即在顺序表中进行查找、插入和删除操作。

20. 题目 20　马踏棋盘

问题描述:将马随机放在国际象棋的 8×8 棋盘(Bord[8][8])的某个方格中,马按走棋规则进行移动。要求每个方格上只进入一次,走遍棋盘上全部 64 个方格。

基本要求:编制非递归程序,求出马的行走路线,并按求出的行走路线,将数字 1,2,…,64 依次填入一个 8×8 的方阵,并将其输出。自行指定一个马的初始位置。

提示:每次在多个可走位置中选择一个进行试探,其余未曾试探过的可走位置必须用适当结构妥善管理,以备试探失败时的"回溯"(悔棋)使用。

21. 题目 21　Joseph 环

问题描述:编号是 1,2,…,n 的 n 个人按照顺时针方向围坐一圈,每个人只有一个密码(正整数)。一开始任选一个正整数作为报数上限值 m,从第一个人开始顺时针方向自 1 开始顺序报数,报到 m 时停止报数。报 m 的人出列,将他的密码作为新的 m 值,从他在顺时针方向的下一个人开始重新从 1 报数,如此下去,直到所有人全部出列为止。

基本要求:设计一个程序,求出出列顺序。

22. 题目 22　运动会分数统计

问题描述:参加运动会的有 n 个学校,学校编号为 1,2,…,n。比赛分成 m 个男子项目和 w 个女子项目。项目编号为男子 1,…,m,女子 m+1,…,m+w。不同的项目取前五名或前三名积分:取前五名的积分分别为 7,5,3,2,1,前三名的积分分别为 5,3,2。哪些取前五名或前三名由学生自己设定(m≤20,n≤20)。

基本要求:

(1)可以输入各个项目的前三名或前五名的成绩。

(2)能统计各学校总分。

(3)可以按学校编号、学校总分、男女团体总分排序输出。

(4)可以按学校编号查询学校某个项目的情况,也可以按项目编号查询取得前三名或前五名的学校。

规定:输入数据形式和范围,如 20 以内的整数(如果做得更好可以输入学校的名称、运动项目的名称)。

输出形式:有中文提示,各学校分数为整型数据。

界面要求:有合理的提示,每个功能可以设立菜单,根据提示可以完成相关的功能要求。

存储结构:学生根据系统功能要求自己设计存储结构,但是要将运动会的相关数据存储在数据文件中。

23. 题目 23　哈希表的应用

问题描述:利用哈希表进行存储。

基本要求:

(1)针对一组数据进行哈希表初始化,可以进行显示哈希表、查找元素、插入元素、删除元素、退出程序操作。

(2)用除留余数法构造哈希函数,用线性探测再散列处理冲突。

(3)用户可以进行创建哈希表、显示哈希表、查找元素、插入元素、删除元素等操作。

24. 题目 24　关键路径问题

问题描述:设计一个程序,求出完成整项工程至少需要多少时间以及整项工程中的关键活动。

功能要求:

(1)对于一个描述工程的 AOE 网,应判断该工程能否顺利进行。

(2)若该工程能顺利进行,输出完成整项工程至少需要多少时间,以及每一个关键活动所依附的两个顶点:最早发生时间、最迟发生时间。

25. 题目 25　电网建设造价计算

问题描述:假设一个城市有 n 个小区,要实现 n 个小区之间电网的互相连通,构造这个城市 n 个小区之间的电网,使总工程造价最低。请设计一个能满足要求的造价方案。

基本要求:如果每个小区之间都设置一条电网线路,则 n 个小区之间最多可以有 $n(n-1)/2$ 条线路,选择其中的 n-1 条使总的耗费最少。

26. 题目 26　一元稀疏多项式计算器

问题描述:设计一个一元稀疏多项式简单计算器。

基本要求:一元稀疏多项式简单计算器的基本功能如下。

(1)输入并建立多项式。

(2)输出多项式,输出形式为整数序列,即 $n, c_1, e_1, c_2, e_2, \cdots, c_n, e_n$,其中 n 是多项式的项数,$c_i$ 和 e_i,分别是第 i 项的系数和指数,序列按指数降序排列。

(3)多项式 a 和 b 相加,建立多项式 a+b;

(4)多项式 a 和 b 相减,建立多项式 a-b。

27. 题目 27　药店的药品销售统计系统

问题描述:设计一个系统,实现医药公司定期对各药品的销售记录进行统计,可按药品的编号、单价、销售量或销售额做出排名。

基本要求:首先从数据文件中读出各药品的信息记录,存储在顺序表中。各药品的信息包括药品编号、药名、药品单价、销出数量、销售额。药品编号共 4 位,采用字母和数字混合编号,如 A125,前一位为大写字母,后 3 位为数字,按药品编号进行排序时,可采用基数排序法。对各药品的单价、销售量或销售额进行排序时,可采用多种排序方法,如直接插入排序、冒泡排序、快速排序、直接选择排序等方法。本系统中对单价的排序采用冒泡排序法,对销售量的排序采用快速排序法,对销售额的排序采用堆排序法。

28.题目28　文本格式化

问题描述:输入文件中含有待格式化(或称待排版)的文本,它由多行文字组成。例如,一篇英文文章,每一行由一系列被一个或多个空格符所隔开的字组成,任何完整的字都没有被分割在两行(每行最后一个字与下一行的第一个字之间在逻辑上应该由空格分开),每行字符数不超过80个。除了上述文本类字符之外,还存在起控制作用的字符:符号"@"指示它后面的正文在格式化时应另起一段排放,即空一行,并在段首缩进2个字符位置,"@"自成一个字。

一个文本格式化程序可以处理上述输入文件,按照用户指定的版面规格重排版面,实现页内调整、分段、分页等文本处理功能,排版结果输出到文本文件中。

基本要求:

(1)输出文件中,字与字之间只留一个空格符,即实现多余空格符的压缩。

(2)在输出文件中,任何完整的字仍不能分割在两行,行尾可以不对齐,但行首要对齐(即左对齐)。

(3)如果所要求的每页页底所空行数不少于3,则将页号印在页底空行中第2行的中间位置上,否则不印。

(4)版面要求的参数要包含以下内容。

页长(PageLength):每页内文字(不计页号)的行数。

页宽(PageWidth):每行内文字所占最大字符数。

左空白(LeftMargin):每行文字前的固定空格数。

头长(HeadingLength):每页页顶所空行数。

脚长(FootingLength):每页页底所空行数(含页号行)。

起始页号(StartingPageNumber):首页的页号。

29.题目29　串基本操作的演示

问题描述:如果语言没有把串作为一个预先定义好的基本类型对待,又需要用该语言写一个涉及串操作的软件系统时,用户必须自己实现串类型。试实现串类型,并写一个串的基本操作的演示系统。

基本要求:在用堆分配存储表示实现串类型的最小操作子集的基础上,实现串抽象数据类型的其余基本操作(不使用C语言本身提供的串函数),参数合法性检查必须严格。

利用上述基本操作函数构造一个命令解释程序,循环往复地处理用户键入的每一条命令,直至终止程序的命令为止。命令定义如下。

(1)赋值。格式为A<串标识><回车>,用<串标识>所表示的串的值建立新串,并显示新串的内部名和串值。

(2)判相等。格式为E<串标识1><串标识2><回车>,若两串相等,则显示"EQUAL",否则显示"UNEQUAL"。

(3)连接。格式为C<串标识1><串标识2><回车>,将两串拼接产生结果串,将它的内部名和串值都显示出来,

(4)求长度。格式为L<串标识><回车>,显示串的长度。

(5)求子串。格式为 S<串标识>+<数 1>+<数 2><回车>,如果参数合法,则显示子串的内部名和串值,<数>不带正负号。

(6)子串定位。格式为 I<串标识 1><串标识 2><回车>,显示第二个串在第一个串中首次出现时的起始位置。

(7)串替换。格式为 R<串标识 1><串标识 2><串标识 3><回车>,将第一个串中所有出现的第二个串用第三个串替换,显示结果串的内部名和串值,原串不变。

(8)显示。格式为 P<回车>,显示所有在系统中被保持的串的内部名和串值的对照表。

(9)删除。格式为 D<内部名><回车>,删除该内部名对应的串,即赋值的逆操作。

(10)退出。格式为 Q<回车>,结束程序的运行。

在上述命令中,如果一个自变量是串,则应首先建立它。基本操作函数的结果(即函数值)如果是一个串,则应在尚未分配的区域内新辟空间存放。

30.题目 30　稀疏矩阵运算器

问题描述:稀疏矩阵是指那些多数元素为零的矩阵,利用矩阵的稀疏特点进行存储和计算可以大大节省存储空间,提高计算效率。实现一个能进行稀疏矩阵基本运算的运算器。

基本要求:以"带行逻辑链接信息"的三元组顺序表表示稀疏矩阵,实现两个矩阵相加、相减和相乘的运算。稀疏矩阵的输入形式采用三元组表示,而运算结果的矩阵则以通常的阵列形式列出。

31.题目 31　重言式判别

问题描述:一个逻辑表达式如果对于其变元的任一种取值都为真,则称为重言式;反之,如果对于其变元的任一种取值都为假,则称为矛盾式。然而,更多的情况下,既非重言式,也非矛盾式。试写一个程序,通过真值表判断一个逻辑表达式属于上述哪一类。

基本要求:

(1)逻辑表达式从终端输入,长度不超过一行。逻辑运算符包括"|""&"和"~",分别表示或、与和非,运算优先程度递增,但可由括号改变,即括号内的运算优先。逻辑变元为大写字母。表达式中任何地方都可以含有多个空格符。

(2)若是重言式或矛盾式,可以只显示"True forever"或"False forever",否则显示"Satisfactible"以及变量名序列,与用户交互。若用户对表达式中的变元取定一组值,程序就求出并显示逻辑表达式的值。

32.题目 32　教学计划编制问题

问题描述:大学的每个专业都要制订教学计划。假设任何专业都有固定的学习年限,每学年含两学期,每学期的时间长度和学分上限值均相等。每个专业开设的课程都是确定的,而且课程在开设时间的安排上必须满足先修关系。每门课程有哪些先修课程是确定的,可以有任意多门,也可以没有。每门课程恰好占一个学期。试在这样的前提下设计一个教学计划编制程序。

基本要求:

(1)输入参数包括学期总数,一学期的学分上限,每门课程的课程号(固定占 3 位的字母数字串)、学分和直接先修课的课程号。

(2)允许用户指定下列两种编排策略之一,一是使学生在各学期中的学习负担尽量均匀,二是使课程尽可能地集中在前几个学期中。

(3)若问题在给定的条件下无解,则报告适当的信息,否则将教学计划输出到用户指定的文件中。计划的表格格式自行设计。

33.题目33 图书管理

问题描述:图书管理基本业务活动包括对一本书的采编入库、清除库存、借阅和归还等。试设计一个图书管理系统,使上述业务活动能够借助计算机系统完成。

基本要求:

(1)每种书的登记内容至少包括书号、书名、著者、现存量和总库存量5项。

(2)作为演示系统,不必使用文件,全部数据可以都在内存中存放。但是由于采编入库、清除库存、借阅和归还4项基本业务活动都是通过书号(即关键字)进行的,所以要用B树(24树)对书号建立索引,以提高效率。

(3)系统应实现的操作及其功能定义如下。

采编入库:新购入一种书,经分类和确定书号之后登记到图书账目中。如果这种书在账目中已存在,则只需要将总库存量增加。

清除库存:某种书已无保留价值,将它从图书账目中注销。

借阅:如果一种书的现存量大于零,则借出一本,登记借阅者的图书证号和归还期限。

归还:注销对借阅者的登记,改变该书的现存量。

显示:以凹入表的形式显示B树,其目的是便于调试和维护。

34.题目34 稀疏矩阵的完全链表表示及其运算

问题描述:稀疏矩阵的每个结点包含 down、right、row、col 和 value 5 个域。用单独一个结点表示一个非零项,并将所有结点连接在一起,形成两个循环链表。第一个表即行表,把所有结点按照行序(同一行内按列序)用 right 域链接起来。第二个表即列表,把所有结点按照列序(同一列内按行序)用 down 域链接起来。这两个表共用一个头结点。另外,增加一个包含矩阵维数的结点。稀疏矩阵的这种存储表示称为完全链表表示。实现一个完全链表系统进行稀疏矩阵运算,并分析下列操作函数的计算时间和额外存储空间的开销。

基本要求:建立一个界面友好的菜单式系统进行下列操作,并使用适当的测试数据测试该系统。

(1)读取一个稀疏矩阵建立其完全链表表示。

(2)输出一个稀疏矩阵的内容。

(3)删除一个稀疏矩阵。

(4)两个稀疏矩阵相加。

(5)两个稀疏矩阵相减。

(6)两个稀疏矩阵相乘。

(7)稀疏矩阵的转置。

35.题目35 通讯录的制作

问题描述:设计一个通讯录管理程序。

基本要求:

(1)每条信息至少包含姓名、性别、电话、城市、邮编几项内容。

(2)作为一个完整的系统,应具有友好的界面和较强的容错能力。

功能要求:

(1)显示提示菜单。根据菜单的选项调用各函数,并完成相应的功能。

（2）能在通讯录的末尾写入新的信息，并返回菜单。

（3）能按姓名、电话、城市 3 种方式查询某人的信息；如果找到了，则显示该人的信息；如果未找到，则提示通讯录中没有此人的信息，并返回菜单。

（4）能修改某人的信息，如果未找到要修改的人，则提示通讯录中没有此人的信息，并返回菜单（按姓名、电话 3 种方式查询）。

（5）能删除某人的信息，如果未找到要删除的人，则提示通讯录中没有此人的信息，并返回菜单（按姓名、电话 3 种方式查询）。

（6）能显示通讯录中的所有记录。

（7）通讯录中的信息以文件形式保存。

36. 题目 36　双层停车场管理

问题描述：有一个两层的停车场，每层有 6 个车位，当车停满第一层后才允许使用第二层（停车场可用一个二维数组实现，每个数组元素存放一个车牌号）。每辆车的信息包括车牌号、层号、车位号、停车时间 4 项，其中停车时间按分钟计算。

基本要求：

（1）假设停车场初始状态为第一层已经停有 4 辆车，其车位号依次为 1~4，停车时间依次为 20,15,10,5，即先将这四辆车的信息存入文件 car.dat 中（数组的对应元素也要进行赋值）。

（2）停车操作：当一辆车进入停车场时，先输入其车牌号，再为它分配一个层号和一个车位号（分配前先查询车位的使用情况，如果第一层有空位则必须停在第一层），停车时间设为 5，最后将新停入的汽车的信息添加文件到 car.dat 中，并将在此之前的所有车的停车时间加 5。

（3）收费管理：当有车离开时，输入其车牌号，先按其停车时间计算费用，每 5 分钟 0.2 元（停车费用可设置一个变量进行保存），同时从文件 car.dat 中删除该车的信息，并将该车对应的车位设置为可使用状态（即二维数组对应元素清零），按用户的选择来判断是否要输出停车收费的总计。

（4）输出停车场中全部车辆的信息。

（5）退出系统。

37. 题目 37　家谱管理系统

问题描述：实现一个家谱管理系统。建立至少 30 个成员的数据，以较为直观的方式显示结果，并提供文稿形式的输出以便检查。

基本要求：

（1）输入文件存放家谱中各成员的信息，成员的信息中均应包含以下内容：姓名、出生日期、婚否、地址、健在否、死亡日期（若其已死亡），也可附加其他信息，但不是必需的。

（2）实现数据的写入和从文件中读取的操作。

（3）显示家谱。

（4）显示第 n 代所有人的信息。

（5）按照姓名查询，输出成员信息（包括其本人、父亲、孩子的信息）。

（6）按照出生日期查询成员名单。

（7）输入两人姓名，确定其关系。

（8）某成员添加孩子。

(9)删除某成员(若其还有后代,则一并删除)。

(10)修改某成员信息。

(11)按出生日期对家谱中所有人排序。

(12)打开家谱时,提示当天生日的健在成员。

界面要求:有合理的提示,每个功能可以设立菜单,可以根据提示完成相关的功能要求。

存储结构:学生根据系统功能要求自主设计,但是要求相关数据要存储在数据文件中。

测试数据:要求使用全部合法数据和局部非法数据两种测试数据,进行程序测试,以保证程序的稳定性。

38.题目38 车厢调度

问题描述:假设铁路调度站入口处的车厢序列的编号依次为 $1,2,3,\cdots,n$。设计一个程序,求出所有可能由此输出的长度为 n 的车厢序列。

基本要求:首先在栈的顺序存储结构 SqStack 之上实现栈的基本操作,即实现栈类型。程序对栈的任何存取(即更改、读取和状态判别等操作)必须借助基本操作进行。

(1)输入形式为整数,输入值为 100 以内的整数。

(2)输出形式为整数,以 2 位的固定位宽输出。

(3)输入车厢长度 n,输出所有可能的车厢序列。

(4)测试数据取 n=3,4,0,101。

提示:一般来说,在操作过程的任何状态下都有两种可能的操作:"入"和"出"。每个状态下处理问题的方法都是相同的,这说明问题本身具有天然的递归特性,可以考虑用递归算法实现,输入序列可以仅由一对整型变量表示,即给出序列头/尾编号。

39.题目39 航空订票系统

问题描述:航空客运订票的业务活动包括查询航线、客票预订和办理退票等。试设计一个航空客运订票系统,以使上述业务可以借助计算机来完成。

基本要求:

(1)每条航线所设计的信息有终点站名、航班号、飞机号、星期几飞行、乘员定额、余票量、已订票的客户名单(包括姓名、订票量、舱位等级),以及等候替补的客户名单(包括姓名和所需票量)。

(2)作为示意系统,全部数据可以只存放在内存中。

(3)系统能实现的操作功能如下。

1)查询航线:根据旅客提出的终点站名输出航班号、飞机号、星期几飞行、最近一天航班的日期和余票额。

2)承办订票业务:根据客户提出的要求(航班号和订票数额)查询该航班票额情况,若尚余票则为客户办理订票手续,输出座位号;若已满员或余票额少于订票额,则需要重新询问客户要求,客户若需要可登记排队候补。

3)承办退票业务:根据客户提供的信息(日期、航班)为客户办理退票手续,然后查询该航班是否有人排队候补,首先询问排在第一位的客户,若退票额能满足其要求,则为其办理订票手续,否则依次询问其他排队候补的客户。

40.题目40 汽车牌照管理系统

问题描述:排序和查找是数据处理中使用频度极高的操作,为加快查找的速度,需要实现对数据记录按关键字排序。在汽车数据的信息模型中,汽车牌照是关键字,而且是具有结构特点的一类关键字,因为汽车牌照号是数字和字母混编的,例如01B7328,这种记录集合是一个适合利用多关键字进行排序的典型例子。

基本要求:

(1)首先利用链式基数排序方法实现排序,然后利用折半查找方法,实现对汽车记录按关键字进行查找。

(2)汽车记录集合可以人工录入,也可以由计算机自动随机生成。

第3篇 扩展学习

针对当前各大 IT 企业笔试中的特点与侧重点,挑选了几家著名 IT 企业的笔试真题,并对这些题目进行了分析与讲解(扫描二维码获取),针对试题中涉及的部分重点、难点问题都进行了适当的扩展与延伸,使读者不仅能够获取求职的知识,还能更有针对性地进行求职准备。在技术的海洋里,我们不是创造者,但我们愿意去当好一名传播者,以期让更多的需要者能够通过本部分的学习,为将来找到一份自己满意的工作打下良好的基础。

真题 1　某知名社交软件公司
软件工程师笔试题

一、单选题

1. 如果等式 12×25＝311 成立，那么使用的是(　　)进制运算。

A. 七　　　　　　　B. 八　　　　　　　C. 九　　　　　　　D. 十一

2. 在某 32 位系统下，C++程序如下所示：

```
char str[ ] = "http://www.tianya.com "(长度为 21)
char *p=str;
sizeof(str)= ? ①
sizeof(p)= ? ②
void Foo(char str[100])
{
    sizeof(str)= ? ③
}
Void *p=malloc(100);
sizeof(p)= ? ④
```

①②③④处填写的值分别为(　　)。

A. 22，22，100，100　　　　　　　　B. 4，4，4，4

C. 22，4，4，4　　　　　　　　　　D. 22，4，100，4

3. 有字符序列 (Q,H,C,Y,P,A,M,S,R,D,F,X)，那么新序列 (F,H,C,D,P,A,M,Q,R,S,Y,X) 是(　　)算法一趟扫描的结果。

A. 堆排序　　　　　B. 快速排序　　　　　C. 希尔排序　　　　　D. 冒泡排序

4. 下列关于排序算法的描述中，正确的是(　　)。

A. 快速排序的平均时间复杂度为 O(nlog n)，最坏时间复杂度为 O(nlog n)

B. 堆排序的平均时间复杂度为 O(nlog n)，最坏时间复杂度为 O(n)

C. 冒泡排序的平均时间复杂度为 O(n)，最坏时间复杂度为 O(n)

D. 归并排序的平均时间复杂度为 O(nlog n)，最坏时间复杂度为 O(n)

5. 假设要存储一个数据集，数据维持有序，对其只有插入、删除和顺序遍历操作，综合存储效率和运行速度考虑，下列数据结构中最适合的是(　　)。

A. 数组　　　　　　B. 链表　　　　　　C. 散列表　　　　　D. 队列

6. 假设有 n 个关键字具有相同的散列函数值，则用线性探测法把这 n 个关键字映射到散列表中需要执行的线性探测次数为 (　　)。

A. n2　　　　　B. n×(n+1)　　　　　C. n×(n+1)/2　　　　　D. n×(n−1)/2

7. 下列不属于数据库事务正确执行的四个基本要素的是(　　)。

A. 隔离性　　　　　B. 持久性　　　　　C. 强制性　　　　　D. 一致性

8. 下列进程状态变化中，不可能发生的是 (　　)。

A. 运行→就绪　　　　B. 运行→等待　　　　C. 等待→运行　　　　D. 等待→就绪

9. 下列选项中, 不可以查看某 IP 是否可达的方式/命令是(　　)。

A. telnet　　　　　　B. ping　　　　　　C. tracert　　　　　　D. top

10. 当用一台机器作为网络客户端时, 该机器最多可以保持(　　)个到服务端的连接。

A. 1　　　　　　B. 少于 1024　　　　　　C. 少于 65535　　　　　　D. 无限制

二、填空题

1. 根据访问根结点的次序, 二叉树的遍历可以分为三种: 前序遍历、(　　)遍历和后序遍历。

2. 由权值分别为 3, 8, 6, 2, 5 的叶子结点生成一棵哈夫曼树, 它的带权路径长度为(　　)。

三、问答题

1. 给定一棵二叉树, 求各个路径的最大和, 路径可以以任意结点作为起点和终点。

例如, 给定以下二叉树:

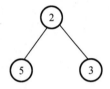

返回 10, 代码如下:

```
/* *
*二叉树的定义
* struct TreeNode{
*     int val;
*     TreeNode *left;
*     TreeNode *right;
*     TreeNode(int x):val(x),left(NULL),right(NULL){}
*};
*/
int maxPathSum(TreeNode * root)
```

2. 有一个链表, 其中每个对象包含两个指针 p1、p2, 其中指针 p1 指向下一个对象, 指针 p2 也指向一个对象, 沿 p1 可以像普通链表一样完成顺序遍历, 沿 p2 则可能会有重复。一种可能的例子如下, 其中实线箭头是 p1, 虚线箭头是 p2。

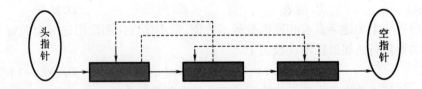

请设计函数, 翻转这个链表, 并返回头指针。链表结点的数据结构如下:

```
struct Node{
    Node *p1;
```

```
    Node *p2;
    int data;
};
```

函数定义如下：

```
Node * revert(Node * head);
```

3. 编辑距离又称为 Levenshtein 距离,是指两个子串之间由一个转成另一个所需要的最少编辑操作次数。许可的编辑操作包括将一个字符替换成另一个字符、插入一个字符和删除一个字符。请实现一个算法来计算两个字符串的编辑距离,并计算其复杂度。在某些应用场景下,替换操作的代价比较高,假设替换操作的代价是插入和删除的两倍,该如何调整算法?

真题2 某知名即时通信软件服务公司软件工程师笔试题

真题详解2

一、不定项选择题

1. 已知一棵二叉树,如果先序遍历的结点顺序为 ADCEFGHB,中序遍历的结点顺序为 CDFEGHAB,则后序遍历的结点顺序为 (   )。

A. CFHGEBDA
B. CDFEGHBA
C. FGHCDEBA
D. CFHGEDBA

2. 下列数据结构中,同时具有较高的查找和删除性能的是(   )。

A. 有序数组
B. 有序链表
C. AVL 树
D. Hash 表

3. 下列排序算法中,时间复杂度不会超过 O(nlog n)的是(   )。

A. 快速排序
B. 堆排序
C. 归并排序
D. 冒泡排序

4. 初始序列为{1,8,6,2,5,4,7,3}的一组数,采用堆排序的方法进行排序,当建堆(小根堆)完毕时,堆所对应的二叉树的中序遍历序列为(   )。

A. 8,3,2,5,1,6,4,7
B. 3,2,8,5,1,4,6,7
C. 3,8,2,5,1,6,7,4
D. 8,2,3,5,1,4,7,6

5. 当 n=5 时,下列函数的返回值是(   )。

```
int foo( int n)
{
    if(n<2)
    {
        return n;
    }
    else
        return foo(n-1)+foo(n-2);
}
```

A. 5
B. 7
C. 8
D. 10

6. S 市共有 A、B 两个区,人口比例为 3:5,据历史统计,A 区的犯罪率为 0.01%,B 区的犯罪率为 0.015%。现有一起新案件发生在 S 市,那么案件发生在 A 区的可能性是(   )。

A. 37.5%
B. 32.5%
C. 28.6%
D. 26.1%

7. 在 UNIX 操作系统中,可以用于进程间通信的是(   )。

A. Socket
B. 共享内存
C. 消息队列
D. 信号量

8. 静态变量通常存储在进程的(   )。

A. 栈区
B. 堆区
C. 全局区
D. 代码区

9. 下列方法中,可有效提高查询效率的是(   )。

A. 在 Name 字段上添加主键
B. 在 Name 字段上添加索引
C. 在 Age 字段上添加主键
D. 在 Age 字段上添加索引

10. 131. 153. 12. 71 是一个( )IP 地址。

A. A 类　　　　　B. B 类　　　　　C. C 类　　　　　D. D 类

11. 下推自动机的语言是( )。

A. 0 型语言　　　B. 1 型语言　　　C. 2 型语言　　　D. 3 型语言

12. 有如下代码:

```
#define add(a,b) a+b
int main()
{
    printf("% d\n",5 * add(3,4));
    return 0;
}
```

其输出结果是 ( )。

A. 23　　　　　　B. 35　　　　　　C. 16　　　　　　D. 19

13. 浏览器访问某页面,当 HTTP 返回状态码为 403 时,其表示的意思是( )。

A. 找不到该页面　　　　　　　　B. 禁止访问

C. 内部服务器访问　　　　　　　D. 服务器繁忙

14. 如果在某系统中,等式 15×4＝112 成立,则系统采用的是( )进制。

A. 六　　　　　　B. 七　　　　　　C. 八　　　　　　D. 九

15. 某段文本中各个字母出现的频率分别是{a:4,b:3,o:12,h:7,i:10},使用哈夫曼编码,则可能的编码是( )。

A. a(000) b(001) h(01) i(10) o(11)　　B. a(0000) b(0001) h(001) o(01) i(1)

C. a(000) b(001) h(01) i(10) o(00)　　D. a(0000) b(0001) h(001) o(000) i(1)

16. TCP 和 IP 分别对应了 OSI 中的( )层。

A. Application Layer　　　　　　B. Presentation Layer

C. Transport Layer　　　　　　　D. Network Layer

17. 一个栈的入栈序列是 ABCDE,则该栈的出栈序列不可能是( )。

A. EDCBA　　　　B. DECBA　　　　C. DCEAB　　　　D. ABCDE

18. 同一进程下的线程可以共享以下( )。

A. stack　　　　　B. data section　　　C. register set　　　D. file fd

19. 对于派生类的构造函数,在定义对象时,构造函数的执行顺序为( )。

①对象成员的构造函数

②基类的构造函数

③派生类本身的构造函数

A. ①→②→③　　B. ②→③→①　　C. ③→②→①　　D. ②→①→③

20. 下列关于减少换页的方法描述中,错误的是( )。

A. 进程倾向于占用 CPU

B. 访问局部性(locality of reference)满足进程要求

C. 进程倾向于占用 I/O

D. 使用基于最短剩余时间(shortest remaining time)的调度机制

21. 递归函数最终会结束,那么这个函数一定( )。

A. 使用了局部变量

B. 有一个分支不调用自身

C. 使用了全局变量或者使用了一个或多个参数

D. 没有循环调用

22. 编译过程中,语法分析器的任务是(   )。

A. 分析单词是怎样构成的

B. 分析单词串是如何构成语言和说明的

C. 分析语句和说明是如何构成程序的

D. 分析程序的结构

23. 同步机制应该遵循的基本准则有(   )。

A. 空闲让进   B. 忙则等待   C. 有限等待   D. 让权等待

24. 进程进入等待状态的方式有(   )。

A. CPU 调度给优先级更高的线程

B. 阻塞的线程获得资源或者信号

C. 在时间片轮转的情况下,如果时间片到了

D. 获得 spinlock("自旋锁")未果

25. 下列设计模式中,属于结构型模式的是(   )。

A. 状态模式   B. 装饰模式   C. 代理模式   D. 观察者模式

二、填空题

1. 设有字母序列{Q,D,F,X,A,P,N,B,Y,M,C,W},按 2 路归并方法对该序列进行一趟扫描后的结果为 (   )。

2. 设有关键码序列(Q,H,C,Y,Q,A,M,S,R,D,F,X),按照关键码值递增的次序进行排序,若采用初始步长为 4 的 Shell 的排序法,则一趟扫描的结果是(   );若采用以第一个元素为分界元素的快速排序法,则扫描一趟的结果是(   )。

3. 二进制地址为 011011110000,大小为 4(十进制数)和 16(十进制数)块的伙伴地址分别为 (   ) 和(   )。

4. 设 t 是给定的一棵二叉树,下面的递归程序 count(t)用于求得(   )。

```
typedef struct node
{
    int data;
    struct node * lchild, * rchild;
}node;
int N2, NL, NR, N0;
void count(node * t)
{
    if(t->lchild != NULL)
        if(t->rchild != NULL)
            N2++;
        else
            NL++;
```

```
    else if(t->rchild != NULL)
        NR++;
    else
        N0++;
    if(t->lchild!= NULL)
        count(t->lchild);
    if(t->rchild != NULL)
        count(t->rchild);
} /* call form:if(t!=NULL) count(t); * /
```

三、编程题

1. 请设计一个排队系统,能够让每个进入队伍的用户都能看到自己在队列中所处的位置和变化,队伍可能随时有人加入和退出;当有人退出影响到用户的位置排名时,需要及时反馈到用户。

2. A,B 两个整数集合,设计一个算法求它们的交集,要求尽可能地高效。

真题3 某知名电子商务公司
软件工程师笔试题

真题详解3

一、单选题

1. 下列代码的运行结果为 ( )。

```c
#include<stdio.h>
int main(  )
{
    int a=100;
    while(a>0)
    {
        --a;
    }
    printf("% d",a);
    return 0;
}
```

A. -1　　　　　　　B. 100　　　　　　　C. 0　　　　　　　D. 死循环

2. 下列排序算法中,需要开辟额外的存储空间的是( )。

A. 选择排序　　　　B. 归并排序　　　　C. 快速排序　　　　D. 堆排序

3. 如果将固定块大小的文件系统中块的大小设置得更大一些,会有( )。

A. 更好的磁盘吞吐量和更差的磁盘空间利用率

B. 更好的磁盘吞吐量和更好的磁盘空间利用率

C. 更差的磁盘吞吐量和更好的磁盘空间利用率

D. 更差的磁盘吞吐量和更差的磁盘空间利用率

4. 若一棵二叉树的前序遍历序列为 aebdc,后序遍历序列为 bcdea,则根结点的孩子结点( )。

A. 只有 e　　　　　B. 有 e, b　　　　　C. 有 e, c　　　　　D. 不确定

5. 在非洲一个原始部落里,男性承担了狩猎、农耕等任务,女性则负责日常生活琐事。为了防止其他部落侵袭,村落里需要更多的男性劳动力,为此,首领决定颁布一条法律:"村子里没有生育出儿子的夫妻可以一直生育直到生出儿子为止"。假设现在部落里的男女比例是 1:1,则这条法律颁布之后的若干年,村里的男女比例将会( )。

A. 男的多　　　　B. 女的多　　　　C. 一样多　　　　D. 不能确定

6. 批处理操作系统的目的是( )。

A. 提高系统资源利用率　　　　　　　B. 提高系统与用户的交互性能

C. 减少用户作业的等待时间　　　　　D. 减少用户作业的周转时间

7. 设有一个关系：DEPT(DNO,DNAME),如果要找出倒数第三个字母为 W 且至少包含四个字母的 DNAME,则查询条件子句应写成 WHERE DNAME LIKE( )。

A. '__W_%'　　　　B. '_%W_ _'　　　　C. '_W_'　　　　D. '_W_%'

8. 已知一个无向图(边为正数)中顶点 A、B 的一条最短路 P,如果把各个边的权重(即相邻两个顶点的距离)变为原来的两倍,那么在新图中,P 仍然是 A、B 之间的最短路。以上说法(　　)。

   A. 不确定   B. 正确   C. 错误

9. 下列程序的时间复杂度为(其中 m>1,e>0)(　　)。

```
x=m;
y=1;
while(x-y>e)
{
    x=(x+y)/2;
    y=m/x;
}
print(x);
```

   A. log m   B. m^2 C. $m^{\frac{1}{2}}$ D. $m^{\frac{1}{3}}$

10. 有如下代码,那么函数 fun(484)的返回值为 (　　)。

```
bool fun(int n)
{
    int sum=0;
    for(int i=1;n>sum;i=i+2)
        sum=sum+i;
    return(n==sum);
}
```

   A. true   B. false   C. 不确定

11. 关于主对角线(从左上角到右下角)对称的矩阵为对称矩阵;如果一个矩阵中的各个元素取值为 0 或 1,那么该矩阵为 01 矩阵,大小为 N×N 的 01 对称矩阵的个数为 (　　)。

   A. power(2,n)   B. power(2,n×n/2)
   C. power(2,n(n+1)/2)   D. power(2,(n×n-n)/2)

12. 现代语言(如 Java 语言)的编译器的词法分析主要依靠(　　)。

   A. 有限状态自动机   B. 确定下推自动机
   C. 非确定下推自动机   D. 图灵机

13. 有如下代码,那么函数 f(1)的返回值为 (　　)。

```
int f(int n)
{
    static int i=1;
    if(n>=5)
        return n;
    n=n+i;
    i++;
    return f(n);
}
```

   A. 5   B. 6   C. 7   D. 8

二、多选题

下列关于 HTTP 的描述中,不正确的是(　　　)。

A. 有状态,前后请求有关联关系

B. FTP 也可以使用 HTTP

C. HTTP 响应包括数字状态码,300 代表此次请求有正确的返回值

D. HTTP 和 TCP、UDP 在网络分层里是同一层次的协议

三、填空题

123456789101112…2014 除以 9 的余数是(　　　)。

四、程序设计题

1. 给定字符串(ASCII 码 0~255)数组,请在不开辟额外空间的情况下删除开始和结尾处的空格,并将中间的多个连续的空格合并成一个。例如,"i am a little boy",变成"I am a little boy",语言类型不限,但不要用伪代码作答,函数输入/输出请参考如下的函数原型。

C++函数原型:

```
void FormatString(char str[], int len){

}
```

2. 给定一棵二叉树,以及其中的两个 node(地址均非空),要求给出这两个 node 的一个公共父结点,使得这个父结点与两个结点的路径之和最小。描述程序的最坏时间复杂度,并实现具体函数,函数输入/输出请参考如下的函数原型。

C++函数原型:

```
struct TreeNode{
    TreeNode * left;            //指向左子树
    TreeNode * right;           //指向右子树
    TreeNode * father;          //指向父亲结点
};
TreeNode * LowestCommonAncestor(TreeNode * first,TreeNode * second){

}
```

3. 十个房间里放着随机数量的金币。每个房间只能进入一次,并只能在一个房间中拿金币。一个人采取如下策略:前四个房间只看不拿,随后的房间只要看到比前四个房间都多的金币数就拿,否则就拿最后一个房间的金币。编程计算这种策略拿到最多金币的概率。

真题4 某知名软件测评中心测试工程师笔试题

真题详解4

一、不定项选择题

1. 计算机系统 CPU 中的 base 寄存器和 limit 寄存器的作用分别是( )。

A. 计数器寄存器,堆栈指针寄存器

B. 源变址寄存器,目的变址寄存器

C. 保存基地址寄存器,保存长度寄存器

D. 代码段寄存器,数据段寄存器

2. 操作系统不执行以下操作中的 ( )。

A. 分配内存   B. 输出/输入

C. 资源回收   D. 用户访问数据库资源

3. 下列用于用户拨号认证的是( )。

A. PPTP   B. IPSec   C. L2TP   D. CHAP

4. 下列用于产生数字签名的是 ( )。

A. 接收方的私钥   B. 发送方的私钥

C. 发送方的公钥   D. 接收方的公钥

5. 下列选项中,不属于单向散列表的特征的是( )。

A. 它把任意长度的信息转换成固定的长度输出

B. 它把固定的信息转换成任意长度的信息输出

C. 根据特定的散列值,它可以找到对应的原信息值

D. 不同的信息很难产生一样的散列值

6. 下列选项中,不能被重载的运算符有( )。

A. 作用域运算符"::"   B. 对象成员运算符"."

C. 指针成员运算符"–>"   D. 三目运算符"?:"

7. 下列说法中,正确的是( )。

A. 头文件中的 ifndef、define、endif 是为了防止该头文件被重复引用

B. 对于#include<filename.h>,编译器从标准库路径开始搜索 filename.h,对于"#include "filename.h"",编译器从用户的工作路径开始搜索 filename.h

C. C++语言支持函数重载,C 语言不支持函数重载

D. fopen 函数只是把文件目录信息调入内存

8. 关于 virtual void Draw( )= 0,下面说法正确的有( ) 个。

①它是纯虚函数

②它在定义它的类中不能实现

③定义它的类不可实例化

④如果一个类要继承一个 ADT 类,则必须要实现其中的所有纯虚函数

A. 1   B. 2   C. 3   D. 4

9.关键字 extern 的作用是( )。

A.声明外部链接　　　　　　　　　　　B.声明外部头文件引用

C.声明使用扩展 C++语句　　　　　　　D.声明外部成员函数和成员数据

10.如果在退出 UNIX 系统账户之后还需要继续运行某个进程,那么可用( )。

A. AWK　　　　　　B. SED　　　　　　C. crontab　　　　　　D. nohup

11.对有序数组{2、11、15、19、30、32、61、72、88、90、96}进行二分查找,则成功找到数值 15 需要比较( )次。

A. 2　　　　　　　B. 3　　　　　　　C. 4　　　　　　　D. 5

12.具有 n 个顶点的有向图,所有顶点的出度之和为 m,则所有顶点的入度之和为( )。

A. m　　　　　　　B. m+1　　　　　　C. n+1　　　　　　D. 2m+1

13.一棵有 12 个结点的完全二叉树,其深度为 ( )。

A. 4　　　　　　　B. 5　　　　　　　C. 3　　　　　　　D. 6

14.数据结构从逻辑上分为 ( ) 两大类。

A.顺序结构、链式结构　　　　　　　　B.静态结构、动态结构

C.初等结构、构造型结构　　　　　　　D.线性结构、非线性结构

15.下面不是 C++语言中标准数据类型的是( )。

A. int　　　　　　B. char　　　　　　C. bool　　　　　　D. real

16.一个具有 20 个叶子结点的二叉树,它有( ) 个度为 2 的结点。

A. 16　　　　　　　B. 21　　　　　　　C. 17　　　　　　　D. 19

17.一个完全二叉树共有 289 个结点,则该二叉树中的叶子结点数为( )。

A. 145　　　　　　B. 128　　　　　　C. 146　　　　　　D. 156

18.一个文件中包含了 200 个记录,若采用分块查找法,每块长度为 4,则平均查找长度为( )。

A. 30　　　　　　　B. 28　　　　　　　C. 29　　　　　　　D. 32

19.一个具有 8 个顶点的连通无向图,最多有( ) 条边。

A. 28　　　　　　　B. 7　　　　　　　C. 26　　　　　　　D. 8

20.下列关于 MAC 地址的表示中, 正确的是( )。

A.00-e0-fe-01-23-45　　　　　　　　B.00e0. fe01. 2345

C.00e. 0fe. -012. 345　　　　　　　　D.00e0. fe112345

21.break 关键字不能使用在( ) 中。

A. for 语句　　　　B. switch 语句　　　C. if 语句　　　　D. while 语句

22.VC++的编译器中,运算符 new 底层的实现是 ( )。

A. VirtualAlloc( )　　　　　　　　　B. HeapAlloc( )

C. GlobalAlloc( )　　　　　　　　　D. AllocateUserPhysicalPages( )

23.已知数组序列为{46、36、65、97、76、15、29},以 46 为关键字进行第一趟快速排序后,结果为( )。

A. 29、36、15、46、76、97、65　　　　B. 29、15、36、46、76、97、65

C. 29、36、15、46、97、76、65　　　　D. 15、29、36、46、97、76、65

24. 下列对顺序文件的描述中,错误的是( )。

A. 插入新记录时只能加在文件末尾

B. 存取第 i 个记录,必须先搜索在它之前的 i-1 个记录

C. 如要更新文件中的记录,必须复制整个文件

D. 顺序文件中物理记录的顺序和逻辑记录的顺序不一致

25. 如果线性表要频繁地执行插入和删除操作,那么该线性表应采取的存储结构是( )。

  A. 散列   B. 顺序   C. 链式   D. 索引

26. 下列排序方法中,辅助空间为 O(n) 的是( )。

  A. 归并排序   B. 堆排序   C. 选择排序   D. 希尔排序

27. stl::deque 是一种( ) 数据类型。

  A. 动态数组   B. 链表   C. 堆栈   D. 树

28. 下列排序方法中,属于稳定排序的是 ( )。

  A. 选择排序   B. 希尔排序   C. 堆排序   D. 归并排序

29. 下列数据结构中,不是多型数据类型的是( )。

  A. 堆   B. 栈   C. 字符串   D. 有向图

30. 下面 C++参考书中,页码最多的是 ( )。

  A.《Think in C++》   B.《深入浅出 MFC》

  C.《C++ Primer》   D.《Effective C++》

31. CreateFile 函数的功能有( )。

  A. 打开文件   B. 创建新文件   C. 修改文件名   D. 删除文件

32. 在关系数据库中,用来表示实体之间联系的是 ( )。

  A. 树结构   B. 网结构   C. 线性表   D. 二维表

33. 下列关于 STL 的描述中,错误的是 ( )。

A. STL 容器是线程不安全的

B. 当容量不够时,vector 内部内存扩展方式是翻倍的

C. std::sort 是稳定排序

D. std::bitset 不是一个 STL 容器

E. std::stack 默认是用 deque 实现的

F. std::string 中可以存储多个"'\0'"字符

34. 下列说法中,错误的是( )。

A. ALTER TABLE 语句可以添加字段

B. ALTER TABLE 语句可以删除字段

C. UPDATE TABLE 语句可以修改字段名称

D. ALTER TABLE 语句可以修改字段的数据类型

35. 一棵哈夫曼树有 4 个叶子,则它的结点总数为 ( )。

  A. 5   B. 6   C. 7   D. 8

36. 以链接方式存储的线性表(X1, X2, …, Xn),访问第 i 个元素的时间复杂度为( )。

  A. O(1)   B. O(n)   C. O(log n)   D. O(n)

37. 一棵二叉树有 1000 个结点,则该二叉树的最小高度是(   )。

A. 9   B. 10   C. 11   D. 12

38. 从表中任意一个结点出发可以依次访问到表中其他所有结点的结构是(   )。

A. 线性单链表   B. 双向链表   C. 循环链表   D. 线性链表

39. 采用顺序存储的栈,执行入栈运算,栈顶指针的变化是(   )。

A. top++   B. top--   C. 不变   D. (top++)++

40. 如果让元素 a、b、c 依次进栈,那么出栈次序不可能是(   )。

A. c, a, b   B. b, a, c   C. c, b, a   D. a, c, b

41. 图的广度优先搜索算法需使用的辅助数据结构为(   )。

A. 三元组   B. 队列   C. 二叉树   D. 栈

42. 下列关于数据结构的描述中,错误的是(   )。

A. 红黑树插入操作的平均时间复杂度为 O(log n),最坏时间复杂度为 O(log n)

B. B+树插入操作的平均时间复杂度为 O(log n),最坏时间复杂度为 O(log n)

C. 散列插入操作的平均时间复杂度为 O(log n),最坏时间复杂度为 O(n)

D. 排序链表插入操作的平均时间复杂度为 O(n),最坏时间复杂度为 O(n)

43. 某二叉树按中序遍历的序列为 SYZ,则该二叉树可能存在(   )种情况。

A. 2   B. 3   C. 4   D. 5

44. 一个栈的入栈序列为 ABCDE,则不可能的出栈序列为(   )。

A. ECDBA   B. DCEAB   C. DECBA   D. ABCDE   E. EDCBA

45. 若被除数为二进制数 110110,除数为二进制数 111,则余数为(   )。

A. 100   B. 101   C. 110   D. 111

46. 下列情况中,不能使用栈(Stack)来解决问题的是(   )。

A. 将数学表达式转换为后缀形式

B. 实现递归算法

C. 高级编程语言的过程调用

D. 操作系统分配资源(如 CPU)

47. 下列关于 Linux 操作系统下进程的描述中,不正确的是(   )。

A. 僵尸进程会被 init 进程接管,而僵尸进程不会造成资源浪费

B. 孤儿进程的父进程在它之前退出,会被 init 进程接管,它不会造成资源浪费

C. 进程是资源管理的最小单位,而线程是程序执行的最小单位。Linux 操作系统下的线程本质上用进程来实现

D. 子进程如果对资源只是进行读操作,那么完全和父进程共享物理地址空间

48. 在计算机系统里面,数值用(   )存储。

A. 源码   B. 补码   C. 反码   D. Unicode 码

49. 下列选项中,不是实现防火墙的主流技术的是(   )。

A. 包过滤技术   B. 应用级网关技术

C. NAT 技术   D. 代理服务器技术

50. 下列方法中,既可以用于黑盒测试,又可以用于白盒测试的是(   )。

A. 逻辑覆盖法   B. 边界值法

C. 基本路径法   D. 正交试验设计法

二、编程题

1. 给定一台有 m 个存储空间的机器,有 n 个请求需要在这台机器上运行,第 i 个请求计算时需要占 R[i]个空间,计算结果需要占 O[i]个空间(O[i]<R[i])。请设计一个算法,判断这 n 个请求能否全部完成。若能,则给出这 n 个请求的安排顺序。

2. 给定一个字符数组,要求写一个将其反转的函数。

真题 5 某知名门户网站软件工程师笔试题

一、不定项选择题

1. 有如下代码：

```cpp
#include<iostream>
using namespace std;
void swap_int(int a,int b)

{
    int temp=a;
    a=b;
    b=temp;
}
void swap_str(char * a, char * b)

{
    char * temp=a;
    a=b;
    b=temp;
}
int main(void)
{
    int a=10;
    int b=5;
    char * str_a="hello world";
    char * str_b="world hello";
    swap_int(a,b);
    swap_str(str_a,str_b);
    printf("%d%d%s%s\n", a, b, str_a, str_b);
    return 0;
}
```

上述程序的打印结果是(　　)。

A. 10 5 hello world world hello 　　 B. 10 5 world hello hello world

C. 5 10 hello world world hello 　　 D. 5 10 hello world world hello

2. 有如下代码：

```c
#include <stdio.h>
typedef struct object object;
struct object
{
```

```
        char data[3];
};
int main(void)
{
        object obj_array[3] = { { 'a','b','c' }, { 'd','e','f' }, { 'g','h','i' } };
        object * cur = obj_array;
        printf("%c %c\n", *(char *)((char *)(cur)+2), *(char *)(cur+2));
        return 0;
}
```

上述程序打印的两个字符分别是(　　　)。

　A. cg 　　　　　　　B. bd 　　　　　　　C. gg 　　　　　　　D. gc

3. 有如下代码：

```
char * string_a = (char *) malloc(100 * sizeof(char));
char string_b[100];
```

在64位平台机器下，sizeof(string_a)与sizeof(string_b)的值分别是(　　　)。

　A. 8,100 　　　　　B. 100,8 　　　　　C. 100,100 　　　　　D. 8,8

4. 二叉排序树的定义是：①若它的左子树不为空，则左子树所有结点均小于它的根结点的值；②若它的右子树不为空，则右子树所有结点的值均大于根结点的值；③它的左右子树也分别为二叉排序树。下列遍历方式中，能够得到一个递增有序序列的是(　　　)。

　A. 前序遍历 　　　B. 中序遍历 　　　C. 后序遍历 　　　D. 广度遍历

5. 往一个栈中顺序push下列元素：ABCDE，其pop可能的序列中，不可能存在的情况是(　　　)。

　A. BACDE 　　　　B. ACDBE 　　　　C. AEBCD 　　　　D. AEDCB

6. 执行1100|1010, 1001^1001, 1001&1100后，其结果分别为(　　　)。

　A. 1110 0000 1000 　　　　　　　B. 1000 1001 1000

　C. 1110 1001 0101 　　　　　　　D. 1001 1001 1000

7. 二叉树是一种树形结构，每个结点至多有两棵子树，下列一定是二叉树的是(　　　)。

　A. 红黑树 　　　　B. B树 　　　　　C. AVL树 　　　　D. B+树

8. 定义有二维数组intA[2][3]={1,2,3,4,5,6}，则A[1][0]和*(*(A+1)+1)的值分别是(　　　)。

　A. 4, 5 　　　　　B. 4, 3 　　　　　C. 3, 5 　　　　　D. 3, 4

9. 下面关于序列{16,14,10,8,9,3,2,4,1}的描述中，正确的是(　　　)。

　A. 是大顶堆 　　　B. 是小顶堆 　　　C. 不是堆 　　　D. 是二叉排序树

10. 若输入序列已经是排好序的，则下列排序算法中，速度最快的是(　　　)。

　A. 插入排序 　　　B. Shell排序 　　　C. 归并排序 　　　D. 快速排序

11. 一种既有利于短作业又兼顾长作业的调度方式是(　　　)。

　A. 先来先服务 　　　　　　　　　B. 均衡调度

　C. 最短作业优先 　　　　　　　　D. 最高响应比优先

12. 同一进程下的线程可以共享(　　　)。

　A. 栈 　　　　　　B. 数据区 　　　　C. 寄存器 　　　　D. 线程ID

13. 系统中的"颠簸"是由(　　　)引起的。

A. 内存容量不足   B. 缺页率高

C. 交换信息量大   D. 缺页率反馈模型不正确

14. 有 8 瓶酒,其中有 1 瓶会让人有不适反应,现在测试,每次测试结果 8h 后才会得出,如果只有 8h 的时间,那么最少需要 (　　) 个人进行测试。

A. 2   B. 3   C. 4   D. 6

15. 下列关于网络编程的描述中,错误的是(　　)。

A. TCP 建立和关闭连接都只需要三次握手

B. UDP 是可靠服务

C. 主动关闭的一端会出现 TIME_WAIT 状态

D. 服务端编程会调用 listen 方法,客户端也可以调用 bind 方法

16. 进程间通信的形式有(　　)。

A. 套接字   B. 管道   C. 共享内存   D. 信号

17. 下列关于 TCP/UDP 的描述中,正确的是 (　　)。

A. TCP 提供面向连接的字节流服务

B. TCP 和 UDP 都提供可靠的服务

C. TCP 也提供流控制

D. TCP 和 UDP 都提供重传机制

18. 分布式系统设计包括(　　)。

A. 容错设计   B. 多数据中心的数据一致性

C. 数据/服务可靠性   D. 可扩展性

E. 要满足 ACID 特性

19. 把 10 个不同的小球,放入 3 个不同的桶内,共有(　　)种方法。

A. 1000   B. 720   C. 59049   D. 360

20. 87 的 100 次方除以 7 的余数是(　　)。

A. 1   B. 2   C. 3   D. 4

二、简答题

1. 请回答以下关于进程、线程以及程序的有关问题。

(1) 进程和线程的异同点是什么?

(2) 多线程程序有什么优点与缺点?

(3) 多进程程序有什么优点与缺点? 与多线程相比,有什么区别?

2. 反转一个单链表,分别以迭代和递归的形式来实现。

3. 给一个数组,元素都是整数(有正数也有负数),寻找连续的元素相加之和为最大的序列。

例如, 1、-2、3、5、-4、6, 连续序列 3、5、-4、6 的和最大。如果元素全为负数, 则最大的和为 0,即一个数也没有选。函数原型如下:

```
/*
array[] 输入数组
n   数组元素个数
返回最大序列和
*/
int find_max_sum(int array[],int n)
```

真题6　某大数据综合服务提供商 软件工程师笔试题

真题详解6

一、不定项选择题

1.有如下代码：

```
int main()
{
    fork()||fork();
}
```

上述程序创建的进程个数是(　　)。

A.2　　　　　　　B.3　　　　　　　C.4　　　　　　　D.5

2.下列正则表达式中，不可以匹配字符串"www.alibaba-inc.com"的是(　　)。

A.^\w+\.\w+\-\w+\.\w+$　　　　　　B.[w]{0,3}.[a-z\-]*.[a-z]+

C.[c-w.]{3,10}[.][.][c-w.][.][a]　　D.[w][w][w][alibaba-inc]+[com]+

3.下列描述中，唯一错误的是(　　)。

A.本题有5个选项是正确的　　　　　　B.选项B正确

C.选项D正确　　　　　　　　　　　　D.选项D、E、F都正确

E.选项A、B、C中有一个错误

F.如果选项A、B、C、D、E都正确，那么选项F也正确

4.现有个数约为50000的数列需要进行从小到大排序，数列特征是基本逆序(多数数字从大到小，个别乱序)。下列排序算法中，在事先不了解数列特征的情况下性能最优(不考虑空间限制)的是(　　)。

A.冒泡排序　　　　B.堆排序　　　　C.选择排序　　　　D.快速排序

5.下列方法中，不可以用于程序调优的是 (　　)。

A.改善数据访问方式以提升缓存命中率

B.使用多线程的方式提高I/O密集型操作的效率

C.利用数据库连接池替代直接的数据库访问

D.使用迭代替代递归

6.假设变量m和变量n都是int类型，那么下列关于for循环语句的描述中，正确的是(　　)。

```
for(m=0,n=-1;n=0;m++,n++)
n++;
```

A.循环体一次也不执行　　　　　　　　B.循环体执行一次

C.无限循环　　　　　　　　　　　　　D.有限次循环

7.计算3个稠密矩阵A、B、C的乘积ABC，假定3个矩阵的尺寸分别为m×n,n×p,p×q，且m<n<p<q，以下计算顺序中，效率最高的是 (　　)。

A.(AB)C　　　　　　B.A(BC)　　　　　　C.(AC)B　　　　　　D.(BC)A

8. 若干个等待访问磁盘者依次要访问的磁道为 19,43,40,4,79,11,76,当前磁头位于 40 号柱面,若用最短寻道时间优先磁盘调度算法,则访问序列为( )。

A. 19,43,40,4,79,11,76
B. 40,43,19,11,4,76,79
C. 40,43,76,79,19,11,4
D. 40,19,11,4,79,76,43

9. 有如下代码:

```
int main(void)
{
    http://www.taobao.com
    cout<<"welcome to taobao"<<endl;
}
```

上述代码的出错时间是( )。

A. 预处理阶段 　　 B. 编译阶段 　　 C. 汇编阶段 　　 D. 链接阶段

E. 运行阶段 　　 F. 程序运行正常

10. 下列操作中,数组比线性表速度更快的是( )。

A. 原地逆序 　　 B. 头部插入 　　 C. 返回中间结点 　　 D. 返回头部结点

E. 选择随机结点

11. 在一个请求页式存储管理中,一个程序的页面走向为 3、4、2、1、4、5、3、4、5、I、2,并采用 LRU 算法。设分配给该程序的存储块数 S 分别为( )和( ),则在该访问中发生的缺页次数 F 是( )。

A. S=3,F=6;S=4,F=5
B. S=3,F=7;S=4,F=6
C. S=3,F=8;S=4,F=5
D. S=3,F=8;S=4,F=7

12. 每台物理计算机可以虚拟出 20 台虚拟机,假设一台虚拟机发生故障当且仅当它所宿主的物理机发生故障。通过 5 台物理机虚拟出 100 台虚拟机,那么下列关于这 100 台虚拟机故障的描述中,正确的是( )。

A. 单台虚拟机的故障率高于单台物理机的故障率

B. 这 100 台虚拟机发生故障是彼此独立的

C. 这 100 台虚拟机单位时间内出现故障的个数高于 100 台物理机单位时间内出现故障的个数

D. 无法判断这 100 台虚拟机和 100 台物理机哪个更可靠

E. 如果随机选出 5 台虚拟机组成集群,那么这个集群的可靠性和 5 台物理机的可靠性相同

13. 村主任带着 4 对父子参加某村庄的节目录制。村里为了保护小孩不被拐走,制定了一个规矩,那就是吃饭的时候小孩左右只能是其他小孩或者自己的父母。那么 4 对父子在圆桌上一共有( )种坐法(旋转一下,每个人面对的方向变更后算是一种新的坐法)。

A. 144 　　 B. 240 　　 C. 288 　　 D. 480

14. 如果一个博物馆参观者到达的速率是 20 人/min,平均每个人在博物馆内停留 20min,那么该博物馆至少需要容纳( )人。

A. 100 　　 B. 200 　　 C. 300 　　 D. 400

15. 对立的两方争夺一个价值为 1 的物品,双方可以采取的策略分为鸽子策略和鹰策略。如果双方都是鸽子策略,那么双方各有 1/2 的概率获得该物品;如果双方均为鹰策略,

那么双方各有 1/2 的概率取胜。胜方获得价值为 1 的物品,付出价值为 1 的代价,负方付出价值为 1 的代价。如果一方为鸽子策略,一方为鹰策略,那么鹰策略获得价值为 1 的物品,在争夺的结果出来之前,没人知道对方是鸽子策略还是鹰策略,当选择鸽子策略的人的比例是某一个值时,选择鸽子策略和选择鹰策略的预期收益是相同的,那么该值是(   )。

A. 0.2   B. 0.4   C. 0.5   D. 0.7

16. 已知一棵二叉树的前序遍历结果是 ACDEFHGB,中序遍历结果是 DECAHFBG,那么该二叉树的后序遍历的结果为(   )。

A. HGFEDCBA   B. EDCHBGFA

C. BGFHEDCA   D. EDCBGHFA

17. 在一个单链表中,q 的前一个结点为 p,删除 q 所指向结点,则正确的代码为(   )。

A. q->next=p->next;delete p;   B. p-next=q->next;delete p;

C. p->next=q->next;delete q;   D. q->next=p->next;delete q;

18. 下列 C 语言代码中,属于未定义行为的有(   )。

A. int i=0;i=(i++);   B. char *p="hello"; p[1]='E';

C. char *p="hello"; char ch=*p++; D. int i=0;printf("%d%d\n",i++,i--);

E. 都是未定义行为   F. 都不是未定义行为

19. 把校园中同一区域的两张不同比例尺的地图叠放在一起,并且使其中较小尺寸的地图完全在较大尺寸的地图的覆盖之下。每张地图上都有经纬度坐标,显然,这两个坐标系并不相同,把恰好重叠在一起的两个相同的坐标称之为"重合点"。下列关于重合点的说法中,正确的是(   )。

A. 可能不存在重合点   B. 必然有且只有一个重合点

C. 可能有无穷多个重合点   D. 重合点构成了一条直线

E. 重合点可能在小地图之外   F. 重合点是一小片连续的区域

20. 毕业典礼后,某宿舍 3 位同学把自己的毕业帽扔了,随后每个人随机地拾起帽子,3 个人中没有人选到自己原来戴的帽子的概率是(   )。

A. 1/2   B. 1/3   C. 1/4   D. 1/6

21. 一个合法的表达式由括号()包围,括号()可以嵌套和连接,如(())()也是合法的表达式。现有 6 对括号(),它们可以组成的合法表达式的个数为(   )。

A. 15   B. 30   C. 64   D. 132

22. 若路由器接收的 IP 报文的目的地址不是本路由器的接口 IP 地址,并且在路由表中未找到匹配的路由项,则采取的策略是(   )。

A. 丢掉该分组   B. 将该分组分片

C. 转发该分组   D. 将分组转发或分片

23. 有字符序列{Q,H,C,Y,P,A,M,S,R,D,F,X},则新序列{F,H,C,D,P,A,M,Q,R,S,Y,X}是下列(   )算法一趟扫描的结果。

A. 二路归并排序   B. 快速排序

C. 步长为 4 的希尔排序   D. 冒泡排序

24. 在 MySQL 主从结构的主数据库中,不可能出现(   )。

A. 错误日志   B. 事务日志   C. 中继日志   D. Redo Log

25. 某团队有 2/5 的人会写 Java 程序,有 3/4 的人会写 C++程序,那么这个团队里同时会写 Java 程序和 C++程序的至少有(　　)人。

A. 3　　　　　　　　B. 4　　　　　　　　C. 5　　　　　　　　D. 8

26. 某团队负责人接到一个紧急项目,他要考虑在代号为 ABCDEF 的这 6 个团队成员中的部分人员参加此项目的开发工作。人选必须满足以下几点:

①AB 两人中至少一个人参加　　　　　　②AD 不能都去

③AEF 三人中要派两人　　　　　　　　④BC 两人都去或都不去

⑤CD 两人中有一人参加　　　　　　　　⑥若 D 不参加,则 E 也不参加

那么最后参加紧急项目开发的人是(　　)。

A. BCEF　　　　　　B. BCF　　　　　　C. ABCF　　　　　　D. BCDEF

27. Linux 系统可执行文件属于 root 并且有 setid,当一个普通用户 mike 运行这个程序时,产生的有效用户和实际用户分别是(　　)。

A. root, mike　　　　B. root, root　　　　C. mike, root　　　　D. mike, mike

E. deamon, mike　　F. mike, deamon

28. 有 4 个进程 A、B、C、D,设它们依次进入就绪队列,因相差时间很短,故可视为同时到达。4 个进程按轮转法分别运行 11,7,2,4 个时间单位,设时间片为 1,则 4 个进程的平均周转时间为(　　)。

A. 15. 25　　　　　　B. 16. 25　　　　　　C. 16. 75　　　　　　D. 17. 25

E. 17. 75　　　　　　F. 18. 25

29. 带头结点的单链表 head 为空的判断条件是(　　)。

A. head = = null　　　　　　　　　　　　B. head->next = = null

C. head->next = = head　　　　　　　　D. head! = null

E. * head = = null　　　　　　　　　　　F. * (head->next) = = null

30. 当使用 C 语言中的 malloc 和 C++语言中的 new 进行动态内存分配时,得到的存储区在内存中的(　　)。

A. 静态区　　　　　　B. 堆(heap)　　　　C. 栈(stack)　　　　D. 堆栈

E. 内核内存　　　　　F. 不确定

31. 甲、乙两路公交车间隔均为 10min,公交车发车时刻分钟数的个位分别是 1 和 9,那么对于一个随机到达的乘客,其乘坐甲车的概率为(　　)。

A. 0. 1　　　　　　　B. 0. 2　　　　　　　C. 0. 3　　　　　　　D. 0. 9

二、编程题

1. 给定一个 query 和一个 text,均由小写字母组成。要求在 text 中找出以同样顺序连续出现在 query 中最长连续字母序列的长度。例如,query 为"acbac",text 为"acaccbabb",那么 text 中的"cba"为最长的连续出现在 query 中的字符序列,因此,返回结果应为其长度 3(请注意程序的效率)。

2. 写一个函数,输入一棵二叉树,树中每个结点均存放了一个整数值,函数返回这棵树中相差最大的两个结点间的差的绝对值(请注意程序的效率)。

参 考 文 献

[1] 严蔚敏,吴伟民.数据结构:C语言版[M].北京:清华大学出版社,1997.

[2] 王道论坛组.2023年数据结构考研复习指导[M].北京:电子工业出版社,2021.

[3] 猿媛之家.程序员面试笔试真题库[M].北京:机械工业出版社,2016.

[4] 猿媛之家.程序员面试笔试真题与解析[M].北京:机械工业出版社,2017.

[5] 徐雅静,肖波.数据结构与算法学习指导[M].北京:北京邮电大学出版社,2021.

[6] 张垒,石玉强.数据结构与算法学习指导[M].北京:中国农业大学出版社,2021.

[7] 殷人昆.数据结构精讲与习题详解:C语言版[M].2版.北京:清华大学出版社,2018.

[9] 左程云.程序员代码面试指南:IT名企算法与数据结构题目最优解[M].2版.北京:电子工业出版社,2019.

[10] 陈守孔,胡潇琨,李玲,等.算法与数据结构考研试题精析[M].4版.北京:机械工业出版社,2020.

[11] 王立波,徐翀.数据结构课程设计[M].2版.西安:西安电子科技大学出版社,2022.

[12] 红梅,王慧,王新颖.数据结构:从概念到C++实现[M].3版.北京:清华大学出版社,2019.